荣获中国电子教育学会首届职业教育电子信息类优秀教材评审三等奖

中等职业教育国家规划教材（电子电器应用与维修专业）

电冰箱、空调器原理与维修

（第3版）

张 彪 主 编

電子工業出版社

Publishing House of Electronics Industry

北京 • BEIJING

内 容 简 介

本书共 6 章，深入浅出地介绍了制冷和空调的热工知识，家用电冰箱和空调器的原理与维修。书中还结合教学的实际，编排了技能训练，以及部分电冰箱和空调器的技术参数，还附有制冷初级、中级、高级工考试实操答辩题。本书内容新颖，通俗易懂，言简意赅，图文并茂，实用性强。

本书可供中等职业学校电子电器应用与维修专业使用，也可供广大电冰箱和空调器爱好者、维修人员参考。

本书还配有电子教学参考资料包，内容包括电子教案、教学指南及习题答案，详见前言。

图书在版编目（CIP）数据

电冰箱、空调器原理与维修/张彪主编．—3 版．—北京：电子工业出版社，2011.8
中等职业教育国家规划教材·电子电器应用与维修专业
ISBN 978-7-121-14289-5

Ⅰ．①电…　Ⅱ．①张…　Ⅲ．①冰箱－理论－中等专业学校－教材②冰箱－维修－中等专业学校－教材③空气调节器－理论－中等专业学校－教材④空气调节器－维修－中等专业学校－教材　Ⅳ．①TM925

中国版本图书馆 CIP 数据核字（2011）第 158874 号

策划编辑：杨宏利
责任编辑：杨宏利
印　　刷：北京七彩京通数码快印有限公司
装　　订：北京七彩京通数码快印有限公司
出版发行：电子工业出版社
　　　　　北京市海淀区万寿路 173 信箱　邮编 100036
开　　本：787×1 092　1/16　印张：20.5　字数：524.8 千字
版　　次：2002 年 6 月第 1 版
　　　　　2011 年 8 月第 3 版
印　　次：2025 年 2 月第 23 次印刷
定　　价：35.00 元

凡所购买电子工业出版社图书有缺损问题，请向购买书店调换。若书店售缺，请与本社发行部联系，联系及邮购电话：（010）88254888，88258888。

质量投诉请发邮件至 zlts@phei.com.cn，盗版侵权举报请发邮件至 dbqq@phei.com.cn。

本书咨询联系方式：（010）88254592，bain@phei.com.cn。

中等职业教育国家规划教材出版说明

为了贯彻《中共中央国务院关于深化教育改革全面推进素质教育的决定》精神，落实《面向 21 世纪教育振兴行动计划》中提出的职业教育课程改革和教材建设规划，根据《中等职业教育国家规划教材申报、立项及管理意见》（教职成[2001]1 号）的精神，教育部组织力量对实现中等职业教育培养目标和保证基本教学规格起保障作用的德育课程、文化基础课程、专业技术基础课程和 80 个重点建设专业主干课程的教材进行了规划和编写，从 2001 年秋季开学起，国家规划教材将陆续提供给各类中等职业学校选用。

国家规划教材是根据教育部最新颁发的德育课程、文化基础课程、专业技术基础课程和 80 个重点建设专业主干课程的教学大纲（课程教学基本要求）编写的，并且经全国中等职业教育教材审定委员会审定。新教材全面贯彻素质教育思想，从社会发展对高素质劳动者和中初级专门人才需要的实际出发，注重对学生的创新精神和实践能力的培养。新教材在理论体系、组织结构和阐述方法等方面均进行了一些新的尝试。新教材实行一纲多本，努力为教材选用提供比较和选择，满足不同学制、不同专业和不同办学条件的教学需要。

希望各地、各部门积极推广和选用国家规划教材，并且在使用过程中，注意总结经验，及时提出修改意见和建议，使之不断完善和提高。

教育部职业教育与成人教育司

前　言

随着我国经济的发展和人民生活水平的提高，电冰箱、空调器已成为城乡家庭和企事业单位常用的、必备的电器之一。随着科学技术的进步和进出口贸易的拓展，特别是伴随着我国加入 WTO，电冰箱和空调器的发展越来越快，技术性能越来越先进，如何有效地提高维修水平是当前制冷行业急需解决的问题。同时，各级各类职业学校的毕业生必须取得相应的职业资格证书，才能到相应的技术岗位就业。于是我们在国家教育部职业教育与成人教育司及电子工业出版社的组织下，编写了《电冰箱、空调器原理与维修》这本教材。

家用电器产品更新换代快，特别是电冰箱、空调器尤为突出，中等职业教育的目的是培养高素质劳动者和中级专业技术人才，应适应社会需要、市场需要。各种新技术、新工艺、新设备更是要求中等职业教育的教材跟上时代的步伐，以满足教学需要，因此在第 2 版的基础上对该教材进行改编是很有必要的。

本教材内容主要包括：制冷和空调的基础知识；电冰箱和空调器原理与维修；制冷系统的基本操作，电冰箱和空调器的新技术和新品种原理与维修；同时还有实作技能训练。

本教材在编写时把握“理论够用，突出技能”的原则，因而有较强的针对性和实用性。同时密切联系新技术和新产品现状和发展，因而又具有先进性和科学性。

本教材部分符号采用原机符号，没有进行全书的统一，其目的是便于查阅，以利于提高检修效率。附录中提供的技术图表和资料，可能会由于技术的发展有所变动，仅供维修人员参考。

本教材在编写的过程中得到了重庆江南制冷公司及当地海尔、格力等维修站的大力支持和帮助，在此表示感谢。

由于时间仓促，错误在所难免，恳请广大师生、读者不吝赐教。

为了方便教师教学，本书还配有教学指南、电子教案和习题答案（电子版），请有此需要的教师登录华信教育资源网（http://www.hxedu.com.cn）下载或与电子工业出版社联系，我们将免费提供。E-mail:yhl@phei.com.cn

编　者

2011 年 7 月

第 1 章　制冷与空调技术的基础知识

制冷和空调是相互联系而又彼此独立的两个领域。为了使某一物体或某一区域的温度低于环境温度，并维持所需的低温，就需要不断地从其中取出热量，并转移到周围介质中去，从微观来说就是使物质内部热量的减少，分子热运动的减弱。这个过程就是制冷过程。而空调就是利用制冷技术对空气的温度、湿度等进行调节。因此要掌握电冰箱和空调器的原理与维修，就必须了解制冷与空调的基本原理，熟悉制冷与空调的热力学知识。

1.1　制冷与空调热工知识

1.1.1　温度

温度在宏观上是描述物体冷热程度的物理量；温度在微观上标志物质内部大量分子热运动的激烈程度。

1. 温度计

测量温度的仪器叫温度计。当温度计与物体之间不再有热量传递，或者说达到热平衡时，温度计的指示值不再变化，此时温度计的指示值就是被测物体的温度。

温度计的种类很多，常见的有液体温度计（如水银温度计、酒精温度计等）、气体温度计、电阻温度计、温差电偶温度计、比色高温度计。

2. 温标

测量温度的标尺称为温标，工程上常用的温标又可以分为 3 种：热力学温标、摄氏温标和华氏温标。

（1）热力学温标。又称开尔文温标或绝对温标，符号为 T，单位为 K；热力学温标是在一个标准大气压下定义纯水的冰点温度为 273.16K，沸点温度为 373.16K，其间分为 100 等份，每等份称为绝对温度 1 度（1K）。

（2）摄氏温标。又叫国际温标，符号为 t，单位为℃；在一个标准大气压下，把纯水的冰点温度定为 0℃，沸点温度定为 100℃，其间分成 100 等份，每一等份就叫 1℃。若温度低于 0℃时，应在温度数字前面加“–”号。

（3）华氏温标。其符号本书用 θ 表示，单位为℉。华氏温标是在一个标准大气压下把纯水的冰点温度定为 32℉，沸点温度定为 212℉，其间分成 180 等份，每一等份就叫 1℉。

（4）3 种温标之间的关系如图 1.1 所示。

3 种温标的换算关系：

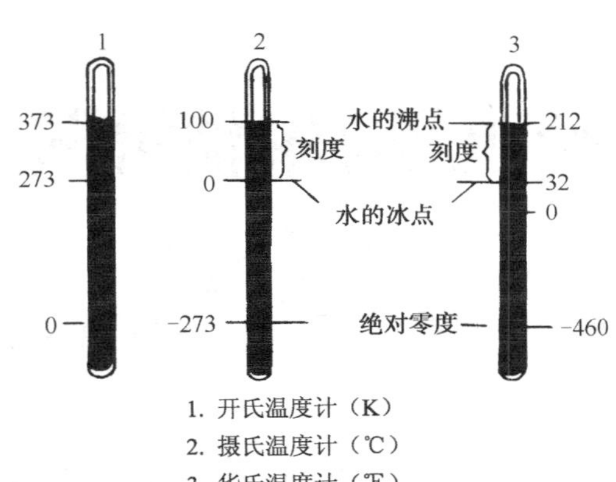

1. 开氏温度计（K）
2. 摄氏温度计（℃）
3. 华氏温度计（℉）
图 1.1　3 种温标的关系

$$t = T - 273.16 \approx T - 273 \text{（℃）}$$
$$\theta = 9/5t + 32 \text{（℉）}$$
$$T = t + 273.16 \approx t + 273 \text{（K）}$$

1.1.2　压力

工程上常把单位面积上受到的垂直作用力叫做压力，压力的法定单位是 Pa（帕）。大气压力是指地球表面的空气对地面的压力；在工程上为使用方便和计算方便，把一个大气压按 0.98×10^5Pa 来计算，称为一个工程大气压，即 1 个工程大气压为 0.98×10^5Pa。除了法定单位外，还有几种常见的非法定单位，此处不加阐述。

压力有绝对压力、表压力和真空度之分。绝对压力是指被测流体的实际压力，用 $P_{绝}$表示；当绝对压力高于大气压力（用 B 表示）时，压力计的示数叫做表压力，用 $P_{表}$表示；而系统抽真空时压力计的示数叫做真空度，用 $P_{真}$表示，它们之间的关系是：

$$P_{绝} = P_{表} + B, \qquad P_{真} = B - P_{绝}$$

1.1.3　湿度和露点

空气是由干空气和水蒸气两部分组成的。在一定温度下，空气中所含水蒸气的量达到最大值，这种空气就叫做饱和空气。当空气未达到饱和时，空气中所含水蒸气的多少用湿度来表示，湿度常用绝对湿度、相对湿度、含湿量、露点来表示。

1. 绝对湿度与相对湿度

单位体积空气中所含水蒸气的质量，叫做空气的绝对湿度，单位为 kg/m^3。而相对湿度是指在某一温度时，空气中所含的水蒸气质量与同一温度下空气中的饱和水蒸气质量之百分比。在实际中直接测空气所含水分质量较困难，由于空气中水分产生的压力在 100℃以下时与空气中含水量成正比，从而可用空气中水蒸气产生的压力表示空气中的绝对湿度。饱和空气的绝对湿度与温度有关，温度高（低），饱和空气的绝对湿度大（小），因此，在空气中水蒸气含量不变的情况下，可降低温度以提高空气的相对湿度。空气中的绝对湿度与相对湿度的关系是：

$$相对湿度 = \frac{绝对湿度(以水蒸气分压表示)}{饱和水蒸气压力} \times 100\%$$

相对湿度可用由两支完全相同的温度计组成干、湿球温度计来测量。其中一支温度计叫干球温度计，用来测量空气温度；另一支叫湿球温度计，其下端包着棉纱且浸在水中。由于水分的蒸发，湿球温度总是低于干球温度，如图 1.2 所示。

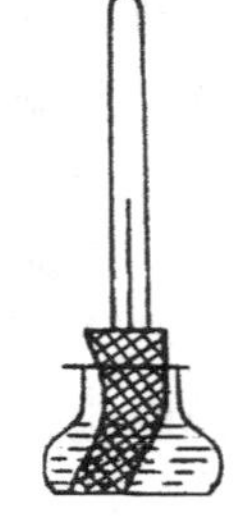
图 1.2　湿球温度测试

空气相对湿度越小，水越容易蒸发，干、湿球温差越大；反之，空气相对湿度越大，干、湿球温差就越小。不同温度下的饱和水蒸气压力如表 1.1 所示。

表 1.1　不同温度下的饱和水蒸气压力

t/℃	P/Pa	t/℃	P/Pa	t/℃	P/Pa	t/℃	P/Pa
0	604	7	1001	18	2064	40	7375
1	657	8	1073	20	2339	50	12332
2	705	9	1148	22	2644	60	19918
3	759	10	1228	24	2984	70	31157
4	813	12	1403	25	3168	80	47343
5	872	14	1599	30	4242	100	101325
6	935	16	1817	35	5624		

2. 含湿量与露点

在实际应用中，一般不使用绝对湿度，而使用“含湿量”这一概念。1kg 干空气所含水蒸气的质量，叫做空气的含湿量，其单位是 g/kg。在含湿量不变的条件下，空气中水蒸气刚好达到饱和时的温度或湿空气开始结露时的温度叫露点。在空调技术中，常利用冷却方式使空气温度降到露点温度以下，以便水蒸气从空气中析出凝结成水，从而达到干燥空气的目的。空气的含湿量大，它的露点温度就高，物体表面也就容易结露。

1.1.4　饱和温度与饱和压力

液体沸腾时维持不变的温度称为沸点或称为在某一压力下的饱和温度；而与饱和温度相对应的某一压力称为该温度下的饱和压力。

饱和温度和饱和压力都是随着相应的压力和温度的增大而升高，一定的饱和温度对应着一定的饱和压力。如在一个大气压（约 0.1MPa）下水的饱和温度为 100℃；水在 100℃时的饱和压力为一个大气压，而在 0.048MPa 的绝对压力下，水的饱和温度为 80℃，即 80℃时水的饱和压力为 0.048MPa。

饱和温度和饱和压力对制冷系统有重要的意义。在蒸发器中，制冷剂液体在（与蒸发器内压力相对应的）饱和温度下进行吸热、沸腾；而在冷凝器中，制冷剂蒸汽的冷凝温度即是所处压力下的饱和温度。在整个凝结过程中，尽管蒸汽还是不断受到冷却，但饱和温度始终维持不变（因冷凝器内压力不变）。

1.1.5　临界压力与临界温度

当饱和气体的温度不变，压力升高，比容值减小，随着压力的不断升高，气态的比容值逐渐接近液态的比容；当压力增加到一定值时，气态和液态之间就没有明显的区别了，这种状态叫做临界状态。此时所对应的压力和温度分别叫做临界压力、临界温度。在临界温度以上的气态，无论加多大的压力都不能使它液化。因此，对于制冷剂来说，为了使制冷剂在常温下能够液化，其临界温度应较高一些。

1.1.6　物态变化

1. 物质的状态

在自然中，物质的状态通常是固态、液态和气态。在一定的条件下，这 3 种物态之间可

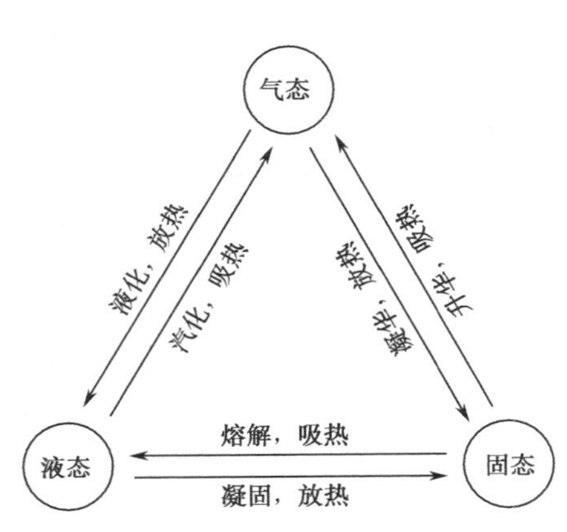

图 1.3 物态变化与热量转移

以相互转化，此转化过程叫做相变。物态变化与热量转移如图 1.3 所示。物质从固态变成液态叫融解（熔解），融解过程要吸收热量；而物质从液态变成固态叫凝固，凝固过程会放出热量。物质从固态变成气态叫升华，升华过程要吸收热量；而从气态变成固态叫凝华，凝华过程会放出热量。物质从液态变成气态叫汽化，汽化过程要吸收热量；而物质从气态变成液态叫液化，液化过程会放出热量。

2. 汽化

汽化有蒸发和沸腾两种形式。蒸发是只在液体表面进行的汽化现象，它可以在任何温度和压强下进行。沸腾是在液体表面和内部同时进行的强烈汽化，沸腾时的温度叫沸点。在一定的压强下，某种液体只有一个与压强相对应的确定沸点，压强增大沸点升高，压强减小沸点降低。因此，在制冷设备中常用调节制冷剂的沸腾压强来控制制冷温度。在相同的压强下，不同的物质具有不同的沸点。如在标准大气压下，水的沸点是 100℃；氟里昂 12（R12）的沸点是–29.8℃，在制冷行业中，习惯上把沸腾称为蒸发，同时把沸腾器、沸腾温度和沸腾压强分别叫做蒸发器、蒸发温度和蒸发压力。

3. 液化

气体液化的方法是将气体的温度降到临界温度以下，并且增大压力。每种物质都有自己特定的临界温度和临界压力。如果某种气态物质的温度超过它的临界温度，无论怎样增大压力，都不能使它液化。

如果蒸汽跟产生这种蒸汽的液体处于平衡状态，这种蒸汽叫做饱和蒸汽。饱和蒸汽的温度、压力分别叫饱和温度、饱和压力。一定的液体在一定温度下的饱和气压是一定的。但随着温度的升高（或降低），饱和气压及饱和蒸汽的密度一般会随着增大（或降低）。而在空气含湿量不变的情况下，将空气的温度降到露点，未饱和蒸汽也就变成饱和蒸汽。因此，在制冷装置中常利用制冷剂的饱和温度与饱和压力一一对应的特性，通过调节压力来调节温度。

1.1.7 过热度与过冷度

在压力不变的前提下，如果对饱和蒸汽进行加热，当温度超过饱和温度时，蒸汽的比容将会增大，这种情况叫做过热，超过的温度叫过热度。同样地，在压力不变的情况下，对饱和液体进行进一步的冷却，饱和液体的温度将会低于饱和温度，这种情况叫做过冷，温度差值即叫做过冷度。过热度与过冷度都是与同压力下的饱和温度相比较而得来的。

电冰箱中为了限制节流气化，从冷凝器出来的液态制冷剂应进一步降温，使其过冷；而为了防止液击，气态制冷剂进入压缩机前，应吸热升温，使其成为过热蒸汽。因此常常将毛细管和压缩机低压回气管套在一起，使低压回气管中的低温低压干饱和蒸汽状态的制冷剂与毛细管中的高压常温饱和状态的制冷剂进行热交换，一方面降低了节流前制冷剂的温度，使之变成比饱和温度低的过冷液，另一方面又让蒸发器流出来的低温低压干饱和蒸汽吸收热

量，变成为低温低压的过热蒸汽，这样就大大提高了制冷系统的制冷量。

1.1.8　热量

热量是能量变化的一种量度，表示物体在吸热或放热过程中所转移的热能。热量有显热和潜热两种形式。

1. 显热

显热是指物质在只改变温度而不改变其状态的过程中所转移的热量。例如烧水时，从冷水烧到 100℃的过程中，水温度变化了，但水还是水，状态没有发生改变。这时水吸收的热量为显热。

2. 潜热

潜热是指物质在只改变状态（如熔解、液化等），而不改变温度的过程中所转移的热量。例如将 100℃的水变为 100℃的水蒸气时，需要吸收的热量为潜热。依据物态变化,潜热可分为汽化潜热、液化潜热、熔化潜热和凝固潜热等。

3. 潜热与显热的关系

在实际应用中，潜热与显热的关系如图 1.4 所示。

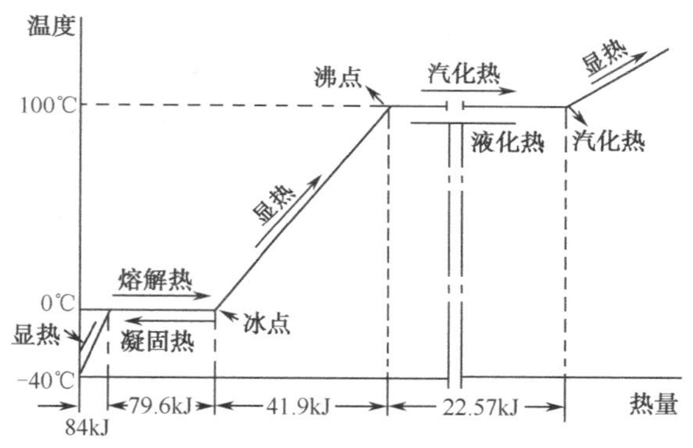

图 1.4　显热与潜热的关系

热量的法定单位是 J（焦），非法定单位是 cal（卡）。英美等国家常用 Btu 和 MBH 作为热量单位，它们之间的关系是：1J=0.2388cal，1cal=4.1868J，1Btu=252cal，$1MBH=10^3Btu$

1.1.9　焓与熵

1. 焓

热能是物质分子所具有的动能与位能的总和，而物质分子在各种状态下都在不停的运动，所以物质总是含有一定的热量，只是所处状态不同时，所含热量不同而已。1kg 的物质在某一状态时，所含的热量称为该物质的焓。符号为 *H*，单位为 kJ/kg。制冷工质在系统中流动时，其内能和外功总是同时出现的，因此焓可以转化成热力计算。

焓的物理意义是指以特定温度作为起点的物质所含的热量。例如，通常把水在压力为

101325Pa，温度为 0℃时的焓定义为零。把 0℃的 R12 和 R134a 液态制冷剂的焓值规定为 200kJ/kg。

焓随制冷剂的状态、温度和压力等参数的变化而变化。当对制冷剂加热或做功时，焓就增大，反之，制冷剂被冷却或蒸汽膨胀向外做功时，焓就减小。

2. 熵

熵和焓一样，也是描述物质状态的参数，它是从外界加进 1kg 物质（系统内）的热量 Q 与加热时该物质的绝对温度 T（K）之比，用 S 表示，其关系式为：

$$S = Q/T \text{（kJ/kg）}$$

熵值也是复合状态参数，它只与状态有关，而与过程无关，在一定的状态下，制冷剂的熵值是确定的。熵不需要计算绝对值。由于绝对温度 T 永远是正值，故热量的变化ΔQ 与熵的变化ΔS 符号相同。工质吸热，ΔQ 为正值，工质的熵值必然增加，ΔS 也为正值。反之工质放热（被冷却）ΔQ 为负值，工质的熵减少，ΔS 也为负值。因此，根据制冷过程中熵的变化，就可判断出工质与外界之间热流的方向。

1.1.10 制冷量

电冰箱或空调器进行制冷运行时，单位时间从密闭空间或区域移走的热量叫制冷量，因此制冷量的单位是瓦（W，1W=1J/s）或千瓦（kW）。空调器铭牌上所标的制冷量，叫名义制冷量，它是在规定的标准工况下所测得的制冷量。不同国家所规定的空调标准工况不一样。我国房间空调器的标准测试工况为：室内侧，干球温度 27.0℃，湿球温度 19.5℃；室外侧，干球温度 35℃，湿球温度 24℃。外国空调器测试的标准工况与我国的不同。因此，名义制冷量相同的空调器，其实际制冷能力未必完全相同。

通常情况下，家庭普通房间每平方米所需的制冷量为 115～145W，客厅、饭厅每平方米所需的制冷量为 145～175W。例如某家庭客厅使用面积为 15m^2，若按每平方米所需制冷量 160W 考虑，则所需空调制冷量为：160W×15＝2400W。这样，就可根据所需 2400W 的制冷量对应选购具有 2500W 制冷量的 KC—25 型窗式空调器，或选购 KF—25GW 型分体挂壁式空调器。

1.1.11 能效比

压缩机的制冷量与其运行时所消耗的功率之比叫效能比，也叫性能系数。能效比是反映压缩机能耗的一项重要指标，能效比接近 3 或大于 3 为佳，同时该产品也就属于节能型产品。而能效等级是表示该产品能效高低差别的一种分级方法，按照国家标准 GB 12021.2—2008 规定，把能效比分为 1、2、3、4、5 五个级别，1 级最节能，5 级能效最低，低于 5 级的产品不允许上市销售。

例如一台 KF－20GW 型分体挂壁式空调器的制冷量是 2000W，额定耗电功率为 640W，另一台 KF－25GW 型分体挂壁式空调器的制冷量为 2500W，额定耗电功率为 970W。则两台空调器的能效比值分别为：

第一台空调器的能效比：2000W/640W＝3.125

第二台空调器的能效比：2500W/9700W＝2.58

这样，通过两台空调器能效比值的比较，可看出，第一台空调器即为节能型空调器。

1.2　制冷与空调基本原理

1.2.1　制冷方法

根据制冷产生的环境温度的不同，制冷技术大致可分为普通制冷（环境温度到−153.15℃）、深度制冷（−153.15℃到−253.15℃）、低温和超低温制冷（−253.15℃到接近绝对零度，即−273.15℃）3 种。电冰箱和空调器中的制冷属普通制冷。制冷的方法很多，所获得的低温温度范围也不同。普通制冷常用的制冷方法有相变、节流、膨胀、涡管、电热制冷等。

1. 相变制冷

物质在状态变化过程中，如熔解、汽化和升华等，都要吸收热量，因此都有制冷作用。利用相变制冷，系统所能达到的温度取决于物质相变的温度，而系统所获得的制冷量，取决于该物质的相变潜热。为了连续获得一定的制冷量，使系统保持所要求的低温，就必须不断补充相变物质。而相变物质的补充方式有单向和循环两种方式，固体熔解和升华属单向制冷，液体汽化可实现循环制冷，因为汽化后的相变物质可采用一定方法使之重新液化，供循环使用。由于汽化、液化的潜热很大，因而制冷能力很强。目前，广泛采用的相变循环制冷方式有下面两种：

（1）蒸汽压缩制冷循环。将蒸发器出来的蒸汽冷却加压后，重新冷凝为液体，然后再蒸发，如此不断循环，这就是蒸汽压缩制冷循环。电冰箱和家用空调器采用这种制冷方式。蒸汽压缩制冷循环原理如图 1.5 所示。将制冷用的工质充灌在一个密封的系统内，液态工质经节流装置节流降压后，在蒸发器中等压汽化吸热，变为低温、低压蒸汽，然后经过压缩机绝热压缩成高温高压蒸汽，最后在冷凝器中液化放热，并再进入节流装置，从而完成一个制冷循环。

（2）吸收式制冷循环。吸收式制冷循环利用热源所提供的热能，使工质产生循环，其工作原理如图 1.6 所示。它用吸收器和发生器等部件代替压缩机，并采用两种工质，低沸点的工质称制冷剂，高沸点工质称吸收剂，而其他部件的作用和原理与蒸汽压缩制冷循环基本相同。

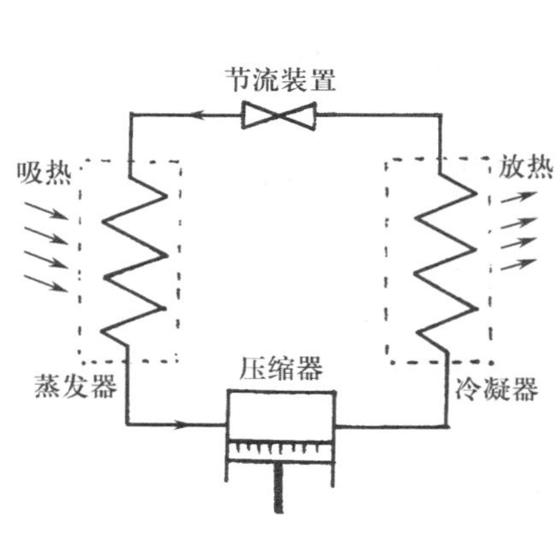

图 1.5　蒸汽压缩制冷循环

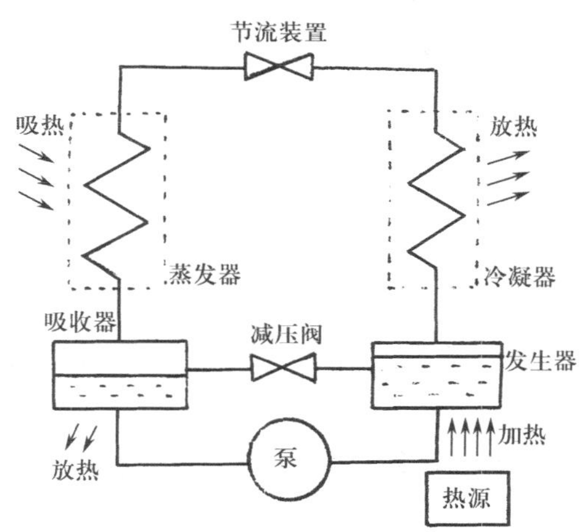

图 1.6　吸收式压缩制冷循环

吸收式制冷循环存在两个循环回路，它的工作过程为：液态制冷剂经节流装置节流降压后，在蒸发器中等压蒸发吸热，变为低压、低温的制冷剂蒸汽后进入吸收器，被吸收剂强烈吸收，形成高浓度的制冷剂溶液，并放出溶解热。制冷剂溶液由泵送入发生器中，被热源加热升温，产生高压制冷剂蒸汽，送到冷凝器中冷凝成液态制冷剂，而发生器中剩下的稀溶液经减压后又回到吸收器中。

2. 节流制冷

一定压力的流体在管内流动过程中，若管子的某一部分的横截面积突然缩小，则流体会由于局部的作用而降压，这种现象称为节流，节流后流体温度会降低。因此，节流后的低温气体可以作为制冷源，而且节流降温还可能使气体液化。

3. 膨胀制冷

高压气体绝缘膨胀一方面可以降低温度，产生制冷作用；另一方面膨胀过程还会对外做功，回收能量，提高制冷装置的效率。气体在节流与膨胀过程都有降温制冷作用，但气体绝热节流制冷的初温必须低于转换温度，而气体绝热膨胀后温度总是降低的。因此实际应用中常根据需要来选择适当的制冷方式。例如，在高温高压或高温中压时，通常选用绝热膨胀制冷；而在温度较低时，采用节流制冷效果较好；至于气体液化，往往将两种方法结合起来，组成气体液化系统。

1.2.2 电冰箱的基本工作原理

1. 制冷循环过程

电冰箱一般常使用 R12 作制冷剂，并广泛采用蒸汽压缩制冷方式，它的制冷循环包括节流、蒸发、压缩和冷凝 4 个过程。而蒸发器、压缩机、冷凝器和节流阀是蒸汽压缩制冷系统的 4 个必不可少的基本部件，如图 1.7 所示。

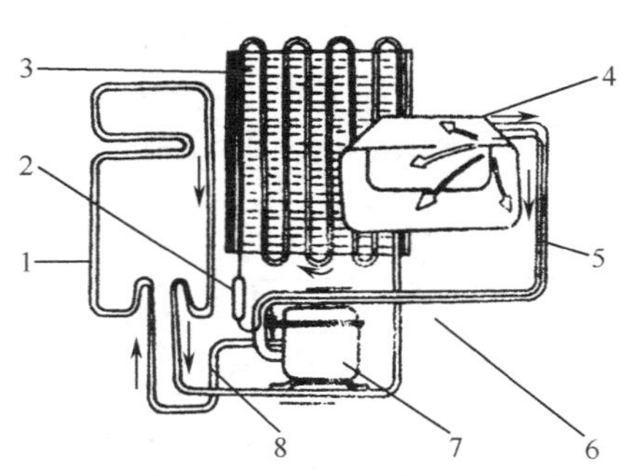

1. 除露管 2. 干燥过滤器 3. 冷凝器
4. 蒸发器 5. 毛细管 6. 回气管
7. 压缩机 8. 排气管

图 1.7 蒸汽压缩制冷系统

（1）蒸发过程。蒸发过程是在蒸发器中进行的。液态制冷剂在蒸发器中蒸发时吸收热量，使其周围的介质温度降低或保持一定的低温状态，从而达到制冷的目的。蒸发器制冷量大小主要取决于液态制冷剂在蒸发器内蒸发量的多少。气态制冷剂流经蒸发器时不发生相变，不产生制冷效应，因而应限制毛细管的节流汽化效应，使流入蒸发器的制冷剂必须是液态制冷剂。另外，蒸发温度越低，相应的制冷量也略为降低，并会使压缩机的功耗增加，循环的制冷系数下降。

（2）压缩过程。压缩过程在压缩机中进行，这是一个升压升温过程。压缩机将从蒸发器流出的低压制冷剂蒸汽压缩，使蒸汽的压力提高到与冷凝温度对应的冷凝压力，从而保证制冷剂蒸汽能在常温下被冷凝液化。而制冷剂经压缩机压缩后，温度也升高了。

（3）冷凝过程。冷凝过程在冷凝器中进行，它是一个恒压放热过程。为了让制冷剂蒸汽能被反复使用，需将蒸发器流出的制冷剂蒸汽冷凝还原为液态，向环境介质放热。

冷凝器按工作过程可分为冷却区段和冷凝区段。冷凝器的入口附近为冷却区段，高温的制冷剂过热蒸汽通过冷凝器的金属盘管和散热片，将热量传给周围的空气，并降温冷却，变成饱和蒸汽。冷凝器的出口附近为冷凝区段，制冷剂由饱和蒸汽冷凝为饱和液体放出潜热，并传给周围空气。

（4）节流过程。电冰箱的节流阀是又细又长的毛细管。由于冷凝器冷凝得到的液态制冷剂的冷凝温度和冷凝压力要高于蒸发温度和蒸发压力，在进入蒸发器前需让它降压降温。液态制冷剂通过毛细管时由于流动阻力而降压，并伴随着一定程度的散热和少许的汽化，因此节流过程是一个降压降温的过程。节流汽化的制冷剂量越大，蒸发器中的制冷量就越少，因而必须减少节流汽化。

2. 回热制冷循环

为了限制节流汽化，从冷凝器出来的液态制冷剂应进一步降温，使其过冷。为了防止液击，气态制冷剂进入压缩机前就吸热升温，使其成为过热蒸汽。为此，在循环管路上加热交换器，使从冷凝器流出来的温度较高的液态制冷剂，同蒸发器流出来的温度较低的气态制冷剂进行热交换，从而使液态制冷剂过冷，气态制冷剂过热，该过程称为回热制冷循环，如图 1.8 所示。

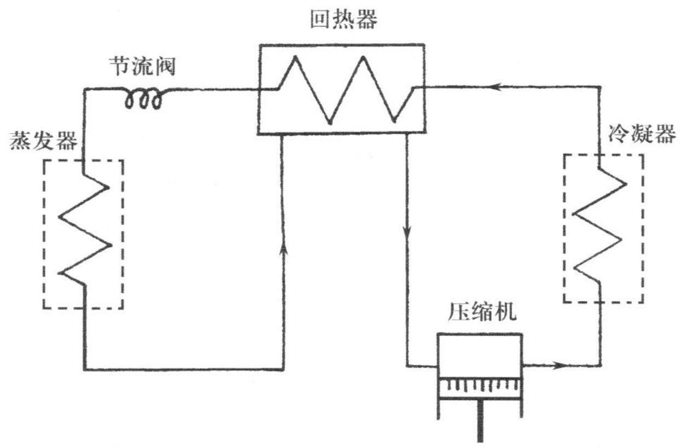

图 1.8　回热制冷循环

采用回热制冷循环不但可以提高系统的性能，使制冷循环能正常进行，而且还能回收冷凝器的部分热量，提高系统的效率。

电冰箱制冷系统并不加设专门的回热器，而是将蒸发器出口的低温蒸汽管（俗称回气管）与冷凝器出口的凝液管（俗称供液管）用隔热保温材料包扎在一起，使气、液两管紧密接触交换热量达到回热目的。

1.2.3　空调器的基本工作原理

空调器的基本功能是调节房间空气的温度和湿度。依据系统的用途的不同，空调分为工艺性空调和舒适性空调。舒适性空调的基本工况为制冷、制热和除湿。

1. 制冷工况

空调器要不断把房间内的多余热量转移到室外，使室内温度保持在一个较低的范围内。它包括两个循环——制冷循环和空气循环。

（1）制冷循环。空调器采用蒸汽压缩制冷循环方式，它包括压缩、冷凝、节流和蒸发 4 个热力过程，如图 1.9 所示。

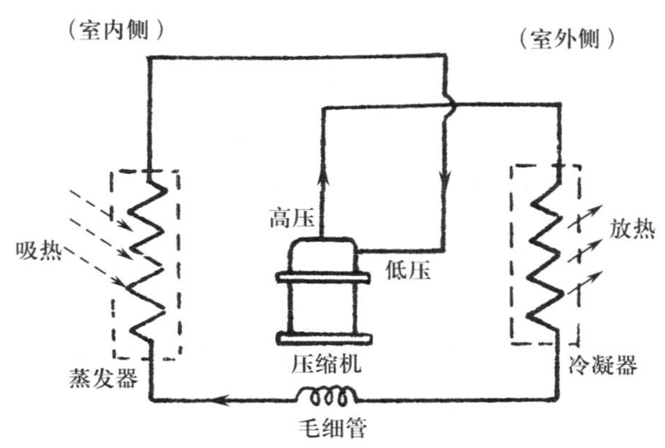

图 1.9　空调器的制冷循环

制冷剂经节流降压后，在室内侧的蒸发器中等压蒸发，吸收潜热，变成低温低压的蒸汽，然后经过压缩机压缩，变成高温高压的蒸汽，最后在室外侧的冷凝器中冷凝成液体，放出潜热。如此周而复始，不断循环。小型空调器节流装置为毛细管，大、中型空调器节流装置为膨胀阀。

（2）空气循环。空气循环是利用机内电风扇强迫室内、室外空气按一定路线对流，以提高换热器的热交换效率。空调器的空气循环包括室内空气循环、室外空气循环和新风系统。下面以窗式空调为例，说明这 3 种循环。室内空气循环如图 1.10 所示。室内空气从回风口进入空调器，通过滤尘网后，进入室内侧蒸发器进行热交换，冷却后再吸入离心风扇，冷风最后由送风口吹回到室内。

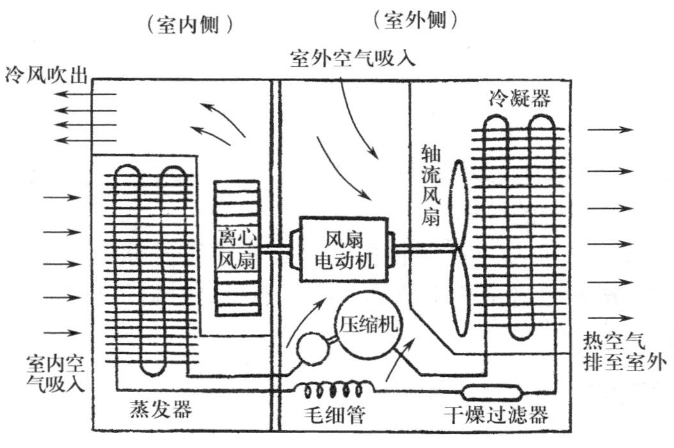

图 1.10　室内空气循环

室外空气循环和室内空气循环是彼此独立的两个循环系统，这两个循环系统用隔板隔开。室外空气从空调器左右两侧的进风口进入，经风扇吹向室外侧的冷凝器，热交换后的热空气从空调器的背后的出风口排到室外。

为了使空调房间与室外交换新鲜空气，多数窗式空调器设有排气门和新风门，如图 1.11 所示。通过操作空调器面板上的开关，可吸入新鲜空气，或将室内混浊空气排出室外。

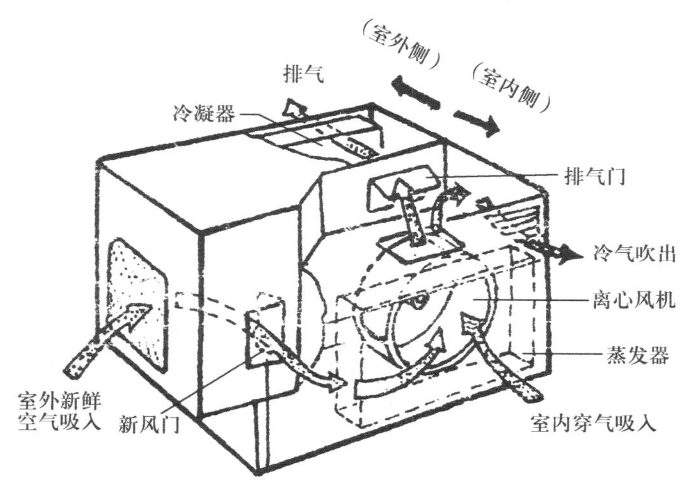

图 1.11　窗式空调器新风系统

2. 制热工况

空调器制热方式有两种：一种是电热，即电流通过电热丝发热；另一种是热泵制热，即气态制冷剂冷凝放热。在制冷循环中，冷凝器进行的冷凝过程是一个放热过程，蒸发器内进行的蒸发是一个吸热过程，如果将室内侧的蒸发器改作冷凝器，而将室外侧的冷凝器改作蒸发器，空调器就从制冷状态转变为制热状态，而热泵型空调器就是根据这个原理设计的，如图 1.12 所示。空调器制冷系统中，加一个电磁四通换向阀，以切换高低压制冷剂在管道中的流向，使空调器既能制冷，又能制热。

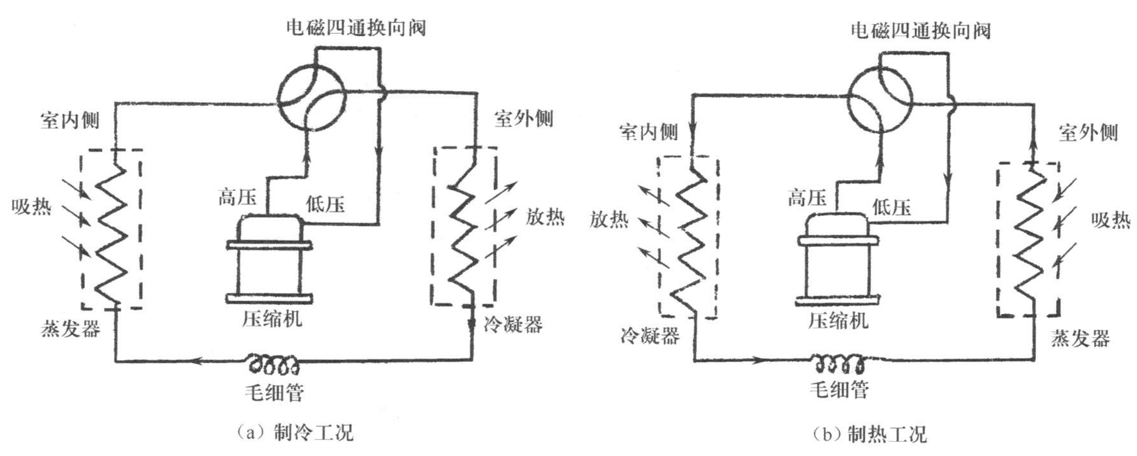

图 1.12　热泵型空调器运行原理

3. 除湿工况

空调器在制冷工况时，蒸发器盘管表面的温度往往低于空气的露点温度，因而室内循环空气流经蒸发器时，空气中的水蒸气就会冷凝成水，落在积水盘上，排出室外，从而使室内空气的含湿量降低。所以，空调器制冷运行时兼有除湿作用。但由于室内空气含湿量减少，绝对湿度降低，并不等于相对湿度也降低。而影响舒适性空调质量的湿度指标是相对湿度而不是绝对湿度，因而有些空调器增加了独立除湿功能。

1.3 制冷剂与冷冻油

1.3.1 制冷剂

1. 制冷剂的概念

制冷剂又称工质，它是在制冷系统中完成循环并通过其状态的变化以实现制冷的工作介质。如果把压缩机当成制冷系统的心脏，则制冷剂可视为血液。国际上规定可作为制冷剂的物质都以 R 为缩写字头后缀以数码表示，如氨用 R717 表示，氟里昂用 R12 表示。

2. 制冷剂的分类

一般依据制冷剂在冷凝器中冷凝压力的高低将制冷剂分为 3 类：

（1）低温高压制冷剂。冷凝压力大于 2MPa，正常汽化温度低于–70℃。主要有 R13，R14 和 R503 等，适用于低温制冷装置及复叠式制冷的低温部分。

（2）中温中压制冷剂。冷凝压力在 0.3～2MPa 之间，正常汽化温度介于–70℃～0℃之间。主要有 R12，R22 和 R502 等，适用于电冰箱及中、小型空调器。

（3）高温低压制冷剂。冷凝压力在 0.2～0.3MPa 之间，正常汽化温度大于 0℃。主要有 R11，R21，R113 和 R114 等，多用于空调系统的离心式压缩机（大宾馆的中央空调）。

3. 制冷剂的性能

（1）物理性能。临界温度比环境温度高，在常温或普通低温下可冷凝成液体，因为制冷循环的冷凝温度如果接近临界温度，节流损失就很大，制冷循环的经济性能势必不好；在制冷温度范围内，制冷剂的饱和蒸发压力应稍高于大气压，以免空气漏入制冷系统；冷凝压力不能过高，一般不超过 1.5～2.2MPa，以免设备过于笨重，压缩机功耗太大。同时，冷凝压力与蒸发压力之比也不能过大，以免压缩机排气温度过高；凝固温度尽可能低，以便获得更低的蒸发温度；单位容积制冷量要大，以提高压缩机的能效比，减少设备的体积；导热系数要高，以提高热交换器的效率；粘度和密度要小，以减少制冷剂在流动过程中的能量损耗；能与润滑油互溶或混合，而且不影响润滑油的润滑性能和电气性能，也不降低制冷剂本身的热力学性能。

（2）化学性能。化学稳定性好，在高温下不分解；对金属和其他材料无腐蚀作用；与冷冻油不发生化学反应。

（3）安全性能。在一般条件下，不燃烧，不爆炸，无毒，无臭，无味，不污染环境。

（4）经济性能。价格低廉，易于购买、储运。

1.3.2　常用制冷剂

目前，能够用做制冷剂的物质有 80 余种，常用的不过 10 多种，而电冰箱、空调器常用的制冷剂有 R12，R22，R502 以及 R134a，R152a，R600a 等环保型制冷剂。

1. R12（$CHCl_2F_2$，二氟二氯甲烷）

它是甲烷的衍生物，属于中压制冷剂，主要用于中、小型制冷设备。它无色、无味、不燃烧、不爆炸，对人体危害较少。R12 在一般情况下是无毒的，对金属也无腐蚀作用，只在温度达 400℃以上并与明火接触时，才分解出有毒的光气；如空气中 R12 的含量超过 25%～30%时，两小时后也会使人窒息。

R12 的特点是极易溶于油而不易溶于水，同时渗透力强。溶解于油，使润滑油性能降低，不易溶解于水，就容易使系统水分结冰，堵塞调节阀与管道，而且当氟里昂含有水分时，对金属有很大的腐蚀性。R12 还能溶解多种有机物质，所以不能用一般的橡胶密封垫。R12 在一个大气压下，沸点为–29.8℃，凝固点为–115℃。

2. R22（$CHCLF_2$，二氟一氯甲烷）

它是氢原子的甲烷衍生物，在相同蒸发压力下，R22 蒸发温度和冷凝温度比 R12 要低。R22 无色、无味、不燃烧、不爆炸、毒性比 R12 略大，但仍然是安全的制冷剂。R22 溶于油并稍溶于水，但仍属于不溶于水的物质。

R22 对金属与非金属的作用与 R12 相似，其泄漏特性与 R12 相似，同样需要系统密封性能高。

3. R502

它是由 48.8%的 R22 和 51.2%的 R12 组成的一种混合溶液，沸点是–45.6℃，使用温度是–60℃～–20℃。这种由两种或两种以上制冷剂按一定比例相互溶解而成的具有一定沸点的制冷剂叫做共沸溶液制冷剂。其在一定压力下，有一定的蒸发温度，而且液相和气相的成分是恒定的。

R502 兼有 R22 与 R12 的优点，使用 R502 的压缩机排气温度比使用 R22 的低 10℃～15℃，单位容积制冷量比 R22 高。在蒸发温度和冷凝温度相同的情况下，R502 的吸入压力高，压缩机的压缩比小，制冷系数大，在低温工况时，R502 的制冷量比 R22 大；蒸发温度若高于 0℃，则 R502 的制冷量反而比 R22 小。R502 的溶油性比 R22 差。R502 多用在低温的制冷系统。若用于小型空调器中，则须对制冷系统进行必要的改进。R502 虽然价格较贵，但因其性能优良，已逐渐代替 R22。

4. 新型制冷剂代替剂

由于 R12，R22 和 R502 均属低氯化氟化碳类物质，其分子中都含有氯原子，会破坏臭氧层，引起地球的“温室效应”，并且分子中氯原子数越多，破坏作用越强。因此，1992 年哥本哈根国际会议规定：发达国家从 1996 年 1 月 1 日起禁用 R12，从 2020 年 1 月 1 日起禁用 R22，而发展中国家的禁用期允许推后 10 年。寻找 CFCs 的最佳替代物是世界性的热点研究课题。

（1）R12 的替代物。比较成熟的有两类：一类是氢氟烃，以 R134a 为代表；另一类是丙烷和丁烷形成的烃。美国、日本及我国部分企业主张使用 R134a。这种物质不会破坏臭氧层，无毒，不可燃，物化性质也与 R12 相近；但它具有使全球变暖的温室效应，而且不溶于矿物油，须选用新的与 R134a 兼溶的酯类润滑油，并且要对压缩机、热交换器等制冷零部件的设计做相应的改动。欧洲国家普遍主张使用烃类制冷剂，有的用丙烷和丁烷各 50%的混合物替代 R12，有的用 R600a（异丁烷）替代 R12 等。

（2）R22 的替代物。氢氟烃类物质不破坏臭氧层。经过反复实验筛选，发现用 R32/R134a 的混合物替代 R22，不但热力性能更好，又可节能，而且电气绝缘性能比 R22 更好，因而使空调器整机性能有所提高。但它仅对聚酯类润滑油有兼溶性，而且这种兼溶性还受添加剂的种类、数量的影响。

1.3.3 冷冻油

压缩机所有运动零部件的磨合面必须用润滑油加以润滑，以减少磨损。制冷压缩面所使用的润滑油叫做冷冻机油，简称冷冻油。冷冻油还把磨合面的摩擦热能——磨屑带走，从而限制了压缩机的温升，改善了压缩机的工作条件。压缩机活塞与汽缸壁、轴封磨合面间的油蜡，不仅有润滑作用，而且有密封作用，可防止制冷剂的泄漏。

1. 冷冻油的性能与要求

冷冻油与制冷剂有很强的互溶性，并随制冷剂进入冷凝器和蒸发器，因此，冷冻油既要对运动部件起润滑和冷却作用，又不能对制冷系统产生不良影响。所以，冷冻油的物理、化学、热力性质应满足下列要求。

（1）黏度适当。黏度是表示流体黏滞性大小的物理量。黏度分为动力黏度和运动黏度两种，黏度随温度的升高而降低，随压力的增大而增大。黏度是冷冻油的一项主要性能指标。因此，冷冻油通常是以运动黏度值来划分牌号的，不同制冷剂要使用不同黏度的冷冻油。如 R12 与冷冻油互溶性强，使冷冻油变稀，应使用黏度较高的冷冻油。制冷系统工作温度低，应使用黏度低的冷冻油；制冷系统工作温度高，应使用黏度高的冷冻油。转速高的往复式压缩机及旋转式压缩机应使用黏度高的冷冻油。

（2）浊点低于蒸发温度。冷冻油中残留有微量的石蜡，当温度降到某个值时，石蜡就开始析出，这时的温度称为浊点。冷冻油的浊点必须低于制冷系统中的蒸发温度，因为冷冻油与制冷剂互相溶解，并随着制冷剂的循环而流经制冷系统的各有关部分，冷冻油析出石蜡后，会堵塞节流阀孔等狭窄部位，或存积在蒸发器盘管的内表面，影响传热效果。

（3）凝固点足够低。冷冻油失去流动性时的温度称为凝固点，其凝固点总比浊点低。冷冻油的凝固点必须足够低，以 R12 和 R22 为制冷剂的压缩机，其冷冻油的凝固点应分别低于 –30℃和–40℃。冷冻油中溶入制冷剂后，其凝固点会降低。如冷冻油中溶入 R22 后，其凝固点会降低 15℃～30℃。

（4）闪点足够高。冷冻油蒸汽与火焰接触时发生闪火的最低温度，叫做冷冻油的闪点。冷冻油的闪点应比压缩机的排气温度高 20℃～30℃，以免冷冻油分解、结炭，使润滑性能和密封性能恶化。使用 R12 和 R22 为制冷剂压缩机，其冷冻油闪点应在 160℃以上；而在热带等高温环境下使用的空调器，其冷冻油闪点宜在 190℃以上。

（5）化学稳定性好。冷冻油在与制冷剂、金属共存的系统中，若温度比较高，则会在金属的催化作用下，发生分解、聚合、氧化等化学反应，生成具有腐蚀作用的酸。因此，化学稳定性好的冷冻油，其含酸值比较低。

（6）杂质含量低。制冷剂、冷冻油溶液中若混入微量水分，则会加速该溶液的酸化作用，使制冷系统出现有害的镀铜现象，并使压缩机的电机绝缘性能降低。因此，1kg 冷冻油中含水应低于 40mg。冷冻油在生产过程中虽然经过严格的脱水处理，但它有很强的吸水性，因此冷冻油存储中要做好容器的密封工作，勿让其长时期与空气自然接触。冷冻油中若含有机械杂质，则会加速运动机件的磨损，并引起油路堵塞。所以，冷冻油不含机械杂质。

（7）绝缘性能好。封闭式压缩机的电动机绕组及其接线柱与冷冻油直接接触，因此，要求冷冻油有良好的绝缘性能。纯净冷冻油的绝缘性能一般都很好，但是，若油中含有水分、尘埃等杂质，则其绝缘性能就会降低。冷冻油的绝缘性能用击穿电压来表示。击穿电压测定的方法为：将冷冻油倒入装有一对 2.5mm 间隙的电极的玻璃容器内，电极通电后逐渐升高电压直到冷冻油的绝缘被破坏而发出激烈的响声，此时的电压值就是这种油的击穿电压。冷冻油的击穿电压要求在 25kV 以上。

2. 冷冻油的选用

（1）牌号选择。目前，我国生产的冷冻油主要有 5 种，其牌号按运动黏度来标定，黏度越大，标号越高。不同牌号的冷冻油不能混用，但可以代用。代替原则是：高标号冷冻油可代替低标号冷冻油，而低标号冷冻油不能代替高标号冷冻油。使用 R12 做制冷剂的压缩机可采用 HD -18 号冷冻油；使用 R22 做制冷剂的压缩机可采用 HD -25 号冷冻油。

（2）质量判断。从冷冻油外观可以初步判断其质量的优劣。当冷冻油中含有杂质或水分时，其透明度降低；当冷冻油变质时，其颜色变深。因此，可在白色干净的吸墨纸上滴一滴冷冻油，若油迹颜色浅而均匀，则冷冻油质量尚可；若油迹呈一组同心圆状分布时，则冷冻油内含有杂质；若油迹呈褐色斑点状分布，则冷冻油已变质，不能使用。优质冷冻油应是无色透明的，使用一段时间后会变成淡黄色，随着使用时间的延长，油的颜色会逐渐变深，透明度变差。

习题 1

1. 简述 3 种温标的定义及相互关系。
2. 什么是空气的绝对湿度？什么是空气的相对湿度？二者的关系如何？
3. 什么叫饱和温度和饱和压力？饱和温度和饱和压力对制冷系统有何意义？
4. 什么叫制冷量？什么叫名义制冷量？名义制冷量与实际制冷能力相同吗？

5. 简述普通制冷方法的工作原理。
6. 简述电冰箱的基本工作原理。
7. 简述空调器的基本工作原理，并比较与电冰箱工作原理的异同。
8. 常用的制冷剂有哪些？对制冷剂的性能要求如何？
9. 冷冻油的性能如何要求？如何选用冷冻油？

第2章 电 冰 箱

2.1 电冰箱概述

2.1.1 定义

电冰箱是以人工方法获得低温并提供储存空间的冷藏与冷冻器具。由于低温环境可以抑制食品组织中的酵母作用，阻碍微生物的繁衍，能在较长时间内储存食品而不损坏其原有的色、香、味与营养价值，这使得电冰箱自问世以后得到了广泛的应用。而家用电冰箱是指供家庭使用、并有适当容积和装置的绝热箱体，多采用消耗电能的手段来制冷，并具有一个或多个间室。家用电冰箱型号的第一个字母用“B”表示。

2.1.2 分类

1. 按用途不同分类

（1）冷藏箱。它没有冷冻功能，主要用于食品和药品的冷藏保鲜，也可以用来短期储存少量的冷冻食品。

（2）冷冻箱。它没有冷藏室，只有一个冷冻室，可提供-18℃以下的低温，供冷冻较多的食品之用。

（3）普通家用电冰箱。它具有冷藏和冷冻两种功能。其箱体分为两个相互隔离的小室，各室温度不同，其中一个为冷冻室（有的还具有速冻功能），其余为具有不同温度的冷藏室。

2. 按容积大小分类

（1）携带式电冰箱。容积在 12～20L 范围内，多为半导体冰箱，供旅行及装在汽车上使用。

（2）台式电冰箱。容积在 30～50L 之间，多设在旅馆房间内供住客使用。

（3）落地式电冰箱。容积在 50L 以上，我国家庭多使用 150～270L 的电冰箱，目前大容量的在 500L 左右。

3. 按使用环境温度不同分类

按使用环境温度不同，依据家用电冰箱国家标准（GB/T 8059.1—1995）的规定，家用电冰箱可以分为以下 4 种类型。

（1）亚温带型（SN 型）。使用的环境温度为 10℃～32℃。我国的东北、内蒙古北部、新疆等地适用亚温带型电冰箱。

（2）温带型（N 型）。使用的环境温度为 16℃～32℃。我国华北、内蒙南部地区适用温带型。

（3）亚热带型（ST 型）。使用的环境温度为 18℃～38℃。我国的华中等地适用亚热带型。

（4）热带型（T 型）。使用的环境温度为 18℃～43℃。我国的广东、海南等地适用热带型。

4. 按放置形式分类

根据电冰箱放置形式的不同，可分为自然放置式、嵌入式和壁挂式三类。

（1）自然放置式电冰箱。

① 立式电冰箱。占地面积小。

② 卧式电冰箱。也称顶开式电冰箱，开门时外泄热量少。

③ 台式电冰箱。一般为小规格电冰箱。

④ 台柜式电冰箱。常放置在厨房内，顶部可作台板使用。

⑤ 炊具组合式电冰箱。

⑥ 可移动茶几式电冰箱。

（2）嵌入式电冰箱。

（3）壁挂式电冰箱。

5. 按箱体结构分类

（1）平背式电冰箱。平背式电冰箱的背部为平板，采用内藏式冷凝器，冷凝器内藏于箱体的夹层内。图 2.1（a）所示为其外形图，其优点是外壳平整美观、噪声低。同时提高了冷凝器的冷却性能；借助蒸发器内的化霜水冷却制冷剂，化霜水吸引了制冷剂的热量而蒸发，免去倒水的麻烦；用高温高压制冷剂防露，比电垫防露省电；省去了清理冷凝器的麻烦并节省了空间，改善了外观，但修理困难。

（2）凸背式电冰箱。凸背式电冰箱采用外露式冷凝器，一般装在箱体背面外部，如图 2.1（b）所示。其优点是单位尺寸散热面积大、通风条件好、维修方便、成本低。但其表面易积灰尘又不易清洁，移动时冷凝器易损坏，占用空间，外表不够美观。

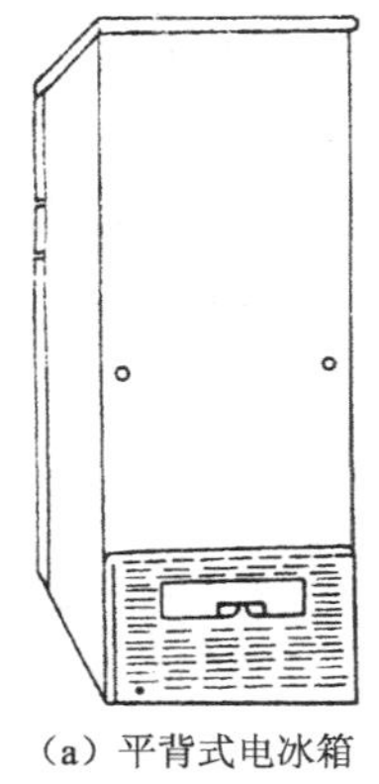

（a）平背式电冰箱

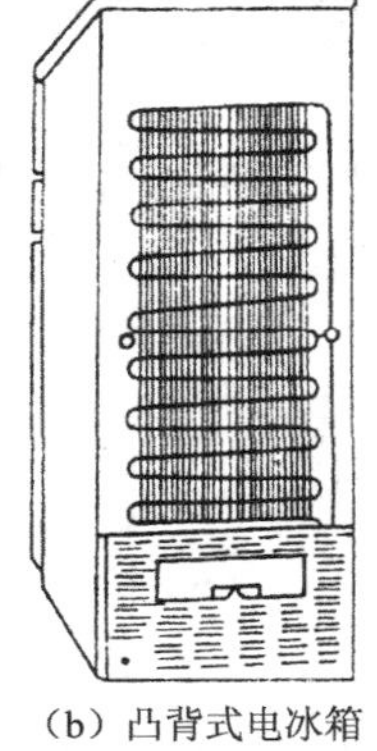

（b）凸背式电冰箱

图 2.1　电冰箱箱体外形结构

6. 按箱门数量分类

（1）单门电冰箱。单门电冰箱只设一扇箱门，其箱内上部有一个由蒸发器围成的冷冻室，可储藏冷冻食品。冷冻室下面为冷藏室，由接水盘与蒸发器隔开。单门电冰箱都属于直冷式电冰箱，如图 2.2 所示。

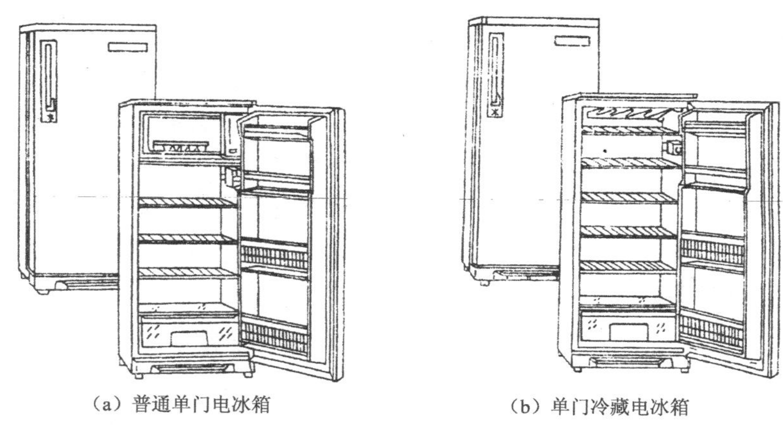

（a）普通单门电冰箱　　（b）单门冷藏电冰箱

图 2.2　单门电冰箱

（2）双门电冰箱。双门电冰箱有两个分别开启的箱门，多为立柜上下开启式，如图 2.3 所示。它有两个大小不等的隔间，小隔间为冷冻室，大隔间为冷藏室。

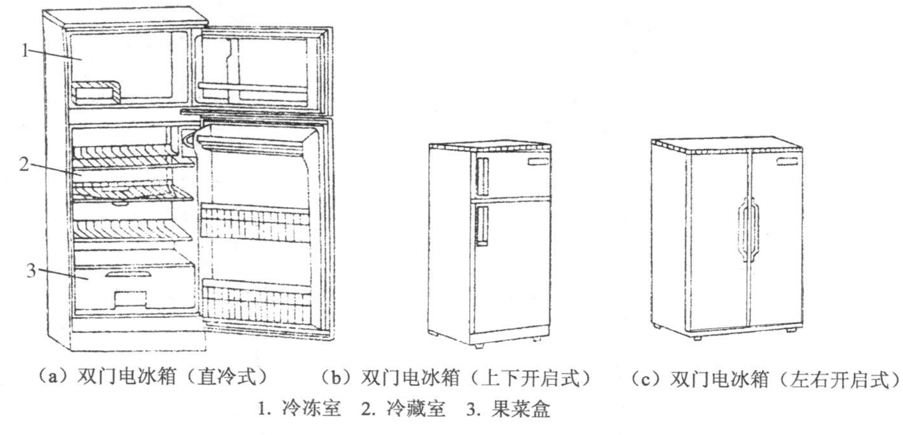

（a）双门电冰箱（直冷式）　（b）双门电冰箱（上下开启式）　（c）双门电冰箱（左右开启式）

1. 冷冻室　2. 冷藏室　3. 果菜盒

图 2.3　双门电冰箱

（3）三门电冰箱。三门电冰箱有 3 个分别开启的箱门或 3 只抽屉，对应的有 3 个不同的温区，适合储藏不同温度要求的各类食品，做到各间室的功能分开，食品生熟分开，保证了冷冻冷藏质量。这是近年来流行的产品，如图 2.4 所示。

（4）四门或多门电冰箱。此类冰箱容积都在 250L 以上，制冷方式为风冷式，多为抽屉式结构，可设置不同的温区，便于储存温度要求不同的各种食品，如图 2.5 所示。

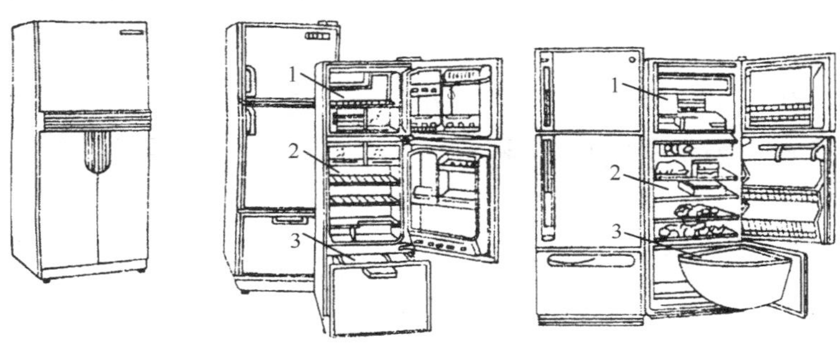

（a）对开式三门电冰箱　　（b）三门冷藏冷冻箱

1. 冷冻室　2. 冷藏室　3. 果菜室

图 2.4　三门电冰箱

7. 按冷却方式不同分类

（1）直冷式电冰箱。直冷式电冰箱也称有霜电冰箱，是采用空气自然对流的降温方式，冷藏室和冷冻室各有独立的蒸发器，可以直接吸收食品或室内空气中的热量而使其冷却降温，如图 2.6 所示。此类电冰箱结构简单，冻结速度快，耗电少，但冷藏室降温慢，箱内温度不均匀，冷冻室蒸发器易结霜，化霜麻烦。

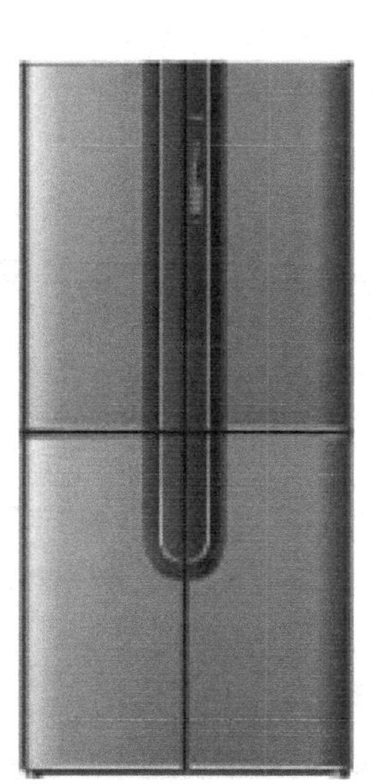

图 2.5　四门电冰箱

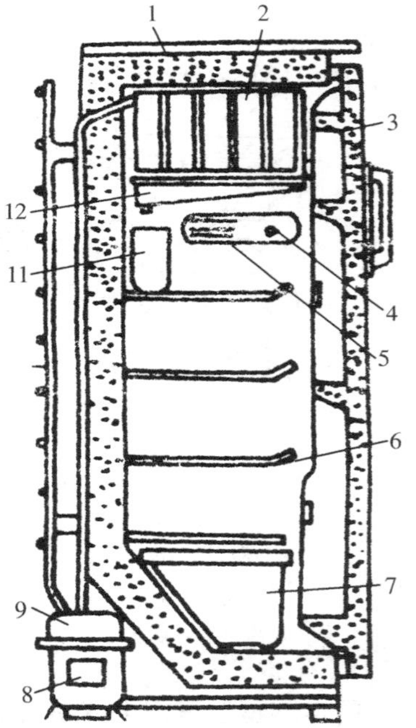

1. 箱体　2. 蒸发器　3. 箱门　4. 温控器　5. 照明灯　6. 搁架　7. 果菜盒　8. 启动器　9. 压缩机　10. 冷凝器　11. 接水杯　12. 接水盘

图 2.6　单门直冷式电冰箱

（2）间冷式电冰箱。间冷式电冰箱又称风冷无霜电冰箱，是采用强制空气对流降温方式的电冰箱，在结构上将蒸发器集中放置在一个专门的制冷区域内，依靠风扇吹送冷气在冰箱内循环来降低箱内温度。此类冰箱的蒸发器可装在冷冻室与冷藏室隔层中，也可以装在冷冻

室后壁隔层中，前者称为横卧式，后者称为竖立式，如图 2.7 所示。

（3）直冷、风冷混合式电冰箱。这种电冰箱冷藏室一般采用空气自然对流降温方式，冷冻室采用强制冷气对流降温方式，如图 2.8 所示。这种电冰箱性能良好，用电子温控装置，价格较昂贵，适用于大容积多门豪华型电冰箱。

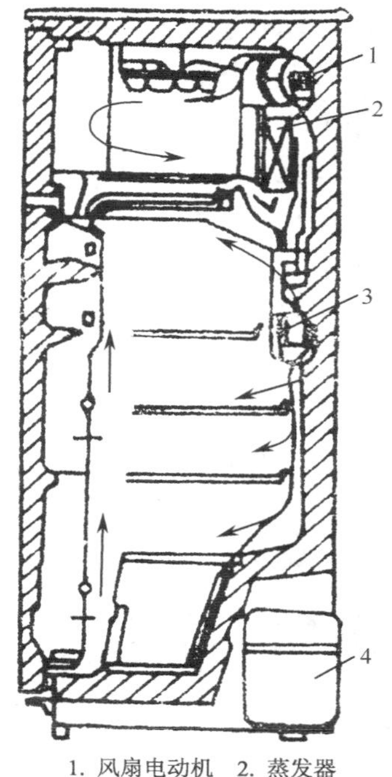

1. 风扇电动机　2. 蒸发器
3. 风门调节器　4. 压缩机

图 2.7　双门风冷式电冰箱

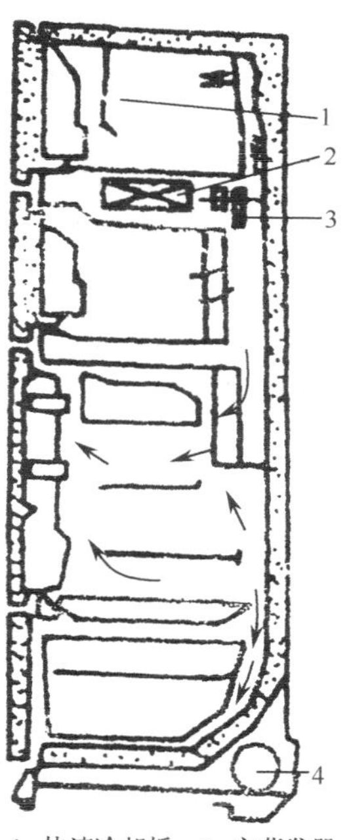

1. 快速冷却板　2. 主蒸发器
3. 风扇　4. 旋转压缩机

图 2.8　直冷、风冷混合式电冰箱

8. 按制冷原理不同分类

（1）全封闭蒸汽压缩式电冰箱。这种电冰箱在理论和制造工艺上都比较成熟，制冷效果较佳，使用寿命可达 10～15 年。它是目前生产和使用最多的电冰箱，本书将重点介绍这类电冰箱。

（2）吸收式冰箱。吸收式制冷循环的原理如图 2.9 所示。吸收式冰箱的最大特点是利用热源作为制冷原动力，没有电动机，所以无噪声，寿命长，且不易发生故障。家用吸收式冰箱的制冷系统是以液体吸收气体和加入扩散剂（氢气）所组成的“气冷连续吸收扩散式制冷系统”（连续吸收－扩散式制冷系统）。在不断地加热下，它能连续制冷。吸收式冰箱若以电能转换成热能，再用热能来作为热源，其效率不如压缩式电冰箱效率高。但是，它可以使用其他热源，如天然气、煤气等。

在吸收式冰箱的制冷系统中，注有制冷剂氨（NH_3）、吸收剂水（H_2O）、扩散剂氢气（H_2）。在较低的温度下，氨能够大量地溶于水，形成氨液。但在受热升温后，氨又要从水中逸出。其工作原理简述如下：若对系统的发生器进行加热，发生器的浓氨液就产生氨—水混合蒸汽，其中存留液化温度高，故先凝结成水，沿管道流回到发生器的上部；氨蒸汽则继续上升直至冷凝器中，并放热冷凝为液态氨。液氨由斜管流入储液器（储液器为一段 U 形管，其中存留液氨，以防止氢气从蒸发器进入冷凝器），然后流入蒸发器液氨进入蒸发器吸热后，有部分液氨汽化，并与蒸发器中的氢气混合。氨向氢气中扩散（蒸发）并强烈吸热，实现制冷的目的。吸收器中有从发生器上端流来的水，水便吸收（溶解）氨氢混合气体中的氨气，形成浓氨液流入发生器的下部。而氢气因其比重轻，又升回到蒸发器中。这样就实现了连续吸收—扩散式的制冷循环。目前生产的吸收式冰箱有 BC—42 型冰箱等。

（3）半导体式电冰箱。半导体式电冰箱是利用半导体制冷器件进行制冷的，根据法国珀尔帖发现的半导体温差电效应制成的一种制冷装置。一块 N 型半导体和 P 型半导体连结成电偶，电偶与直流电源连成电路后就能发生能量的转换。电流由 N 型元件流向 P 型元件时，其 PN 结合处便吸收热量成为冷端；当电流由 P 型元件流向 N 型元件时，其 PN 结合处便释放热量成为热端。冷端紧贴在吸热器（蒸发器）平面上，置于冰箱内用来制冷；热端装在箱背，用冷却水或加装散热后靠空气对流冷却。其制冷原理如图 2.10 所示。串联在电路中的可变电阻用来改变电流的强度，从而控制制冷的强弱。如果改变电源的极性，则热点与冷点互易位置。为了提高制冷效率，可将若干相同的电偶并联运行，也可将电偶串联运行。

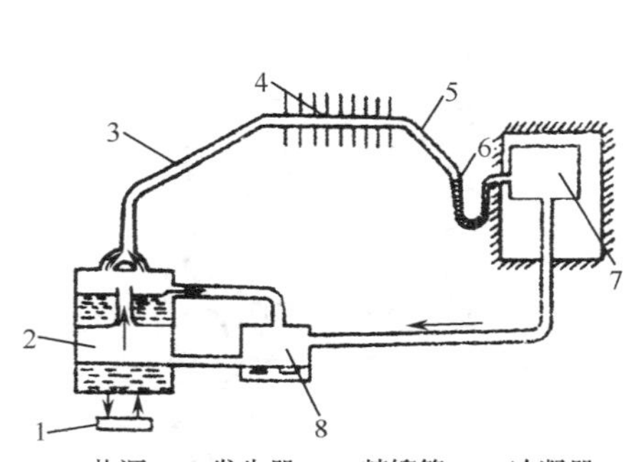

1. 热源　2. 发生器　3. 精馏管　4. 冷凝器
5. 斜管　6. 贮液器与液封　7. 蒸发器　8. 吸收器

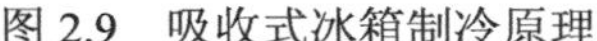
图 2.9　吸收式冰箱制冷原理

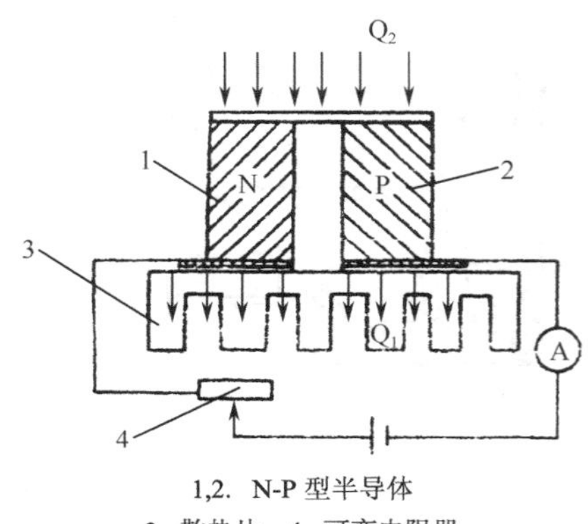

1,2. N-P 型半导体
3. 散热片　4. 可变电阻器

图 2.10　半导体式电冰箱制冷原理

半导体式电冰箱的制冷系统无机械运动、无噪声、制造方便。但它的制造成本高、制冷效率较低，且必须使用直流电源，故只限于使用在某些特定的场合（如实验室、汽车等）。

2.1.3　电冰箱的型号表示及含义

近年来生产电冰箱都是根据国家标准 GB 8059.1—87 的规定，其型号表示方法和含义如图 2.11 所示。

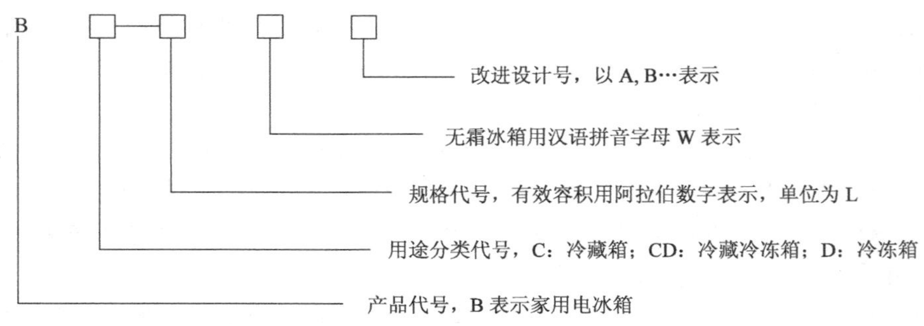

图 2.11　电冰箱型号表示方法示意图

还有些型号是比较复杂的字母在数字后面，不同的后缀字母有不同的解释。有的是颜色，有的是材料，一般为英文单词的第一个字母，B 为黑色，C 为香槟色，R 为红色，W 为白色等。

例如：BC—180 表示家用冷藏箱，有效容积为 180L；BCD—150B 表示家用冷藏冷冻箱，有效容积 150L，经过第二次设计改进；BCD—251WA 表示家用冷藏冷冻箱，风冷式（无霜），有效容积 251L，经过第一次设计改进。

2.1.4 电冰箱的主要规格与技术参数

1. 有效容积

电冰箱的有效容积是指关上门后，冰箱内壁所包围的可供储藏物品的空间的大小，单位通常用升（L）表示。生产厂家在产品铭牌或样本上标出的有效容积为该产品的额定有效容积。

2. 箱内温度范围及星级规定

（1）冷藏室温度。双门双温电冰箱冷藏室温度一般为 0℃ ～10℃；三门冰箱果蔬室的温度约 6℃以上；四门冰箱设计温室，用于冷藏新鲜肉和豆腐等，其温度为 0℃ ～1℃。

（2）冷冻室温度用星级规定区分，如表 2.1 所示。

表 2.1 电冰箱星级规定

级　别	星　号	冷冻室温度/℃	冷冻室储藏期
一星	*	<–6	7 天
二星	**	<–12	1 个月
高二星（日本 JIS 标准）	**	<–15	1.8 个月
三星	***	<–18	3 个月
四星	****	<–24	6～8 个月

3. 压缩机输入功率

电冰箱采用全封闭式压缩机，其铭牌上标出压缩机的输入功率。如河南新飞电器有限公司生产的新飞 BCD—189V 电冰箱压缩机的输入功率为 100W。

4. 日耗电量

电冰箱的日耗电量与环境温度及冰箱的温度设置高低有关，按国家标准测度方法，在 25℃的环境温度下运行 24h 测出的所消耗的电能，并标注在产品的铭牌上，单位为千瓦小时/24 小时（kW·h/24h）。但实际使用时的耗电量一般要大一些，毕竟冰箱要冷冻冷藏食品，每天还要开门，每天的耗电量在 0.5～1.5 度之间。另外，冰箱应放置在通风阴凉的地方，四周应留一定的空间，以利于冰箱的通风散热，提高工作效率。合理设置温度，保持冷冻室的温度在零下 18 度，冷藏室的温度在 5～8 度之间。当然，在保证食品的冷冻和保鲜的情况下，冰箱内的温度设置的越高就越省电。

当前，海尔已经推出了日耗电量 0.23 度超级节能冰箱，以及 500 升容积以上唯一耗电量低于 1 度的卡萨帝高端节能冰箱。

5. 电源

我国生产的电冰箱多采用单相交流市电，额定电压 220V，频率 50Hz。

6. 制冷剂及其充注量

目前家用电冰箱多采用 R134a 或 R600a 为制冷剂。不同规格的电冰箱制冷剂的充注量是不同的；相同规格的电冰箱，生产厂家不同，充注量也不一定相同。通常生产厂家都将制冷剂充注量标明在产品铭牌或说明书上，备维修时查用。

2.2 电冰箱箱体

电冰箱箱体由外箱、内胆、绝热层、箱门（门封胶条、门铰链等）、箱内附件（搁架、各类盒盘）等组成。除制冷系统外，箱体的保温和箱门的密封性是电冰箱制冷效果好坏的关键。箱体的热损失主要表现为如下 3 个方面：一是箱体绝热层的热损失，占总热损失的 80%左右；二是箱门和门封条的热损失，约占总热损失的 15%；三是箱体结构零件的热损失，约占总热损失的 3%。

2.2.1 外箱

1. 外箱的结构

外箱的结构形式一般有整体式和拼装式两种，如图 2.12 所示为整体式箱体结构，如图 2.13 所示为拼装式箱体结构。

（1）整体式。它是将顶板与左右侧板按要求辊轧成一倒“U”字形，再与后板、斜板点焊成箱体，或将底板与左右侧板弯折成“U”字形，再与后板、斜板点焊成一体，前者要示辊轧线长度较长，而后者要求辊轧宽度较宽。整体式结构的电冰箱多为美国和日本厂家采用。

（2）拼装式。它是由左中侧板、后板、斜板等拼装成一个完整的箱体。其优点是不需要大型辊轧设备，箱体规格变化容易，适应于多规格、多系列的产品特点，但对每块侧板要求高，强度不如整体式好。拼装式结构的电冰箱多为欧洲厂家采用。我国引进的电冰箱生产设备多为欧洲厂家，因此电冰箱结构也多为拼装式结构。

2. 外箱的组成

外箱与门面板一般采用 0.6～1mm 厚冷轧钢板经裁切、冲压、焊接成型、外表面磷化、涂漆或喷塑处理。近年来，国外已开发出了各种彩板（包括在门面板上压膜各种大小不同彩色图画），既改变和丰富了产品的外观，又免除了繁杂的涂覆等工序，保护了环境。

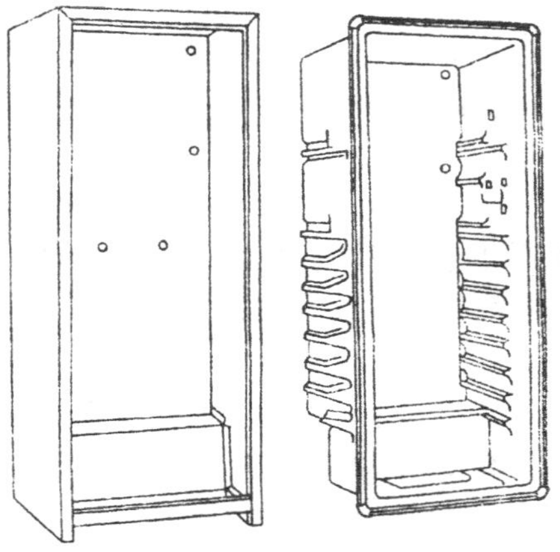

（a）箱体外壳

（b）箱体内胆

图 2.12 整体式箱体结构

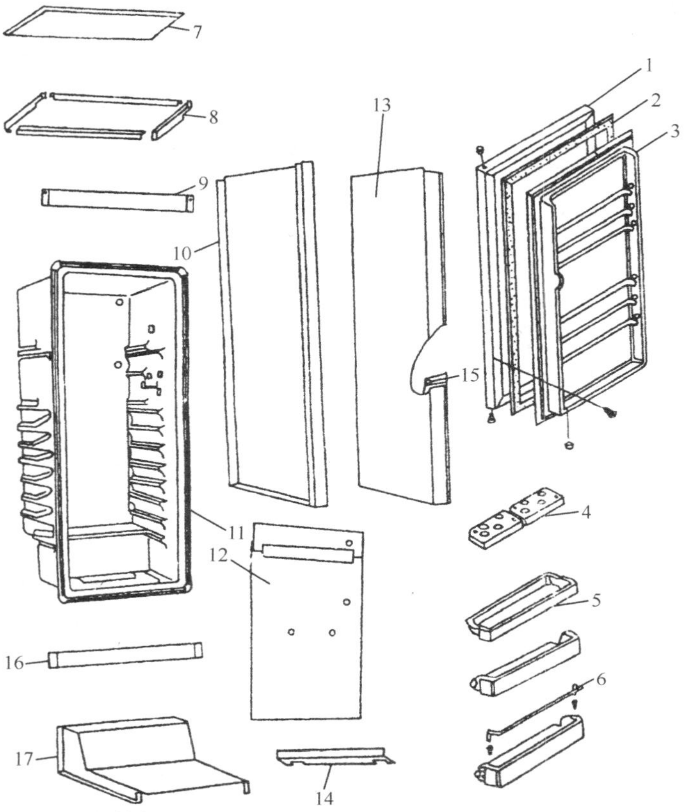

1. 门外壳 2. 门封条 3. 内衬板 4. 蛋架 5. 瓶架 6. 瓶栏杆 7. 顶板 8. 上顶边框 9. 上前梁 10. 右侧板 11. 箱体内胆 12. 后背板 13. 左侧板 14. 后梁 15. 除露管 16. 下前梁 17. 下底

图 2.13 拼装式箱体结构

2.2.2 箱体内胆

它位于箱体内层，用以将冷藏冷冻空间与隔热层分开，并通过制冰格、搁架和果菜盒等附件存放食品。由于箱体内胆有可能与食品直接接触，因此它必须是无毒、无味、耐腐蚀性的。

1. 选用的材料

目前电冰箱内胆（含门胆）既有采用经过搪瓷处理或喷涂的薄钢板、防锈铝板、不锈钢板等金属成型的，也有用优质的 ABS 或改性聚苯乙烯塑料经过加热干燥后真空成型的。后者已成为目前国内生产厂家的首选方式，其中大部分用 ABS 板材，也有不少厂家内胆是采用 HIPS 板材。

2. 发展

随着人们生活水平的提高，越来越多的消费者希望用上能够预防和抵抗有害细菌生存的健康型电冰箱。近年来，国内一些电冰箱厂家为适应市场需求，开发了一种新型的健康的电

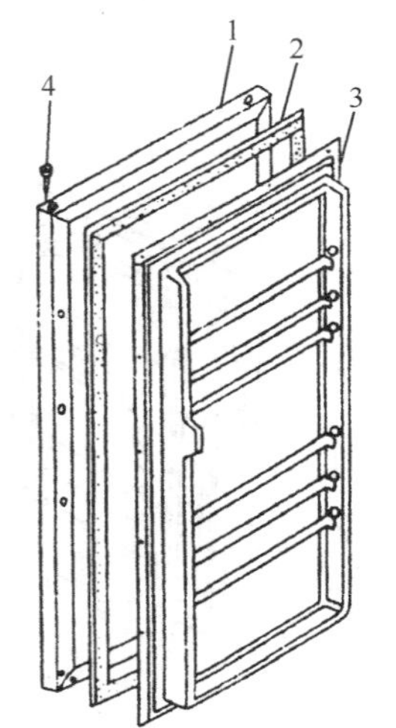

1. 门壳　2. 门封条　3. 门衬板　4. 门轴

图 2.14　箱门结构

冰箱，它采用了经过特殊处理加入高效广谱无机系抗菌杀菌剂的塑料（ABS 或 HIPS）板材作为电冰箱内胆。用这种新型抗菌板材成型的内胆能有效抑制电冰箱内有害细菌的滋生，对附着在内胆上壁的大肠杆菌、金黄色葡萄球菌等对人体有害及导致食物变质的毒菌有一定的杀伤力，使电冰箱内食品的卫生环境有显著提高。

2.2.3　箱门

1. 箱门的结构

箱门是由外壳、内衬板和磁性门封条组成，其结构如图 2.14 所示。图 2.15 所示为普通箱门断面图。为了提高外观效果，也可在门周边加有装饰性塑料边框，如图 2.16 所示。近年来又使装饰性边框成为箱门主体结构，即框架结构的门体，如图 2.17 所示，这种结构是将门封条嵌入塑料框架内，取代螺钉固定的连接方法，从而简化了钣金成型和组装工艺。

2. 磁性门封

为了防止从箱门与箱体结合处泄漏冷气，电冰箱的箱门上均装磁性门封，如图 2.18 所示。磁性门封是电冰箱的主要部件之一，它是在软质聚氯乙烯门封条内插入磁性胶条。

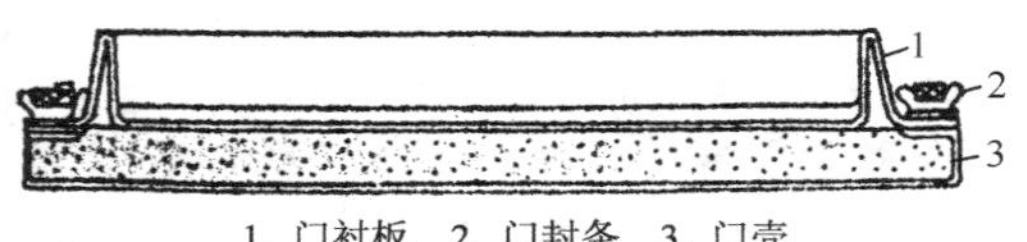

1. 门衬板　2. 门封条　3. 门壳

图 2.15　普通箱门断面图

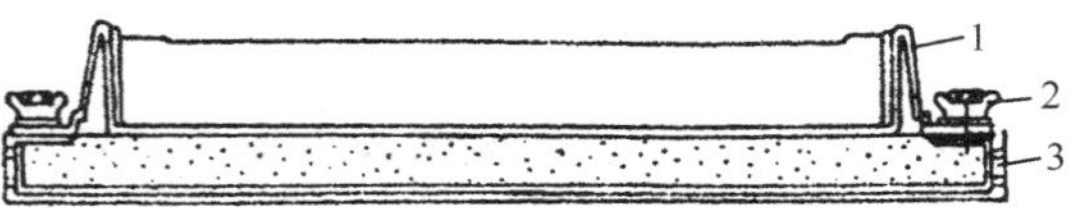

1. 门衬板　2. 门封条　3. 装饰边框

图 2.16　带装饰边框的箱门

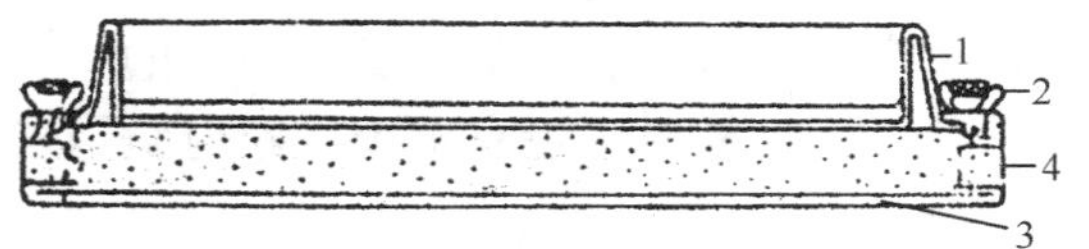

1. 门衬板　2. 门封条　3. 面板　4. 框架

图 2.17　塑料框架箱门结构

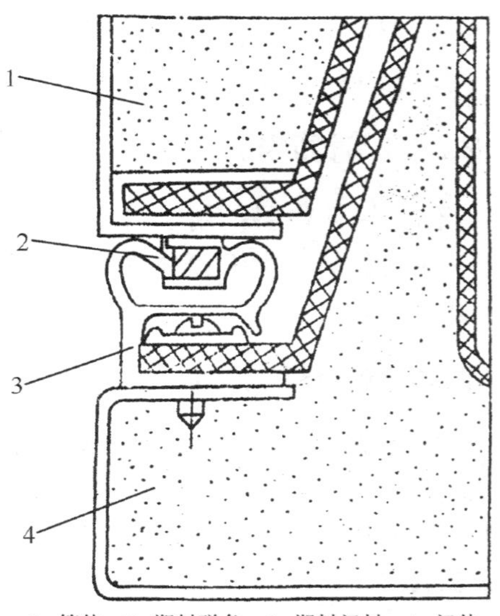

1. 箱体　2. 塑料磁条　3. 塑料门封　4. 门体

图 2.18　磁性门封结构

2.2.4 绝热材料

目前电冰箱的绝热材料常采用硬质聚氨酯泡沫塑料，其优点是质量轻，导热系数低，绝热性能好，使电冰箱绝热层越来越薄。目前日本已成功研制出导热系数为 0.01W/m·K 的真空绝热方法，并已用于电冰箱生产中。硬质聚氨酯泡沫塑料的发泡方法，目前主要有一次发泡法和二次发泡法。

1. 一次发泡法

在常压下，使两组由若干种原料配制而成的发泡液体混合喷出，沉积在工件表面，进行化学反应，产生二氧化碳并释放出热量，使低沸点的组分汽化发泡。

2. 二次发泡法

在一定的压力下，利用 R12，R11（或 R113）等作为发泡剂。当分为两组的若干原料以一定压力从喷头喷出降为常压时，R12 首先汽化，使喷出的原料混合液变为泡沫状，此即第一次发泡。泡沫状液体原料沉积在工件表面，又开始进行化学反应，释放出热量使 R11 或 R113 汽化，进行第二次发泡。

二次发泡法比一次发泡法性能优越，主要表现为发泡倍数大，第一次发泡为 10～12 倍，第二次发泡为 3～4 倍，总发泡倍数为 40 倍左右。国外采用二次发泡法较多，而我国一般均采用一次发泡法。

2.3 制冷系统的类型及结构特点

2.3.1 单门电冰箱制冷系统

单门电冰箱制冷各部件及其连接管道如图 2.19 所示。单门电冰箱常采用半自动化霜温控器，既控制压缩机的开停，以控制箱内的温度，也用以在霜层太厚时，按下温控器中间按钮，使压缩机停机，让箱温回升后化霜。化霜水流入接水盘，再通过导管流入箱底的蒸发皿。有的单门电冰箱在箱体门框四周及箱底布有防露管，用制冷剂的热量防止门框凝露，并用以蒸发蒸发皿中的化霜水，如图 2.20 所示。

2.3.2 双门电冰箱制冷系统

1. 双门间冷式电冰箱制冷系统各部件连接

双门间冷式电冰箱制冷系统各部件连接如图 2.21 所示。它只用一个翅片式蒸发器，置于冷冻室与冷藏室之间的夹层，或冷冻室与箱体之间的夹层，利用冷却风扇及风道把蒸发器的冷量带到冷藏室与冷冻室。它一般配置两个温控器（双门双温控制），冷冻室采用普通温控器控制压缩机的开停时间，以控制冷冻室的温度；冷藏室采用感温风门温控器控制流入冷藏室的冷量，以控制冷藏室的温度。间冷式电冰箱常采用自动化霜装置，霜层一出现即自动化霜，以提高制冷效率。

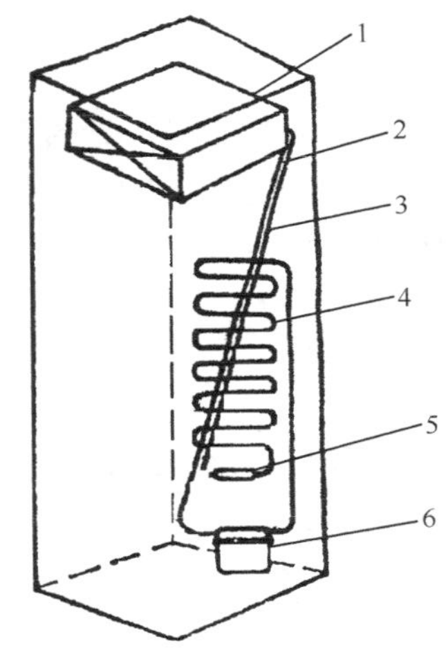

1. 蒸发器　2. 回气管　3. 毛细管　4. 冷凝器
5. 干燥过滤器　6. 压缩机

图 2.19　单门电冰箱制冷系统

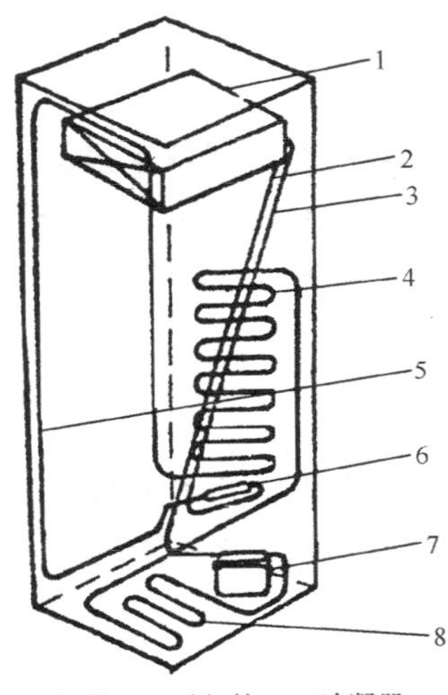

1. 蒸发器　2. 回气管　3. 毛细管　4. 冷凝器　5. 防露管
6. 干燥过滤器　7. 压缩机　8. 蒸发器加热器

图 2.20　制冷剂做加热器的制冷系统

2. 双门直冷式双温单控制冷系统循环

双门直冷式双温单控制冷系统循环如图 2.22 所示。该系统在冷冻室和冷藏室中各设一个独立的蒸发器，两个蒸发器在制冷系统中是串联的。通过设在箱门框四周加热使之不结露。从毛细管节流降压后的制冷剂先进入冷藏室蒸发器，然后再进入冷冻室蒸发器。多数双门电冰箱都设置了除霜水加热器，其作用是当箱内融化的霜水由出水管导流至底部的水蒸发盘时，吸收流经除霜水加热器的高温高压制冷剂蒸汽的热量，从而提高冷凝器效果。这样由冷凝器、门框除霜管和除霜水加热器一起组成一个冷凝系统。当压缩机通电运行时，其循环路径如下：压缩机→除霜水加热器→冷凝器→门框除霜管→干燥过滤器→毛细管→冷藏室蒸发器→冷冻室蒸发器→压缩机。

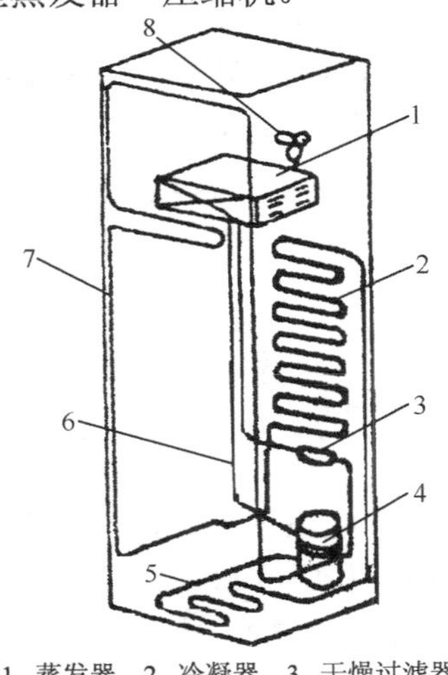

1. 蒸发器　2. 冷凝器　3. 干燥过滤器
4. 压缩机　5. 蒸发器加热器
6. 防露管　7. 回气管　8. 风扇

图 2.21　双门间冷式电冰箱制冷系统

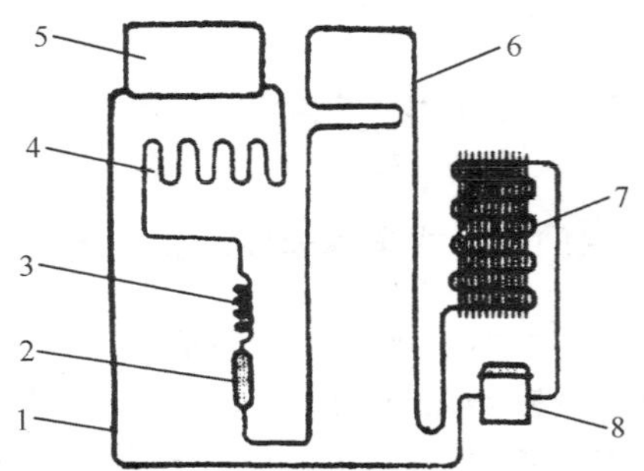

1. 低压回气管　2. 干燥过滤器　3. 毛细管
4. 冷藏室蒸发器　5. 冷冻室蒸发器
6. 除霜管　7. 冷凝器　8. 压缩机

图 2.22　双门直冷式双温单控电冰箱制冷系统

3. 双门直冷式双温双控制冷系统

双门直冷式双温双控制冷系统循环如图 2.23 所示。该系统有两个温控器分别控制冷冻室和冷藏室的温度。冷藏室温控器是根据冷藏室温度变化来控制电磁切换阀。如当冷藏室蒸发器温度升到 3.5℃时，冷藏室温控器使电磁切换阀断电，制冷剂流入冷藏室蒸发器，继而进入冷冻室蒸发器，冷藏室产生制冷作用。当冷藏室温度达到设定值时，冷藏室温控器使电磁切换阀通电，制冷剂停止流入冷藏室蒸发器，而直接进入冷冻室蒸发器。冷冻室温控器根据冷冻室要求来控制压缩机的开、停。

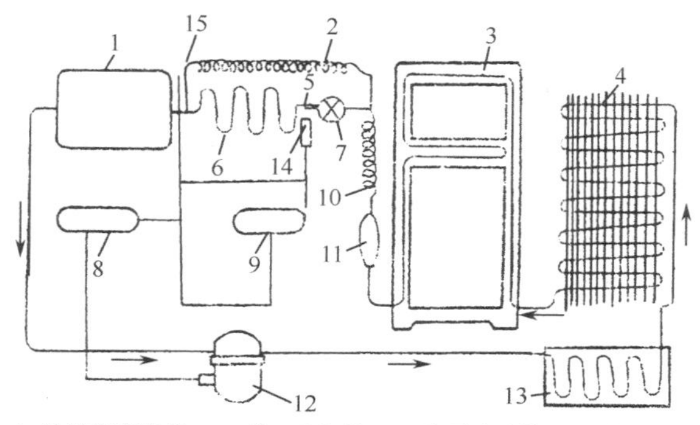

1. 冷冻室蒸发器　2. 第三毛细管　3. 防露防冻管　4. 冷凝器
5. 第二毛细管　6. 冷藏室蒸发器　7. 电磁切换阀　8. 冷冻室温控器　9. 冷藏室温控器
10. 第一毛细管　11. 干燥过滤器　12. 压缩机　13. 蒸发器加热器　14. 冷藏室感温包　15. 冷冻室感温包

图 2.23　双门直冷式双温双控电冰箱制冷系统

当压缩机通电运行时，制冷剂经压缩机→除霜水蒸发器加热管→冷凝器→防露管→干燥过滤器→第一毛细管→电磁切换阀→第二毛细管→冷藏室蒸发器→冷冻室蒸发器→压缩机，完成一个制冷循环。

当冷冻室负荷增大、冷藏室温度先达到设定值时，冷藏室温控器控制电磁切换阀改变制冷剂流向，使第一毛细管的制冷剂经第三毛细管直接注入冷冻室蒸发器，然后流回压缩机。这时，切断了进入冷藏室蒸发器的制冷剂，只通过冷冻室蒸发器进行循环。当需要速冻时，制冷剂也只通过冷冻室蒸发器循环，这样可使冷冻室迅速降温。

2.4　制冷系统零部件

2.4.1　压缩机

1. 作用及性能指标

压缩机就是通过消耗机械能，一方面压缩蒸发器排出的低压制冷蒸汽，使之升到正常冷凝所需的冷凝压力，另一方面也提供了制冷剂在系统中循环流动所需的动力，达到循环冷藏或冷冻物品的目的。所以说压缩机在制冷系统中的作用犹如人的心脏一样重要。压缩机质量的优劣，将直接影响电冰箱的制冷性能。选用高性能的压缩机，对电冰箱各种性能指标至关重要。压缩机性能的高低，可用以下几个指标加以考核：

（1）制冷量。压缩机工作能力的大小就是以制冷量来衡量的，即压缩机工作时，每小时从被冷却物体带走的热量，以 J/h（焦/小时）或 W（瓦）表示，它是压缩机最主要的技术指标。压缩机制冷量大小随工况条件的变化而变化，工况条件不同制冷量大小也不同。

（2）功率。功率是压缩机的一个重要指标，是指压缩机单位时间内耗电的多少。

（3）性能系数 COP。为确切表示压缩机的性能，通常用性能系数来考核。性能系数就是制冷量与输出功率大小之比，COP 越大说明压缩机效率越高，但是效率不等于性能。

2. 压缩机的分类

压缩机按密封方式可分为开放式、半封式和全封式 3 类；按压缩机背压（背压是指压缩机的吸气压力，也就是蒸发器的出口压力，它与蒸发器的温度有关）高低分为低背式、中背式和高背式 3 种；按压缩气体的原理又可将压缩机分为容积式和速度式 2 种。家用电冰箱压缩机一般为全封闭、低背压、容积式压缩机，它具有结构紧凑、体积较小、重量较轻、振动小、噪声低及不泄漏等优点。全封闭低背压容积压缩机又可分为往复式压缩机和旋转式压缩机，前者可细分为滑管式、连杆式和电磁振动式 3 种。电冰箱常用的是滑管式、连杆式和旋转式压缩机。

3. 往复活塞式压缩机

往复活塞式压缩机是通过一定的传动机构，将电动机的旋转运动变成压缩机活塞的往复运动，靠活塞在汽缸来回做直线往复运动所构成的可变工作容积，来完成气体的压缩和输送。往复活塞式压缩机的往复运动机构，常见的有曲轴连杆活塞式、曲柄连杆活塞式和曲柄滑管式 3 种结构。

（1）往复活塞式压缩机的工作过程是经过压缩、排气、膨胀和吸气 4 个过程，完成一次吸排气循环。往复活塞式压缩机的工作过程如图 2.24 所示。

a. 压缩过程

当汽缸内充满低压缩蒸汽时，如图 2.24（a）所示，活塞从下止点开始往上移动。汽缸容积逐渐变小，汽缸内的蒸汽受到压缩，压力与温度均随之上升，吸气阀片因受到较高的蒸汽压力而关闭，而排气阀片则因这时蒸汽压力沿未超过排气腔压力仍继续保持其紧闭状态，这样，蒸汽的压缩过程将继续持续到活塞上升至汽缸内蒸汽压力开始等于排气腔压力时为止。

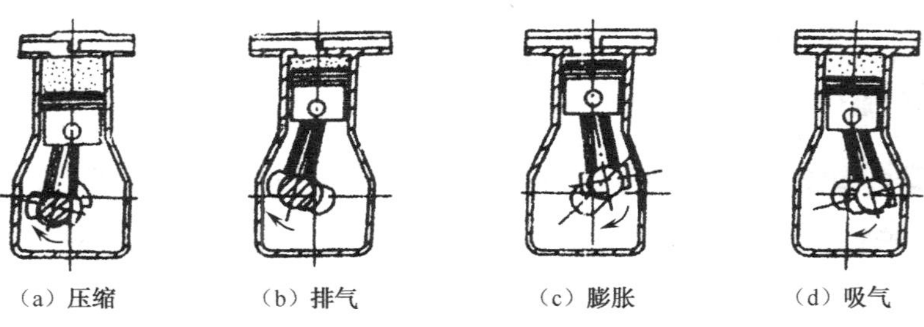

图 2.24　往复活塞式压缩机工作过程示意图

b. 排气过程

活塞继续向上移动，被压缩的蒸汽压力就要比排气腔压力高。当蒸汽压力稍高于排气阀

片的重力和弹簧力时，排气阀片被顶开。于是，汽缸内的高温、高压蒸汽开始被上选择活塞推出，并进入排气腔内，如图 2.24（b）所示。直至活塞上行至上止点时，排气过程才告结束。

而活塞在止点位置时，为了防止活塞与阀板、阀片的撞击，活塞顶面和阀板面之间要留有一定的间隙，其直线距离称为直线余隙。活塞顶面与阀板底面之间所包含的空间（包括排气阀孔容积等）称为余隙容积。余隙容积是不可避免的。

在排气过程终了时，余隙容积依然残留着一小部分蒸汽无法排出，其压力与排气腔压力相等。这时，排气阀片靠本身的重力和弹簧力的作用又复下落，将阀口盖住，排气阀片关闭。

c. 膨胀过程

活塞从上止点开始向下移动，汽缸容积逐渐变大，残留在余隙容积中的蒸汽就要膨胀，如图 2.24（c）所示。其压力和温度也随之下降，直到蒸汽压力降低至等于吸气腔压力时，膨胀过程才算结束。在此期间，吸、排气阀均处于关闭状态。

d. 吸气过程

活塞继续下移，汽缸内的蒸汽压力开始低于吸气腔压力，当其压力差足以顶开吸气阀片时，吸气过程便开始了，如图 2.24（d）所示，直至活塞移动至下止点时，吸气过程才 结束。

由上可见，活塞在汽缸中间每往复运动一次，即相当于曲轴每旋转一圈，就要依次进行一次压缩、排气、膨胀和吸气过程。压缩机在电动机的驱动下连续运转，活塞便不停地在汽缸中做往复运动。于是，压缩机就循环不断进行着上述的 4 个过程，达到持续不停地压缩、排气、膨胀、吸气的目的，完成气体的压缩和输送的工作。压缩机外形如图 2.25 示。

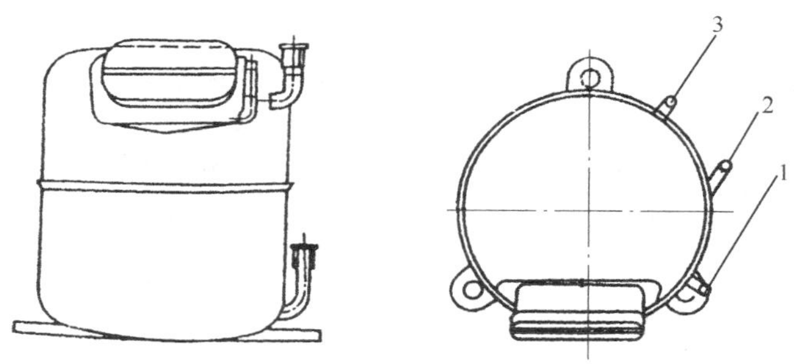

1. 吸气管　2. 排气管　3. 充气管

图 2.25　压缩机外形图

（2）曲轴连杆活塞式全封闭压缩机。活塞的活动由曲轴、连杆传动。连杆是活塞与曲轴的连接件，它将曲轴的旋转运动变为活塞的往复活动。曲轴是压缩机的重要零件，压缩机的功率都靠它输入，故要求有足够强度、刚度和耐磨性。该结构中由于活塞面受力均匀，故磨损小、寿命长。但加工精度要求高，工艺复杂。该结构适用于各种输出功率的压缩机组。

（3）曲柄连杆活塞式全封闭压缩机。曲柄连杆活塞式全封闭压缩机结构与曲轴连杆式基本相同，只是主轴呈内柄状。轴为单臂支撑，所以承受力较小，只适用于输出功率在 300W 以下的压缩机组中。

由于曲柄连杆活塞式压缩机结构合理，主要运动部件受力均匀，磨损、振动和噪声都较小，使用寿命较长，目前被大量地应用在电冰箱上，北京和广州从国外引进的冰箱压缩机制造技术，都是生产连杆式压缩机。

（4）曲柄滑管式全封闭压缩机。曲柄滑管式压缩机是广泛用于家用电冰箱的 100W 左右的压缩机，在此进行重点介绍。对滑管式压缩机有了比较系统的了解，对连杆式压缩机也能了解。曲柄滑管式压缩机的结构如图 2.26 所示。

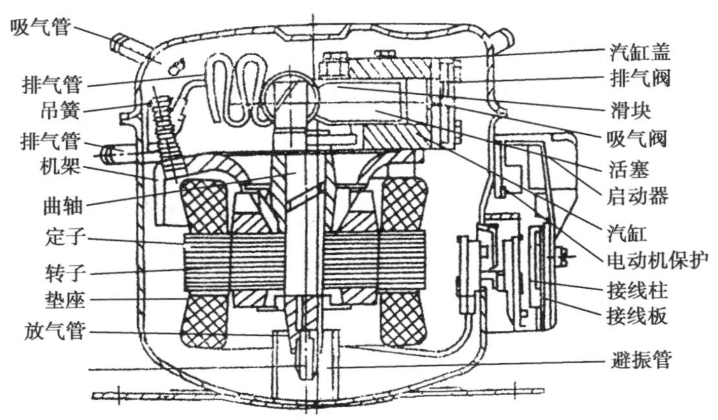

图 2.26　曲柄滑管式压缩机结构图

滑管式压缩机主要由电动机、机架、滑块、曲柄轴、汽缸体、阀座、阀片及一个与滑管制成一体的滑管活塞所组成。采用滑管、滑块来代替传统的连杆组件。由曲柄轴拨动活塞滑管中的滑块，曲柄轴旋转时，滑块围绕主轴中心旋转，同时在滑管内做往复运动，并带动活塞在垂直方向做往复运动，反复循环完成气体的压缩和输送。

曲柄滑管式压缩机的特点是：结构简单，零件少，形位偏差要求不严，工艺比较简单，而且汽缸体和机架不是一体的，能够自由调节余隙容积。但是只有一个支持轴承，曲柄轴受力不良，动力性能较差，运转时活塞对汽缸壁的侧向分压力较大，动平衡性较差。为此，主轴中心必须与汽缸中心偏离适当的距离。活塞行程越大，侧面向分压力越大，容易出现单边磨损。因此，功率超过 250W 的压缩机不采用滑管结构。滑管式压缩机均采用单相二级电机，安装在压缩机构的下方，用 3 根弹簧将压缩机和电动机支撑在机壳内，为整体内部悬吊（支撑）式，减振效果较好，振动、噪声较小。

4. 旋转式压缩机

自 1979 年日本三菱电机公司首先开发出卧式旋转式压缩机，并于 1980 年成功将其用于家用电冰箱以来，旋转式压缩机已广泛用于家用电冰箱。旋转式压缩机有螺杆式、滚动转子式和滑片式等多种结构。目前在电冰箱中应用较多的是滚动转子式和滑片式结构，国内电冰箱厂家如华凌、上菱等采用滚动转子式压缩机。

（1）旋转式压缩机结构。旋转式压缩机结构的主要特点是用偏心转动的转子起活塞作用，对制冷剂气体进行压缩。它主要由汽缸体、转子、主轴、排气阀、吸气管、活动刮板或滑片、机座、机壳等组成。采用活动刮板分隔气室的，称为滚动转子式，其结构简图如图 2.27 所示。采用滑片分隔气室的称为滑片转子式，其结构简图如图 2.28 所示。活动刮板靠弹簧的压力紧贴在转子壁上，而滑片则是靠着转子快速转动时的离心力作用紧靠在转子壁

上，以形成周期性的吸气与排气腔，因而滑片式压缩机的启动性能好。

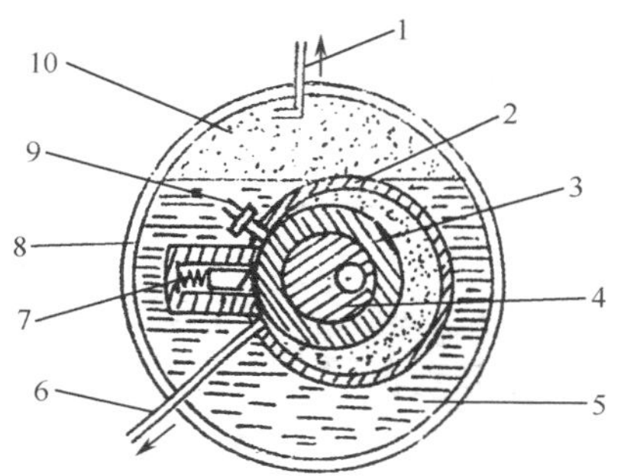

1. 排气管 2. 汽缸体 3. 滚动转子 4. 主轴
5. 冷冻油 6. 吸气管 7. 弹簧、活动刮片组件
8. 机壳 9. 排气阀 10. 高压制冷剂气体

图 2.27 滚动转子式压缩机结构简图

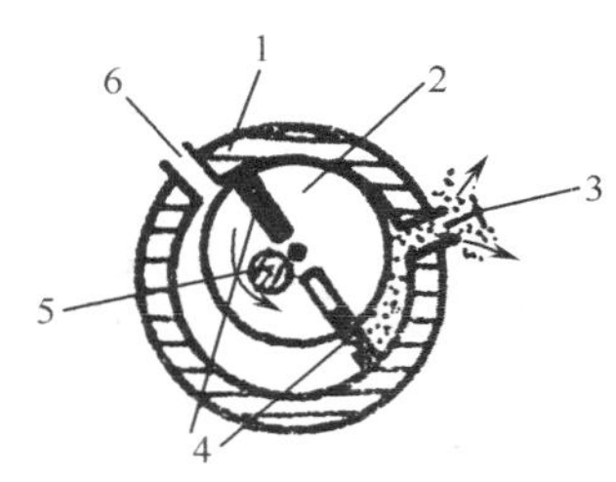

1. 汽缸 2. 转子 3. 排气阀 4. 滑片
5. 主轴 6. 进气口

图 2.28 滑片转子式压缩机结构简图

转子为圆柱形，中间套有偏心轴。滑片转子式的转子上，在径向上开有两个槽，以安放滑片，滑片与槽为精密偶件，因此，2 只滑片不能互换使用，以免影响其正常工作。活动刮板或滑片两侧的汽缸壁上开有吸气口与排气口。排气口外侧装有排气阀。汽缸体整个浸在冷冻油中，防振、润滑良好。机壳一般分为左端盖、中间机壳、右端盖 3 部分，用二氧化氮保护焊接。图 2.29、图 2.30 分别为其结构及零部件分解图。

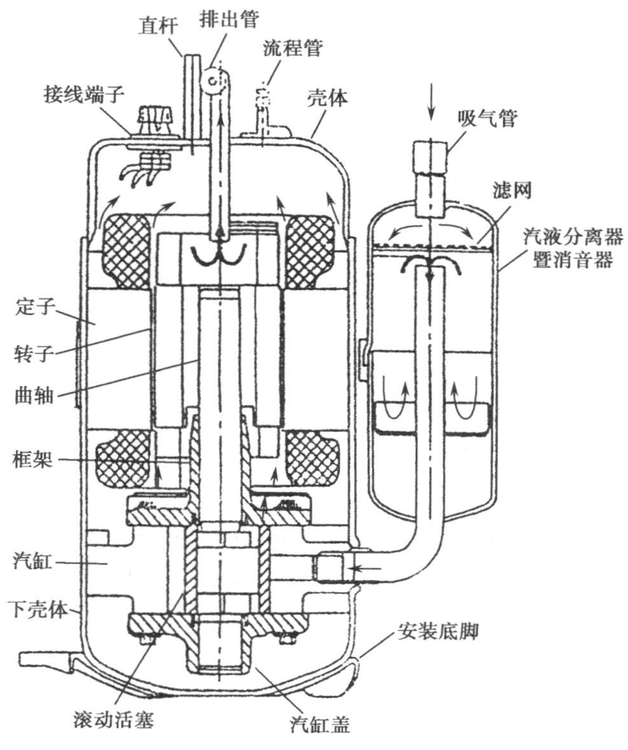

图 2.29 旋转式（滚动转子）压缩机结构

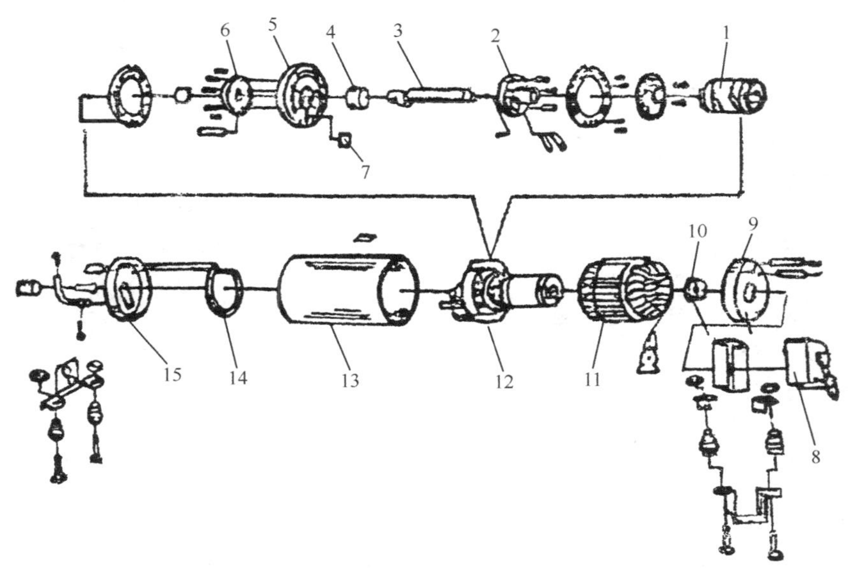

1. 电动机转子 2. 轴承座 3. 主轴 4. 滚动转子 5. 汽缸体 6. 汽缸盖 7. 活动刮板 8. 接线盒
9. 机壳右端盖 10. 接线端子 11. 电动机定子 12. 汽缸组件 13. 中间机壳 14. 冷却管 15. 机壳左端盖

图 2.30 旋转式（滚动转子）压缩机零部件分解图

旋转式压缩机较之往复式压缩机有着明显的优点：体积小，质量轻，结构简单，零部件少，耗电低，效率高。但由于它结构与工作过程与往复式压缩机不同，因此，检修时应注意：旋转式压缩机机壳温度高达 99℃～110℃，较之往复式压缩机高 20℃ ～30℃，但排气管温度相差无几。检修抽真空时，最好是制冷系统高、低压侧同时进行。如单侧抽真空，宜在高压侧进行。

（2）旋转式压缩机工作原理。滚动转子式压缩机工作时，主轴带动偏心轴转动，套在偏心轴上的转子随着一起转动。活动刮板在弹簧的作用下，把转子与汽缸之间的月牙形空腔隔为高、低压腔，如图 2.31 所示。在图（a）中，A 腔通过吸气管与吸气腔相通，A 腔充满制冷剂气体。当转子转到图（b）位置时，A 腔容积缩小，气体被压缩而压力升高。同时新出现的 B 腔与吸气管相通，制冷剂气体进入 B 腔。转子转到图（c）位置时，A 腔进一步缩小，气体压力继续升高，而 B 腔容积进一步增大，继续吸气。当 A 腔气体压力超过排气腔压力时，排气阀开启，高压气体被输往制冷系统管道。转子转到图（d）位置，A 腔容积继续缩小，排气过程接近完成。而 B 腔继续增大，仍在吸气。转子继续转动，压缩机重复上述循环过程。

滑片转子式压缩机工作过程与滚动转子式压缩机基本相同，只是主轴与转子同时转动，且用转子槽内能做径向自由滑动的滑片代替滑动刮板，把转子与汽缸间的腔室周期性地分成高、低压腔，从而不断吸进制冷剂气体，经压缩成高压后，输往制冷系统管道。

5. 无 CFC 制冷剂压缩机

（1）R134a 制冷剂压缩机。R134a 制作工艺复杂，成本是 R12 的 3～4 倍，制冷效率降低约 10%，还需采用特定的冷冻油，压缩机成本因而增加，对制冷系统要求也较高。

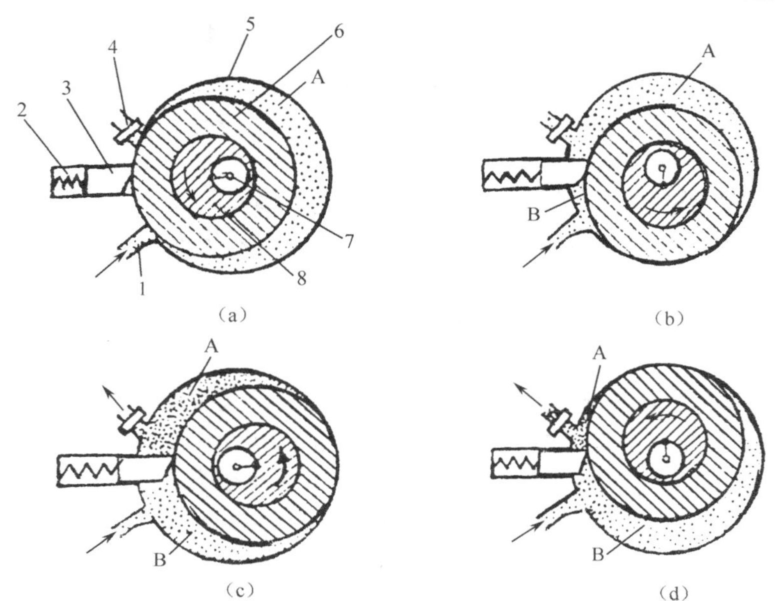

1. 进气口 2. 弹簧 3. 活动刮板 4. 排气阀 5. 汽缸 6. 滚动转子 7. 主轴 8. 偏心轴

图 2.31 滚动转子式压缩机工作过程

R134a 制冷剂压缩机与 R12 制冷剂压缩机在以下几个方面存在区别：

a. 压缩机结构的再设计

由于 R134a 比 R12 的化学腐蚀性和亲水性增强，R134a 成分中不含氯，使压缩机零部件润滑性变差，引起不利的化学变化，因而其电动机线圈及绝缘材料必须加强绝缘等级。由于其制冷效率低于 R12，因此必须对压缩机采取一系列高效优化措施：采用高效压缩机电动机，并加装背阀；有效控制压缩机阀片，以提高效率；直接进气，用软管将吸气腔与回气管连接起来，以减少热量损失。

b. 更换冷冻油

压缩机冷冻油必须与制冷剂相溶，并具有良好的润滑性、密封性、低温流动性及化学稳定性等。由于用于 R12 压缩机的矿物油与 R134a 不相溶，因此采用 R134a 做制冷剂时，必须更换冷冻油。对于往复式压缩机，一般采用与 R134a 相溶的酯类油或聚二醇（PAG）油。对于旋转式压缩机，日本三菱电机公司开发出低黏度的硬质烷基苯（HAB）油做冷冻油。

对于 R12 和 R134a 做制冷剂的制冷系统，R134a 蒸发压力较低，冷凝压力较高，压比更大。低背压时，R134a 的制冷量较小，要获得相同的制冷量，需选用排气量大一些（约 10%）的压缩机。

由于新润滑油（特别是酯类油）具有极强的吸水性，水解性很强的酯类油与水反应生成酸，酸又腐蚀制冷管道及压缩机，甚至堵塞毛细管，酸与矿物油、水合成又使酯分解变质。故 R134a 压缩机对制冷系统中的含水量、含氯量、残油及杂质含量要求相当高，且真空泵（酯类油润）、连接软管、快速接头、密封圈等需要专用，与 R12 系统不能通用，检漏仪要由卤素检漏仪改为电子检漏仪。

（2）R600a 制冷剂压缩机。R600a 即异丁烷，分子式 C_4H_{10}，分子量 58，沸点−11.5℃，其 ODP=0，GWP≈0，环保性能较好；取材易，有炼油工业就可生产，价格低（但我国目前尚未形成规模化生产，需高价进口）；润滑油仍可采用 R12 系统的矿物油，对系统材料无特殊要求，与水不发生化学反应，不腐蚀金属；运行压力低，噪声小，能耗可降 5%～10%，但需增大压缩机排气量 70%以上，制冷性能好，蒸发潜热高，压缩机能效比可高达 1.4 以上，有明显节能效果。

不足之处是其易燃易爆，使用在大容量的电冰箱上充注量较大时，如果发生泄漏，可能造成爆炸危险（爆炸体积浓度为 1.8%～8.4%）。因此一般采用蒸发器固定在冷冻室外的硬质聚氨酯泡沫塑料中形成的，且冰箱内电气元件采用防爆型，最好安装在冰箱外部。这时蒸发器固定在冷冻室内，且有化霜、定时、温控等电气元件的间冷式电冰箱安全性方面很难保证。故迄今为止，R600a 仅用于直冷式电冰箱上。

在有 R600a 存在的制冷管路上，不能用气焊和电焊，只能采用锁环连接方式，总之，生产及维修过程中对其安全性要求较严，安全系统引进的一次性投资较大，从而增加了冰箱成本和维修费用，其 POCP 值很大（属 VOC 类物质），因而影响了普及和推广。从异丁烷电冰箱上拆下的异丁烷压缩机，在未排干润滑油或未用锁环连接密封全部压缩机的封口以前，绝不允许车辆运输。

综上所述，异丁烷压缩机具有如下特点：①较高的能效比；②由于优越的运行状况，有很好的可靠性；③较低的噪声；④在电机不变的情况下，为了达到同等的制冷量，R600a 压缩机的汽缸容积要比 R12 压缩机增大 70%以上；⑤所有 R600a 压缩机必须采用 PTC 启动，减少燃烧爆炸的危险性。

6. 全封闭压缩机电动机

全封闭式压缩机组都是将电动机与压缩机组成一个整体，密封在金属壳体中。电动机作为全封闭压缩机组中的原动力，是必不可少的部件。它将电能转换成机械能，带动压缩机活塞对制冷剂蒸汽做压缩功，使制冷剂得以循环，实现制冷的目的。一般小型全封闭压缩机组都使用单相电源，其电动机都是单相异步电动机（以下简称为电动机）。下面简要介绍此类电动机。

电动机由定子和转子两部分组成，在定子铁心上嵌有线圈，转子为铁心上铸入铝条后形成的鼠笼式感应线圈，并进行了动平衡校验。用于单汽缸压缩机的转子，还装有配重块（有些机型的配重块直接制造在曲轴体上），转子被直接接入曲轴上（同轴）。定子铁心采用 4 个螺栓固定在机架上，或采用压入机体固定（空调器所用大功率压缩机的电动机采用此法）。按照启动方式不同，电动机可分为以下 4 种：

（1）阻抗分相启动电动机。这种电动机定子上有启动绕组和运行绕组，启动绕组线径细、匝数少，电阻大而电感小，运行绕组线径粗、匝数多，电阻小而电感大。通入交流电，使两绕组形成了两个不同感抗和不同相位角的启动电流，起到阻抗分相作用，由此产生旋转磁场，它作用在转子上，使其产生启动转矩。当启动转速达到额定转速的 70%～80%，在启动继电器控制下，断开启动绕组，而只让运行绕组工作。其电路如图 2.32 所示。这种电动机结构简单，成本低，启动转矩小，启动电流大，效率也不高。

（2）电容启动电动机。这种电动机在启动绕组上需串联一只启动电容器（40～100μF），启动绕组线径较粗一些，而匝数也少一些。目的是使启动绕组感抗小，而电容器的容抗较大，形成电容电感电路，容抗大于感抗，显示容抗的特性，启动绕组中电流超前电压，而运

行绕组还是感抗性，显示出电压超前电流，使相位差加大，启动力矩也增大，启动电流较小，效率较高。其电路如图 2.33 所示。

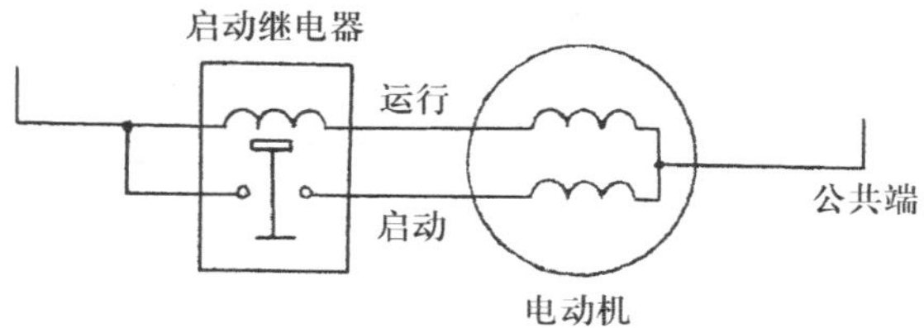

图 2.32 阻抗分相启动电动机电路

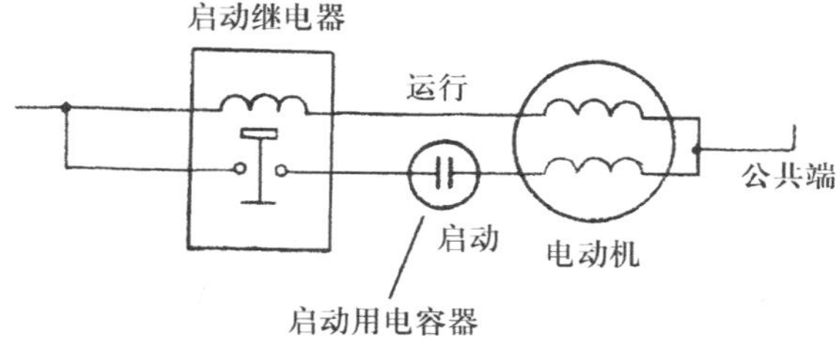

图 2.33 电容启动电动机电路

（3）电容运转电动机。这种电动机定子绕组是两个不同布置角的绕组，都是运行绕组，其中一个绕组在工作中需串联一个小容量电容器（2～8μF），产生分相感应电流，使电动机旋转。这种电动机功率因数高，运行电流低，效率高。其电路如图 2.34 所示。

（4）电容启动、电容运转电动机。这是一种节能电动机，启动电路中有一只较大的电容（40～100μF）用于启动，此外还有一只小电容（2～3μF）与启动绕组串联作为运转电容。这种电动机的运行性能良好，功效和过载能力都有提高，降低了耗电量，但成本较高。其电路如图 2.35 所示。

所以，单相交流异步电动机的启动，一定要有两套绕组——主绕组（又称运行绕组）和副绕组（又称启动绕组）。前者在运转中一直通电，而后者只在启动时通电，运转后断开或相当于断开，用启动继电器来实现这一过程。

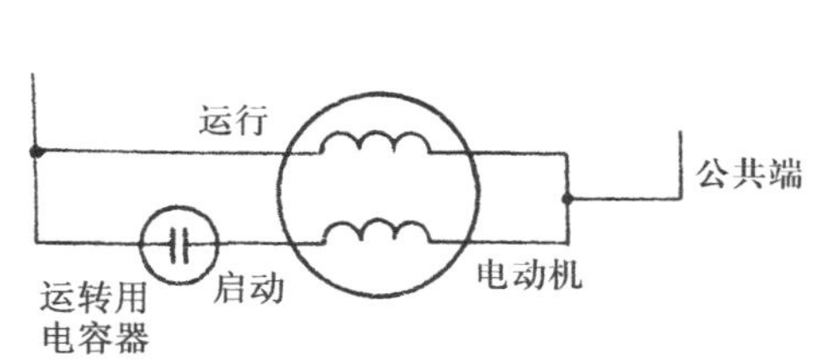

图 2.34 电容运转电动机电路

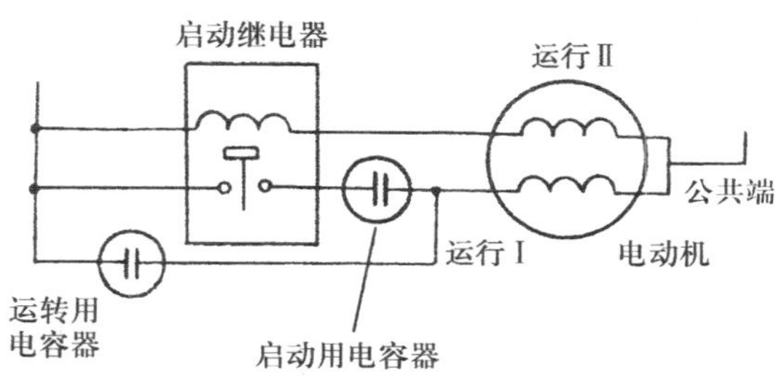

图 2.35 电容启动、电容运转电动机电路

2.4.2 蒸发器

蒸发器是一种将是冰箱内的热量传递给制冷剂的热交换器，它的主要作用是把毛细管送来的低温低压制冷剂液，经吸收箱内食品的热量后蒸发为制冷剂饱和蒸汽，达到制冷的目的。常用的蒸发器有复合铝板吹胀式、管板式、单脊翅片式和翅片盘管式。

1. 结构形式

（1）复合铝板吹胀式蒸发器。该蒸发器是将管路用卫焊剂调成的涂料，按所需管线印刷在铝板上，与另一块铝板合在一起进行强力高压轧焊成一体，然后用气压将印刷管路吹胀，成为蒸发器板坯，再焊上接管后弯曲成型。

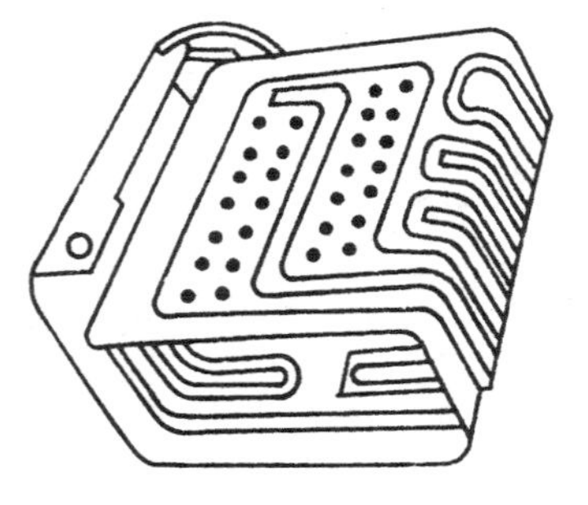

图 2.36　复合铝板吹胀式蒸发器外形

这种蒸发器表面平整不易积垢，管路流程可多路并联而不要接头，而且管路密集，压力损失小。管道与壁板之间的温差小，传热效率高。其外形如图 2.36 所示。

铝复合板蒸发器多用于单门电冰箱和双门电冰箱冷藏室蒸发器，也有用做双门直冷式电冰箱冷冻室蒸发器的。

铝复合板蒸发器可变化多种形状，例如海尔公司 BC—50E, BC—110A, BC—110B, BC—160, BC—163 使用的 U 形，BC—169, BC—168, BC—171, BC—276W（冷藏）使用的平板形，BC—116, BC—145 使用的“□”形蒸发器均属此种类型。

（2）管板式蒸发器。管板式蒸发器外形如图 2.37 所示。它是将铝管或异形铜管制成的盘管黏附或贴附于壳壁外侧，铸于聚胺酯隔热层内或直接制成搁架式放在冷冻室外内。直冷式双门电冰箱的冷冻室多采用这种蒸发器。

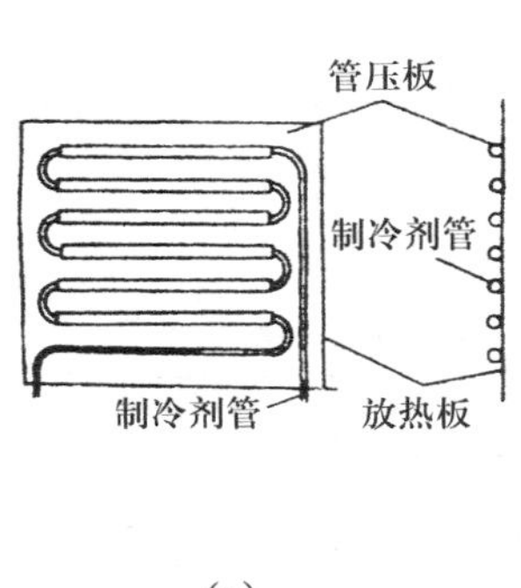

(a)

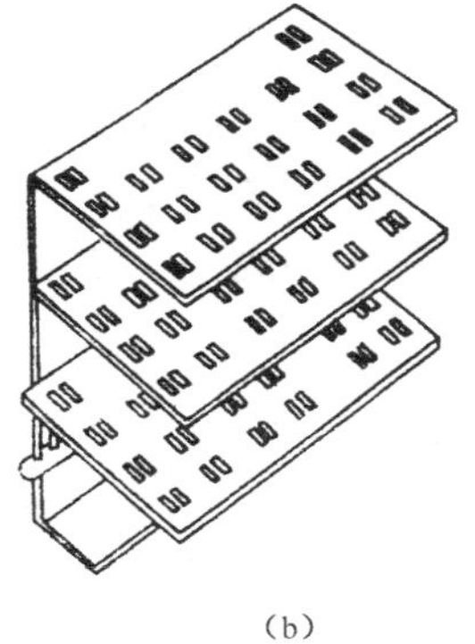

(b)

图 2.37　管板式蒸发器外形

管板式蒸发器的优点是：冷冻室内壁光洁、平整，不易泄漏，不易损伤，即使壳壁破裂，只要盘管未受到损伤，制冷剂也不致泄漏，盘管不与外界空气、水分接触，故不易腐蚀。其缺点是：管路只能做成单程盘管，为避免压力损失，盘管长度受到一定的限制，管道的间距较大，从而使管道与壁板之间的温差相对吹胀式而言要大一些，传递效率降低。

（3）翅片盘管式蒸发器。该类型蒸发器主要用于间冷式电冰箱，外形如图 2.38 所示。翅

片一般是以 0.1～0.2mm 的铝片制成，片距 6～8mm，盘管采用ϕ8～ϕ12mm 的铜管或铝管。盘管之间还设有电热管，用以快速自动除霜。

这种蒸发器依靠专用的小风扇，以强制对流的冷却方式吹送空气经过其表面。专用的小风扇电机输入功率一般有 3W, 6W 和 9W 3 种。

（4）层架盘管式蒸发器。在目前较流行的冷冻室下置内抽屉式直冷式冰箱，蒸发器普遍采用层架盘管式蒸发器，外形如图 2.39 所示。盘管既是蒸发器，又是抽屉搁架，这种蒸发器制造工艺简单，便于检修，成本较低（可用铝管或邦迪管），而且有利于箱内温度均匀，冷却速度快。

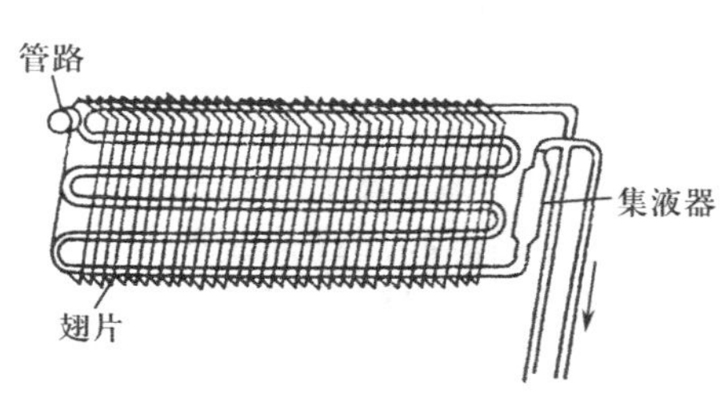

图 2.38 翅片盘管式蒸发器外形

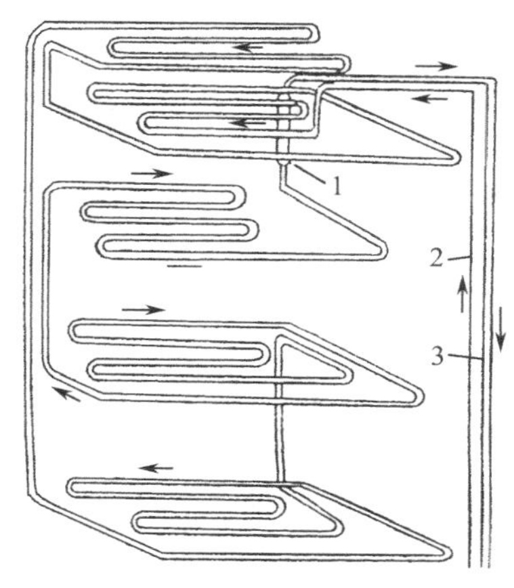

图 2.39 层架盘管式蒸发器外形

2. 蒸发器的结构特点

电冰箱由于采用毛细管节流，制冷工况受环境温度影响，制冷剂流量也会发生变化。所以，在蒸发器后部一般设有“气液分离筒”或铝板吹胀型的气液分离部分，如图 2.40 所示。

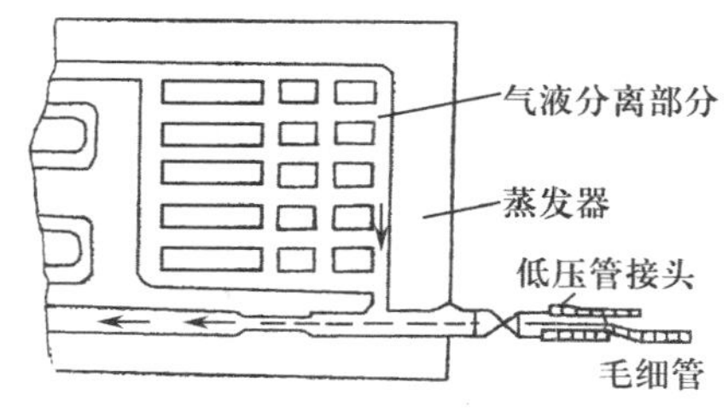

图 2.40 铝板吹胀式蒸发器

蒸发器制造中还要考虑到润滑油的回流，尽量做到上进下出。双门直冷式是冰箱的冷冻室和冷藏室各有一个蒸发器，制冷剂经毛细管节流后先进入冷冻室蒸发器，然后再进入冷藏室蒸发器。但也可以先进入冷藏室蒸发器，然后再进入冷冻室蒸发器。具体情况要看冷藏室和冷冻室的上下位置，哪个在上，就先进入哪一个。

3. 影响蒸发器传热效率的因素

（1）霜层及污垢等对传热的影响。蒸发器是通过金属表面对空气进行热交换的。金属的导热率很高，例如，铝的导热系数为 203W/（m • K），铜为 380W/（m • K），但冰和霜的导热系数分别为 2.3W/（m • K）和 0.58W/（m • K），要比铜和铝低数百倍。所以蒸发器表面结有较厚的冰或霜时，传热效率就要大为降低。尤其是强近对流的翅片盘管蒸发器，霜层的积蓄将导致翅片间隙缩小甚至堵塞风道，使冷风不能循环，会导致冰箱工作失常。

另外，蒸发器的传热表面如黏附有污物，也会造成很大的热阻力，影响制冷剂液体润滑表面能力，使传热效率下降。另外，如制冷剂中带有润滑油，也会影响传热。

（2）空气对流速度对传热的影响。通过蒸发器表面的空气流速越高，传热效率越高。直冷式电冰箱是靠空气自然对流冷却，如果食品之间和食品与箱内壁之间没有适当的间隙，而挤得很满、很紧，空气就不能正常对流，因而降低了蒸发器传热效率。强迫对流冷却的蒸发器，风速过低或风道不畅都会使传热效率越低。

（3）传热温差对传热效率的影响。蒸发器与周围空气的温差越大，蒸发器的传热效率越高；当温差相同时，箱内温度越高，传热效率越低。

（4）制冷剂特性对蒸发器传热影响。制冷剂沸腾（汽化）时的散热强度、制冷剂的导热系数大小及流速都会直接影响蒸发器的传热性能。制冷剂沸腾时散热强度随受热表面温度与饱和温度之差的增大而增高。K 值增大则传热面积可相应减小。制冷剂流速大则传热系数也大。R134a 传热效率比 R12 差，也稍差于 R600a，而 R12 的传热效率最好。

2.4.3 冷凝器

冷凝器是一种将制冷剂的热量传递给外界的热交换器，安装在电冰箱箱体的背部、顶部或者左右两侧部。它的主要作用是把压缩机压缩后排出的高温高压过热制冷剂蒸汽冷却，变为中温高压的液态制冷剂，而达到向周围环境散热的目的。常见的冷凝器有百叶窗式、钢丝盘管式、内藏式和翅片盘管式。

1. 冷凝器冷却方式

冷凝器的冷却方式分为水冷却和空气冷却两种。冰箱一般使用空气冷却，而空气冷却又分为自然对流冷却和风扇强制对流冷却两种方式。

（1）自然对流冷却。空气自然对流冷却方式具有构造简单、无风机噪声、不易发生故障等优点，但是传热效率较低。300L 以下的电冰箱和小型冷冻箱多采用此种冷却方式。

（2）强制对流冷却。空气风机强制对流冷却方式的传热效率较高，结构紧凑，不需要水源，使用比较方便。但风机有一定的噪声。当电冰箱容积在 300L 以上时，有时采用此种冷却方式。厨房冷藏箱等较大调设备的冷凝器，也多采用此种方式。

（3）大型制冷设备多采用水冷却方式。

2. 冷凝器的结构形式

（1）百叶窗式冷凝器。百叶窗式冷凝器结构如图 2.41 所示。它是将冷凝管压抱在冲有百叶窗孔的薄钢板上，依靠空气自然对流将热量散发出去。百叶窗状的薄钢板增加了散热面积，改善了通风散热条件。

百叶窗式冷凝器通常采用外径为ϕ4～ϕ6mm、壁厚为 0.5～1mm 的钢管，散热板采用 0.5mm 厚普通碳素钢板。

（2）钢丝盘管式冷凝器。钢丝盘管式冷凝器变称为钢丝管式冷凝器。冷凝器采用的是邦迪管（内外镀铜的焊接钢管）和盘管，然后将盘管置于专门用来装卡和焊接的设备上面，在盘管垂直方向的两侧均匀地焊接上许多ϕ1.6mm 的普通碳素钢丝，钢丝间距为 4～6mm，其结

构如图 2.42 所示。丝管式冷凝器冷凝管走向大多是水平方向。它质量较轻，成本较低，强度和钢性较好，传热效率稍高于百叶窗式冷凝器。

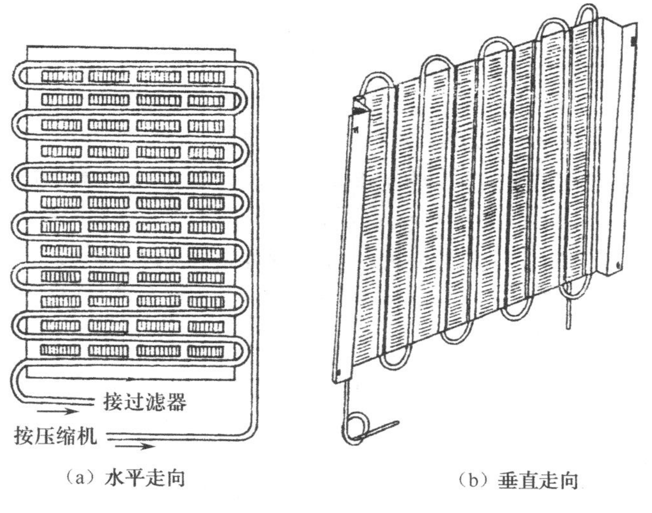

（a）水平走向　（b）垂直走向

图 2.41　百叶窗式冷凝器

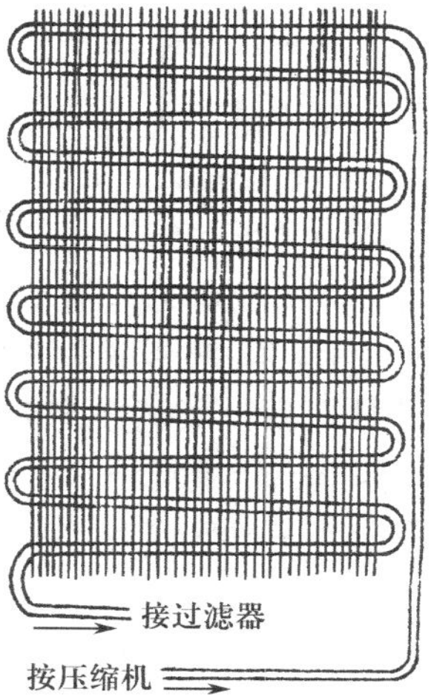

接过滤器
按压缩机

图 2.42　钢丝盘管式冷凝器

（3）内藏式冷凝器。内藏式冷凝器是将铜管或邦迪管制成的盘管挤压或贴敷于冰箱外壳的内侧表面，利用电冰箱壳的外壁向外散热，如图 2.43 所示。这种形式的冷凝器具有占用空间小、便于清洁、不易碰损、使电冰箱背部平滑整洁等优点。但这种冷凝器的散热性能不如百叶窗式和丝管式冷凝器，有的采用附加冷凝器来改善散热条件。另外，由于冷凝器被固定在电冰箱外壳表面，因此绝热层也要相应增厚。对于这种构造，一旦冷凝器内部管道产生泄漏则无法检修或更换，必须有严格的工艺来保证。著名品牌海尔电冰箱主要采用以上 3 种冷凝器。

（4）翅片盘管式冷凝器。翅片盘管式冷凝器结构如图 2.44 所示。该冷凝器的盘管多为铜管制成。它是在 U 形管上，按一定片距，穿套上厚度为 0.15～0.2mm 的铝片，再经机械胀管，焊接上小 U 形回弯管后而成。由于外表面积大，体积小，所以必须采用强制对流冷却方式才能提高效率。

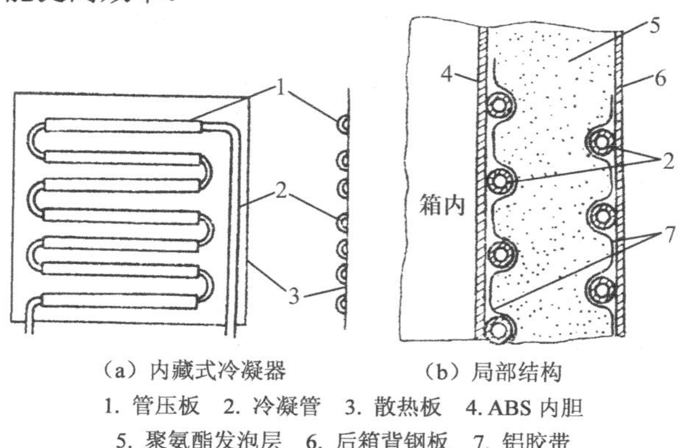

（a）内藏式冷凝器　（b）局部结构

1. 管压板　2. 冷凝管　3. 散热板　4. ABS 内胆　5. 聚氨酯发泡层　6. 后箱背钢板　7. 铝胶带

图 2.43　内藏式冷凝器

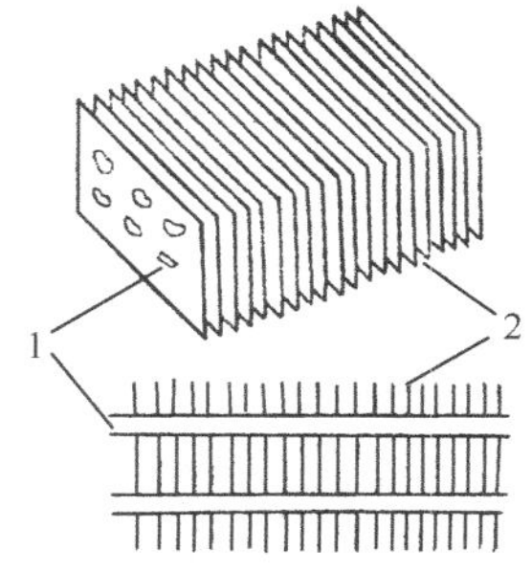

1. 冷凝管　2. 散热翅片

图 2.44　翅片盘管式冷凝器

3. 影响冷凝器传热效率的因素

冷凝器作为电冰箱的散热部件，总是希望尽量提高其传热效率。在电冰箱的散热形式确定之后，在使用过程中还有一些因素影响其传热效率。

（1）空气流速和环境温度对传热效率的影响。空气流速是影响冷凝器传热效率的重要因素，流速越慢则传热效率越低。但流速也不能过高，流速太高，将增大流阻和噪声，而传热效率无明显提高。因此，电冰箱四周应空气流畅，尤其上部不能遮盖，以利空气对流。

环境温度越低则传热效率越高。所以电冰箱应尽量放置在通风、凉爽的地方，周围应避开热源，更应避免太阳光的直晒，提高电冰箱冷凝器的传热效率。

（2）污垢对传热效率的影响。自然对流冷却方式或是强制对流冷却方式的冷凝器，使用一段时间后，其表面定会积落灰尘、油垢。由于灰尘、油垢传热不良，定会影响其传热效率，因此需定期清洁冷凝器。此问题易被使用者所忽略。

（3）空气对传热效率的影响。此处所指的空气是制冷系统中的残留空气。当电冰箱制冷系统中的残留空气过多时，由于不易液化，在电冰箱运行中将集中于冷凝器中，空气的导热率很低，也将使冷凝器的传热效率大为降低。因此，在充注制冷剂的过程中，必须要将制冷系统中的空气抽排干净。若要补充制冷剂，还应同时更换干燥过滤器（更换时间小于15min），以保证效果。

2.4.4 干燥过滤器、毛细管

1. 干燥过滤器

（1）干燥过滤器的作用。干燥过滤器是由干燥器和过滤器两部分组成。在电冰箱的制冷系统中，它安装在冷凝器的出口与毛细管的进口之间的液体管道中。它的作用主要有两个：一是清除制冷系统中的残留水分，防止产生冰堵，并减少水分对制冷系统的腐蚀作用；二是滤除制冷系统中的杂质，如金属屑，各种氧化物和灰尘，以免毛细管脏堵。

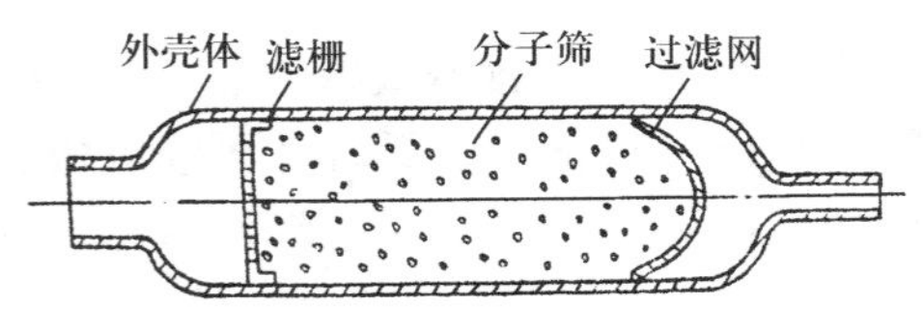

图 2.45　干燥过滤器

（2）干燥过滤器的构造。家用电冰箱使用的干燥过滤器为一体式的，其结构如图 2.45 所示。它是在铜管制成的壳体两端设有过滤网，中间装入干燥剂。干燥剂不能更换。有多种物质可以做干燥剂，如无水 $CaCl_2$、硅胶和分子筛等，而电冰箱都是以分子筛为干燥剂。维修制冷系统时要整支更换。

2. 毛细管

（1）毛细管的作用。毛细管是电冰箱上的节流降压装置，位于冰箱的后下部。它的作用主要有两个：一是在压缩机运行中，保持蒸发器与冷凝器之间有一定的压力差，从而使制冷剂在蒸发器中规定的低压力状况下蒸发吸热，使冷凝器中的气态制冷剂在一定的高压下冷凝放热；另一个功能是控制制冷剂的流量，使蒸发器保持合理的温度，以实现电冰箱安全、经济运行。

（2）毛细管的结构及原理。毛细管是一根孔径很小，长度较长且多盘圈状的紫铜管。在

检修电冰箱时不要随意弄短毛细管，更换毛细管时也不要随意改变毛细管的尺寸。液态制冷剂通过它时会受到较大的阻力而产生压力降（犹如电流流过导体，因电阻而产生电压降一样），因而控制了制冷剂的流量和保持冷凝器与蒸发器的合理压力差。

（3）毛细管的特点。毛细管节流具有结构简单、无运动零件、不易发生故障、停机后高低压力逐渐平衡、易于启动等特点。可选用启动较小的驱动电机做制冷机的动力。但毛细管的自动调节范围小，而且不能人工调节，只适用于热负荷比较稳定的家用电冰箱等制冷系统中。

2.4.5 电磁阀、除霜管

1. 电磁阀

（1）电磁阀的组成。电磁阀是单机双温双制冷循环系统中分配冷量的关键部件，它是一个二位三通阀。它的组成如图 2.46 所示。

（2）电磁阀的工作原理。它利用电磁原理的电源的通断控制制冷剂在管路中的流通：当电磁阀断电时，活塞在弹簧的弹力作用下处于上部位置，2 管口被活塞堵住，3 管口打开，如压缩机开机，制冷剂将从 1 管流入阀心，从 3 管流出，冷藏室制冷。

当电磁阀通电时，线圈产生磁力，在磁力的作用下，活塞从上部位置移动到下部位置，这时 2 管口打开，3 管口被堵住，制冷剂从 1 管流入 2 管流出，冷冻室制冷。

2. 除霜管

由于电冰箱内、外有很大的温度差，在箱体内外壳结合部形成“冷桥”，再加上电冰箱门封的隔热性能较差，使电冰箱门体周围的温度降低。若其温度降到空气湿度相对的露点温度时，即出现凝露现象。这不但给用户造成麻烦，而且还对箱体产生锈蚀作用。为防止凝露、降低能耗，采用了热管防露系统。它是将压缩机排出的高压过热蒸汽，经过电冰箱门体周边的除霜管后，再进入冷凝器。这样可以利用部分热量使电冰箱门体周边的表面温度稍高于或接近环境温度，从而达到了防凝露的目的。这种结构不但可以防止凝露，而且兼有冷凝散热的作用。除霜系统示意图如图 2.47 所示。

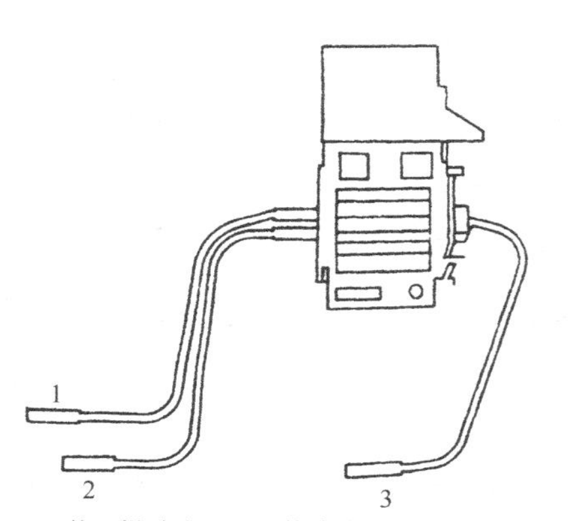

1. 接干燥过滤器 2. 接冷冻毛细管 3. 接冷藏毛细管

图 2.46 电磁阀结构

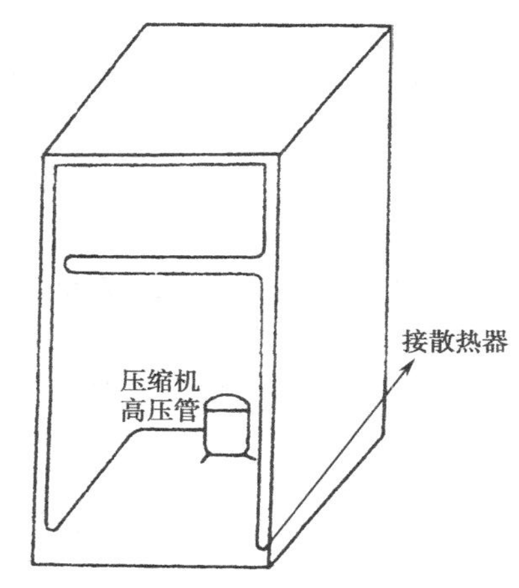

图 2.47 除霜系统示意图

2.5 制冷系统的工作原理

2.5.1 制冷系统中的制冷剂状态

1. 制冷剂的状态

在电冰箱的制冷系统中，制冷剂（以 R12 为例）是主要的工作物质，在整个制冷过程中，都伴随着制冷剂状态的变化。制冷剂不断反复地从气态变为液态，再从液态变为气态。只要压缩机在运转，这种状态的变化始终不断地重复进行，如图 2.48 所示。

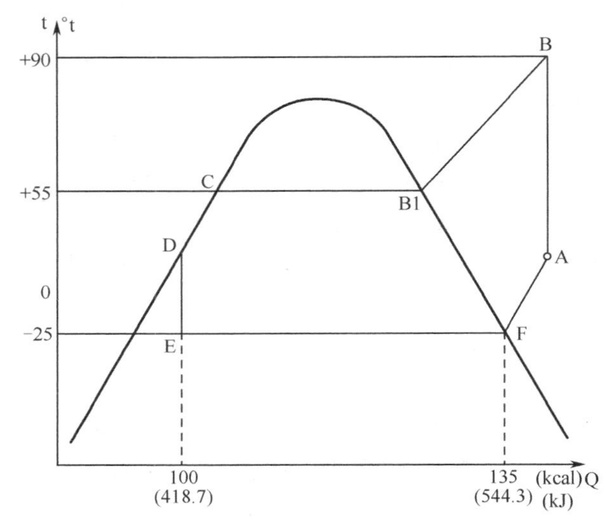

图 2.48 R12 状态图

图中各线段的含义如下：

线段 A→B 表示制冷剂的气态压缩，同时伴随有温度的升高。

线段 B→B1 表示压力和热量相继减少，即气态制冷剂散失其上一段所得到的热量，并趋向于液态。在 B1 处，制冷剂的蒸汽和液体开始共存。

线段 B1→C 表示制冷剂蒸汽继续由气态变为液态，并进一步散失热量。

线段 C→D 表示制冷剂液体流经一个小截面的限流器，同时压力、温度和热量继续减小。

线段 D→E 表示制冷剂液体的膨胀，同时温度进一步降低。线段 E→F 表示液体从外界吸热，并趋于再次变为气态。在点 E 处，液体和蒸汽共存。

线段 F→A 表示制冷剂液体回到蒸汽状态。此时，压力、温度和热量逐渐增加。

2. 制冷剂的作用

制冷剂从制冷系统的某一固定部位（蒸发器）吸收热量，而在另一部位（冷凝器）将热量加以散发。因而制冷剂在制冷系统中起到将（蒸发器中）热量“吸收”、“运送”和“传递”给外界环境（与冷凝器相接触的空气）的作用，从而产生制冷效果。

2.5.2 制冷系统内制冷剂状态的变化

1. 制冷剂的压缩

制冷剂的压缩是压缩机内完成的，它是制冷剂在制冷循环中的第一个过程，如图 2.49 所示。

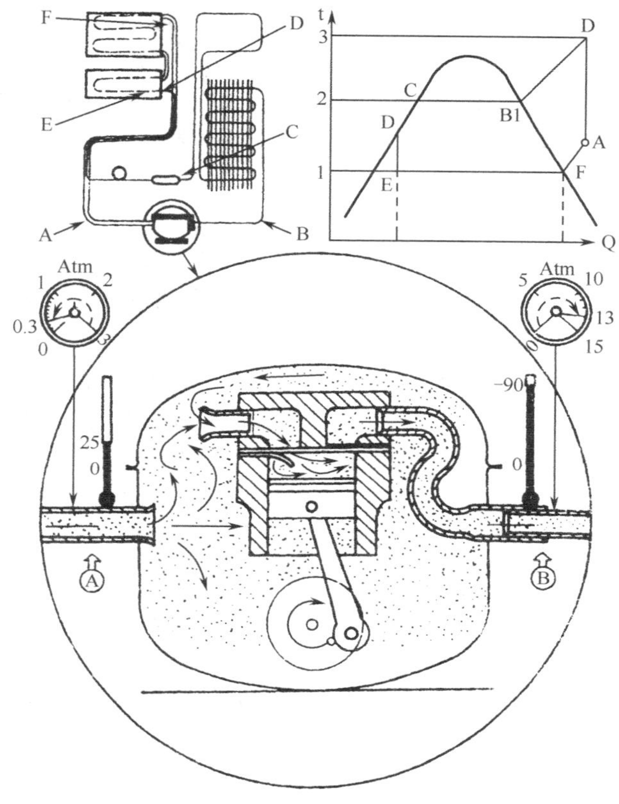

图 2.49 制冷剂的压缩

（1）制冷剂循环流动的压力。压缩机将电能转变为机械能，同时将制冷剂吸入、压缩和排出。保证了制冷剂在各个制冷循环过程的实现。

（2）制冷剂的状态。在整个压缩过程中，制冷剂始终处于蒸汽状态（在状态图中该过程用线段 A→B 表示。

（3）制冷剂的温度。制冷剂的初始温度同制冷系统周围的环境温度相差无几。从这一初始温度起，借助于压缩机活塞往复运动所产生的压力以及气阀的作用力，制冷剂气体的温度就升高到排气温度。即：初始温度从 25℃升高到排气温度+90℃。

（4）制冷剂的压力。气体的压力从压缩机外壳内的压力升高到气阀和排气管所在处的排气压力。在压缩机运转时，气体压强从进气管处的 0.03MPa 提高排气管处的 0.2MPa 左右。如果压缩机停机或由温控器切断电源时，吸气管和排气管的压力趋于平衡状态，其压强在 0.3MPa 左右。

2. 制冷剂的冷凝

制冷剂的冷凝是在冷凝器中完成的。

（1）制冷剂的状态。在整个冷凝过程中，制冷剂的状态是从气态→气液共存→液态（在状态图中该过程用线段B→B1和B1→C表示）。

（2）制冷剂的温度。如果压缩机动转的环境温度为 25℃时，冷凝器中制冷剂开始部分温度接近 90℃左右，而最后部分的温度约为 55℃。同时，冷凝器进出口处的温度差要受其他因素影响。

（3）制冷剂的压力。由于冷凝器的管子截面对流过的制冷剂的流量来说足够大，所受到的阻力小，因此该过程压力与压缩机排出管处的压力基本相同。

3. 制冷剂的节流

制冷剂的节流是在过滤器、毛细管和穿有毛细管的回气管中完成的。

（1）制冷剂的状态。在整个节流过程中，制冷剂的状态始终处于液体状态（在状态图中该过程用线段 C→D 表示）。

（2）制冷剂的温度。毛细管的全部长度几乎都穿在回气管（或并焊在回气管上），回气管中 R12 的温度比毛细管中的制冷剂 R12 温度低，两者又对向流动，因此，毛细管制冷剂在向蒸发器流动的同时，继续散发热量，并将热量散发给了回气管中的 R12。这一特殊措施的目的是为了利用循环回气管中的 R12 的低温，让毛细管中的 R12 液化得更好，让回气管中 R12 气化得更安全，以提高其制冷能力。图 2.49 所指的温度是–25℃和+25℃，实际上是相距较远的两点温度。因为回气管本身长度约 1m 左右，其上端因 R12 蒸汽刚从蒸发器流出，其蒸汽温度很低。在其下端，由于 R12 蒸汽流过回气管路时，一部分热量由毛细管传来，并从外部环境中得到一部分热量。

（3）制冷剂的压力。毛细管内径小，且较长，因而使流经毛细管的制冷剂 R12，在毛细管中形成相应的压力降。以保持蒸发器与冷凝器之间有一定的压力差。

4. 制冷剂的蒸发

制冷剂的蒸发是在蒸发器中完成的。

（1）制冷剂的状态。在整个蒸发过程中，制冷剂的状态是从液态→液气共存→气态（在状态图中该过程用线段 D→E 和 E→F 表示）。

（2）制冷剂的温度。制冷剂在 D→E 的蒸发过程中，温度进一步降低，而在 E→F 的蒸发过程中，则必须保持温度不变。

（3）制冷剂的压力。制冷剂在 D→E 的蒸发过程中，压力进一步降低，而在 E→F 的蒸发过程中，压力基本不变。

5. 制冷剂的吸入

图 2.50 所示为 F 到 A 所代表的状态变化。在整个状态变化过程中，R12 始终保持处于蒸汽状态，并且逐渐从蒸发温度（如–25℃）变到周围环境温度（假设此时为+25℃）。这一阶段的蒸汽温度提高有两个原因：

① 由毛细管流动的高温制冷剂传来一部分热量。

② 另一部分热量来自温度较高的环境，并经回气管表面传入。回气管内制冷剂的压力，由压缩机的吸气作用确定。在A点，制冷剂恢复初始状态，循环周而复始。

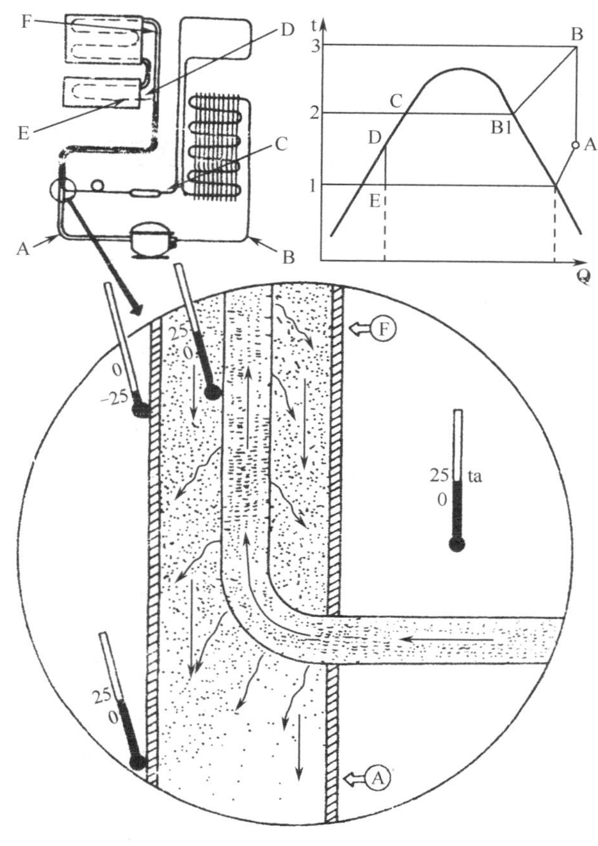

图 2.50 制冷剂的吸入

2.6 电冰箱电气控制原理

电冰箱的电气控制系统包括温度自动控制、除霜控制、流量自动控制、过载、过热以及异常保护等。电冰箱通过控制系统来保证其在各种使用条件下安全可靠地正常运行。

2.6.1 控制系统零部件

1. 温控器

电冰箱所使用的温控器主要有温感压力式机械温控器和热敏电阻式电子温控器。

（1）温感压力式机械温控器。这种温控器主要由感温囊和触点式微型开关组成，如图 2.51 所示。

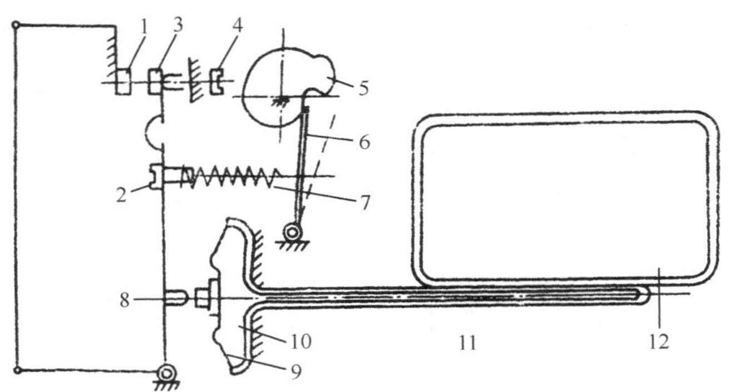

1. 静触点 2. 温度调节螺钉 3. 快跳动触点 4. 温差调节螺钉 5. 调温凸轮 6. 温度控制板 7. 主弹簧 8. 推动力点 9. 传动膜片 10. 感温囊 11. 感温管 12. 蒸发器

图 2.51 温感压力式机械温控器

感温囊是一个封闭腔体，它由感温管、感温剂和感温腔 3 部分组成。感温腔可分为波纹管式和膜合成式。感温腔中充入感温剂，当感温管的温度发生变化时，即引起感温剂的压力发生变化，从而引起控制开关的动作。感温剂在低温下充注在感温腔内，呈饱和状态，压力较高，若不慎将管路弄破，感温剂就会泄漏，并引起温控器报废，因此在操作中需要小心。

a. 温控原理

当蒸发器表面温度上升并超过预定值时，感温管内感温剂压力增大，传动膜片⑨的压力升高到大于主弹簧⑦的拉力，推动力点⑧向前移，通过弹性片连接传动使快跳动触点③与固定静触点①接通，电路闭合压缩机运转，系统制冷。

当蒸发器表面温度逐步下降到预定值时，感温管内感温剂的压力下降，弹簧⑦的拉力大于感温腔前端传动膜片的推力，从而使触点连接杆后移，使快跳动触点③与固定静触点①迅速断开，电路断开，压缩停止运转。

b. 冰箱温度调节原理

调节温控旋钮，实际上就是调温凸轮，通过拉板⑤前移或后移来改变弹簧⑦的拉力大小。若此拉力大，就需要蒸发器温度高，感温剂压力大，才能产生较大的推动力而使点⑧前移，推动触点③与固定触点①闭合，压缩机才启动。这是调高冰箱温度的方法。反之，如调温凸轮⑤，使拉板⑥前移，使弹簧⑦的拉力变小，冰箱的温度就会调低。

c. 温度范围高低调节原理

图示中螺钉②是温度范围高低调节螺钉。通过顺时针（右旋）调节它，相当于加大主弹簧⑦的拉力，使温控点升高。当冰箱出现不停机故障，可将此螺钉右旋半圈或 1 圈。

反之，若逆时针（左旋）调节②，相当于，减小弹簧的拉力，使温控点降低。当冰箱出现不肯启动故障时，可将此螺钉左旋半圈或 1 圈。

d. 温差调节

图中螺钉④是开停温度调节螺钉，调节它，就相当于调节触点①和触点③之间的距离，逆时针（左旋）调节它，关机温度不变，开机温度升高，温差拉大，可以排除开停太频繁的现象。

若顺时针（右旋）调节它，关机温度不变，开机温度降低，温差减小，可以排除开停周期长的现象。

e. 电冰箱温控调节经验

电冰箱在使用过程中，其工作时间和耗电量受环境温度影响很大，因此需要我们在不同的季节选择不同的挡位使用：夏天环境温度高时，应打在较弱挡使用；冬季环境温度低时，应打在较强挡使用。

这样调节的原因是：在夏季，环境温度达到 30℃，冷冻室内温度若打在强挡，温度达–18℃以下，内外温度差△=30℃–（–18℃）=48℃，此时箱内温度每下降 1℃都是困难的。就好像水从 95℃加热到 100℃，每上升 1℃都是困难的。再则，内外温差大，通过箱体保温层和门封冷量散失也会加快，这样就会出现开机时间很长而停机时间却很短的现象。这会导致压缩机在高温下长时间地运行，加剧了活塞与汽缸的磨损，电动机线圈漆包线的绝缘性能也会因高温而降低。耗电量也会急剧上升，既不经济又不合理。若此时改在弱挡，就会发现开机时间明显变短，停机时间加长，这样既节约了电能，又减少了压缩机磨损，延长了使用寿命。所以夏天高温时应将温控器调至弱挡。

当冬季环境温度较低时，若仍将温控器调在弱挡，因此时内外温差小，散热慢，就会出现压缩机不容易启动，单制冷系统的冰箱还可能出现冷冻室化冻的现象，此时就应该将温控打强挡，并需打开低温补偿开关或切换开关。

再则冬天环境温度已很低时，可将冷藏箱内东西移出电冰箱贮存，而让冷藏温度降到 0℃以下，还可以用来短期存放不需要长期冻结的食品，避免解冻的麻烦，如 BCD—161，BCD—161C，BCD—181，BCD—181A，BCD—181C 切换后就可以实现这一功能。所以，在冬天气温低时，应将温控器挡位调高。

LW 系列温控器的结构如图 2.52 所示。

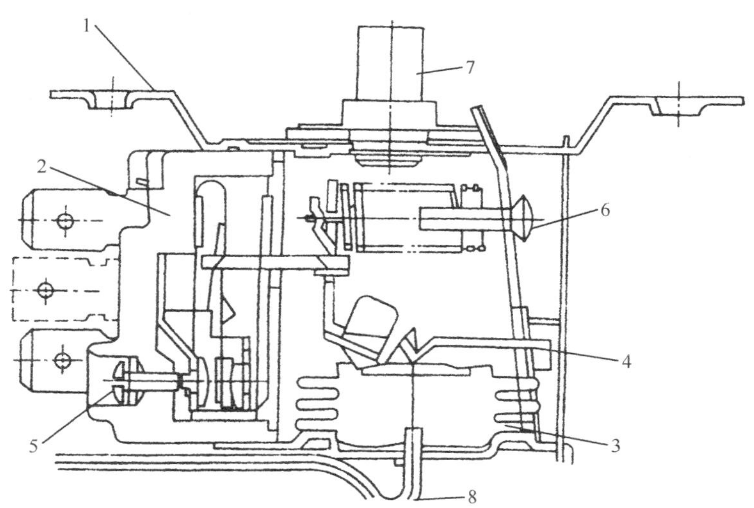

1. 调节盖部件 2. 开关部件 3. 感温器
4. 杠杆 5. 温差调节螺钉 6. 温度范围调节螺钉 7. 温控挡位调节旋钮 8. 感温管

图 2.52 LW 系列内部结构图

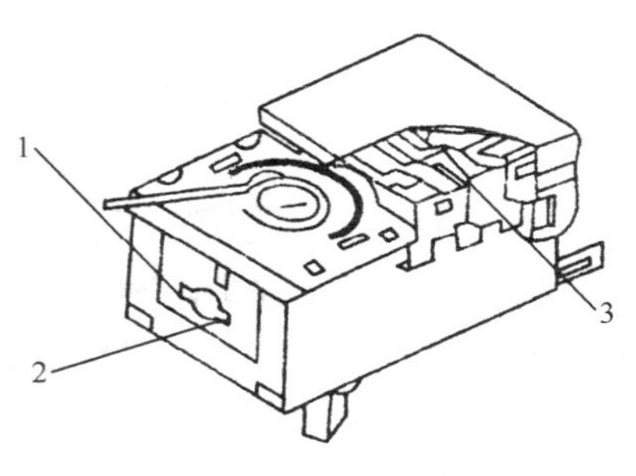

图 2.53 K59 温控器

K59 系列温控器的结构如图 2.53 所示，该系列温控器用于双门双温电冰箱及各种直冷式冷冻冷藏箱。

K59 温控器为定温复位型温控器，开机温度不随挡位的变化而变化，关机温度随着挡位的变化而变化。

由图 2.53 可见，K59 温控器有 3 个可调节用螺丝钉，现分别介绍它们的调节规律：

可调螺丝钉 1——稳定开位调节螺丝钉，调节此螺丝钉对开机温度和关机温度都有影响。顺时针调节，开机温度和关机温度都上升；逆时针调节开机温度和关机温度都下降。

可调螺丝钉 2——范围调节螺丝钉，调节此螺丝钉对开机温度没有影响，只影响关机温度。顺时针调节，关机温度下降；逆时针调节关机温度上升。

可调螺丝钉 3——温差调节螺丝钉，调节此螺丝钉对开机温度有影响，对关机温度没有影响。顺时针调节，开机温度下降；逆时针调节，开机温度上升。

对因温控器引起的冰箱故障，如制冷不停机、开机时间长、停机时间短、开机时间短、停机时间长等均可通过调节有关螺丝钉得到解决。如制冷不停机故障，可顺时针调节螺丝钉 1 或逆时针调节螺丝钉 2。

K54 系列温控器结构如图 2.54 所示，该温控器适用于冰箱冷冻室、冰柜，具有高温报警功能。温差为 4℃ ～10℃，调节范围最大为 15℃。

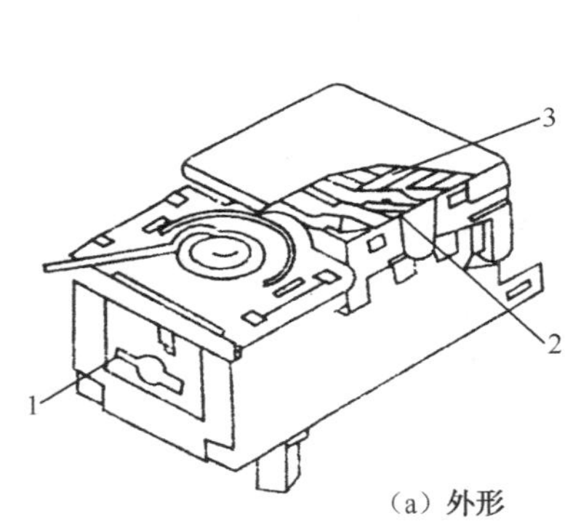

（a）外形

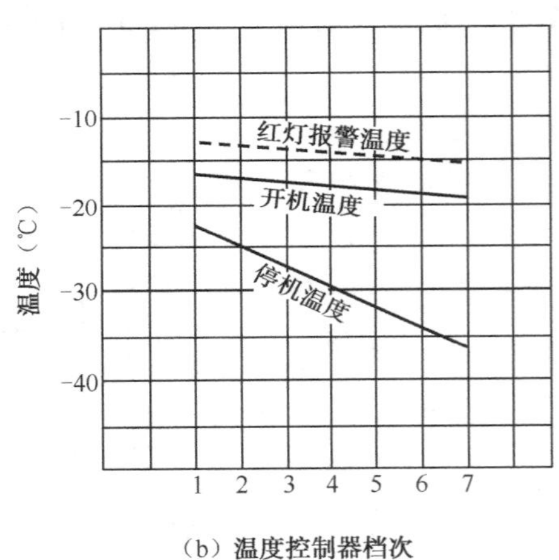

（b）温度控制器档次

图 2.54 K54 温控器

K54 温控器有 3 个可调节螺丝钉：可调节螺丝钉 1 为范围调节螺丝钉，可调节螺丝钉 2 为温差调节螺丝钉，可调节螺丝钉 3 为信号调节螺丝钉。调节螺丝钉 1 对开机温度和关机温度都有影响。顺时针调节，开机温度和关机温度都上升；逆时针调节，开机温度和关机温度都下降。

调节螺丝钉 2 只影响开机温度，对关机温度没有影响。顺时针调节开机温度下降，温差减小；逆时针调节开机温度上升，温差增大。

调节螺丝钉 3 只对报警温度有影响。顺时针调节报警温度下降；逆时针调节报警温度上升。

通过调节螺丝钉 2，可以解决开停机频繁问题；调节螺丝钉 3 可以解决报警灯长亮和不亮等问题。

K60 和 K61 系列温控器原理类似于 K59，这里省略。

（2）风门温度控制器。风门温度控制器主要用于双门间冷式电冰箱，它对冷藏室的温度是行控制，与冷冻室的温控器相配合，使得冷冻室和冷藏室的温度可以分别进行控制。这两个温控器在电冰箱内的位置和循环风路如图 2.55 所示。

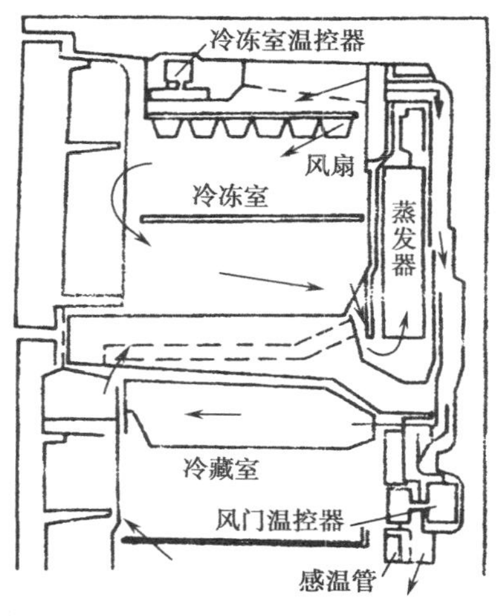

图 2.55　间冷式双门电冰箱温控器

风门温控器可分为盖板式和风道式两种。这两种风门温控器都有一根细长的感温管，装在出风口附近的风道内，以感受循环冷风温度的变化。转动温度调节钮可对进入冷藏室的冷风量进行调节，从而控制冷藏室内温度的高低。这种风门温控器的工作原理与压力式温控器一样，也是利用感温剂压力随温度而变化的特性，通过转换部件，带动并改变风门开闭的角度，控制冷藏的冷风量以控制冷藏室温度。它不接入电路，由冷冻室温控制压缩机的开与停。

盖板式风门温控器结构如图 2.56 所示。当盖板处于垂直位置时，风门为全闭位置，此时温度调节钮在“热”的位置；当盖板偏离垂直位置时，风门打开，最大仰角 α 为 20°。

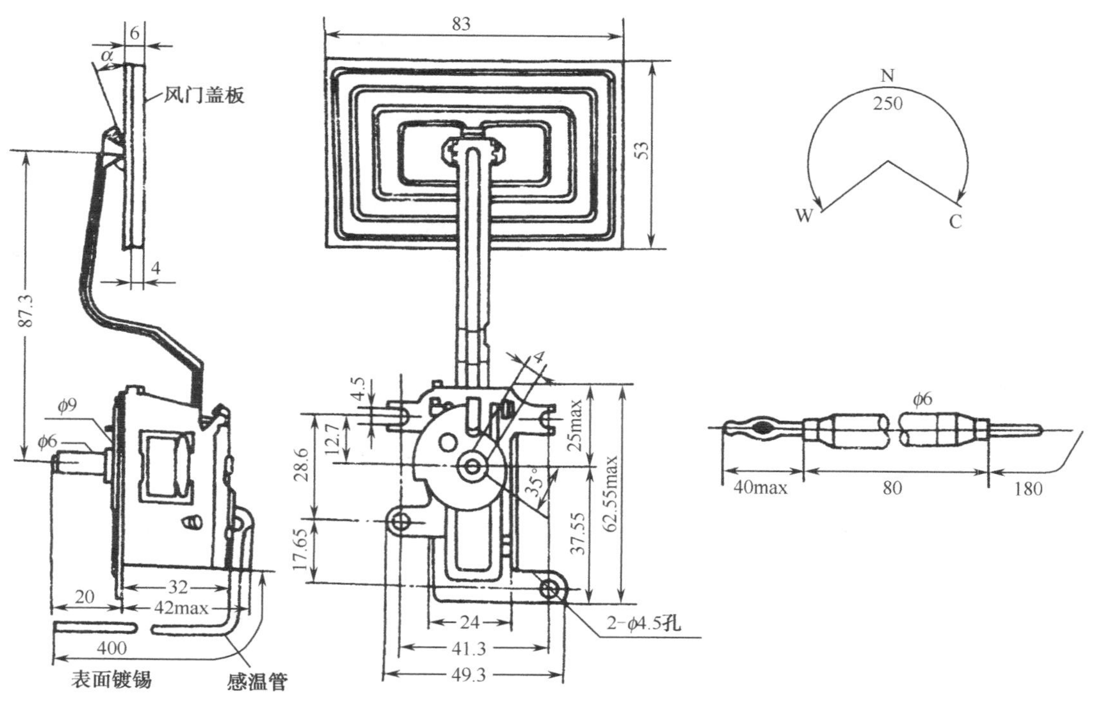

图 2.56　盖板式风门温控器

风道式风门温控器的外形及工作原理分别如图 2.57 和图 2.58 所示。

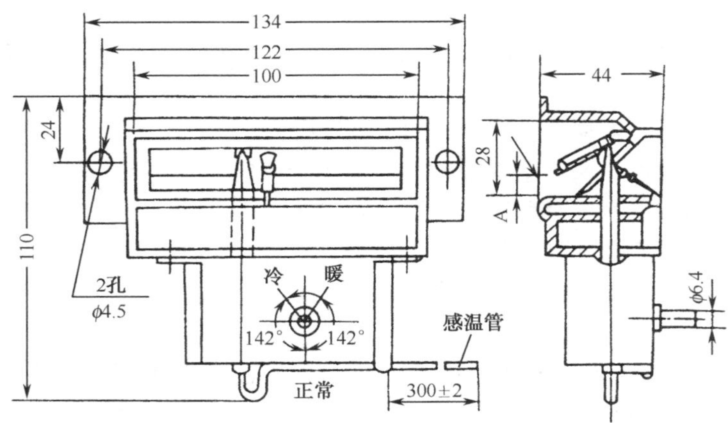

图 2.57　风道式温控器

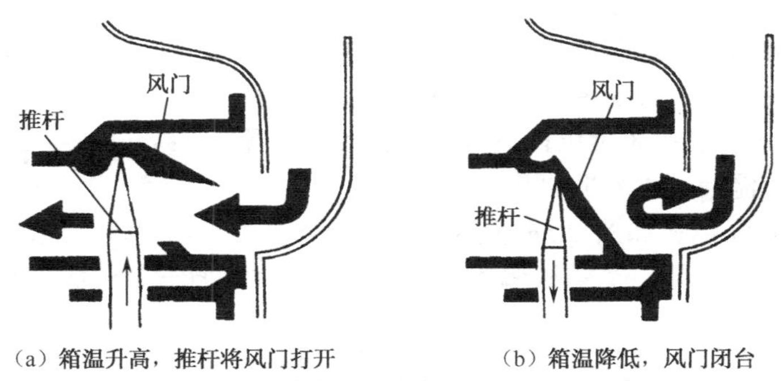

（a）箱温升高，推杆将风门打开　（b）箱温降低，风门闭合

图 2.58　风道式温控器工作原理图

2. 化霜定时器

化霜定时器可以分为机械化霜定时器和电子化霜定时器两类。

（1）机械化霜定时器。大多厂家采用的机械化霜定时器有 RANCO 公司的 T24—L6014 型、上海航空电器厂生产的 ZS—2519 型和广东佛山生产的 WK21L—187 型化霜定时器。

其中 T24—L6014 化霜定时器主要用于 BD —176W 电冰箱，其工作过程分为制冷阶段、化霜阶段和风扇延时阶段。

a. 制冷阶段

在这个阶段，压缩机运行，风扇转动，完成整个风冷过程。

化霜定时器接线如图 2.59 所示。化霜定时器接头 1 使定时器时电机与电源相接，接头 2 与化霜电加热系统相接，接头 3 与冷冻温控器相接，接头 4 与压缩机电机相接，接头 5 与风扇电机相接。

在制冷阶段，簧片 3，4，5 相互吸合，其电路如图 2.60 所示，此时风扇电机、压缩机电机和计时电机并联后与冷冻温控器串联。当温控器吸合后，风扇、压缩机运行，进行制冷。同时计时电机运转，开始记时。当冰箱达到停机温度后，温控器断开，风扇、压缩机停止运行，同时计时电机也停止计时。由此可知，计时电机累积的是制冷系统运行时间。当累积运

行时间到 24 h 以后，就进入化霜阶段。

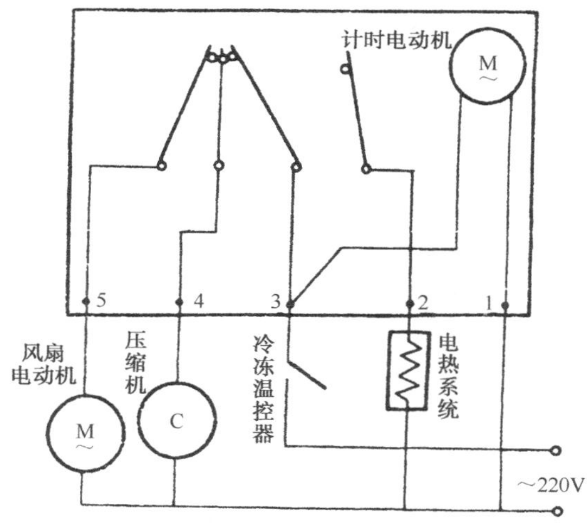

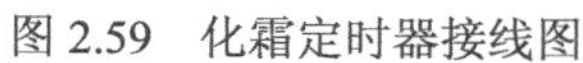

图 2.59　化霜定时器接线图

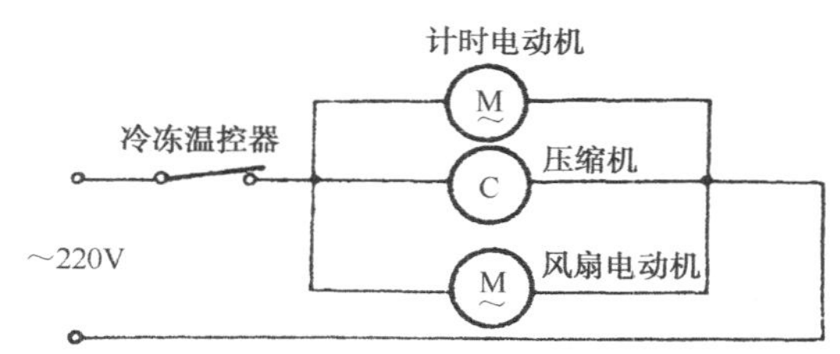

图 2.60　制冷阶段电路图

b. 化霜阶段

化霜电热系统启动工作后，完成化霜过程。

进入化霜阶段，簧片 3 与 4, 5 断开，与 2 吸合（见图 2.61）。此时化霜电热系统与计时电动机并联后和冷冻温控器串联（见图 2.62）。这样压缩机、风扇停止运行，而化霜电热系统开始工作。随着蒸发器逐渐被加热至大约 6℃时，化霜温控器（图中未画出）运作，控制簧片 2, 3 断开，如图 2.63 所示，此时化霜电热系统停止以蒸发器加热，但计时电机仍在运转。当计时电机运转到化霜设定时间（约 30min）以后，化霜定时器簧片发生一系列动作，结束化霜阶段，进入风扇延时阶段。

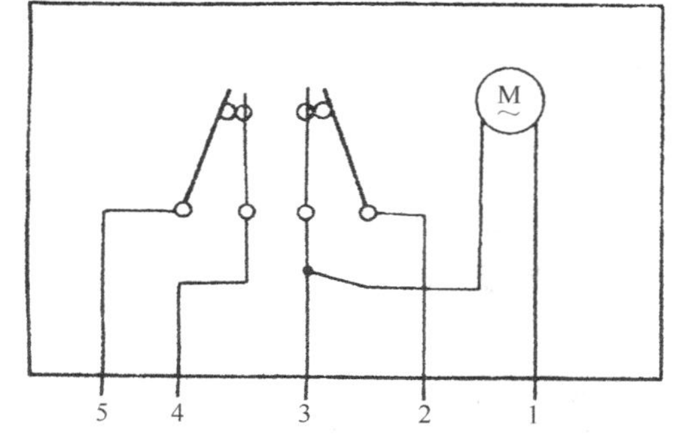

图 2.61　化霜阶段电路图

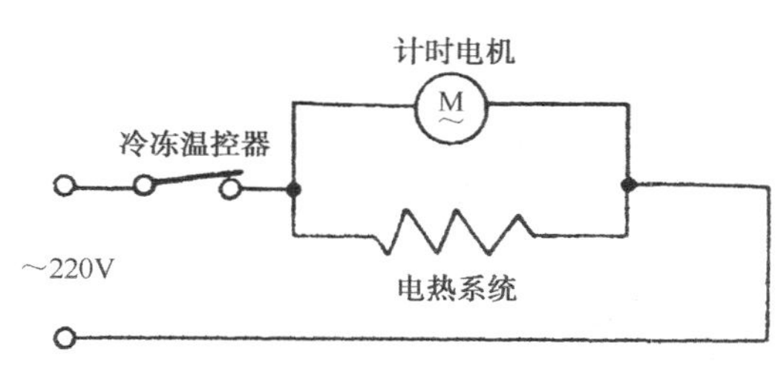

图 2.62　化霜电热系统与计时电动机、冷冻温控器连接图

c. 风扇延时阶段

由于化霜结束后蒸发器温度较高，若此时压缩机、风扇同时工作，势必将蒸发器附近的热空气送入冷冻室，影响食品的贮存。为此设置了风扇延时，只启动压缩机。当蒸发器温度降到一定程度以后，再启动风扇，使送入冷冻室的是冷空气。

进入风扇延时阶段，簧片 4 与簧片 5 断开，簧片 3 与簧片 4 吸合，如图 2.64 所示，此时压缩机和计时电动机与压缩机并联后与冷冻温控器串联，如图 2.65 所示。在此温度下，冷冻温控器必然闭合，所以压缩机运转，蒸发器降温。当温度降至约 0.5℃时，化霜温控器簧片 2

恢复到图 2.65 原位置，为下一个化霜过程做好准备。

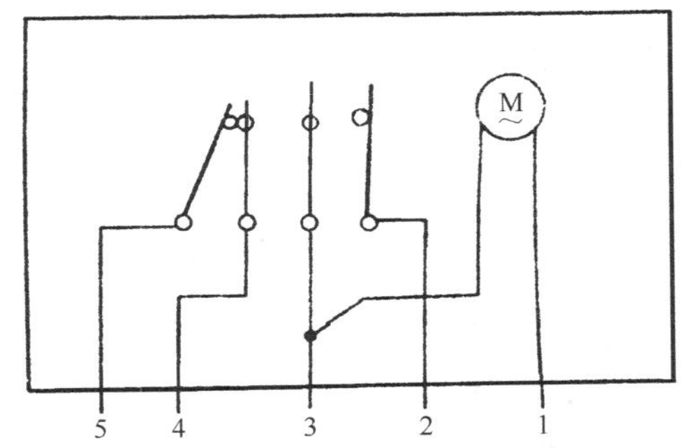

图 2.63　化霜器工作，控制簧片断开

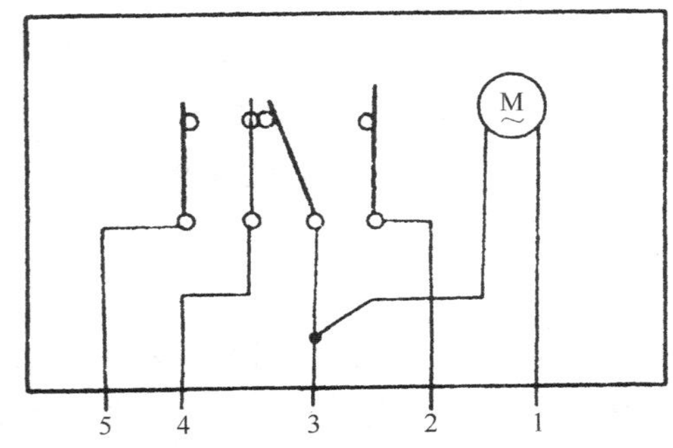

图 2.64　风扇延时阶段

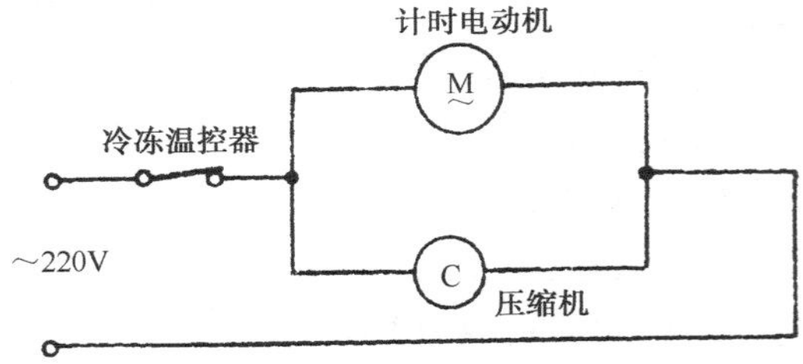

图 2.65　压缩机和计时电动机并联后与冷冻温控器串联

当计时电动机运行时间达到延时设定时间（约 15min）以后，簧片 5 与簧片 3，4 吸合，重新进入制冷阶段。

ZS—2519 型化霜定时器和 WK21L—187 型化霜温控器，从原理上讲与 BD—176W 使用的化霜定时器的工作原理大致相同。工作过程也包括制冷阶段、化霜阶段和风扇延时阶段。不同点在于前者是由独立串联于电路中的化霜温控器来控制电热系统的通断电，而后者是由其内部的温控器，通过机械传动来控制化霜定时器内相应触点的吸合和断开。其接线如图 2.66 所示，定时器接头 1 与冷藏温控器和冷冻温控器相接，接头 2 与化霜温控器和电热系统相接，接头 3 与压缩机相接，接头 4 与风扇电动机相接，接头 5 使定时器计时电动机与电源相接。

a. 制冷阶段

在制冷阶段，簧片 1，3，4 吸合，此时压缩机和风扇电动机是由冷藏温控器和冷冻温控器控制其运转。由图 2.67 可知，当冷藏冷冻温控器中有一个闭合，计时电动机就进行累积计时，所以计时电动机累积的是整个制冷系统运行时间，包括冷藏制冷和冷冻制冷。当累积运行时间达到 24h 以后，就进入化霜阶段。

b. 化霜阶段

进入化霜阶段后，簧片 1 与簧片 3，4 断开，与簧片 2 吸合，此时制冷系统停止运行，化霜电热系统开始工作，电路图见图 2.68 随着蒸发器逐渐被加热至大约 22℃，化霜温控器断开，电热系统停止加热，但计时电动机仍在运行。当计时电动机运行到化霜设定时间（约 19min）以后，定时器簧片发生一系列动作，结束化霜阶段，进入风扇延时阶段。

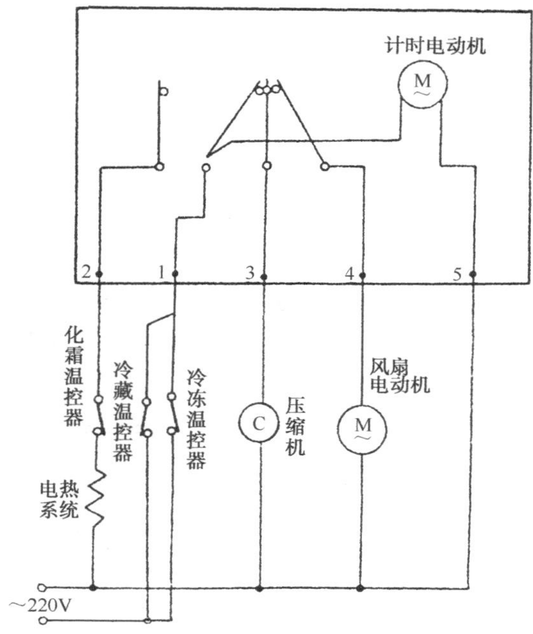

图 2.66 化霜温控器控制电路系统通断

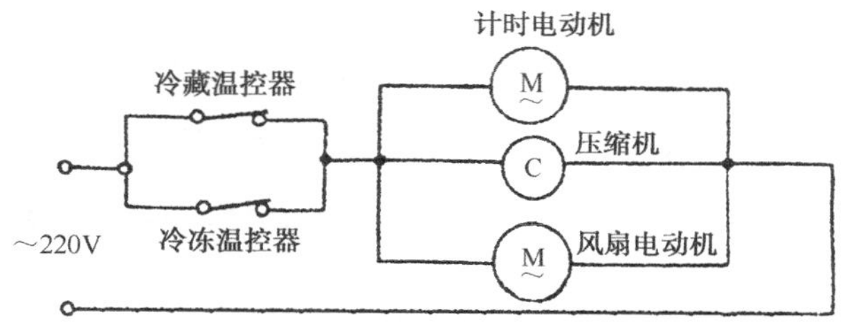

图 2.67 制冷阶段温控器的连接

c. 风扇延时阶段

进入风扇延时阶段后，簧片 4 与簧片 3 断开，簧片 1 与簧片 2 断开，与簧片 3 吸合，电路图如图 2.69 所示。此时，压缩机工作，但风扇并不转动，所以只是蒸发器降温。当蒸发器温度降至约 15℃时，化霜温控器吸合，为下一个化霜过程做好准备。

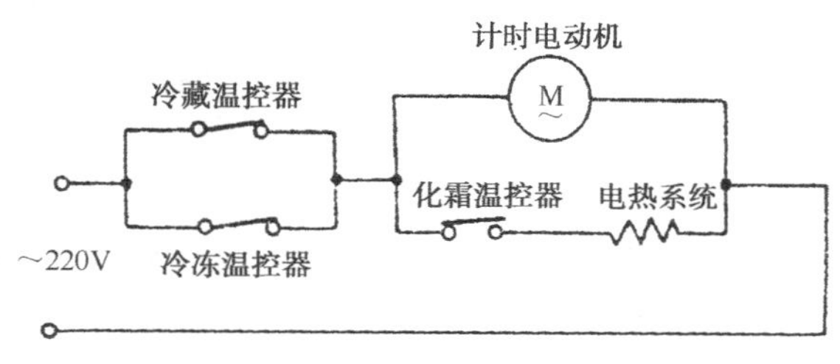

图 2.68 化霜阶段温控连接情况

当计时电动机运行时间达到延时设定时间（约 20min）以后，簧片 4 与簧片 1，3 吸合，重新进入制冷阶段。

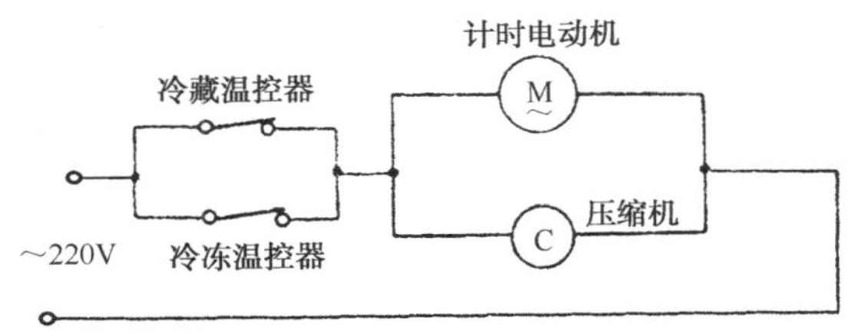

图 2.69　风扇延时阶段连接情况

（2）电子化霜定时器。电子化霜定时器取消了机械式计时电动机，采用电子计数器计时并用计算机控制整个化霜过程，其基本原理同机械式一样，也分为制冷阶段、化霜阶段和风扇延时阶段。

电子化霜定时器外部有两个接线座 CX1 和 CX2，共 8 根连接线，如图 2.70 所示。

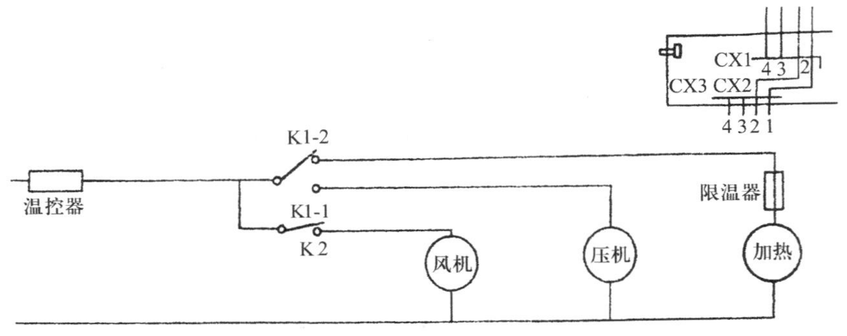

图 2.70　电子化霜定时器连接情况

其中，CX1–2 和 CX2–2 为连接通路，仅起连接线作用，对定时器功能没有影响，CX1–1 和 CX2–1 也为通路，可看做一个接线端是化霜的连接电源端，CX1–3 是化霜的连接温控器端，CX1–4 是化霜的连接压缩机端，CX2–3 是化霜的连接电热系统和化霜温控器端，CX2–4 是化霜的连接风扇电动机端。其控制原理如下：

电子化霜定时器按照设定化霜程序控制继电器 K1, K2 工作，K1-1, K2 均为常闭触点。

a. 制冷阶段

K1, K2 不通电，风机、压缩机均由温控器控制正常制冷，压缩机工作的同时计数器计时，当累积运行时间达 24h 后，进入化霜阶段。

b. 化霜阶段

进入化霜阶段，K1, K2 通电，风机、压缩机断开，K1-2 闭合接通加热装置，随着加热温度升高化霜温控器断开，电热系统停止加热，计时器仍计时到 30min，进入风扇延时阶段。

c. 风扇延时阶段

K1 断电，K2 仍通电，使压缩机通电工作蒸发器制冷，风扇仍未接通，15min 后 K2 断电接通风扇进入正常制冷阶段。

另外，该化霜定时器线路板上一侧有一黑色接触按键，按住此键则开始强制化霜，其板上 CX3 两个端头短路后可以观察化霜时序，这时化霜时序由 24h, 30min, 15min 变为 87s, 1.9s, 0.7s, 利用这两个功能可以帮助判断线路板故障。

3. 启动控制器

由于压缩机电机启动阻力矩比正常运转时大得多，压缩机绕组除运行绕组外都有启动绕组，启动绕组只是在启动时起作用，启动后运行绕组就开始独自工作。这样就需要用启动控制器来控制接通或断开启动绕组。启动控制器一般采用重锤式启动继电器和 PTC 启动器。重锤式启动器电路如图 2.71 所示。

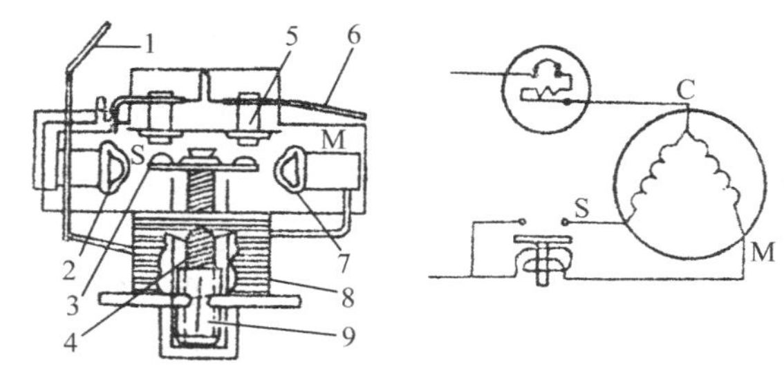

1. 电源接线柱　2. 启动端插孔　3. 活动触点　4. 螺钉　5. 固定触点
6. 启动端接线柱　7. 运行端插孔　8. 线圈　9. 衔铁

图 2.71　重锤式启动器

未启动时，由于重力作用重锤式衔铁处于断开位置，启动时，通过启动器线圈的电流较高，线圈励磁将衔铁吸合，将启动绕组接通，电动机启动。当电机转速达到额定转速的75%～80%时，电流下降，线圈失磁，衔铁因自重而落下，断开启动绕组，压缩机运转，绕组正常工作。PTC 元件是一种半导体晶体结构如图 2.72 所示，具有正温度系数电阻特性，即当温度达到某一临界点，其电阻值会发生剧增，如图 2.73 所示。PTC 电路连接如图 2.74 所示。

电冰箱刚开始启动时，PTC 元件温度较低，电阻小，启动绕组接通。由于启动电流较大，PTC 温度随之升高，达到临界温度时，电阻猛增到数万欧姆，可视为断路，于是与之串联的启动绕组断电，运转绕组正常工作。PTC 是一种无触点开关，但是停机后由于 PTC 温度仍很高，所以无法马上启动。

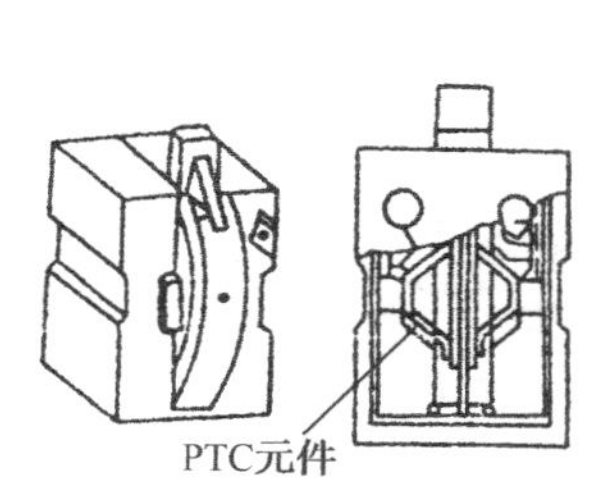

图 2.72　PTC 启动继电器外形图

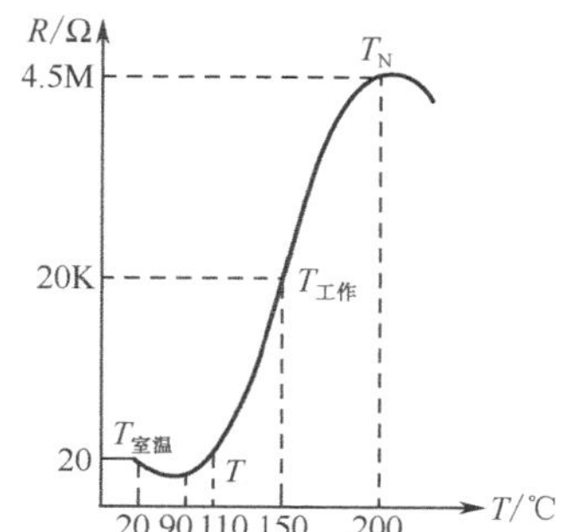

图 2.73　PTC 温度特性曲线

4. 过载保护器

过载保护器是用来防止压缩机过载和过热而烧毁电动机而设置的。电冰箱压缩机多采用碟形保护器。其结构如图 2.75 所示。

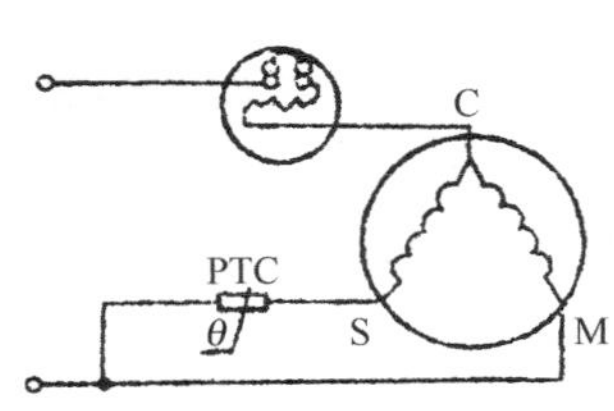

图 2.74　PTC 接线图

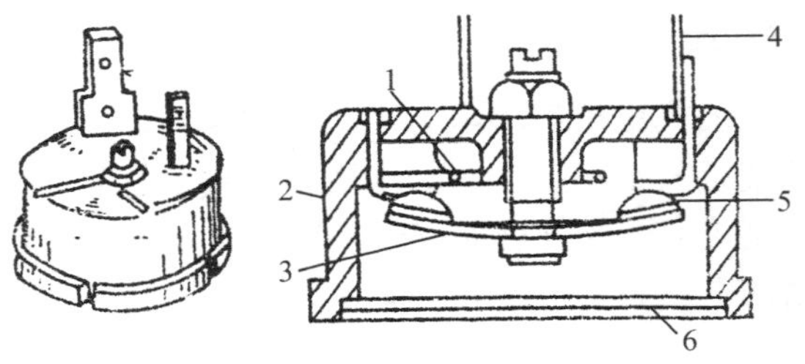

图 2.75　碟形保护器结构图

该保护器串联在压缩机主线路中，当电路因过载电流过大时，与之相接的电阻丝会发热，使相邻双金属片受热变形，向上弯曲断开电路，从而保护压缩机不被烧毁。由于保护器紧压在压缩机外壳上，所以双金属片又能感受机壳温度，若压缩机工作不正常，机壳温度过高，双金属片也会受热弯曲断开电路，因此该保护器有双重作用。

5. 启动电容器

启动电容器一般和启动继电器并联，它可以利用分相原理使电冰箱具备瞬间启动功能。由于电冰箱所用压缩机种类繁多，而且同一电冰箱选用压缩机型号也不尽相同，更换压缩机时应尽量更换相同型号的，另外，不同压缩机间的附件匹配也不尽相同，因此一定要按技术要求来配套使用，购买备件时也应注明其具体型号。

2.6.2　直冷式家用电冰箱的控制电路

普通单门直冷式、双门直冷式电冰箱的控制电路分别如图 2.76 和图 2.77 所示，这些电路均由温度控制器、启动继电器、热保护器和照明灯及开关等组成。这是一种常用的典型电路。电冰箱运行时，由温度控制器按所需调定的冰箱温度自动地接通或断开电路，来控制压缩机的开与停。如果出现异常情况，如运行电流过高、电源电压过高或过低等，热保护器就断开电路，起到安全保护作用。

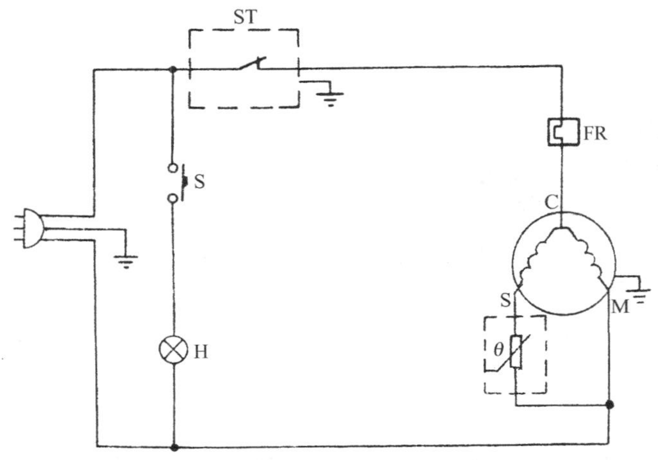

图 2.76　直冷式单门冰箱控制电路

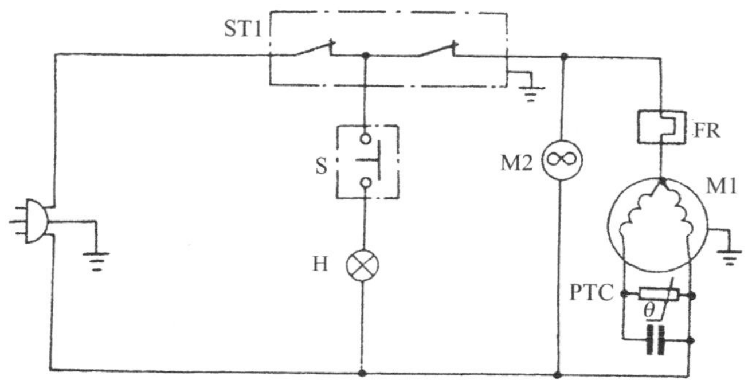

图 2.77 直冷式双门冰箱控制电路

2.6.3 间冷式家用电冰箱的控制电路

间冷式家用电冰箱是靠箱内空气强制对流来进行冷却的。所以，在直冷式电冰箱的控制电路的基础上，还必须设置风扇的控制和化霜电热及化霜的控制等。图 2.78 中所示是一种比较典型的间冷式双门电冰箱的控制电路。风扇电动机 M2 与压缩机 M1 并联，即同时开停。为避免打开电冰箱门时损失冷气，冷藏室采用双向触点“门触开关”，当冷藏室开门时，同时箱内照明灯接通。关门后照明灯熄灭，箱内风扇又开始运转。

化霜控制系统由时间继电器、电热元件和热继电器等组成。当工作到一定时间后进行化霜时，时间继电器将制冷压缩机电路断开，压缩机停车，同时将化霜电热元件接通，开始化霜。当达到除霜时间后，化霜电路断开，同时又接通压缩机电路，恢复制冷过程。如果化霜时的温度过高，将会损坏箱体的塑料构件和隔热层。为此，在化霜控制电路中设有热继电器(也叫限温器)。热继电器置于蒸发器上，当蒸发器温度高于设定的 25℃时，热继电器的触点就会断开，切断电热器电源，停止电热。为防止热继电器万一失灵，在化霜控制电路中还设有熔断型温度保险器（或保险丝）。如因故障温度保险丝被熔断，则不能自动复位，必须将故障排除后更换温度保险丝，电冰箱才能开始工作。

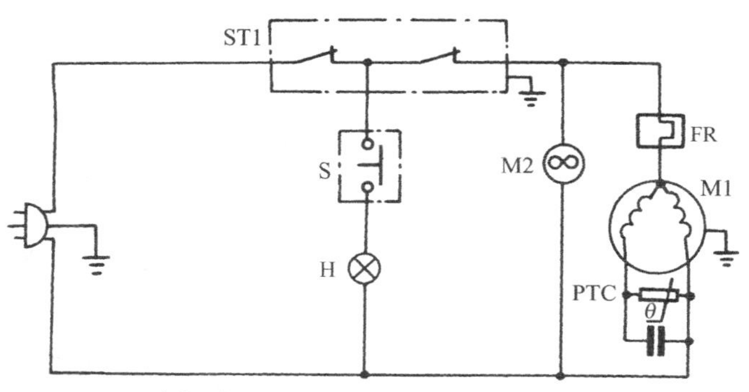

ST1．冷藏温控器 S．灯开关 H．照明灯 M2．风扇
FR．过载保护器 M1．压缩机 C．运行电容

图 2.78 间冷式双门电冰箱控制电路

2.6.4 冰箱控制原理分类

1. 直冷单系统冷藏箱控制原理

（1）电气原理图。电气原理图如图 2.79 所示。

（2）控制原理简介。直冷单系统冷藏箱一般都采用机械温控型的控制方式，是控制部分最简单的电冰箱，由温控器直接控制压缩机的启停及室内温度。常用的温控器有 K15, K59, K57, K60 等，其型号不同，控制参数也不同，其中 K60 带自动恢复的化霜按钮。一般 K50 和 K60 用于带制冰室的冷藏箱控制。K57 用于不带制冰室和蒸发器的外挂型冷藏箱，感温控制点均选择在蒸发器板上。K59 用于不带制冰室的蒸发器内藏型冷藏箱，其感温控制点选择在箱体后背贴近蒸发器的某一点上。

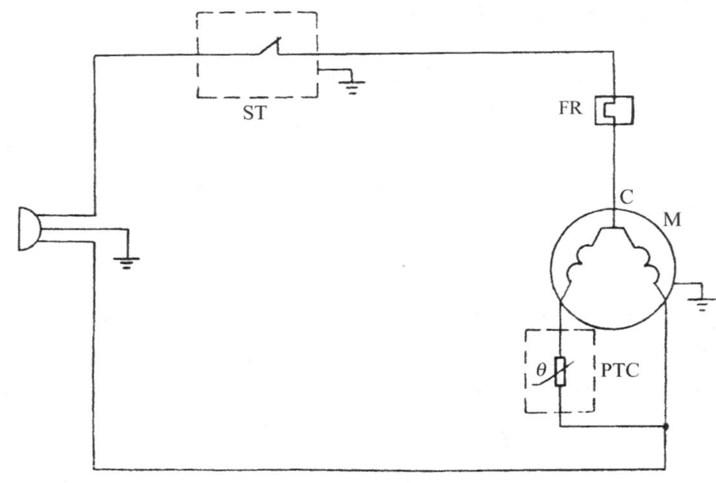

图 2.79　直冷单系统冷藏箱控制原理图

2. 直冷单系统冷冻箱制冷原理

（1）电气原理图。电气原理图如图 2.80 所示。

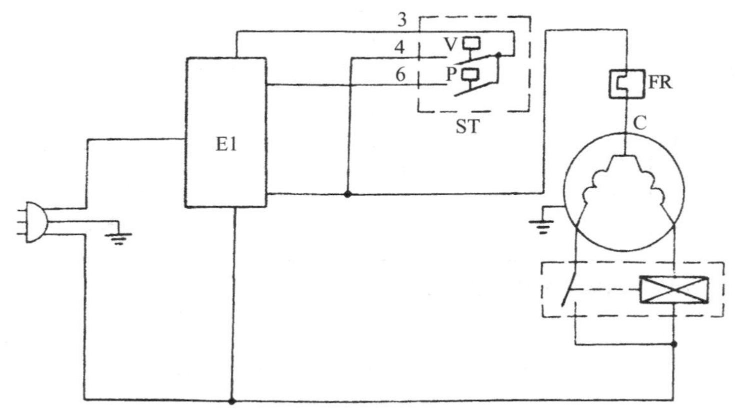

图 2.80　直冷单系统冷冻箱制冷原理图

（2）控制原理简介。从控制方式上，直冷单系统冷冻箱可分为 3 种方式：机械温控型，电子温控型，混合型。

图 2.80 是一个典型的混合型控制电路，由主控板和机械温控器共同完成控制功能。由 1 个机械温控器感受冷冻室的温度控制压缩机的开停，由主控板完成其他辅助功能，如速冻、延时、超温报警等，其控制原理如下：

a. 温度控制

当箱内温度较高时，冷冻温控器 K54 的 3, 4 间接通，压缩机运转，开始制冷；当温度达到关机温度时，3, 4 间断开，压缩机不运转。

b. 超温报警

当箱内温度较高、在报警温度以上时，冷冻温控器 K54 的 3, 6 间接通，给控制板提供一个温度报警信号，由主控板输出声音和光报警信号，提醒用户注意。

c. 自动化霜

由主控板上的速冻继电器完成，进入速冻状态后，继电器闭合，冷冻温控器被继电器支路短接，压缩机持续运转。

3. 风冷单系统冷冻箱控制原理

（1）电气原理图。电气原理图如图 2.81 所示。

（2）控制原理。从控制方式上，风冷单系统冷冻箱一般可分为机械温控型或混合型。通过温控器感受冷冻箱内温度，控制压缩机启、停来控制冷冻室的温度。压缩机、风扇、化霜、加热丝通过化霜定时器控制有规律地通断。在制冷阶段，压缩机、风扇接通，加热丝断开，此时冰箱蒸发器化霜；在风扇延时阶段，仅压缩机接通，风扇和加热丝断开，此时制冷系统工作目的是冷却蒸发器，避免把蒸发器刚化完霜后的热空气吹到冷冻箱内。

a. 超温报警

当冷冻室温度较高、在报警温度以上时，冷冻温控器 ST2 接通，温控器报警灯 H4 亮，提醒用户注意。

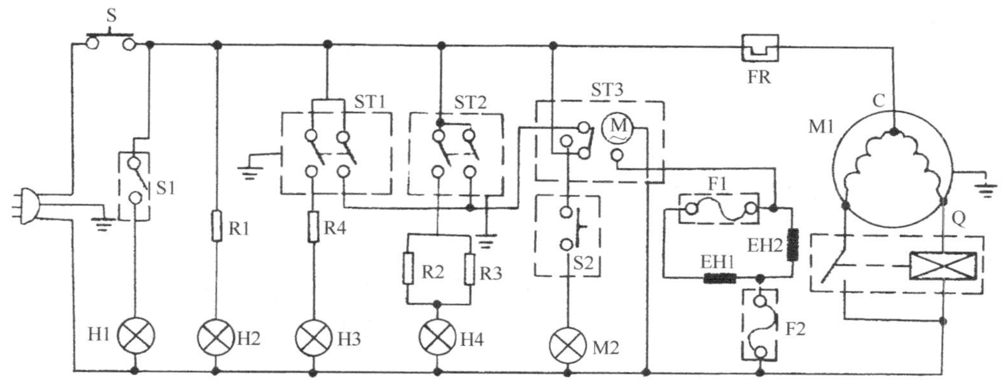

EL4．温度报警灯　S2．风扇开关　K．启动装置　S．电源开关　ST1．速冻开关　M2．风扇电机
F2．化霜限温器　H1．照明灯　H2．电源指示灯　ST2．温控器　F1．接水盘化霜保护　FR．过载保护
S1．照明灯开关　H3．速冻指示灯　ST3．化霜定时器　EH1．接水盘化霜电热丝

图 2.81　风冷单系统冷冻箱控制原理

b. 速冻

速冻功能由手动控制。当需要速冻时，按一下速冻开关，进入速冻状态。速冻期内，速冻指示灯 H_3亮，再按一下速冻开关，退出速冻状态。

4. 直冷单系统冷藏冷冻箱控制原理

（1）电气原理图。电气原理图如图 2.82 所示。

（2）控制原理。从控制方式上，直冷单系统冷藏冷冻箱可分为 3 种方式：机械温控型（又可分为双温控器型和补偿加热型），电子/电脑温控型，混合型。机械温控型无主控板，电子/电脑温控型无机械温控器，混合型由机械温控器和主控板共同完成控制功能。

图 2.82 是一个典型的混合型控制电路，其温度控制由机械温控器完成，其他辅助功能如延时、超温报警、速冻等由主控板辅助完成。

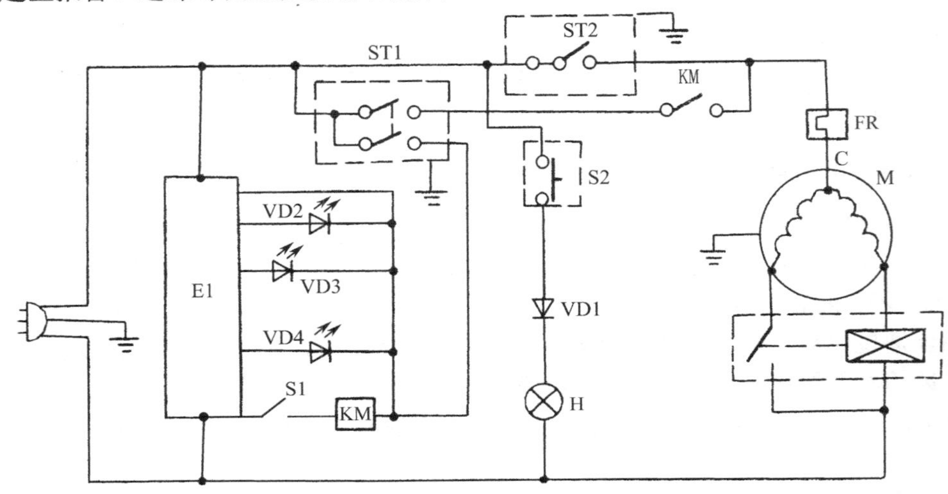

图 2.82　直冷单系统冷藏冷冻箱控制原理

正常状态下，切换继电器触点 KM 断开，只有冷藏温控器控制压缩机开停。当环境温度较低时，接通切换开关，KM 接通，冷藏温控器和冷冻温控器并联控制压缩机开停。控制板上的绿色和黄色发光二极管分别为电源指示灯和切换指示灯。超温报警信号取自冷冻温控器的信号终端，经降压整流，驱动红色发光二极管。

5. 风冷单系统冷藏冷冻箱控制原理

（1）电气原理图。电气原理图如图 2.83 所示。

（2）控制原理。图 2.83 是一个采用电子温控器的风冷单系统冷藏冷冻箱控制原理图。电子温控器完成冰箱温度控制、化霜、延时控制。冷藏室传感器控制冷藏室温度，通过风门调节风量分配，进而调节冷冻室温度，其控制原理如下：

a. 延时控制

为保护压缩机，维持冰箱温度相对平稳，在每次压缩机停机和化霜刚结束后，有约 6min 的延时。

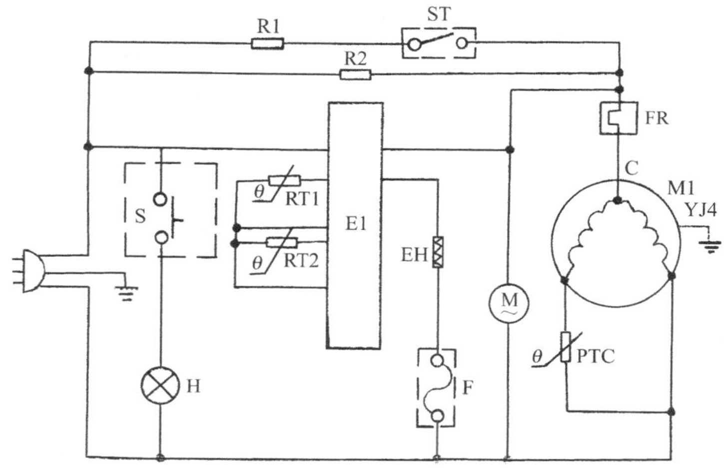

S．灯开关 H.照明灯 RT1．冷藏传感器 RT2．冷冻传感器 E1．控制板
EH．化霜加热丝 F．限温器 M．风扇电动机 FR．热保护继电器
M1．压缩机 R2．补偿电阻 R1．补偿电阻 ST．温度补偿开关

图 2.83 风冷单系统冷藏冷冻箱控制原理

b. 化霜控制

化霜定时器自动积累压缩机工作时间，当达到 8h±30min 时，自动进入化霜状态，断开压缩机和风机，接通加热管，开始化霜，由冷冻传感器感受到的温度决定化霜何时结束。

c. 低温补偿

R2 为温度补偿电阻，用来改善系统匹配。ST 为温度补偿开关，当环境温度低于 10℃时，打开此开关，接通补偿电阻 R1，可保证冰箱在较低温环境中正常启动工作，此时冷冻室温度可达–10℃以下。

2.7 电冰箱的新技术与新品种

2.7.1 电冰箱现状与发展趋势

1. 绿色电冰箱

（1）绿色电冰箱的定义。普通冰箱的制冷剂采用 R12，发泡剂用 R11，它们都是 CFC 类物质，本身性能稳定，无毒、无腐蚀性、不燃烧。但 20 世纪 70 年代以来的研究表明，CFC 类物质对大气臭氧层有破坏作用。绿色电冰箱就是符合环保要求的电冰箱。因为电冰箱的动力来源是电能，也没有污染大气的东西排出，因此对它的环保要求是指其所采用的制冷剂和发泡剂对臭氧层的破坏程度和对地球变暖的影响程度都要为零，或趋近于零。

（2）绿色电冰箱的发展方向。在美国，主要以生产用 R134a 做制冷剂、R141b 做发泡剂的冰箱为主。而欧洲认为 R134a 和 R141b 并不能完全满足环保要求，其 GWP 仍相当可观。因此他们更倾向于用 R600a 替代 R12、用环烷替代 R11 的方案。R600a 的环保性能最好，对大气臭氧层的破坏作用和温室效应均为零，并且它的制冷性能优于 R12，可使压缩机的能耗减少 30%～40%，无毒、无味，目前已能把它爆炸的可能性控制到百万分之六以下，是相当理想的制冷剂。我国于 1991 年 6 月以发展中国家的身份加入《蒙特利尔议定书》。按照议定，我国将于 2010 年最终淘汰臭氧消耗物质。根据我国的实际情况，制冷剂选择 R134a 和碳氢化合物替代现在的 R12；在发泡剂上选择环烷和 R141b 替代 R11。2007 年，国家有关部门联合下的“禁氟令”规定，从 7 月 1 日起，任何冰箱、冷柜、冷热饮水机企业不得生产以氯氟烃为制冷剂、发泡剂的家用电器产品，不得在家用电器产品的生产过程中将氯氟烃作为清洗剂。

2. 我国电冰箱的现状

我国电冰箱的生产是从 1956 年开始的。20 世纪 80 年代起得到迅速发展。80 年代中期出现第一轮消费高潮，国产品占有率较高，是较早进入百姓家庭的大件家用电器之一。然而我国电冰箱的平均寿命为 10 年，最长也不过 15 年，也就是说，当城市的电冰箱趋于饱和时，第一代电冰箱已相继步入寿命终期，需要更新换代。据报道，我国新一轮电冰箱消费高潮已经来临。面对消费市场的新需求，各大电冰箱厂家纷纷采取相应措施，不断进行技术创新，为市场提供了各式各样的名优产品。

（1）采用高效节能技术。电冰箱耗电量是广大消费者购买电冰箱时最关心的主要参数之一。我国相继颁布了《家用电冰箱电耗限定值及测定方法》（GB 12021.2—89）和《家用电冰箱产品质量分类分级规定》。后者规定：电冰箱电耗低于国际限定值 20%为 A 级产品。美国能源部颁布的电冰箱电耗限定值几乎是每 3 年就提高一次标准。1990 年实施的电耗限定值比 1987 年低 20%，1993 实施的电耗限定值比 1990 年低 25%～35%，目前已实施的 1998 年电耗限定值比 1993 年低 30%～40%。因此，节能技术的开发已成为电冰箱行业的重要课题。

（2）采用电子控制技术。将电子技术引入电冰箱设计中，通过设置工作状态选择（如最大制冷、快速制冷、省电等），自诊断系统，自动处理与报警（声、光、电）功能，使电冰箱始终处于最佳工作状态，以达到节能目的。

（3）采用超静音技术。最大限度地降低电冰箱运行噪声，一直是各电冰箱厂家追求质量的目标之一。

（4）采用各种多功能新技术。

a. 风冷无霜技术

无霜电冰箱采用强制冷风循环制冷方式，箱内温度均匀，能自动除霜，而且可对储存食品进行冰温保鲜、除臭抗菌，更适合现代人快节奏的生活。

b. 自动除臭技术

大多数电冰箱厂家纷纷推出了可自动除臭的电冰箱。一般采用触媒除臭、电子除臭和光除臭等技术。

c. 冰温室、保鲜室

用于储存鲜鱼、鲜肉、贝壳类、乳制品等的冰温保鲜室，既能保持食品的新鲜风味和营养成分，又不需解冻，且可比冷藏室储存更长时间，还可对冷冻室食品进行解冰，深受广大消费者的欢迎。

d. 果菜保湿室

大多电冰箱果菜室均增加了保湿功能。该技术采用微孔材料制成的透湿板结构，可以高

湿时吸湿，低湿时放湿，使果菜室始终保持适宜的湿度，免除了无霜电冰箱的“风干”现象，相对延长了新鲜蔬菜的保留时间。

e. 方便性设计

在电冰箱设计中，引入了人机工程学原理，方便实用。如设计大容积电冰箱时，一般将箱体加宽，而深度、高度则以人存取食品方便为原则，将使用频率最高的冷藏室设置在使用方便的电冰箱上部，将使用频率不太高的冷冻室设计在电冰箱的下部，而将果菜室设置在中间。这样就充分考虑到人以最为舒适的姿势存取食品的最佳位置。另外将冷冻室设计成抽屉式储物结构，可使储存食品一目了然，而且生熟食品分开储存，互不串味，开门存取食品时，冷气泄漏较少，便于节能省电。

（5）采用箱门一体发泡新技术。采用箱门一体发泡新技术，就是在装配门面板、门把手、门端盖和门封座等部件后，将门内胆置于其上，一侧用黏胶带固定好门内胆，发泡时用机械手拉开门内胆，注入发泡液，再盖上门内胆，合模熟化成型，最后装门封。此方法可以省去门衬板及螺钉，且可减薄门内胆厚度。门内胆与门板间均匀充满绝热泡沫，既提高了隔热性能，又可加强门内胆强度，防止门搁架储物过重而导致门内胆变形，同时也降低了产品成本。

（6）采用可左右开门技术。这种冰箱是利用互锁连动装置，不用对门和铰链等做任何切换调整便可使门左右随意开启。该电冰箱可放在房间内不同位置，不受开门方向限制，大大方便了人们不同的使用取向，可有效利用电冰箱空间，不存在储物死角。门体四周有助吸弹簧，保证门体受力均衡，密封性良好，减少漏冷。该技术采用整体门铰链座，结构对称，可保证门体不倾斜、下坠。

（7）具有抗菌功能。最近，市场上推出一种具有抗菌功能的电冰箱， 这种电冰箱在内箱、门内胆、门内搁架、棚架及门把手等零件成型时，加入了一种具有抗菌功能的材料，成型后的上述零件即具有一定的抗菌作用。

（8）采用多风口送风技术。对于间冷式电冰箱的大冷藏室或冷冻室，采用多风口分层送风，可使各部分温度均匀，棚架尽可能大，增大了有效储存空间。采用上下或左右两温控风门分别控制不同区域通风量，可实现一室两温甚至多温，使之分别适合存储不同种类的物品。

（9）具有报警功能。当冷冻室、冷藏室、冰温保鲜室或果菜室的门开启时间超过一定时间（时间可预先设置好）时，控制系统便会发出报警声，提醒用户关好门。

3. 电冰箱的发展趋势

（1）向大容量、多门、多温方向发展。随着人们生活节奏的加快，人们已逐渐形成一次购买几天甚至一个星期的新鲜肉类、蔬菜的习惯，市场需要大容量、多门、多温的电冰箱。

虽然双门电冰箱目前尚在批量生产，但逐渐将被三门、四门电冰箱所代替。箱门的增多可适应电冰箱容量的增大、温区和功能增多的需要；温区增多后又可适应不同食品对冷藏或冷冻温度的要求，从而提高电冰箱的使用价值。

市场上带抽屉和超大容量冷冻室电冰箱的出现，满足了现代家庭对分类存储食品和增大冷冻食品容积的需要。

由冷藏箱和冷冻箱两部分组成的分体组合式电冰箱也是市场上出现的品种。如青岛海尔推出的双王子系列电冰箱，就是冷藏箱与冷冻箱的独立组合，既可将两部分垂直放置化二为一，又可将两部分并列放置，还可根据需要单独或同时使用两部分。

（2）向智能化方向发展。新型电冰箱中已应用了变频与模糊逻辑控制、箱外显温控温、电脑温控与自动除霜系统、自动解冻、自动制冰、自我诊断、功能切换以及深冷速冻等智能化技术。

（3）向多元化发展。我国地域广大，南北气候差异较大，各地区发展不平衡，经济文化、生活习惯有差异，加之个性发展与市场细分，因此家用电冰箱将向多元化发展。只有针对不同地区、不同层次的消费者需求设计出多元化的产品，才能满足广大用户不同的需要。例如，以北京为代表的广大北方用户喜欢豪华气派的大冷冻室抽屉式电冰箱；以上海为代表的华东沿海用户喜欢精致美观的电冰箱；以广州为代表的用户则注重营养保鲜功能，喜欢有冰温保鲜室、大果菜室、能自动除臭的无霜电冰箱。带变温功能的多门电冰箱（某一间室可用于速冻、局部冷冻、冰温保鲜、冷藏或作为果菜室，一室五用）便可以较好地满足消费者不同的储物需求。

（4）向隐形化发展。随着国民素质的不断提高，对电冰箱的外观造型设计提出了更高、更全面的需求。设计时既要考虑到电冰箱本身的色彩和造型，又要考虑到电冰箱与家居环境的协调与配套。根据今后全国住宅设计的发展趋势，家用电冰箱设计将与厨房用具、家具相结合，如可并列摆放或叠放，可随意组合，可将电冰箱放进墙壁或厨具结合在一起等。电冰箱的隐形化应成为未来电冰箱发展的一个趋势。

（5）开发新制冷原理的电冰箱。目前，各国的科学家正竞相寻找从根本上解决 CFC 问题的途径，研究开发新制冷原理和比较有前途的电冰箱技术，如吸收—扩散式电冰箱、半导体制冷电冰箱、太阳能制冷电冰箱、磁制冷电冰箱等。

a. 太阳能制冷电冰箱

太阳能是取之不尽的清洁能源，不存在对环境的污染问题。利用太阳能制冷的技术难点，除了制冷系统本身以外，还在于地面上能接收到的太阳能单位面积能量密度较低，这些技术难点可通过各种手段逐步予以解决。

利用太阳能制冷可通过吸收式或吸附式制冷原理来实现。但迄今为止，市场上尚未有成熟的太阳能电冰箱供应。

b. 磁制冷电冰箱

20 世纪 90 年代初，随着 CFC 禁用的国际性热潮的兴起，国外有不少报道，建议在电冰箱中摒弃常规的压缩式制冷机及其常规制冷剂，而采用崭新的磁制冷技术。这个方案若能实现，可彻底免除 CFC 或 HCFC 类物质对臭氧层的破坏及其对全球气候变暖的影响。

磁制冷机主要是用来获得 –270℃ 以下的极低温，其制冷量也很微小。为了在家用电冰箱中应用磁制冷技术，必须研究能适用于室温区工作、具有相当制冷能力的磁制冷机。为此，要解决一系列的技术难点，诸如要寻求适用于室温区的顺磁物质，运用蓄冷技术并采用新的制冷循环，以及解决强永久磁铁和传热等问题。

一般的顺磁盐，工作在室温区几乎不能获得制冷效果。1952 年，基洛斯基（C.chilowsky） 提出，铁磁材料的磁热效应在较高温度具有实用的可能性。1976 年，布朗（G.V.Brown）采用铁磁稀土元素钆（Gd）作为制冷介质，并用斯特林磁循环代替卡诺循环，首次研制成室温区的磁制冷机。

与常规的压缩机制冷机相比，磁制冷机具有结构紧凑、不需要压缩机、运行部件少、振动与噪声低、可完全免除制冷剂对环境的有害影响等优点。近年来，在室温区工作的磁制冷机的种种研究与进展，为磁制冷技术在家用电冰箱中的应用拓展了一条新路。但它要在家用电冰箱中占有一席之地，还有许多问题需要解决。

2.7.2 新型电冰箱的结构及性能特点

近几年来，电冰箱生产厂家根据市场要求，运用新技术、新材料、新工艺，不断开发出新产品，各种新款电冰箱异彩纷呈，主要体现在外形、性能和结构等方面。

1. 外形高雅华丽

外形方面主要是在门面板的选料、造型和拉手的配置方面进行了改进。面板材料选用国际流行的高光泽镜面，或带花纹、带画的预涂钢板，典型代表如海尔的画王子、万宝的“真精彩”彩画门电冰箱，以及采用极具质感的墨绿把手、带闪光门面板的华凌电冰箱等。造型普遍看好流线型，有大圆弧门、双圆弧门等。普通开门电冰箱，普遍采用上室下置、下室上置的暗拉手，抽屉式多采用隐型、内凹的明拉手。总之，外形方面除了保持原电冰箱实用风格外，还强调配合现代家居装饰风格，高雅华丽，符合现代人高品位生活的追求。

2. 具有保鲜功能

针对食品保鲜的问题，各电冰箱生产厂家采用了多种保鲜技术，生产出具有保鲜功能的电冰箱。目前，各电冰箱生产厂家所采用的保鲜技术归纳起来有如下几种：

（1）无霜新技术。新型无霜技术电冰箱的冷藏室采用直冷式，而冷冻室采用风冷式。直冷式使冷藏室中食物不风干、不串味；冷冻室中的冷风也不直接吹到食物表面，而是通过特制可调风辐射到食物表面，食物也不会风干。

（2）冰温室。冰温室温度保持在 –3～0℃之间，新鲜的鱼、肉在冰温室内处于微冻状态，既不破坏组织结构，又能保持食物原有的营养成分及鲜嫩口味。另外，用户从冰温室中取出鱼、肉时不需要化冻即能切割、烹饪，可以减少食品在化冻时营养成分的破坏。

（3）果蔬保鲜室。果蔬室既能保持温度，又能将多余的水分透出，温度和湿度分别保持在 5～7℃和 80%～90%的最佳范围。

（4）急速冷冻。冷冻室设有急速冷冻装置，可使食物在冻结时以最短的时间生成最细小的结晶，保持食物的鲜度和营养成分。

3. 无霜化

新一代电冰箱趋向于无霜化，无霜电冰箱具有如下特点：

（1）冷冻室内表面化霜、自动除霜时不需人为停机、开门，冷冻室内温度变化小，对食品影响小。

（2）制冰时，因冷冻时间长，冰结晶均匀，冰的透明度高而坚硬，不易融化。

（3）无霜电冰箱通过风扇使箱内空气强制对流，因此箱内温度比较均匀。

4. 大型化、组合化

随着人们购买力的提高和消费观念的转变，大容量电冰箱（尤其是大冷冻室电冰箱、抽屉式大冷冻室电冰箱）越来越受到消费者的欢迎。电冰箱生产厂家纷纷推出容量在 250—500L 左右的大电冰箱。

5. 方便实用化

这主要指电冰箱左、右均可开门；箱体下装有 4 个小脚轮，可灵活移动；冷藏室设计在上，冷冻室设计在下。

6. 微计算机控制，无霜人工调节

微计算机通过传感器随时感受箱内食品的温度变化和箱外环境的温度变化，选取最佳运行方式，减少不必要的冷量损失；随时感受蒸发器的霜层温度，并记忆用户的使用习惯，选择最佳除霜时间，实现很好的节能效果。微电脑控制的电冰箱一般具有如下功能：

（1）过欠压保护功能。电压为 165～242V 时启动运行，具有自动保护功能。

（2）断电自动延时功能。断电后重新启动自动延时 6～8min，以保护压缩机。

2.7.3 除臭技术

随着家用电冰箱在我国的普及以及人们生活水平的提高，人们对家用电冰箱的要求也越来越高，除了保质保鲜、节能省电、外形美观外，还要求箱内互不串味且不产生臭气。否则，既影响食品卫生，又破坏食品的美味。为此我国的电冰箱生产厂家纷纷开发带有除臭装置的新型电冰箱。

1. 电冰箱除臭原理

电冰箱中的臭气主要由氨、甲胺、三甲胺、甲基硫、硫化氢等组成。为了除去箱内这些臭气成分，通常采用物理吸附除臭法和化学除臭法。

（1）物理吸附除臭。物理吸附除臭主要是用活性炭、分子筛等多孔物质的表面吸附臭气来进行除臭。活性炭由椰子壳、木屑、焦油纤维等制成。活性炭内部具有许多极细小的孔隙，因此大大地增加了与空气接触的表面面积。1g（约 $2cm^3$）活性炭的有效接触面积约为 $1000m^2$，在正常条件下，它所吸附的物质量能达到它本身质量的 15%～20%，这时，活性炭就需要更换或经过再生处理。

采用活性炭吸附除臭的优点是价廉、安全、不耗电、无噪声。但时间过长，吸附达到饱和时，就失去了除臭作用，必须通过加热来使它活化再生。由于活性炭吸附除臭是依靠电冰箱原有的自然对流（直冷式）或气流（间冷式）将臭气带到活性炭的表面进行吸附，因此，除臭速度较慢。另外它还占据一定的储物空间。

（2）化学除臭。

a. 中和反应除臭

酸性的臭气用碱性物质，碱性的臭气用酸性的物质来进行中和反应，生成无臭的物质。例如氨、三甲胺等碱性的臭气用脂肪酸、抗坏血酸等有机酸来中和。

b. 缩合反应除臭

该方法是使臭气的分子变大，降低它的挥发性，从而抑制臭气。这一方法对氨很适用，但对硫磺系的臭气除臭效果差，因此，要与分子筛、活性炭一起使用。

c. 氧化还原除臭

用氧化剂、还原剂与臭气成分反应，使其分解。臭氧用无声放电的方法便可产生，它的氧化能力强，除臭效果好。但它会对电冰箱内的铜、铝、银、钢造成腐蚀，对 ABS 影响较大。此外，臭氧的氧化作用可使食品中的饱和成分发生变化，使食品逐步发生异变。

2. 电冰箱除臭装置

（1）纤维活性炭加自动活化功能除臭装置。针对粒状活性炭吸附除臭的不足，一些电冰箱生产厂家开发了这种新型除臭装置。离子极板除臭器就是其中之一。该除臭装置的设备和冷气的流向如图 2.84 所示。为了完全去除箱内的臭气，除臭装置应安装在回风管道的入口处，这是冷气必经之路。从蒸发器出来的冷气通过风道，经过冷藏室、冰温室、蔬菜室，再通过除臭装置回到蒸发器。如图 2.85 所示为除臭装置结构，里面有离子极板和蜂窝状的纤维活性炭，对通过的臭气进行吸附、分解及中和反应，除去臭味。如图 2.86 所示为该除臭装置的原理图。除臭装置内的蜂窝状纤维活性炭将大量的臭气迅速吸附，离子极板则氧化除臭和分解除臭同时进行，主要是将活性炭吸附的臭气成分分解成低分子量分子，无臭后释放出来。

纤维状的活性炭与粒状的相比，外表面积增大，吸附除臭的速度也同时增加。活性炭纤维的制造方法是将纤维素、聚丙烯腈炭化，再用氧化性的气体使之活化。活化是将碳化物的细孔处附着的焦油除去而现出细孔。粒状的活性炭在小孔的深处有微孔，如图 2.87 所示。与椰子壳活性炭那样的粒状活性炭不同，纤维活性炭的微孔是暴露的纤维的表面，具有能迅速吸附气体状态分子的特征。蜂窝状的纤维活性炭是将切断的纤维活性炭与纸浆一起制成纸片，然后对纸片进行加工成型，叠起来成蜂窝状，如图 2.88 所示。与粒状活性炭充填层相比，蜂窝状的纤维活性炭引起的压力损失明显减少，到达表面的臭气分子能迅速被吸附。

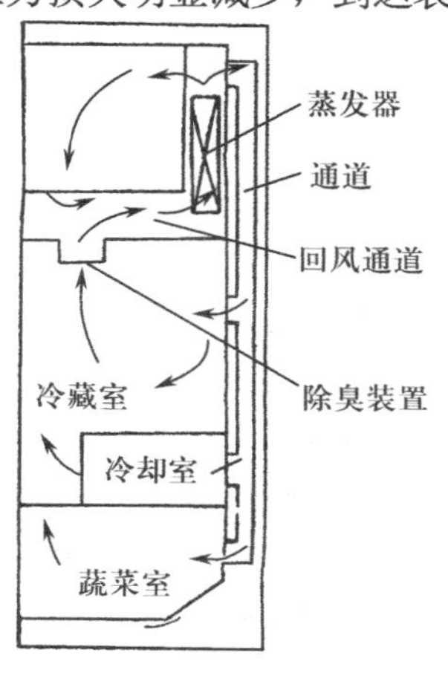

图 2.84 除臭装置安装位置

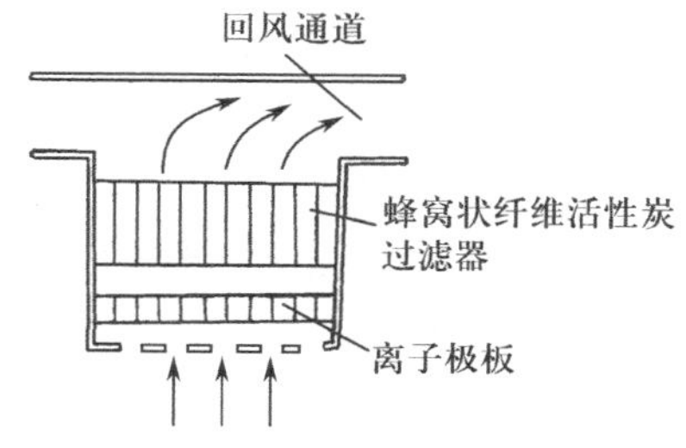

图 2.85 除臭装置结构

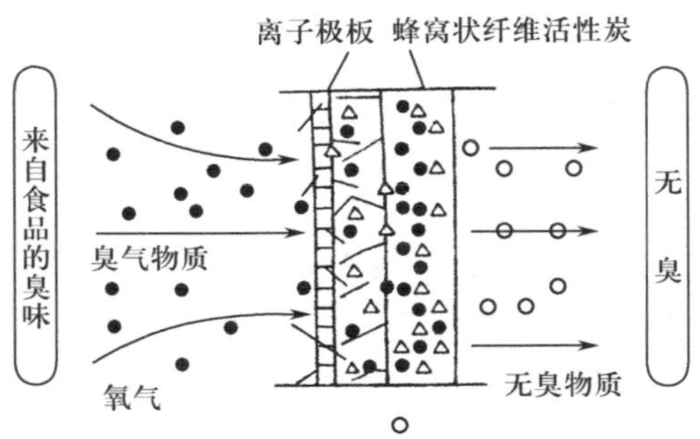

图 2.86　除臭装置工作原理

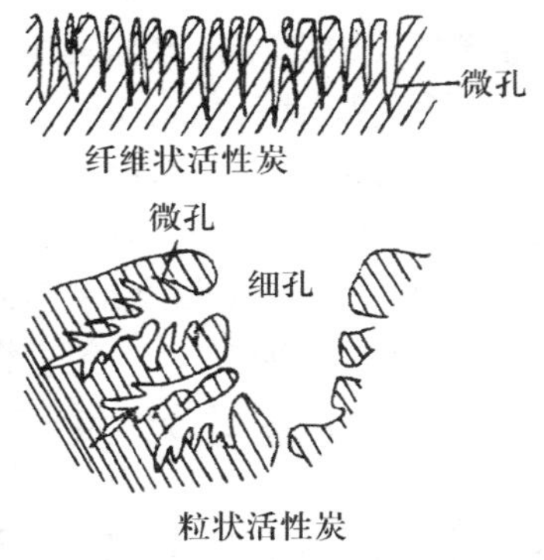

图 2.87　活性炭表面

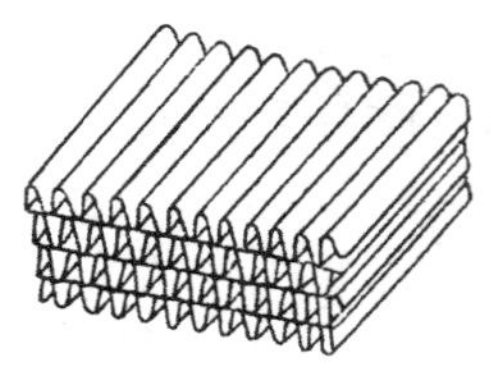

图 2.88　蜂窝状纤维活性炭构造

（2）臭氧加催化剂除臭装置。是为一般臭氧发生器除臭时存在的问题而开发出的一种除臭装置，其结构示意图如图 2.89 所示。在送风管道内装有上下两层蜂窝状的催化剂，它们中间装有电极（陶瓷电极），通过表面放电产生臭氧。催化剂除可以提高除臭效果，还可以把残存的臭氧分解，防止臭氧流入箱内。催化剂上附着的臭氧分解，所以催化剂不断被活化，因其放在多风口送风管道内，不需要专用的风扇，故其节能且静音。

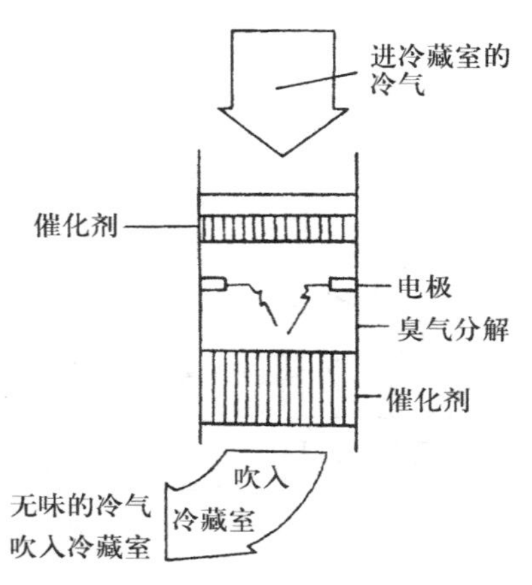

图 2.89　臭氧加催化剂除臭装置结构示意图

（3）加热管除臭装置。通过间冷式电冰箱中使用的除霜玻璃管加热的表面上涂上除臭催化剂而制成的。催化剂有两种成分：一种是用于吸附的催化剂，如二氧化硅、氧化铝等；另一种是对吸附的臭气进行分解的催化剂，如铂、铈的氧化物等。

由于除霜加热器安装在冷气循环的通路中，所以电冰箱内的臭气在电冰箱工作的过程中就不断地被玻璃管表面的吸附催化剂所吸附。当电冰箱除霜时，加热管通电，在蒸发器除霜的同时，涂在管子上的催化剂也被加热，其中起分解作用的催化剂受热后，能将吸附的臭气氧化分解变成无臭的物质，并在催化剂涂层上脱附，生成的氧化物、水等由排水管排出。这种方法除臭效果很好，是目前应用最多的一种除臭装置。

2.7.4 节能技术

由于我国电冰箱行业发展历程较短，大多数电冰箱的耗电量与发达国家同类产品相比偏高。随着我国电冰箱工业的飞速发展和电冰箱的普及，电冰箱的能耗问题在国民经济中越来越突出，它关系到节约资源和环境保护等重大问题。因此节约能耗、保护环境、研制和生产全替代节能型电冰箱，是我国电冰箱行业持续健康发展的大趋势。

当前电冰箱主要的节能措施有：改善电冰箱结构设计，主要包括换热器采用新材料、新工艺以提高换热系数；增加箱体绝热层厚度，提高绝热层的隔热系数；采用微型控制阀，根据不同的制冷工况切换调节制冷系统，改变毛细管节流，以提高换热器的换热系数；采用高性能的滚动转子式或涡旋式压缩机；采用智能微计算机控制，在不同的工况下，改变制冷循环，提高制冷系数，降低电能消耗。

1. 新型高效压缩机

采用高效压缩机可以有效地节能。电冰箱压缩机由原来的往复活塞式发展到现在的滚动转子式和涡旋式，这个发展过程使得压缩机的制冷系数有较大的提高，节能效果显著。从发展趋势看，活塞式压缩机将逐渐被滚动转子式和涡旋式所取代。日本日立公司对滚动转子式压缩机进行重新改型设计，使得压缩机电机效率得以提高；对汽缸、滚动活塞、进出气口的结构尺寸经过精确的改进设计，最终达到了降低噪声、提高输气系数和制冷系数的目的。

2. 改进制冷系统设计

（1）改进电冰箱制冷循环。电冰箱新型制冷循环流程如图 2.90 所示。它有两个温控器，当冷冻室温度达到设定值时，电磁阀 1 打开，制冷剂液体几乎全部进入冷藏室蒸发器，冷藏室迅速降温，冷藏室温度设定值较高，可提高制冷系数。当压缩机停机后，关闭止回阀 2 和 3 便可防止制冷剂和蒸汽回流现象的发生，电磁阀 4 在压缩机启动时起卸载作用。

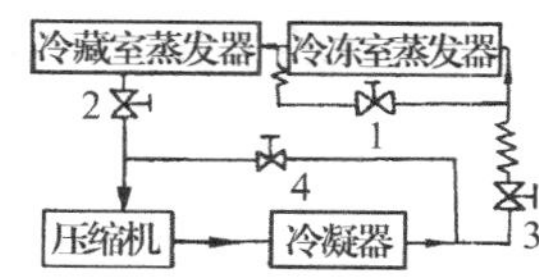

图 2.90　电冰箱新型制冷循环示意图

（2）蒸发器的改进设计。为减小蒸发器内的流动阻力，可采用大内径蒸发管来减小流阻；通过增大蒸发器的传热面积来保证箱体内所需的冷量，从而可以适当提高蒸发温度，而蒸发温度的提高对提高电冰箱的能效是极为重要的；通过冷冻室和冷藏室传热面积的合理匹配来使冷冻室、冷藏室保持适当的温度，避免由于冷冻室过冷形成较大的热负荷而增加能耗。

（3）回气管换热器的改进设计。在电冰箱制冷系统中设置回气管换热器可提高电冰箱的效率。可从三个方面采取措施来提高毛细管和回气管内部的换热效率：采用逆流热交换方法来提高换热效率；毛细管和回气管采用平行并焊的方法以提高两者间的换热效率，这种方法的热交换效率比毛细管穿入回气管内部的换热效率高；通过增加毛细管和回气管的换热长度来加强两者间的换热。

（4）改进制冷系统的管路走向。在对电冰箱制冷系统进行设计时，会面临系统管路走向的问题，防凝管的布置和走向是影响电冰箱能耗的一个方面。我国大多数电冰箱厂家都是采用压缩机排出的过热气体来加热门框以达到使门框温度升高防止凝露的方法。但由于过热气体温度较高，形成的温差较大，增加了箱体内的漏热量，这对降低电冰箱能耗是不利的。为了解决这一问题，可采用分体式冷凝器，将防凝管置于左右冷凝器之间，采用冷凝器中的饱和段对门框进行适当加温，既达到了防凝露目的，又减少了向箱体内漏热，达到了节能的目的。

（5）选定最佳制冷剂充注量。制冷剂的充注量是影响电冰箱制冷性能的关键因素之一。充注量不同，电冰箱内各特征点的温度不同，所对应的电冰箱能耗也不同。在满足电冰箱储藏温度要求的前提下，充注量偏大或偏小都不能达到最小的能耗。应通过理论计算和实验验证的方法准确地确定最佳制冷剂的充注量。

3. 提高电冰箱箱体隔热保温性能

（1）采用整体发泡技术。采用整体发泡技术既可避免螺钉连接，增加门体的强度和寿命，又可减少门体对外漏冷。另外，在冷冻室内，往往靠近门的地方温度最高，采用整体发泡门可以降低此处的温度，提高冷冻室温度的均匀性，从而达到节能的目的。

（2）合理分配保温层的厚度。应根据电冰箱箱体的不同位置以及箱体内外壁面间的温差，合理地分配保温层的厚度。可采用计算模拟和实验验证相结合的方法来使电冰箱保温层厚度得到合理的分配。

4. 采用智能化控制技术

（1）对于冷藏室、冷冻室容积一定的电冰箱，它的工作周期、开机率是和压缩机的制冷量及控制系统的设计密切相关的。在开机率一定的情况下，工作周期太短，压缩机启动频繁，会引起能耗的增加；工作周期太长，开机的时间也较长，这样会使蒸发温度较低，对降低能耗也不利。通过合理地选择压缩机的制冷量、开停比、工作周期和控制参数，可实现控制系统的节能设计。

（2）采用模糊控制技术。它根据实际需要对压缩机的开停或制冷量的大小实行自动控制或调节，使电冰箱始终保持在最佳运行工况，达到节能的目的。其关键技术是模糊控制器的开发和电冰箱模糊控制规则的建立。

2.7.5 模糊控制技术

采用了模糊控制技术的电冰箱具有温度自动控制、智能除霜、故障自诊断等功能，同时还具有控制精度高、性能可靠、省电等优点，是电冰箱发展的方向。

1. 概述

在日常生产和生活中，许多被控对象难以建立精确的数学模型，因经典的控制理论难以应用，需要发展新的控制技术，模糊控制技术就是为满足这一需要而产生的。模糊控制的优势在于：

（1）它不需知道被控制的对象或过程的数学模型，即不需要建立精确的数学模型。

（2）对于不确定性系数，如随时间变化的和非线性的系数能有效地进行控制。

（3）对被控对象和过程有较强的健壮性，健壮性是指参数变化和受干扰时仍能保持控制效果的性能。

在实际控制中，由传感装置检测得到的是精确量，而不是模糊量。这些精确量要变成模糊量才能进行推理，这叫模糊化。此外，模糊推理出来的结果，也就是模糊集，它是无法实际执行的。传输到操作系统执行的也是精确量。因此，要将推理结果的模糊集转换成精确量，这个过程叫精确化，也被称为去模糊或反模糊。因此，模糊控制是由如图 2.91 所示的模块组成的。

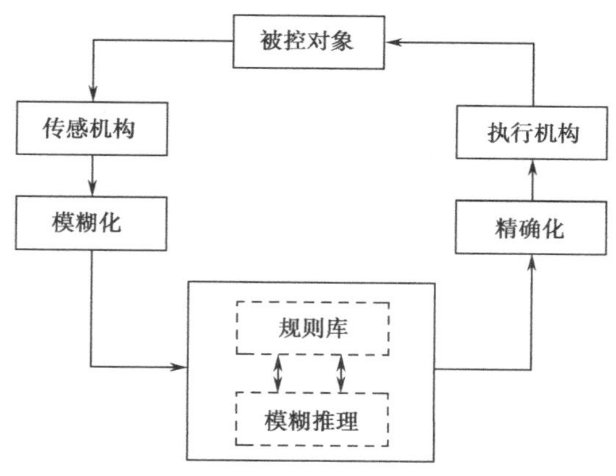

图 2.91　模糊控制组成模块

实现模糊控制，或者说开发模糊控制装置、模糊控制器，核心技术是用计算机来实现模糊规则的存储和模糊推理的运算。目前，以通用单片机加模糊控制软件的方法开发模糊控制装置是基本的办法，家用电器的模糊控制也如此。不少单片机生产厂家还生产了各种模糊控制软件开发工具。它一般有一个友好的人机界面，用户可以方便地输入语言变量、确定对应的隶属函数，建立控制规则，可以方便地修改、编辑规则库。同时这种工具软件还提供了模糊化、精确化、推理算法等各种方法供用户选择。它们一般还可将用户建立的模糊控制全部软件转换成某一特定的单片机汇编代码，以便于写入单片机。这类工具，大多还有一个计算控制面板，也就是模拟输入、输出关系的算法，以便用户判断开发出的模糊控制器是否能满足预定的要求。

一个完整的模糊控制器，当然还需有其他相应的电器满足相应的功能，如 A/D 和 D/A 转换等。此外，传感装置是检测被控对象状态、用以模糊控制的输入，更是必不可少的部分，不同的被控对象必须有一套可靠的传感装置。

目前模糊控制与传统的 PID 控制和人工智能的专家系统相结合，形成了功能更灵活、控制效果更好的控制系统。此外与神经网络结合，特别是将人工神经网络的学习功能和模糊推理结合起来，形成了有在线自学功能的模糊控制器，使模糊控制器能适应被控对象的变化和状况或自动学习使用者的经验，改善了控制效果。

2. 模糊控制系统

家用电冰箱一般包括冷冻室和冷藏室，冷冻室温度一般为 −18 ～ −6℃，冷藏室温度为 0～10℃。显然电冰箱的主要作用是通过保持箱内食品的最佳温度，达到食品保鲜的目的。但电冰箱内的温度要受诸如存放物品的初始温度、散热特性及其热容量、物品的溢满率和开门的频繁程度等因素的影响。电冰箱内的温度场分布不均匀，数学模型难以建立，只有采用模糊控制技术才能达到最佳的控制效果。

为了适应家用电冰箱向大容量、多功能、多门体、多样化控制风冷式结构发展，达到高精度、智能化控制目的，一些新型电冰箱采用了智能化温度控制和除霜控制。温度控制就是要根据电冰箱内存放食物的温度和热容量，控制压缩机的开停、风扇转速和风门开启度等，使食物达到最佳保存状况。这就需要传感器来检测环境温度和各室温度，并运用模糊控制推理确定食物温度和热容量。智能除霜就是根据霜层厚度，选择门开启次数最少的时间段，即温度变化率最小的时候快速除霜，这样对食物影响较小，有益于保鲜。这就要运用模糊控制推理来确定除霜指令。另外该系统还具有故障自诊及运行状态的显示等功能，图 2.92 所示为控制电路框图，图 2.93 为系统程序流程框图。

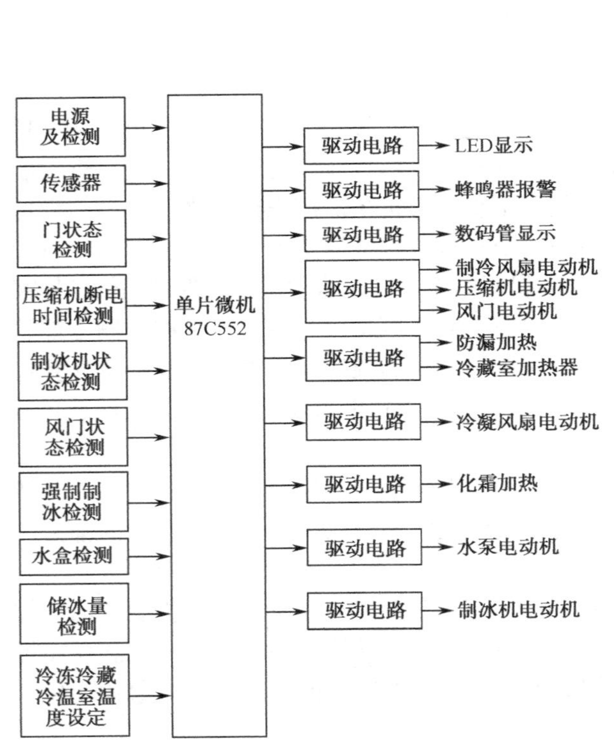

图 2.92　模糊控制系统控制电路框图

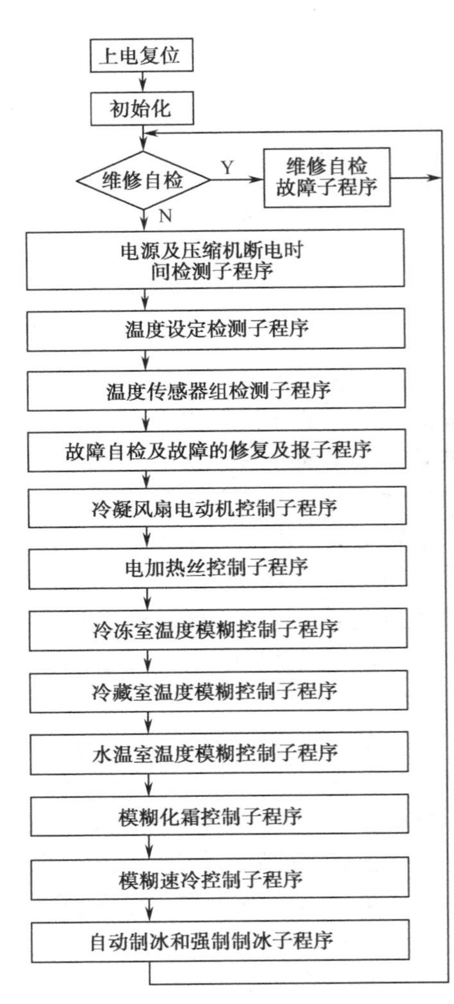

图 2.93　模糊控制系统程序流程框图

该系统采用高性能的 8 位 87C552 单片机为控制器，传感器采用热敏电阻，主要有冷冻室、冷藏室、冰温室及环温等传感器。门状态检测电路采用多个状态开关共用一根输入线的方式，通过输入线状态变化和箱内温度变化来确定是冷冻室门打开，还是冷藏室门打开。显示电路由 LED 显示和数码显示两部分组成。LED 显示电冰箱运行状态，数码显示则为维修

人员检查电冰箱故障提供了有力的手段。压缩机断电时间检测克服了传统的只要控制主板上断电，无论压缩机是否已延迟 3min，都要再延迟 3min 后才能启动压缩机的缺陷，实现了无论是压缩机自动停机还是强制断电停机，只要压缩机停电时间超过了 3min，就可以启动压缩机。

3. 温度模糊控制

电冰箱一般以冷冻室的温度作为控制目标。根据温度与设定指标的偏差，决定压缩机的开停。由于温度场本身是个热性较大的实体，所以系统是一个滞后环节。冷冻室的温度和食品温度有很大的差别，因此电冰箱为了保鲜，仅仅保持电冰箱内的温度是不够的，还要有自动检测食品温度的功能，以此来确定制冷工况，保证不出现过冷现象，才能达到高质量保鲜的目的。

电冰箱模糊控制是由温度传感器和具有 A/D 和 D/A 转换器的单片机组成的。通过传感器安放在冷冻室和冷藏室的适当位置，来改变其设定位，可调节冷冻室和冷藏室的温度。当冷冻室内温度上升到高于电脑中设定的温度值，电脑通过 D/A 转换器启动继电器使压缩机运转；当达到冷冻室温度值后，单片机就通过 D/A 停止压缩机运转。

（1）食品温度及热容量的检测。为了检测放入电冰箱内食品的初始温度和食品量的多少，应用模糊控制推理来确定相应的制冷量，达到及时冷却食品又不浪费能源的目的，因此在食品放入电冰箱的初期，制冷系统应设法检测食品的初始温度和热容量，对食品种类和数量进行综合分析。食品温度和热容量的检测是在食品放入冷冻室并关门后 5min 内进行的。

（2）确定食品温度的模糊推理框图。图 2.94 所示为判断食品温度的模糊推理框图。冷冻室温度传感器采集的信息和经推算的温度变化率，经模糊推理 I 输出食品温度的初步判断，还要根据开门状态及室温的情况加以修正。修正系数由模糊控制推理 II 来确定，经乘法器运算得到推论食品温度。

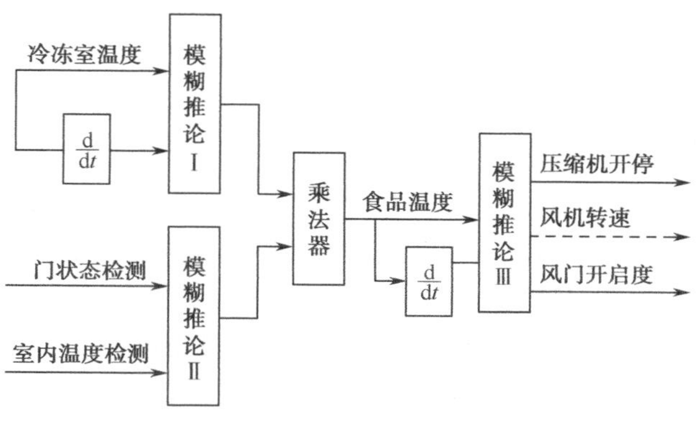

图 2.94　食品温度的模糊推理框图

（3）制冷工况的控制。若食品温度高、变化率大，则压缩机开，风机高速运转，风门开启；若食品温度低、变化率小，则压缩机关，风机低速运转，风门开启。

4. 除霜模糊控制

传统的除霜控制装置是由除霜定时器控制的。定时器对压缩机开启时间进行计时，当计时超过设定值时，定时器即由一个接入其电路的电阻接通电流后产生的热量来加热蒸发器，用以除掉结在蒸发器上及冷冻室内壁的霜层，当除霜加热器工作到设置的时间时，便断开电阻电路，并启动压缩机工作。

上述传统的除霜控制装置的缺点是其控制值是事先设定的，易使许多能量消耗在目的相异的各种动作及因缺少灵活性而发生的各种多余动作，并造成器件因频繁开启而导致的器件损坏，同时温度的起伏较大。而模糊控制的制冷除霜克服了这种确定性控制的缺点，同时它的控制是平缓的连续过程，解决了电冰箱内起伏较大的温度变化。

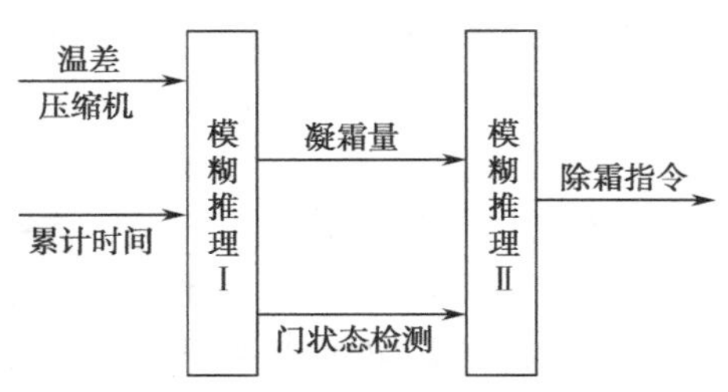

图 2.95　除霜控制推理框图

模糊控制的智能除霜采取了与传统除霜人为控制不同的策略。控制目标是除霜过程要对食品保鲜质量影响最小。为此除了根据压缩机累计运行时间及蒸发器制冷剂管道进、出口两端温差来推断着霜量外，还要由凝霜及门开启间隔时间的长短来确定是否除霜。也就是说，选取门开启间隔时间长的，也就是开门频度低的时段除霜，以达到最理想的保温效率。除霜控制推理框图如图 2.95 所示。

2.8　无氟电冰箱

“无氟电冰箱”和普通电冰箱比较，从箱型结构、部件组成、制冷原理，到使用与检修方法、故障表现特征等方面是基本相同的。两者的主要区别在于使用的制冷剂种类、特性不同，以及由于某种原因引起的对部分材料性能要求和维修工艺上的差别。

2.8.1　无氟制冷剂的特性

1. R134a 与 R12 制冷剂的比较

普通的电冰箱使用 R12 制冷剂的首选替代物 R134a 或 HC—600a（异丁烷）。HC—600a 环保性能良好，无毒无味，而且物理性质与 R12 相近，替换时需更换压缩机和冷冻油，能减少能耗 30%～40%。它的不足之处是易燃易爆，生产及维修过程中对安全条件要求很高。R134a 制冷剂的性质与 R12 十分接近，无毒无味，不可燃，但在环保及经济性方面稍嫌不足。R134a 的生产工艺复杂，成本比 R12 高 3～4 倍，制冷效率降低约 10%，还需要采用特定的冷冻油，压缩机成本也要增加，并对制冷系统清洁度要求较高。

目前，欧盟国家已采用 HC—600a 做新一代制冷剂，而美国、日本等国考虑到安全、商业利益及实用等原因，多采用 R134a 做制冷剂替代 R12，我国大部分厂家也如此。

目前，市面上常见的无氟电冰箱大多选用 R134a 制冷剂，即 HFC134a。这种制冷剂与普通电冰箱最常见的 R12 氟利昂制冷剂比较，有相似的物理性质，其主要性能的比较情况见表 2.2。

表 2.2 制冷剂 R12 与 R134a 的基本物理性质比较表

	R12	R134a
化学名称	二氟二氯甲烷	四氟乙烷
化学分子式	CF_2Cl_2	$C_2H_2F_4$
分子大小/A	4.4	4.2
分子量	120.92	102.04
标准沸点/℃	–29.8	–26.5
凝固点/℃	–155	–101
临界点/℃	112	101
汽化潜热/$kJ \cdot kg^{-1}$	167.3	219.8
25℃时水的溶解性 g/100g	0.009	0.15
臭氧破坏潜能 ODP	1.0	0.0
温室效应潜能 GWP	2.8～3.4	0.24～0.29
与矿物油互溶性	相溶	不相溶
适应冷冻油	矿物油 18 号	酯类油 RL329
适应密封材料	氯丁橡胶、氟橡胶、丁腈橡胶	氯丁橡胶、高丁腈橡胶、尼龙橡胶

2. R134a 制冷剂的使用特点

从表中可以看出，R134a 制冷剂的最大优点是其对臭氧层的破坏潜能为零，能满足环保要求。

但从另一方面来看，R134a 制冷剂的分子小、分子量轻、渗透能力强，又极易吸水，与矿物油不相溶。因此，R134a 制冷剂量对压缩机内的洁净度要求更高。同时利用 R134a 制冷剂的无氟电冰箱还必须用酯类或新型合成油多元醇润滑油。R134a 对金属件有腐蚀性，为此无氟电冰箱的压缩机内部零件表面均做了特殊处理。而且 R134a 标准沸点、凝固点、汽化潜热较高，其制冷量低于 R12 制冷剂 10%左右。

目前，无氟电冰箱在使用与推广中还存着一个重要的维修保障问题。由于市场滞后等原因，不仅专用的制冷剂、冷冻油、润滑油、干燥过滤器和压缩机配件较少，价格贵，同时无氟电冰箱对维修设备及工艺要求也很高。

采用 R134a 制冷的无氟电冰箱，对系统管道中的油、水、杂质等要求较高，是它的固有弱点。同时它对专用密封材料、干燥处理、维修工具的要求，也是一般维修店的技术设备难以胜任的。不可否认，R134a 制冷剂在当前仍是一种比较理想的替代品，但在不远的将来，一定会在它的基础上研制出既无公害，又无负面影响，适应全方位替代的制冷剂，广泛应用于绿色环保电冰箱中。

3. R134a 与 R12 互换

采用 R134a 制冷剂的压缩机，可以改用 R12。但这会造成技术参数的改变，对系统管路提出了要求：

（1）如果系统管路没有充注过 R134a 制冷剂，那么可以用 R12 制冷剂直接充注到使用 R134a 的压缩机中。

（2）如果系统管路曾用过 R134a 制冷剂，那么系统管路必须用 R113 清洗济彻底冲洗干净，以防造成毛细管阻塞及压缩机燃坏。

（3）干燥过滤器应更换以符合 R12 制冷剂的要求。

采用 R12 制冷剂的普通电冰箱，不能改用 R134a 制冷剂。因为普通电冰箱的压缩机内部洁净度低，不能满足 R134a 制冷剂的特殊工艺要求。

2.8.2 制冷系统技术特点

1. 对压缩机的要求

使用 R134a 制冷剂的无氟电冰箱系统，由于 R134a 比 R12 制冷剂具有更强的化学腐蚀性和亲水性，且成分中不含氯，会使压缩机零部件润滑性变差，引起不利的化学变化，因此，要使用专门设计的高效压缩机电动机。这种压缩机高压侧温度较高，压力也较大，故对结构材料有更高要求。其中包括电动机漆包线绝缘材料的选用，以及内装润滑油的种类，都与使用 R12 制冷剂的普通电冰箱不同，不能替代。为了克服 R134a 制冷效率较低的缺点，压缩机加装背阀，有效控制压缩机阀片，以提高效率。同时采用直接进气方式，用软管将吸气腔与回气管连接起来，以减少热量损失。

2. 对干燥过滤器的要求

无氟电冰箱使用的 R134a 制冷剂，它的化学结构属于部分卤化物，极易因发生水解卤化反应而改变性质，因此要求制冷系统要保持绝对干燥。所以无氟电冰箱要使用性能好的分子筛干燥器。常用的干燥过滤器是新开发产品 XH—7 型，或 XH—9 型，体积略大，有极强的吸水作用。采用 R12 制冷剂的制冷系统，常选用 4A—XH—5 干燥过滤器。这两种过滤器的分子筛材料不同，不能互相换用。

3. 对冷冻油的要求

我们知道，压缩机内注入的冷冻油在制冷循环中起着重要作用，它必须具有良好的润滑性、密封性、低温流动性及化学稳定性。普通电冰箱压缩机内注的常规的 18 号矿物油，能与 R12 互溶，而不能与 R134a 互溶。因此，无氟电冰箱采用 R134a 做制冷剂时，需对冷冻油做相应改变。

无氟电冰箱压缩机内充注的润滑剂，是水解挥发性较强的 RL329 酯类油，或合成油多元酯。这类润滑剂能与 R134a 互溶，在制冷系统内能很好地流动。而一旦错充了制冷剂，不仅不能满足压缩机润滑要求，而且在经过冷凝器后可能会发生凝固堵塞制冷系统的现象。

无氟电冰箱中，如果采用往复式压缩一般采用 R134a 酯类油，而对于旋转式压缩机，则采用日本三菱电机公司开发的硬质烷基苯（HAB）做冷冻油。为了解决回油困难等问题，旋转式压缩机中要使用特殊的储液器，并通过改变 R134a 流向的办法，使制冷剂与冷冻油分离，保证压缩机内各摩擦部件处于良好的运行状态，并降低了能耗，提高了制冷性能。

4. 对密封材料的要求

由于无氟电冰箱 R134a 制冷剂的分子比 R12 分子小，饱和压力也较高，在管路中运行更

容易泄漏。同时，当系统在低温度制冷状态下运转时，低压侧出现负压值，容易进入空气。而且 R134a 制冷剂容易与管路里残留的水分发生水解，起卤化反应，所以要求系统保持绝对干燥。由于这些原因，无氟电冰箱制冷系统对密封材料的选用与普通电冰箱 R12 制冷系统不同，它的气密试验指标比 R12 制冷系统的要求更高。

习题 2

1. 按冷却方式的不同，电冰箱可分为哪几类？各自的特点是什么？
2. 电冰箱型号的表示方法和含义是什么？举例说明。
3. 电冰箱的箱体结构有何特点？
4. 简述往复活塞式压缩机的结构特点及工作原理。
5. 蒸发器有哪几种结构形式？其主要作用是什么？影响蒸发器的传热效率的因素有哪些？
6. 冷凝器有哪几种结构形式？其主要作用是什么？影响冷凝器的传热效率的因素有哪些？
7. 结合图 2.48，阐述制冷剂在整个制冷过程中的状态。
8. 电冰箱的控制系统由哪些元部件组成？它的作用是什么？
9. 感温压力式机械温控器由哪几部分组成？其控制原理是什么？并简述电冰箱温控调节的方法。
10. 化霜定时器可以分为机械化霜定时器和电子化霜定时器，简述它们各自的优缺点。
11. 简述电冰箱的现状及发展趋势。
12. 何为模糊控制？参照图 2.93 说明模糊控制的工作流程。
13. 简述温度模糊控制的组成及工作流程。

第 3 章　电冰箱故障检修

3.1　电冰箱常见故障及检修

3.1.1　电冰箱常见故障的检查方法

电冰箱的故障判断是电冰箱维修的一个重要环节，一般常用“一看、二摸、三听、四测”的方法来判断发生故障的部位。

1. 看

电冰箱在正常工作状态下，蒸发器表面的结霜应该是均匀的。因而判断电冰箱故障时应首先查看蒸发器的结霜情况。

（1）正常工作的直冷式电冰箱蒸发器表面应有霜且霜层均匀、厚实，若发现蒸发器无霜，或上部结霜、下部无霜，或结霜不均匀、有虚霜等现象，都说明电冰箱制冷系统工作不正常。如果出现周期性结霜情况，说明制冷系统中含有水分，可能出现冰堵。若电冰箱工作很长一段时间后，蒸发器仍不结霜，说明制冷系统可能有泄漏。

（2）观察毛细管、干燥过滤器局部是否有结霜或结露。若有则表明局部有堵塞现象。观察压缩机吸气管中否结霜、箱门过滤器局部是否凝露，由此可判断制冷剂是否过量，防露管是否有故障。再观察制冷管路系统，主要观察管路的接头处是否有油迹。管中外部若有油迹出现，说明此处制冷剂有渗漏，由于制冷剂有很强的渗透力并可与冷冻油以任意比例互溶，故若有油迹，就说明有制冷剂渗漏。

2. 听

听电冰箱的运行情况。电冰箱正常工作时，压缩机会发出微弱的声音，这是高压液态制冷剂通过毛细管进入低压蒸发器内，进行蒸发器吸热制冷。打开箱门，将耳朵贴在蒸发器或箱体外侧，即可听到有气流声，这说明电冰箱工作正常。若有以下声音则属不正常现象。

（1）接通电源后，听到“嗡嗡”的声音，说明电动机没有启动，应立即切断电源。

（2）听到压缩机壳内发出“嘶嘶”的气流声，这是压缩机内高压缓冲管断裂后，高压气体窜入机壳的声音。

（3）压缩机在运行过程中若发出“铛铛”的异常声时，说明压缩机外壳内吊簧松脱或折断，压缩机倾斜运转后发出的撞击声。

（4）若听到“嗒嗒”的声音，这是压缩机内部金属的撞击声，表面内部运动部件因松动而碰撞。

（5）若听不到蒸发器内的气流声，说明制冷系统产生脏堵、冰堵或油堵。若听到的气流声很小，说明制冷剂基本漏完了。

3. 摸

用手摸有关部件，以感觉其温度情况，可分析、判断故障所在的部位。

（1）在室温 30℃时，接通电冰箱电源运行 30min 后，用手触摸排气管应烫手。冬季触摸应有较热的感觉。

（2）用手触摸冷凝器表面温度是否正常。电冰箱在正常连续工作时，冷凝器表面温度约为 55℃，其上部最热、中部较热、下部微热。冷凝器的温度与环境温度有关。冬天气温低，冷凝器温度低一些；夏天气温高，温度高一些。

手摸冷凝器时应有热感，但可长时间放在冷凝器上，这是正常现象。若手摸冷凝器进口处感到温度过高，这说明冷凝压力过高，系统中可能含有空气等不凝结气体或制冷剂过量。若手摸冷凝器不热，蒸发器中也听不到“嘶嘶”声，这说明制冷系统在干燥过滤器或毛细管等部位发生了堵塞。

（3）用手触摸干燥过滤器表面温度。正常工作时，应与环境温度相差不多，手摸应有微热感觉（约 40℃）。若出现明显低于环境温度或有结霜、结露现象，说明干燥过滤器内部发生脏堵。

（4）用手沾水贴于蒸发器表面，然后拿开，如有黏手感觉，表明电冰箱工作正常。若手贴蒸发器表面不黏手，而且原来的霜层也化掉，表明制冷系统内制冷剂过少或过多。

通过上述的看、听、摸之后，可再次按表 3.1 和表 3.2 所示的方法进行区别，即可对故障发生的部位和程度做到心中有数。由于电冰箱是多个部件的组合体，各个部件之间相互影响，相互联系。因此在实际维修过程中，只掌握个别故障现象，很难准确地判断出故障发生的部位。若需进一步分析判断故障的准确部位及故障程度，需用有关仪表对电冰箱进行性能检测。

表 3.1　电冰箱制冷系统故障现象比较

故　障	故障情况	运行时外观检查			切断毛细管时喷气	
		蒸发器气流声	蒸发器冷感	冷凝器热感	与蒸发器连接端	与干燥过滤器连接端
制冷剂泄漏	大	大	无	无	无	无
	小	小	小	小	小	不大
脏 堵	严　重	无	无	无	无	多
	微	小	小	小	小	多
冰 堵	—	开始有	开始有	开始有	小	多
压缩机效率下降	大	无	无	无	有	多
	小	小	小	小	有	多

表 3.2　直冷式电冰箱电气系统故障检测

		测火线（L）与零线（N）			测火线（L）或零线（N）与地线（E）		
箱门关闭	阻值	7～20Ω	∞	0Ω	∞	0Ω	2MΩ以下
	结论	正常	断路	短路	正常	短路	绝缘不良
	故障部位	—	温控器、过载保护器、压缩机电动机	压缩机电动机	—	导线及各电气部件	压缩机电动机、温控器

续表

		测火线（L）与零线（N）			测火线（L）或零线（N）与地线（E）		
箱门打开	阻值	>7～20Ω	∞	0Ω	∞	0Ω	2MΩ以下
	结论	正常	断路	短路	正常	短路	绝缘不良
	故障部位	—	灯座、灯泡	灯座	—	灯座	灯座

4. 测

（1）用电子卤素检漏仪或电子检漏仪可以查出泄漏的部位。根据检修阀上的压力表读数可以判断制冷系统的堵塞或泄漏情况，用温度计可测量箱内温度是否正常。

（2）检查电气系统绝缘情况。一般用 500V 的兆欧表或万用表（R×10k 挡）来检测电气系统的绝缘电阻值是否为正常值，正常情况下的绝缘电阻值一般不得低于 2MΩ；若低于 2MΩ，应对压缩机、温控器、启动继电器电路做进一步检查，看其是否漏电。

（3）用万用表电阻挡检查压缩机电动机绕组电阻值是否正常。其中 MC 为运行绕组，阻值一般为 10～20Ω；M 为运行绕组接线头；SC 为启动绕组，它的阻值一般为 20～40Ω；S 为启动绕组接线点，两个绕组的另一端连接在一起，用 C 表示其接头。压缩机外壳上的 3 个接线柱可根据它们之间电阻值的不同来判别，亦即 $R_{MS}>R_{SC}>R_{MC}$ 以及 $R_{MS} = R_{SC} + R_{MC}$，其中 R_{SC} 为启动绕组阻值，R_{MC} 为运行绕组阻值，R_{MS} 为该两绕组阻值之和。

（4）用万用表检测判断电冰箱电器故障情况。检测时，电冰箱不通电，将温控器调至非“零”挡，用万用表电阻挡检测电源插头。分别关上箱门和打开箱门，测试插头上火线（L）与零线（N）间电阻，再测火线（L）或零线（N）与接地线（E）间的电阻，然后根据表 3.2 来判断电冰箱各有关电器件正常与否，对可能有故障的部件需做进一步的检测。

（5）通过测试电冰箱工作时的电流大小来判断电冰箱的正常工作时，其工作电流与铭牌上标称的额定电流应基本相同。因此，当电冰箱压缩电动机、压缩机或制冷系统出现故障时，其工作电流就会增大或减小。所以，可用检测电冰箱工作电流的办法，来判断电冰箱制冷系统的故障。

引起电冰箱工作电流过大的故障主要有制冷系统发生堵塞、制冷剂过量、润滑油不足或润滑油泵系统故障、压缩机抱轴或卡缸、压缩机电动机转子之间的间隔配合不当以及压缩机电动机绕组绝缘强度降低或绕组匝间短路。

引起电冰箱工作电流较小的故障主要有制冷剂不足或泄漏以及压缩机气阀密封不严、活塞与汽缸间隔过大、高低压腔串通、汽缸垫损坏等。

（6）可用万用表检测温控器的工作情况。检测时温控器旋钮或滑键在旋转或拔动过程中应导通，这说明其工作正常；否则表明温控器损坏。用万用表检测除霜加热丝电阻值应在 300Ω左右。也可用万用表检测除霜定时器工作是否正常，除霜定时器是由时钟电动机和一组触点组成，检测时可用万用表 R×100 挡或 R×1k 挡测量其电机的绕组阻值，其阻值一般应为 1～10kΩ。在测量转换开关时，当旋钮在制冷位置时应导通，在除霜位置时应断开。

3.1.2　电冰箱常见故障的检查步骤

1. 询问

询问的目的是缩短查找故障的时间，准确地找出故障所在的部位。有时根据用户反映的情况，就可以立即准确地判断出故障。

2. 压缩机能启动运转但不能制冷

如果用户反映这种故障现象，则可直接通电检查，看温控器设置的位置是否适当，若温控器设置没问题，就怀疑是制冷系统内的制冷剂可能已漏完，用手去摸冷凝器感觉不太热。还有可能是毛细管或干燥过滤器发生堵塞，这时可用手触摸毛细管或干燥过滤器。毛细管发生堵塞时，进出口端没有温差；而干燥过滤器发生堵塞时，会在干燥过滤器上出现结露或结霜现象。

3. 电冰箱不运行

首先应检查使用的电压与电冰箱要求电压是否一致。然后测量压缩机电机绕组对地绝缘电阻，其值不得小于 2MΩ。若低于 2MΩ，应进一步检查温控器、启动继电器等部件是否有接地现象。还应检查压缩机电动机绕组的阻值是否正常，是否发生短路、断路故障。将测量的阻值记录下来，其中两个阻值的和应等于另一个电阻值，否则不正常。

4. 压缩机“嗡嗡”响且不能正常启动

这时可用万用表检测启动继电器是否有故障。若启动继电器无故障，压缩机“嗡嗡”响，说明压缩机有抱轴或卡缸现象，需要修理或更换压缩机。

3.1.3　电冰箱常见的假性故障

电冰箱假性故障是指非电冰箱本身各部件、元器件问题引起的各种故障。在检修时，必须先排除这些假性故障，才能使检修工作顺利进行。电冰箱常见假性故障主要有以下几方面。

1. 电冰箱使用不当

电冰箱摆放位置不妥、通风不良、冷凝器积尘过多而不加清洁，这些都会使冷凝器散热不良，使电冰箱制冷效果变差。箱内的食物过多，阻碍了冷气的循环，会使箱内温度偏高。频繁开启箱门，压缩机开机时间必然会延长。

2. 电源电压不足或插头与插座接触不良

这两种情况都可能使加至电冰箱的电压低于工作电压，而使电冰箱不启动或启动频繁。

3. 无霜电冰箱在化霜期间突然停电或来电后电冰箱不运转

化霜期间压缩机和电路及化霜定时器电路都已切断，来电时压缩机必然不启动运行，但化霜定时器开始运行。因此，过一段时间，化霜定时器运行至触点接通压缩机电路位置时，压缩机就自然启动运行。

4. 冬季电冰箱制冷效果差

不少电冰箱箱体内装有补偿加热器及节电开关，用以在冬季对箱体加热，适当提高箱温，以解决冬季环境温度低，温控器不易动作使压缩机启动运行的问题。冬季若此开关未合上，就可能出现电冰箱制冷效果变差现象。

3.1.4 电冰箱常见故障

电冰箱常见故障现象主要有：压缩机不启动；压缩机能启动，但运行不正常；压缩机能正常运行，但完全不制冷或制冷不正常，箱内温度偏低或偏高；照明灯不亮；有异常响声；箱体漏电等。

1. 压缩机不启动

首先应检查温控器是否已转离“停”的位置，化霜定时器转轴是否已离开“化霜”位置，如果压缩机仍不启动，则故障原因主要有以下几点。

（1）电路故障。电源线开路，电源线插头与插座接触不良，启动继电器、过载保护器接线端子脱落或接触不良，压缩机电动机引线接线端子脱落等。

（2）启动继电器、过载保护器开路。PTC启动继电器击穿断路，组合式启动继电器电流线圈烧断或衔铁卡死使触头处于常开状态，过载保护器电热丝烧断，启动电容失效等，都会使主电路不通，压缩机无法启动。

（3）温控器故障。普通温控器感温剂泄漏，传动机构失灵，触头严重氧化，会使触头无法正常闭合接通压缩机电路。电子温控器热敏电阻失效，有关元器件损坏或变质，也会引起压缩机不启动故障。

（4）压缩机本身故障。如压缩机抱轴或卡缸，压缩机电动机绕组烧毁等。

2. 压缩机启动频繁

压缩机启动频繁主要原因是电路存在过电流引起的。

（1）启动继电器失效，压缩机启动后，其触点不能释放，使启动绕组不能断开，整机运行电流可比正常运行电流高5倍以上。

（2）压缩机电机绕组绝缘不良或绕组匝间短路，使运行电流增大。

（3）检修过程中，由于购不到原配元器件，代用时不匹配。如代用的启动继电器或过载保护器与压缩机不匹配，启动继电器的吸合电流或过载保护器的动作电流过小，易使压缩机频繁启动。

3. 压缩机启动运行正常但完全不制冷

（1）制冷系统制冷剂严重泄漏或堵塞。这两种情况都使制冷系统无制冷剂循环，使电冰箱不制冷。

（2）压缩机故障。表现为压缩机不停机，机壳烫手，机内有“吱吱”声。可能是机内排气管断裂、阀片破裂、高压密封垫击穿等，使得制冷剂只在机内高低压腔窜流，无法进入制冷系统。

4. 箱温偏低或偏高

（1）温控器失灵。普通温控器感温管从蒸发器上脱落、触头黏合不能脱开，电子温控器热敏电阻变质，继电器等器件失效，都可能在箱温降到设定值时，无法切断压缩机电路，使箱温不停下降。

（2）门封不严，照明灯不熄。门封不严向箱外漏冷气和照明灯开关问题，使箱门关闭后依然点亮，箱内热负荷增大，都会使箱温提高，同时压缩机运转时间明显延长。

（3）制冷系统制冷剂不足或微堵。制冷剂不足，蒸发器结霜不满，冷凝器温度较低；微堵使流经蒸发器的制冷剂量少，都会引起制冷不良。

（4）化霜装置失效。化霜装置失效后，蒸发器上结满霜，影响传热效率，同时易堵住风道，使冷空气难以对流，箱温必然降不到设定的温度。

（5）风门失灵。间冷式电冰箱靠自动感温风门来调节冷风量，风门失灵，则冷藏室冷气不足，温度偏高，而冷冻室温度又偏低。

（6）冷却风扇故障。间冷式电冰箱冷却风扇不转，或转速很慢，冷风难以在风道进行循环，会出现制冷不良现象。

5. 异常噪声

电冰箱运行时有正常声音，若声音异常，说明有故障。如压缩机内安装机心的弹簧脱落或断裂，压缩机运转中会发出金属的撞击声。机座减振装置失效，或未安装好，压缩机运转中会左右摇晃，发出异响，制冷管道安装不牢，冷却风扇风叶碰到异物等，也会出现不正常的噪声。

6. 漏电

电气线路导线绝缘老化破裂，箱内防水线老化，温控器或灯座内部进水，压缩机电机绕组绝缘性能下降，电气部件引线接头碰壳等，都会引起漏电。

3.1.5　电冰箱常见故障的检修流程

1. 直冷式电冰箱故障的检修流程

（1）压缩机不正常（包括不启动或启动频繁）检修流程如图 3.1 所示。

（2）压缩机启动运行正常，但制冷不正常的故障检修流程如图 3.2 所示。

2. 间冷式电冰箱故障检修流程

（1）压缩机不正常（包括不启动与启动频繁）。若化霜定时器转轴已转离化霜位置，则故障检修流程如图 3.3 所示。

（2）压缩机启动运行正常而制冷不正常时的故障检修流程，如图 3.4 所示。

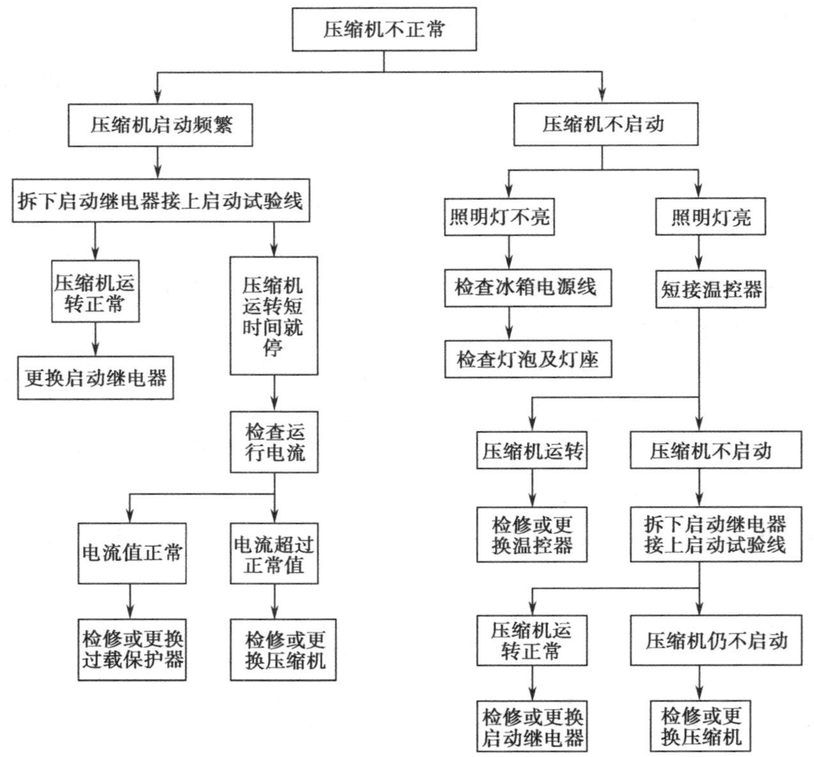

图 3.1　压缩机不正常检修流程

3.2　制冷系统故障检修

3.2.1　压缩机故障检修

电冰箱使用的全封闭压缩机主要有曲柄滑管式压缩机、曲柄连杆式压缩机以及无霜风冷式电冰箱所使用的比较新型的涡旋式压缩机等，它们的共同特点是将电动机与压缩机封闭在一个金属壳体内，而不同之处是压缩机部分构造有所不同。由于全封闭压缩机产生的故障现象比较繁杂，因此我们有必要将全封闭压缩机故障分为压缩机故障和电动机故障，有关后者的故障现象与检修放在控制系统进行介绍。

1. 常见故障分析与维修

故障现象一： 由于使用时间长，机械零件磨损，使压缩机效率降低，电冰箱的制冷性能下降，电冰箱的压缩机出现不停机现象。

故障分析与维修： 电冰箱通电后，压缩机启动运转正常，但不制冷；充灌一次制冷剂后，仍然不制冷。此种故障的最大可能是压缩机汽缸内的高低压阀片或阀垫被击穿了。判断的方法是在工艺管上接上修理阀，然后在停机状态下向制冷系统内充入 0.2MPa 的制冷剂，启动压缩机，观察修理阀上表压的变化情况。如果表压几乎不降低，则说明的确是压缩机的

阀片或阀垫被击穿了。此类故障的修理需拆下压缩机，剖开外壳，更换阀片或阀垫。

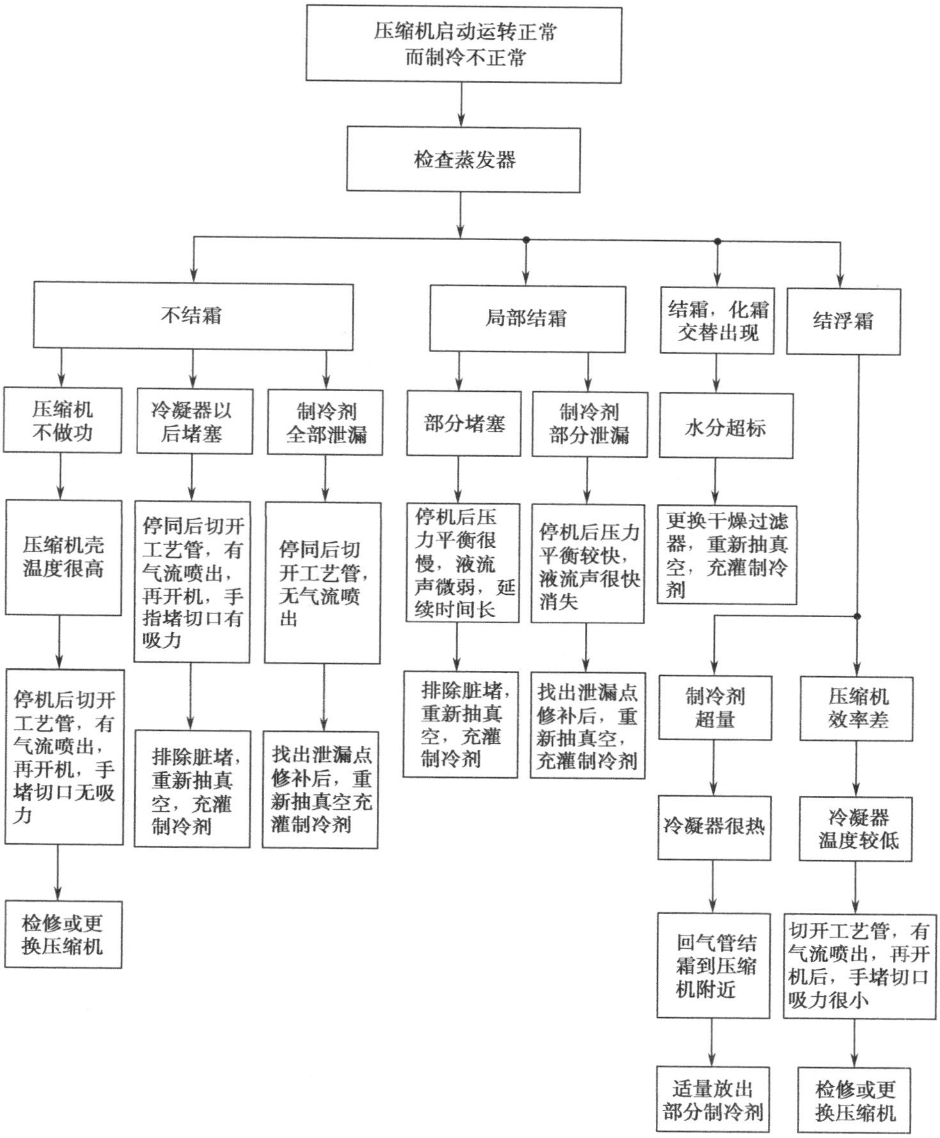

压缩机启动运转正常而制冷不正常

检查蒸发器

不结霜
- 压缩机不做功 → 压缩机壳温度很高 → 停机后切开工艺管，有气流喷出，再开机，手堵切口无吸力 → 检修或更换压缩机
- 冷凝器以后堵塞 → 停同后切开工艺管，有气流喷出，再开机，手指堵切口有吸力 → 排除脏堵，重新抽真空，充灌制冷剂
- 制冷剂全部泄漏 → 停同后切开工艺管，无气流喷出 → 找出泄漏点修补后，重新抽真空充灌制冷剂

局部结霜
- 部分堵塞 → 停机后压力平衡很慢，液流声微弱，延续时间长 → 排除脏堵，重新抽真空，充灌制冷剂
- 制冷剂部分泄漏 → 停机后压力平衡较快，液流声很快消失 → 找出泄漏点修补后，重新抽真空，充灌制冷剂

结霜，化霜交替出现
- 水分超标 → 更换干燥过滤器，重新抽真空，充灌制冷剂

结浮霜
- 制冷剂超量 → 冷凝器很热 → 回气管结霜到压缩机附近 → 适量放出部分制冷剂
- 压缩机效率差 → 冷凝器温度较低 → 切开工艺管，有气流喷出，再开机后，手堵切口吸力很小 → 检修或更换压缩机

图 3.2　制冷不正常的检修流程

故障现象二：压缩机内高压排气缓冲管断裂，或压缩机阀片破裂而不制冷。

故障分析与维修：在压缩机运转时用大螺丝刀顶住压缩机外壳，耳朵贴住螺丝刀柄，如果可以听到机内压缩机气体喷出的气流声，同时伴有蒸发器不冷和冷凝器不热的现象，说明压缩机内高压排气缓冲管断裂或松脱了。判断的方法是将压缩机拆下，通电运转，用大拇指按住高压排气口，低压吸气口敞开，如果感到排气压力很小，说明确是此故障，必须开壳用铜焊条焊好（不可用磷铜或银焊条焊接，以免受高压冲击后又断裂）。待通电试压检查其排气功能完好时才能封壳。

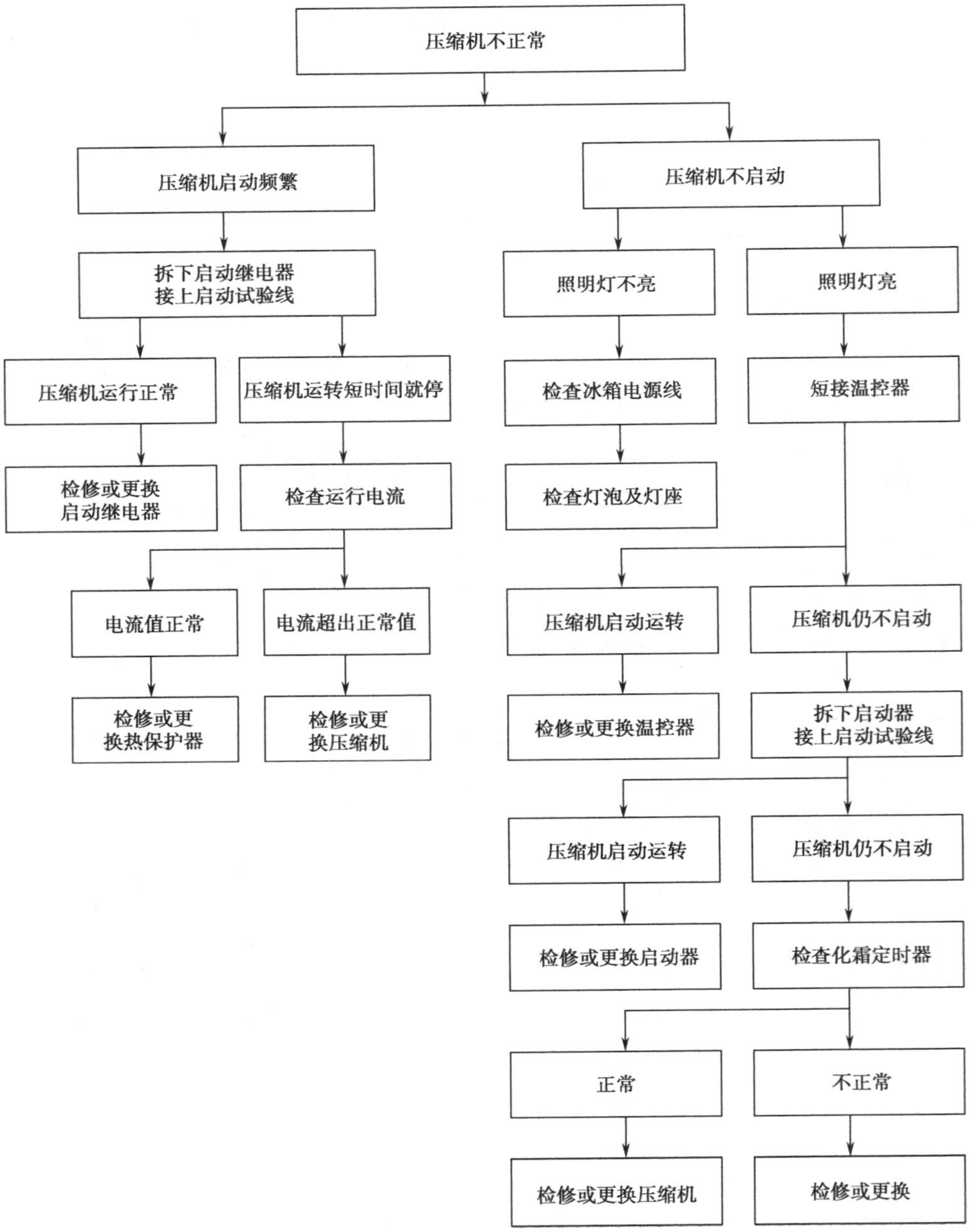

- 压缩机不正常
  - 压缩机启动频繁
    - 拆下启动继电器 接上启动试验线
      - 压缩机运行正常
        - 检修或更换启动继电器
      - 压缩机运转短时间就停
        - 检查运行电流
          - 电流值正常
            - 检修或更换热保护器
          - 电流超出正常值
            - 检修或更换压缩机
  - 压缩机不启动
    - 照明灯不亮
      - 检查冰箱电源线
        - 检查灯泡及灯座
    - 照明灯亮
      - 短接温控器
        - 压缩机启动运转
          - 检修或更换温控器
        - 压缩机仍不启动
          - 拆下启动器 接上启动试验线
            - 压缩机启动运转
              - 检修或更换启动器
            - 压缩机仍不启动
              - 检查化霜定时器
                - 正常
                  - 检修或更换压缩机
                - 不正常
                  - 检修或更换

图 3.3　压缩机不正常的检修流程

故障现象三：由于润滑油路堵死，造成压缩机抱轴，而无法启动运转。如果装配间隙太小，压缩机运转一定时间后，也会由于受热膨胀而产生“热轧”现象。

故障分析与维修：压缩机抱轴多发生在曲轴与滑块孔、滑块与滑管、活塞与汽缸之间相互配合部分。发生此故障时，一旦合闸通电，常常会使过载保护器跳开。用万用表检测，压缩机电动机绕组的阻值正常，对地绝缘良好；再次启动时，过载保护器又重新动作，电动机不能启动，采取人工强行启动也无效。这时，一般就可以采用开壳修理或更换压缩机的方法。

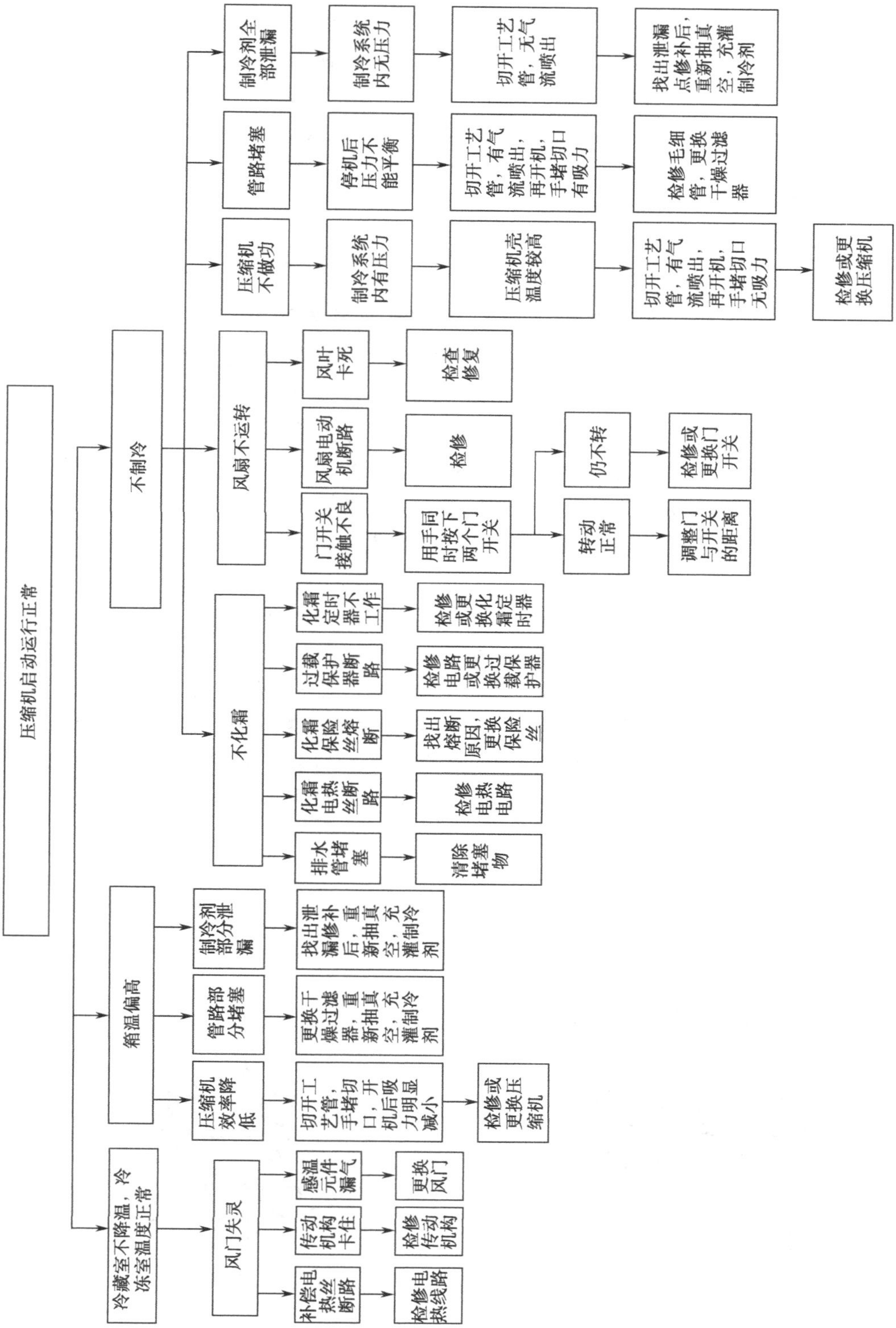

- 压缩机启动运行正常
  - 冷藏室不降温，冷冻室温度正常
    - 风门失灵
      - 补偿电热丝断路 → 检修电热线路
      - 传动机构卡住 → 检修传动机构
      - 感温元件漏气 → 更换风门
  - 箱温偏高
    - 压缩机效率降低 → 切开工艺管，手堵切口，开机后吸力明显减小 → 检修或更换压缩机
    - 管路部分堵塞 → 更换干燥过滤器，重新抽真空，充灌制冷剂
    - 制冷剂部分泄漏 → 找出泄漏修补后，重新抽真空，充灌制冷剂
  - 不制冷
    - 不化霜
      - 排水管堵塞 → 清除堵塞物
      - 化霜电热丝断路 → 检修电热电路
      - 化霜保险丝熔断 → 找出熔断原因，更换保险丝
      - 过载保护器断路 → 检修电路或更换过载保护器
      - 化霜定时器不工作 → 检修或更换化霜定时器
    - 风扇不运转
      - 门开关接触不良 → 用手同时按下两个门开关
        - 转动正常 → 调整门与开关的距离
        - 仍不转 → 检修或更换门开关
      - 风扇电动机断路 → 检修
      - 风叶卡死 → 检查修复
    - 压缩机不做功 → 制冷系统内有压力 → 压缩机壳温度较高 → 切开工艺管，有气流喷出，再开机，手堵切口无吸力 → 检修或更换压缩机
    - 管路堵塞 → 停机后压力不能平衡 → 切开工艺管，有气流喷出，再开机，手堵切口有吸力 → 检修毛细管，更换干燥过滤器
    - 制冷剂全部泄漏 → 制冷系统内无压力 → 切开工艺管，无气流喷出 → 找出泄漏点修补后，重新抽真空，充灌制冷剂

图3.4 制冷不正常的检修流程

故障现象四：压缩机内减震吊簧断裂或脱落，造成压缩机运行时产生撞击声。

故障分析与维修：启动压缩机时，可以听到很大的金属撞击声，此时压缩机将不能运转。当电冰箱向某一方向倾斜时，声音能减轻，说明机壳内可能有一只吊簧断裂或脱落了。发生挂钩弹簧脱落或断裂的原因是：安装时没有将挂钩卡住或三个弹簧高度不一致因而三点承受拉力不同；或者是在运输或搬运时没有垂直放置而造成。遇到此种故障，就必须开壳处理，挂钩弹簧固定紧，或更换新的挂钩弹簧。

2．维修实例

一台西冷牌 BCD—175 型电冰箱压缩机能正常运转，但不制冷。

故障分析：断开压缩机的工艺管，若有大量的制冷剂气体喷出，说明制冷剂并没有泄漏。待制冷剂放尽后，用气焊的中性火焰，把压缩机吸、排气管焊开拔出，单独启动压缩机，待压缩机运转后，用手指堵住排气口，感到排气压力非常小，说明压缩机内部有故障，可能是高压阀片关闭不严或是汽缸盖与阀座间的垫片击穿，需对压缩机进行剖壳修理。

故障维修：该冰箱采用的是 QF21—39 型滑管式压缩机。修理时，先拆去压缩机与电冰箱底板连接的 4 个螺栓，取出压缩机，然后把压缩机倒置，让冷冻油从低压吸气管流出，收集在一只玻璃瓶内，盖好盖，防止冷冻油吸入水分，并记下重量。把压缩机固定在台虎钳上，用手锯沿圆周锯开，在上下壳间做一垂直记号，以便修复后能对准原来位置焊接。

将压缩机开壳后，用钢冲将固定弹簧挂钩的 3 个压点用力冲开，再用大螺丝刀将 3 只弹簧钩撬松；将固定高压缓冲管的螺钉和卡子松开并拿下，然后轻轻地将其弯向机壳一侧，这时可将内部机心整体拿出。如图 3.5 所示，将固定汽缸体的 4 颗螺钉（图中的 1, 2, 4, 6）拆下，将缸体取出；如图 3.6 所示，拧下固定端盖的 4 颗螺钉，将固定在缸体上的高低压气室端盖拆下，即可将高低压阀片、阀板和阀垫取下，如图 3.7 所示。经检查发现高压阀片已被击穿，使得被压缩后的大量气体返回低压系统，使电冰箱无法制冷。

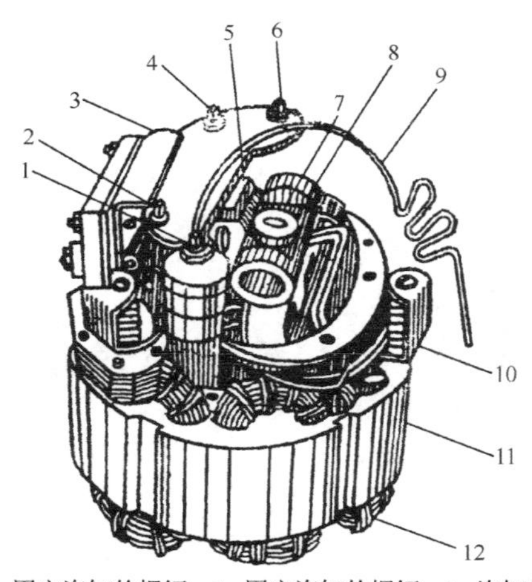

1. 固定汽缸的螺钉 2. 固定汽缸的螺钉 3. 汽缸的高低压气室 4. 固定汽缸的螺钉 5. 活塞 6. 固定汽缸的螺钉 7. 滑块 8. 曲轴 9. 高压输出缓冲管 10. 挂钩 11. 定子 12. 电动机绕组

图 3.5　压缩机机心

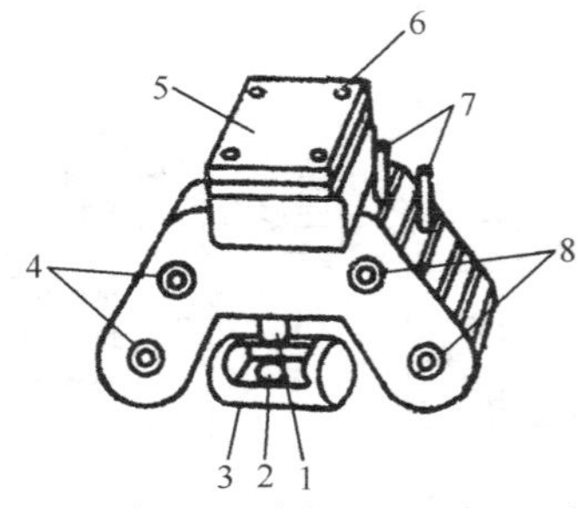

1. 活塞 2. 活塞架 3. 滑块 4. 高压端 5. 高、低压气室端盖 6. 固定气室端盖的螺钉 7. 低压消声器 8. 低压端

图 3.6　压缩机缸体

更换一个新的阀片，将阀片和阀板清洗干净、吹干，然后按照拆下时的位置，将低压阀片和阀板垫片装在阀板的低压阀线上，将低压阀片的顶端轻轻往外掰一掰，把阀板翻过来，再装高压阀片及阀板垫片，高压垫片须上紧，最后将高、低压气室及端盖拧紧。将机壳和机心清理干净，把机心重新装好，确定 3 只弹簧已卡进、吊好在机壳上。盖上上机壳，把压缩机开壳前的上下壳垂直记号对准，用湿布将压缩机的 3 个接线柱盖好，然后进行电焊封壳。封壳完成后，将高、低压端用套铜管焊死，在工艺管上接上压力调节阀，阀的另一头接氮气瓶，再将压缩机放入水中，如图 3.8 所示。开启氮气瓶阀门，充入压力为 0.8MPa 的氮气，没有发现水中有冒泡现象；将压缩机取出，焊下高、低端的套铜管，放入烘箱内干燥好后取出；将盛冷冻油的玻璃瓶拿出，过滤后再加入原油量 10%的 18 号冷冻油；把低压回气管插入到玻璃瓶油面下，启动压缩机，冷冻油就从低压管吸入到压缩机中。加完油后，将低压管堵住，启动压缩机让其连续运转几个小时，利用运转产生的高温使压缩机内部的水分蒸发掉。最后将压缩机装回到电冰箱中，焊好各接管，对系统充氮气检漏，没有发现存在泄漏现象后，抽真空，充制冷剂，试机，电冰箱制冷恢复正常。

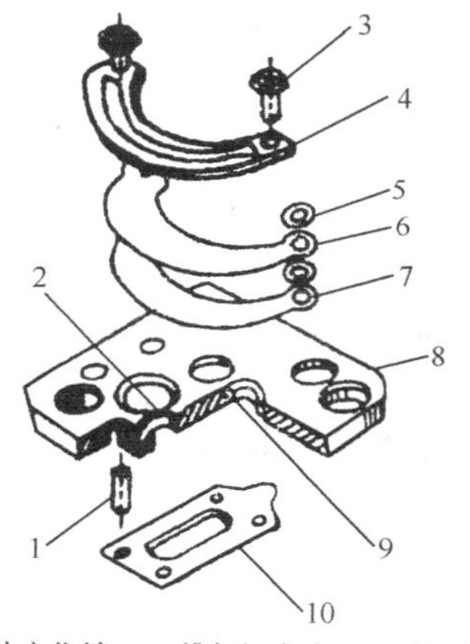

1. 进气阀片定位销 2. 排气阀座线 3. 排气阀件螺钉
4. 升程限制片 5. 垫片 6. 弹簧片 7. 排气阀片
8. 阀板 9. 进气阀座线 10. 进气阀片

图 3.7 压缩机气阀结构

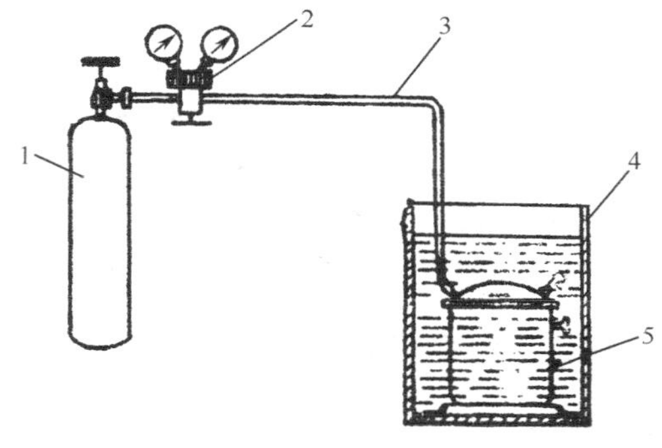

1. 氮气瓶 2. 压力调节阀 3. 连接管
4. 试漏水箱 5. 压缩机

图 3.8 压缩机充压试漏图

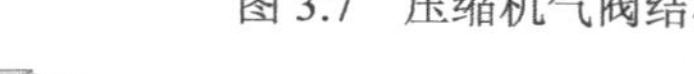

一台东芝牌 GR—184E 型电冰箱制冷正常，但噪声大，振动大。

故障分析：检查冰箱各外部管路及压缩机，没有发现松动迹象，手摸冷凝器及压缩机等均有颤动的感觉，耳听噪声好像来自压缩机部位；再用手摸压缩机，其颤动感觉明显强于冷凝器，怀疑该处为振源。手摸冰箱各部位的温度，发现冷凝器热度正常，摸至压缩机排气口与高压管连接处，有明显温差。靠近压缩机一端较热（正常），而高压管一端较凉（异常）。询问用户得知，该冰箱曾修理过。初步判断故障为上次维修焊接时有部分物质流入管内，造成管路局部堵塞，致使压缩机排气不畅，使排气压力增高，增大了压缩机的工作负荷，导致压缩机振动和噪声增大。

故障维修：将焊接处锯开，发现在高压排气管的管口部位有焊接残留物，用铜棒、小试管刷和手锤等工具将管内阻塞物清除干净，如图 3.9 所示，重新焊接好，该电冰箱即恢复正常工作。

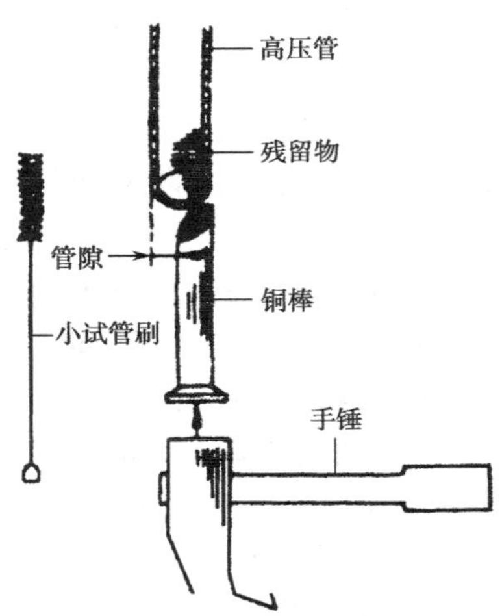

图 3.9　清除高压排气管内的阻塞物

3.2.2　冷凝器故障检修

冷凝器故障大多是由于电冰箱使用和保养不当造成的。如（外置式）冷凝器壁沾满比较厚的油污，引起热交换效率下降，使冷凝器的热量不能及时散发出去，造成制冷剂的冷凝温度升高，影响了制冷效果。还有的冷凝器因脱焊、破裂而泄漏制冷剂，使电冰箱制冷能力明显下降，甚至不能制冷。另外，电冰箱压缩机的吸气阀、排气阀与阀板粘不严，压缩机上油过多，也会影响制冷效果（主要是冷凝器内存油偏多，影响冷凝器的散热效果）。

1. 常见故障分析与维修

故障现象一： 冷凝器脱焊或破裂，导致泄漏。

故障分析与维修： 如果冷凝器有泄漏的可能，可先将冷凝器拆下来，与修理表阀和试压阀氮气瓶连接，进行充氮气试验检漏。当氮气充入后，关闭修理阀，检查冷凝器各处是否有漏气现象。为了进一步检查出微漏处，可将冷凝器放于水中进行浸入试验，浸入 3min 后，如果水中出现气泡，说明冷凝器有微小泄漏，及时在泄漏处打个记号，并进行补焊。

故障现象二： 内藏式冷凝器泄漏。

故障分析与维修： 电冰箱内藏式冷凝器安装在箱体左右侧板或后板后侧，与箱体发泡层连成一体。如果已经检查出内藏式冷凝器泄漏，需剖开后背修理冷凝器，这就要拆开后板，挖出泄漏部位泡沫，对泄漏部位补焊后，补泡，并重新装上后板。而开背修理效果并不理想，特别是有些冰箱后板不能拆开，此时改装成外置式冷凝器效果好些。将连接内藏式冷凝器的两端连接管，在适当位置断开，并与后配的合适的外置式冷凝器按原系统流程焊接牢固，固定在箱体后背适当位置上。再经检漏、抽真空、充注制冷剂后，电冰箱即可重新使用。如果代用冷凝器偏小，则传热效率降低，冷凝压力升高，制冷效果下降，因此代换时应选换热面积等于或稍大于原型的冷凝器。

故障现象三： 冷凝器管内存油，散热能力降低。

故障分析与维修：检修时先将冷凝器拆下，切开压缩机的工艺管，排净制冷系统中的制冷剂，再用焊枪焊开冷凝器与压缩机的高压排气连接处和毛细管与干燥过滤器的连接处，最后焊下干燥过滤器。拆下冷凝器后，用四氯化碳加压吹洗管道，将冷凝器内存油及脏物冲洗出来。吹洗后进行干燥处理，再用同规格的新干燥过滤器重新焊上即可。

2. 维修实例

一台万宝牌 BCD—203 型电冰箱制冷效率低，压缩机运转时间长。

故障分析：经了解，该冰箱已使用多年，制冷基本正常，只是最近压缩机运转时间明显延长。对冰箱的外部进行检查时发现，其背面的钢丝冷凝器积尘很厚，并粘结有不少的油污，估计正是油污积尘过多影响了冷凝器的散热效果，以致压缩机排气温度和冷凝温度升高，导致冷凝器表面过热，箱内降温时间延长。

故障维修：用湿布清洗冷凝器外侧的积尘，粘结污垢的部位用汽油去污，经过这样处理后电冰箱工作即恢复了正常。

一台万宝牌 BYD—158 型电冰箱使用 2 年，逐渐不制冷。

故障分析：通电试机，用钳形表测量压缩机的工作电流，发现电流偏低，冷凝器不热，气流声很微弱，而冷冻、冷藏室的蒸发器只凝露不结霜，估计是制冷剂泄漏了。进一步检查发现，门防露管与冷凝器连接接头的焊接处两侧有温差，如图 3.10（a）所示。由于该接头因污物堵塞而造成其孔径变小，致使制冷剂流过时因阻力大大增强而产生部分的蒸发，相当于毛细管的作用，如图 3.10（b）所示，因而接头出口端的温度比进口端的温度低。

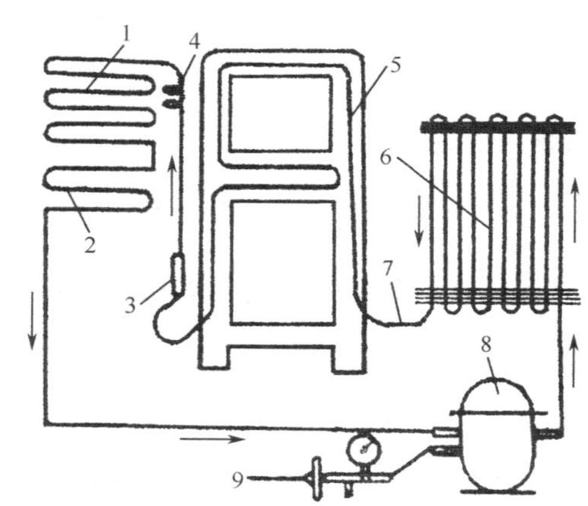

（a）制冷系统流程

1. 主蒸发器　2. 副蒸发器　3. 干燥过滤器　4. 毛细管　5.门防露管
6. 冷凝器　7. 堵塞接头　8. 压缩机　9. 修理阀

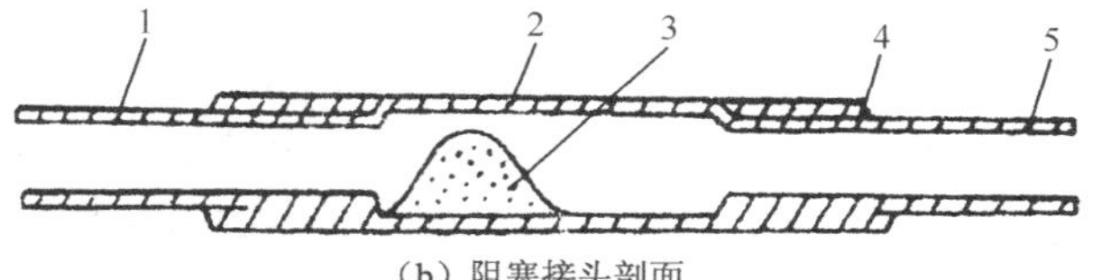

（b）阻塞接头剖面

1. 门防露管侧　2. 污物颗粒　3. 焊积物　4. 铜套管　5. 冷凝器

图 3.10　门防露管和冷凝器的接头与阻塞部位

故障维修：停机后用割刀断开门防露管的焊接接头，将接头清理干净，重新焊好，经抽真空充灌制冷剂，堵塞故障排除。

一台吉诺尔BCD—170型电冰箱不制冷，压缩机不停机。

故障分析：试机时发现压缩机排气管不热，蒸发器没有“流水”声，可能是制冷系统有故障。于是割断压缩机工艺管，发现没有气体喷出，说明系统有泄漏。但该机采用的是平背式冷凝器结构，冷凝器及其与蒸发器的接头等部位均藏于箱体内，使判断泄漏的具体部位比较困难。此时，宜采用分段检漏法分别对高、低压侧进行检查。在压缩机的工艺管和回气管充灌0.4MPa压力的氮气，将肥皂水涂抹于外露的管道、接头和蒸发器等处检漏，未发现有泄漏之处。过一段时间后，检查修理阀上的压力表，低压侧的压力维持不变，而高压侧的压力只剩0.5MPa，说明是压缩机或是冷凝器有泄漏。用气焊断开冷凝器与压缩机排气管及与干燥过滤器的焊缝，使内藏式冷凝器脱离制冷系统；再在冷凝器的两端各焊上一根短铜管，把其中一根的另一端封口，而另一根的另一端焊上修理阀，通过修理阀单独向内藏式冷凝器充灌1MPa的氮气，仅过数分钟就明显掉压，即可判断出是内藏式冷凝器出现泄漏。

故障维修：内藏式冷凝器一旦发生泄漏后，如果将箱背后钢板整个打开，补漏后再将钢板封好，不仅十分麻烦，外观也将受到较大影响，并且修复后由于冷凝盘管与钢板不能紧密贴附在一起，致使散热效果差，制冷能力下降，功耗增加。因此可采用一个与该冰箱容积相配的百叶窗式冷凝器，将内藏式冷凝器和箱门除露管都短路掉。具体做法是在箱体背面适当位置钻4个4mm的小孔，先将“乙”字形的金属板固定在箱体背面，然后用5mm自攻螺钉将冷凝器固定在“乙”字形的支架上。再将冷凝器的进气管与水蒸汽加热器的出口相接，而出口接干燥过滤器即可。焊接完毕后，进行整体试压查漏，确认不泄漏后再进行抽真空、灌气，冰箱故障消除。

3.2.3 蒸发器故障检修

1. 常见故障分析与维修

电冰箱蒸发器安装在冷冻室和冷藏室内，可将电冰箱内的热量传递给制冷剂。制冷剂液体在蒸发器内汽化吸热，利用蒸发器管壁进行热交换，吸收箱内热量而达到制冷目的。蒸发器常发生的故障主要有泄漏、积油。

故障现象一：蒸发器泄漏。

故障分析与维修：蒸发器泄漏的原因主要有：蒸发器的材质有问题，使用中因受到制冷剂压力和液体的冲刷，或受到腐蚀后出现微小的泄漏。另外，如果用刀尖等物取食品时，也容易将蒸发器表面扎破，引起制冷剂泄漏。

蒸发器常采用铜、铝等材料制造，在维修中应采用不同的方法进行堵漏。

（1）铜管铜板式蒸发器泄漏后的维修。此类蒸发器发生泄漏的位置一般在焊口处。对于单门电冰箱，无须将蒸发器拆下，可先将蒸发器从悬挂部位取下，找到焊口后直接进行补焊。补焊宜采用银焊，操作时间要短，以免系统中产生过多的氧化物，造成系统脏堵。

（2）铝蒸发器泄漏后的维修。铝蒸发器泄漏后，一般可采用锡铝补焊法、气焊补焊法、粘接修补法进行修理。

a. 锡铝焊补法

这种方法又叫摩擦焊接法，适合焊补直径为 0.1～0.5mm 的小孔。操作时，应先用细砂纸将蒸发器漏孔周围的氧化层刮净，再将配制好的助焊粉放置到漏孔周围，然后一手拿电烙铁，一手拿锡条，用电烙铁在漏孔周围用力滑动，以去除氧化层。由于助焊粉中松香的保护作用，使锡牢固地附在铝板表面，将漏孔补好。漏孔补好后，随即用干布将多余的锡料和助焊粉擦去。

b. 气焊补漏法

将蒸发器从系统上拆下，用细砂纸把漏孔周围清理干净，使其露出清洁的铝表面，涂上调好的焊药，同时在铝焊条上蘸上焊药，选用小号焊炬，调节火焰为中性焰，预热补焊部位和铝焊条，温度控制在 70～80℃，然后集中火焰，加热补焊处，同时将焊条靠近火焰，保持焊条的温度。当加热处有微小细泡出现时，迅速将焊条移向补焊处，焊条向补焊处轻轻一触，火焰马上离开焊接处，焊接完毕后用水将渣清洗干净。

c. 粘接修补法

此方法可粘补直径大于 1.5mm 的漏孔，也可以粘接铝质蒸发器进气、回气的铜铝结合管断裂处。使用的是双组份胶粘剂，加 JC-311 等。粘接时，先将修补处用细砂纸打磨，再用丙酮溶液将修补处的污垢清除，待干净后，将混合均匀的胶粘剂涂到漏孔处，在室温下固化 24h 即可。

不论哪种方法修补后，都要将蒸发器进行加压试漏，可充入 0.4～0.6MPa 的氮气，用肥皂水进行试漏，确认无泄漏后方才装入系统中使用。

故障现象二：蒸发器积油。

故障分析与维修：蒸发器内积油主要是由于压缩机性能不好、排油量过大造成的。蒸发器内积油过多，会严重影响电冰箱的制冷性能。修理时，取出蒸发器，在一端连接氮气管，加压 0.4MPa，内部的油污和杂质就会被氮气从另一端全部吹出。

2. 维修实例

一台航天牌 BCD—177 型电冰箱开机一段时间制冷效果不好，后来完全不制冷。

故障分析：通电试机时，发现完全不制冷是因为压缩机不能启动，怀疑是压缩机故障。首先拆开压缩机的接线盒，测量压缩机启动绕组阻值为 33Ω，运行绕组阻值为 17Ω，两绕组阻值之和为 50Ω，属于正常范围；测绝缘电阻也正常。这说明压缩机的绕组没有损坏。

割开压缩机工艺管，无制冷剂排出，而当割断压缩机的排气管与冷凝器接头处时，却有大量的制冷剂排出。此时，用直接启动的方法启动压缩机，压缩机的启动和运转均正常。凭经验用手堵压缩机的排气口，该压缩机排气正常，说明压缩机也没有机械卡死的问题。不能启动可能是由于高压侧压力过高所致，初步判断该电冰箱制冷系统出现了严重的堵塞。

重点检查制冷系统的低压部分。先用火烘烤毛细管外露部分，再将毛细管的外露部分几乎全部割去，仍然是毛细管处无气体排出，未能找到堵塞点，确定为低压部分内堵塞，只能进行开背修理。

该机的制冷系统结构如图 3.11 所示，在上下箱的交界部偏下一点的位置挖开电冰箱的后背，让上、下蒸发器的接头暴露出来。为缩小故障范围，确定究竟是哪个蒸发器发生堵塞，将两个蒸发器的接头处焊开，去掉下蒸发器和毛细管，对上蒸发器进行充氮试验，而上蒸发器出口处有气体排出，说明下蒸发器的出口处无气体排出，确定为这一部分发生堵塞。

故障维修： 用细铁丝从上、下蒸发器接头处的下蒸发器管口处伸入其内，试图找到堵塞点，发觉有异物堵在管口附近。用焊条使劲一捅，由于管内尚存有 0.8MPa 的高压，即见有一物立即喷射而出，管道即刻通畅。堵塞物原来是一截变硬了的橡胶塞子，估计是装配焊接蒸发器的高温使橡胶塞表面被碳化，在系统内存在压力时，制冷剂不能循环致使冰箱不制冷，而且导致高压部分压力过高，压缩机也无法启动。残留物取出后，将制冷系统的管道接通，更换过滤器，检漏、充注制冷剂后试机，该机制冷系统恢复正常，开停机也正常。最后将冰箱后背所挖处填充隔热材料，用铁皮封盖好，修理完毕。

一台可耐牌 BCD-22A 型电冰箱冷藏室内温度过高，压缩机不停机。

故障分析： 经检查排除了制冷剂泄漏的可能，再检查冷藏室蒸发器后壁，该冰箱采用的是铝板盘管式蒸发器，蒸发器的盘管用黏合剂粘结在铝板上再把铝板粘在冰箱的内胆上。由于冷藏室内长期冷热温度的变化而致使内胆与下蒸发器之间的黏合剂失效，两者之间形成了一定的空气隔热层，致使下蒸发器的制冷量不能直接传递给内胆，使温控器感温。

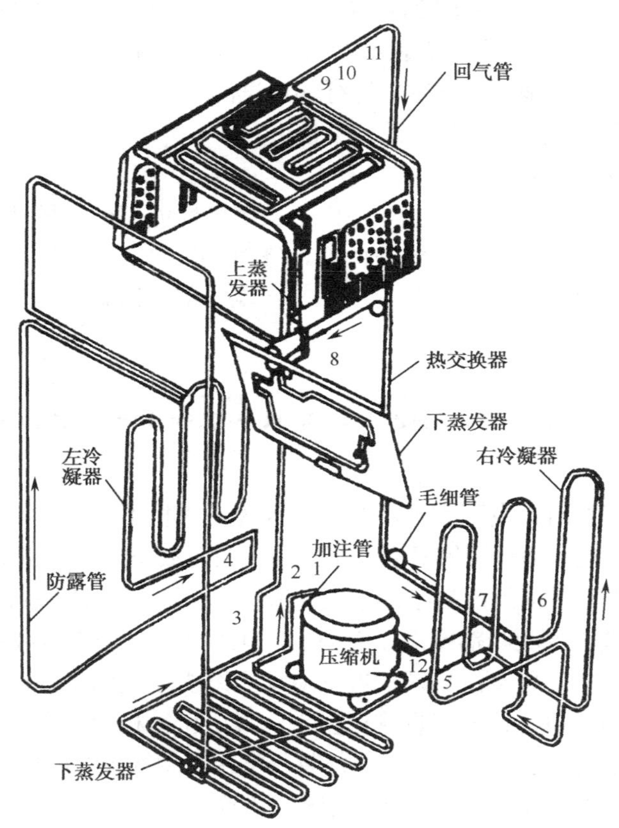

图 3.11　制冷系统结构

故障维修： 根据开胶面积的大小，先用 100W 电烙铁在冰箱内胆后壁上挖开一个洞，将内胆取走，拉开蒸发器的铝板，再轻轻拉出下蒸发器的铜管，注意不要使各接头处开焊造成泄漏。如图 3.12 所示，剪一块白铁板，插入铜管的背后，用自攻螺钉将铁板固定在内胆所挖

之处，再用$\phi 8$的塑料电缆卡把铜管固定在铁板上，最后用一段塑料管套在温控器感温头上，固定在原位置附近即可。经试机，冷藏室温度恢复正常，压缩机开停机也正常。

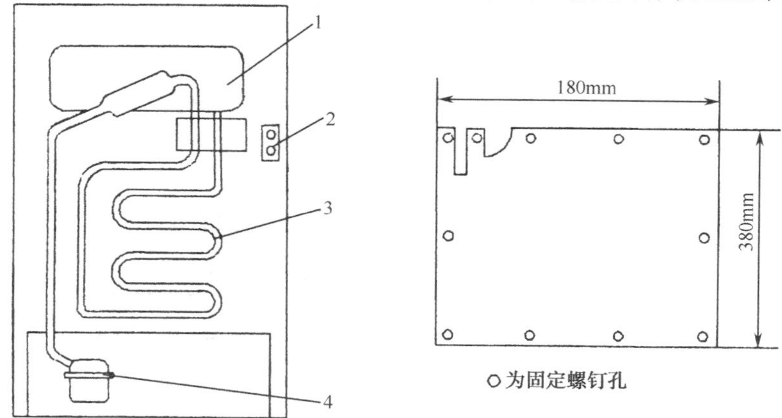

1. 上蒸发器 2. 冷凝器支架固定孔 3. 下蒸发器 4. 压缩机

图 3.12 下蒸发器内胆变形的修复方法

3.2.4 毛细管故障检修

毛细管是电冰箱最常见的故障之一，主要有“脏堵”和“冰堵”两种形式。

1. 常见故障分析与维修

故障现象一：毛细管脏堵。

故障分析与维修：毛细管脏堵有两种情况：一种是微堵，冷凝器下部会聚积大部分的液态制冷剂，流入蒸发器内的制冷剂明显减少，蒸发器内只能听到“嘶嘶”的声音，或是制冷剂的流动声，蒸发器的结霜时好时坏；另一种是全堵，蒸发器内听不到制冷剂的流动声，蒸发器不结霜。

故障现象二：毛细管冰堵。

故障分析与维修：如果制冷系统中有水分，在毛细管的出口部位就可能引起冰堵。冰堵一般是出现在压缩机通电运行后的一段时间。开始时，蒸发器结霜正常，过一段时间后，蒸发器出现化霜现象，冷凝器不热；再过半小时后，蒸发器又出现结霜；压缩机运行十几分钟后，又重复出现上述情况，即可确认制冷系统冰堵了。冰堵的修理方法是从压缩机工艺管处放掉制冷剂，更换新的干燥过滤器，重新对制冷系统进行抽真空和充灌制冷剂。

2. 维修实例

一台航天牌BCD—216型电冰箱冷藏室不制冷。

故障分析：该冰箱采用的是直冷式双回路的制冷系统，如图3.13所示。通电试机时，发现运行电流正常，冷凝器温热，有气流声，但冷藏室蒸发器不结霜。检查冷冻室蒸发器进入的第二毛细管有温感和气流声，而冷藏室蒸发器进入的第一毛细管却发凉且无气流声。在排除了冷藏室温控器故障的可能性后，估计是第一毛细管堵塞。停机后，断开第一毛细管与电磁阀连焊处，发现靠电磁阀侧排气无阻，而靠毛细管侧无气体溢出，确定此毛细管堵塞。

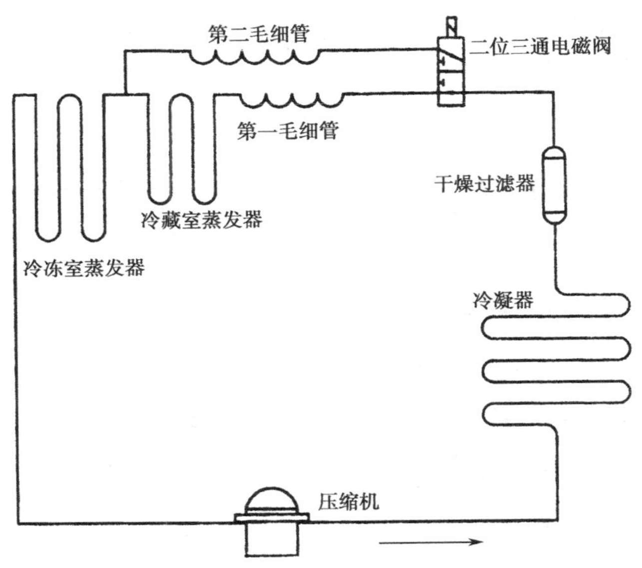

图 3.13 双回路制冷系统流程

故障维修：将断开的电磁阀侧用手钳压封，断开压缩机的工艺管，焊入修理阀，充入氮气的压力为 1.0MPa，对第一毛细管进行吹堵，立即有油滴滴下，几分钟后将干净白布放于第一毛细管口，不再发现有油滴，气流喷出畅通，吹堵完毕。将毛细管与电磁阀重焊恢复，更换压缩机冷冻油，并换一个干燥过滤器，经抽真空、充注制冷剂，试机观察可发现冷藏室恢复制冷。

 **一台夏普牌 SJ—175 型电冰箱温控器转到强冷位置时，蒸发器化霜，箱温回升；过一段时间后制冷恢复正常，此现象反复出现。**

故障分析：电冰箱制冷与不制冷交替进行，可能是制冷系统出现了冰堵。如果温控器处于弱冷位置，由于箱内温度较高，开机短时间后，毛细管还未完全冰堵，压缩机就已停机，故障现象还不十分明显；如果温控器调至强冷，制冷时间长，制冷系统中的水分形成冰堵的现象就十分突出了。

故障维修：用两次抽真空法排除冰堵，会增加制冷剂的用量，不经济。可以采用另一种方法去除水分，割断压缩机的工艺管，放制冷剂，接上修理阀与制冷剂钢瓶。烤化压缩机排气口与高压管的焊缝；启动压缩机，几分钟后再把高压管浸入装有 5mL 左右甲醇的杯中，待甲醇被全部吸入制冷系统后，用橡皮塞将高压管堵住。再过几分钟，甲醇便从压缩机的排气口中排出，并把水分也一起带出。当排气口无气体排出时，随即用橡皮塞塞住。停机后，制冷系统就处于真空状态。打开修理阀，注入适量的制冷剂为防止空气进入制冷系统，将压缩机排气管与高压管上的塞子拔去并对接焊好。充注制冷剂至规定量后，封死工艺管。试机，电冰箱制冷恢复正常。

3.2.5 干燥过滤器故障检修

1. 常见故障分析与维修

故障现象一：干燥过滤器冰堵。

故障分析与维修：电冰箱通电后，压缩机正常启动运行，如果制冷系统内制冷剂循环流动声音很弱或听不到流动的声音，用手摸干燥过滤器，其表面温度明显低于环境温度，甚至在干燥过滤器处结霜，但间隔一段时间后又能正常制冷，制冷一段时间后又出现上述现象，即为干燥过滤器冰堵。检修干燥过滤器冰堵的方法有两种。

（1）排气法。即切开压缩机充气工艺管，放出制冷剂，重新充入少量制冷剂，开机运行10min，再放出制冷剂，重新充入规定数量的制冷剂。不太严重的冰堵，用此方法一般便可排除。

（2）抽空干燥法。即将制冷剂从充气工艺管放出，更换同型号的干燥过滤器。

故障现象二：干燥过滤器脏堵。

故障分析与维修：由于电冰箱压缩机长期运行，机械磨损产生杂质，或制冷系统在装配焊接时未清洗干净，制冷剂和冷冻油中有杂质均会导致干燥过滤器脏堵。要排除干燥过滤器脏堵故障，一般要更换同型号干燥过滤器。

2. 维修实例

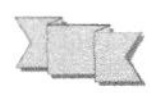

一台容声牌BCD—170型电冰箱干燥过滤器刚换不久，但电冰箱制冷效果不好，压缩机运转不停。

故障分析：用手摸冷凝器，上面热而下面冷，干燥过滤器也很凉，且与之相连的毛细管有一小段凝露，这是干燥过滤器或干燥过滤器与毛细管连接段堵塞的特有现象。割开压缩机工艺管，有大量制冷剂气体喷出，说明制冷剂并没泄漏，接上修理阀，充氮气至0.3MPa，然后关闭修理阀，启动压缩机，真空压力表显示压力值很小，说明干燥过滤器的确发生堵塞。由于干燥过滤器刚换过，可能是焊接时引起的堵塞。

故障维修：烤化干燥过滤器与冷凝器、毛细管的接头焊缝，发现毛细管插入过滤器的深度太深了，几乎碰到了干燥过滤器的过滤网，使得分子筛颗粒进入毛细管引起了堵塞。

把冷凝器出口封死，在压缩机工艺管上接修理阀及氮气瓶，向制冷系统中充入0.6MPa的氮气，由低压端往蒸发器与毛细管进行逆向吹除，使脏物从毛细管入口端吹出。更换干燥过滤器重新焊接时，应注意毛细管在上位，冷凝器管在下位，且毛细管口离过滤网距离以5mm为宜。然后焊接好后，经检漏、抽真空、充制冷剂后，电冰箱制冷恢复正常。

一台东芝牌GR—185型电冰箱使用一年多后不制冷。

故障分析：检查时，发现该机的排气管、冷凝器不热，蒸发器不冷，说明制冷系统非堵即漏。割断工艺管，有大量气流喷出，说明制冷剂并无泄漏。在工艺管上接修理阀，充氮气至0.3MPa，启动压缩机，修理阀上的真空压力表呈负压，停机后，表压并不上升，说明是堵塞。再充氮气至0.3MPa，割断干燥过滤器与毛细管之间的焊缝，干燥过滤器出口端无气流喷出，而毛细管入口端有气流喷出，说明干燥过滤器完全堵塞。

故障维修：适当增大氮气的压力吹除制冷系统内的脏物，更换上一个新的干燥过滤器后，经检漏、抽真空、充制冷剂后，电冰箱制冷恢复正常。

3.3 控制系统故障检修

控制系统包括电源电路（电源插头、电源线、熔断器），照明电路，温控器（含温控电路），化霜器（含化霜电路），压缩机电动机，压缩机启动电路（包括启动器，过载过热保护器，若为全电容电动机还有启动电容和运行电容），风冷式电冰箱送冷风风扇电机电容等。

3.3.1 电源电路故障检修

1. 电源不通

先检查电源熔断器是否熔断，电源插头与插座是否接触良好。再用万用表测量电源电压是否正常。若电源电压低于180V，则电冰箱不能正常启动。

2. 电冰箱接通电源不启动

这种故障可能是电源线插头与导线的连接断路。

3. 电冰箱运行中突然停机且不能再次启动

这种故障主要是由于电源电压过低或电源插头、插座接触不良所引起。检修时，安装稳压电源或将电源插头插好，电冰箱便可启动。

3.3.2 照明电路故障检修

1. 开箱门，灯不亮

这种故障主要是由于门灯开关的接点接触不良（弹簧片弹力不足）所造成。

2. 开、关门，灯均不亮

首先检查灯泡是否损坏（在门灯开关接触良好的情况下）。如灯泡没有损坏，再检查灯泡与灯座是否接触良好。

3. 关门灯不灭

电冰箱内设有10～15W照明灯，关箱门时门内胆边框接触不到门灯开关或接触不紧，造成关箱门后灯仍亮着。

4. 开门时灯时亮时不亮

引起故障的原因可能是灯泡与灯座接触不良或照明开关接触不好。如果灯泡与灯座接触不良或松动，用手拧紧灯泡便可恢复正常。如灯泡与灯座接触良好，再进一步检修照明灯开关。

3.3.3 压缩机电机故障检修

1. 常见故障分析与维修

故障现象一：启动继电器连续过载、过载保护器的接点断开、压缩机不转动。

故障分析与维修：用万用表电阻挡检查时，发现启动或运行绕组的阻值比正常值明显减小，这表明压缩机电动机启动绕组因短路造成了故障。

故障现象二：通电压缩机不转。

故障分析与维修：用万用表检测时，发现运行和启动绕组阻值无限大。产生这种情况的最可能原因是电动机绕组的接线断开或电动机与机壳内的 3 只接线柱间的引线松脱而引起电动机断路。

故障现象三：压缩机电动机勉强启动运行，但运行电流比正常值大一倍以上，响声也显著增大，并且在电动机运行几分钟后，过载保护器断开。

故障分析与维修：用万用表测量电阻时，发现运行绕组的阻值比正常值小几欧，这表明电动机运行绕组间短路。

故障现象四：压缩机漏电。

故障分析与维修：用万用表检查时，发现机壳接线柱公用点一端与机壳间的电阻为零，说明公用点对地短路了。

故障现象五：电冰箱运行后，熔断器连续熔断。

故障分析与维修：用万用表检查时，发现电动机运行或启动绕组对机壳短路，而正常值应在 5MΩ以上。

2. 维修实例

一台日立牌 R-175 型电冰箱压缩机不启动。

故障分析：断电后，拆下启动继电器和过载保护器，从压缩机接线柱上测量其电动机绕组值，发现启动绕组短路，需进行剖壳修理。

故障维修：锯开压缩机外壳，查看定子绕组。发现启动绕组的槽外部分被烧断了两匝线，粘结在一起形成了短路。用钳子剪断这两匝线，出现 4 个断头，加上启动绕组本身的 2 个头，共有 6 个头。用万用表找出各自的头和尾，并用相同规格的耐氟漆包线将头尾连接好，焊接处不得有毛刺，用聚酯薄膜分别将每个接头包好。用万用表测量启动绕组的直流电阻，阻值与正常值一致后，即可将绕组线圈进行绑扎。绑扎时要把各接头分开一些，不与其他导线相碰。

3.3.4 启动继电器故障检修

1. 常见故障现象

启动继电器，可能出现以下几种故障现象。

（1）电冰箱通电后，压缩机一点响声也没有，吸合电流为 0，经过 3s 后过载保护器的接点跳开。

（2）电冰箱通电后，压缩机“嗡嗡”响，吸合电流在 5A 以上，经过 3s 启动接点也不跳开，然后过载保护器的接点跳开。

（3）电冰箱通电后，启动继电器，过载保护接点跳开。

2. 故障维修

首先确定启动继电器是否损坏，可采用压缩机人工强行启动的方法，若启动继电器出现故障，一般要更换。

3. 维修实例

一台五洲-阿里斯顿牌BCD—185型电冰箱出现不能启动、只听到断续的“咔嚓”声的故障现象。

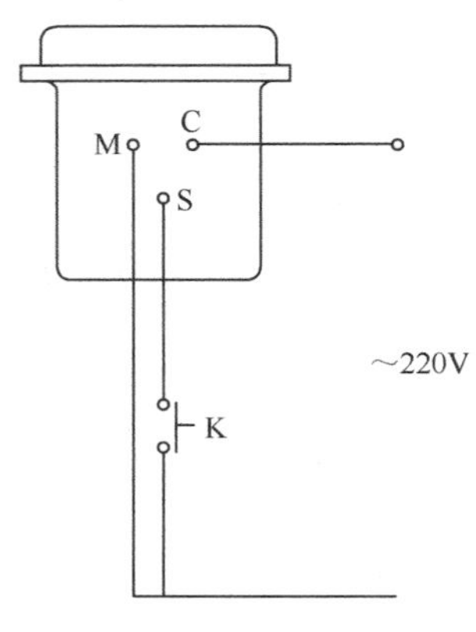

图3.14 人工启动接线图

故障分析：电冰箱不启动的可能原因有压缩机卡死、电动机绕组烧坏、过载保护器断路、启动继电器失灵、温控器损坏等。检查时，先让电冰箱通电，用钳形电流表测量压缩机启动电流和工作电流是否正常，测得启动电流在5A以上，然后又返回到4A左右，但压缩机却能启动运转。这就排除了过载保护器损坏的可能性，用万用表电阻挡测量压缩机3个接线柱之间的电阻值，测得启动绕组和运行绕组的阻值正常，绕组与机壳之间的绝缘电阻也大于2MΩ，这也排除了压缩机电动机绕组损坏的可能性。

可采用人工启动的方法强制压缩机启动运转，压缩机顺利启动运转，运转电流在1A左右，而且电冰箱开始制冷，说明压缩机本身并没毛病，而是启动继电器发生了故障，如图3.14所示。

故障维修：该机采用的是重锤式启动继电器，用手摇动它时感觉到其中的衔铁运动有些受阻，将其拆下，小心地倒出当中的衔铁和动触点。发现衔铁受阻是因为启动继电器的骨架上有毛刺。用小刀将毛刺剔除后，装入衔铁和动触点，将启动继电器重新装回到压缩机上，试机，电冰箱恢复了正常工作。

3.3.5 过载保护器故障检修

1. 过载保护器常见故障

过载保护器经常发生电热丝烧断、双金属片失灵和触点接触不良等故障。

2. 故障维修

用万用表测量过载保护器端子间是否导通，可判断其好坏。如果测量值接近，则说明是好的。否则，可以判断该过载保护器已损坏，应进行更换。

3. 维修实例

一台LG牌GR-313型电冰箱通电后，压缩机不启动。

故障分析：通电后，打开电冰箱门，照明灯会亮，说明电源正常。但压缩机不能启动运转，而且也听不到压缩机的“嗡嗡”声。用万用表测得温控器的插脚导通。断电后，取下PTC启动器和碟形双金属保护器，让压缩机强制启动，压缩机可以启动，说明是PTC启动器

或碟形双金属保护器断路了。用万用表测量碟形双金属保护器两引脚间的直流电阻，如图3.15所示。而常温下该电阻应很小，但实测值为无穷大，确定保护器的确损坏了。

故障维修： 更换了一个型号 4TC205RFB 的碟形双金属保护器后，试机，压缩机启动运转恢复正常。

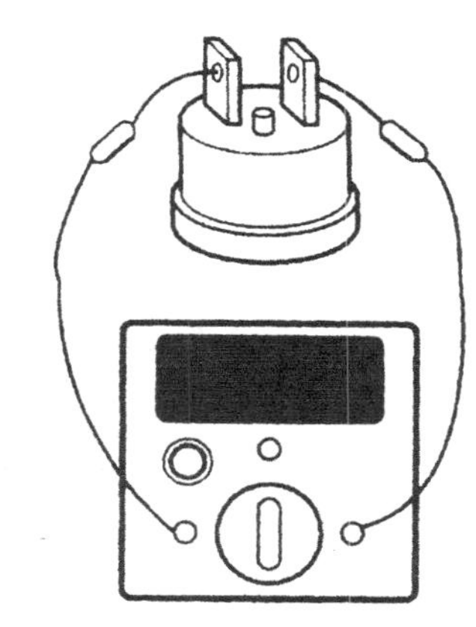

图3.15 测量碟形保护器的电阻值

3.3.6 化霜控制器故障检修

1. 化霜控制器常见故障

化霜控制器故障的表现形式主要有：电冰箱不能化霜、电冰箱一边化霜一边制冷、电冰箱化霜结束后压缩机不能自动投入运行。这些故障主要是化霜加热器烧断、化霜定时器损坏、化霜超热熔断器熔断等原因引起。

2. 故障维修

化霜控制器的检修可以按以下步骤进行。

（1）用万用表 R×1k 挡测量化霜定时器电机的直流电阻，正常值在 8kΩ左右，如测得电阻值偏小，则线圈中有短路故障；如阻值偏大，则线圈中有断路故障，应更换化霜定时器。若阻值正常，在接通电源的情况下，看一下化霜定时器手控旋钮轴是否可转动。如不转动，则内部机械齿轮有故障，也要更换化霜定时器或拆下后修理。

（2）用万用表 R×1 挡测量化霜温控器，常温下测量值应为无穷大，把化霜温控器放入冰箱冷冻室测量其阻值则应为零。如果阻值无穷大或有几十欧，说明化霜温控器已损坏，需更换。

（3）用万用表 R×1 挡测量化霜加热器的阻值，正常值为几百欧。如果测量值为无穷大，说明化霜加热器已坏，也应更换。

3. 维修实例

一台东芝牌 GR—204E 型电冰箱化霜指示灯不亮，加热丝不热。

故障分析： 该东芝电冰箱采用的是电子式温控器，其中的化霜电路如图 3.16 所示。6.8V 的电压经电阻 R808 和 R809 分压后，为 Q802 的 9 脚提供 4.4V 的化霜基准电压。冷冻室温度传感器是一个负温度系数的热敏电阻。未化霜之前，由于冷冻室温度较低，冷冻室温度传感器的阻值很大，R810 上的分压值很小，Q802 的 8 脚电压小于 9 脚电压（4.4V），故其输出端的 14 脚为高电平，送到 Q801 集成电路的 8 脚。当需要化霜时，按下化霜开始按键，电阻 R119 的下端接地，Q801 的 13 脚输入低电平，则输出端 11 脚输出高电平，使三极管 VT812 导通，集电极为低电平，故发光二极管 LED01 发亮，作为化霜工作指示灯。

通电后测得 Q802 的 8 脚为 6.8V，9 脚为 4.4V，14 脚为 0V，可见 8 脚电压大于 9 脚电压，输出端 14 脚为低电平。化霜按键 S101 按下再释放时，Q801 的输出端 11 脚仍为低电平，不会使三极管 VT812 导通。将冷冻室传感器取下，测得其阻值为 17kΩ左右，将它握在手中，其阻值迅速降低，说明传感器正常；再将 R810 焊下，测得其阻值为无穷大，说明该电阻断路。

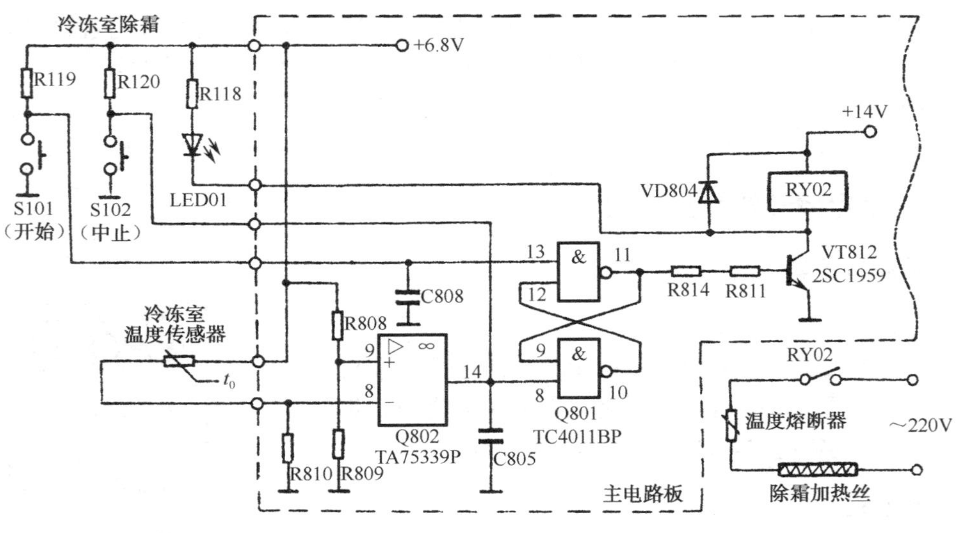

图 3.16　化霜电路

故障维修：更换一只 10kΩ, 1/8W 的电阻，将冷冻室温度传感器接好，通电试机，该机故障排除。

3.3.7　温控器的故障检修

近年来生产的新型电冰箱中，不少使用了电子温控器。它与机械式温控器相比，虽然成本较高，但工作更稳定，控制温度更准确，使用寿命也更长。目前家用电冰箱中，华菱、日本东芝系列、黄河系列等都采用了电子温控器。普通机械式温控器会出现调试不当、机械零件变形及触点粘结等故障。在这里主要介绍电子温控器的原理与维修。

1. 华菱电冰箱电子温控电路

图 3.17 是华菱 BCD—320W 型间冷式电冰箱的微电脑温控器电路。它由三部分组成，即电源电路、温度检测电路和运行控制电路。

（1）电源部分。220V 的市电经变压器 T1 降压至 9V，经过 VD01～VD04 组成的全波整流电路，得到低压直流电，再经三端稳压集成电路 7805 稳压，输出稳定的+5V 直流电压，供给温控器的电脑芯片 IC1（MC68HC05）和运算器 LM324 工作。整流后的直流电压还用于三个继电器 K1、K2、K3 及其驱动元件 VT2～VT4 等。电源电路中，电容 C01～C04 是滤波电容。

（2）温度检测部分。电冰箱的温度检测元件有冷冻室感温头、冷藏室感温头和化霜感温头。这是三个热敏电阻，分别检测冷冻室、冷藏室和蒸发器的温度。它们分别由控制电路板插槽 CN2 中的 5，7，8 脚接入电路（图中没有画出）。热敏电阻将电冰箱的温度变化转换成电压信号，当三个被检测点的温度变化时，热敏电阻的阻值随之发生变化，使 IC1 的信号输入脚电压产生变化。信号经电脑芯片处理后，发出控制指令。

R01～R04、C08 和 C11 的作用是过滤来自冷冻室和冷藏室的信号中高低频杂波，减少干扰，提高信号强度。CN2 中的 1～4 脚分别连接了两个可变电阻 RP21、RP22，用以控制冷藏室和冷冻室的室内温度。两个可变电阻的信号输入到 IC1 的 22 脚和 21 脚，作为 IC1 对冷藏室、冷冻室感温信号输入脚 24、23 信号的比较基准，从而确定电冰箱的开与停或风门的开与闭。

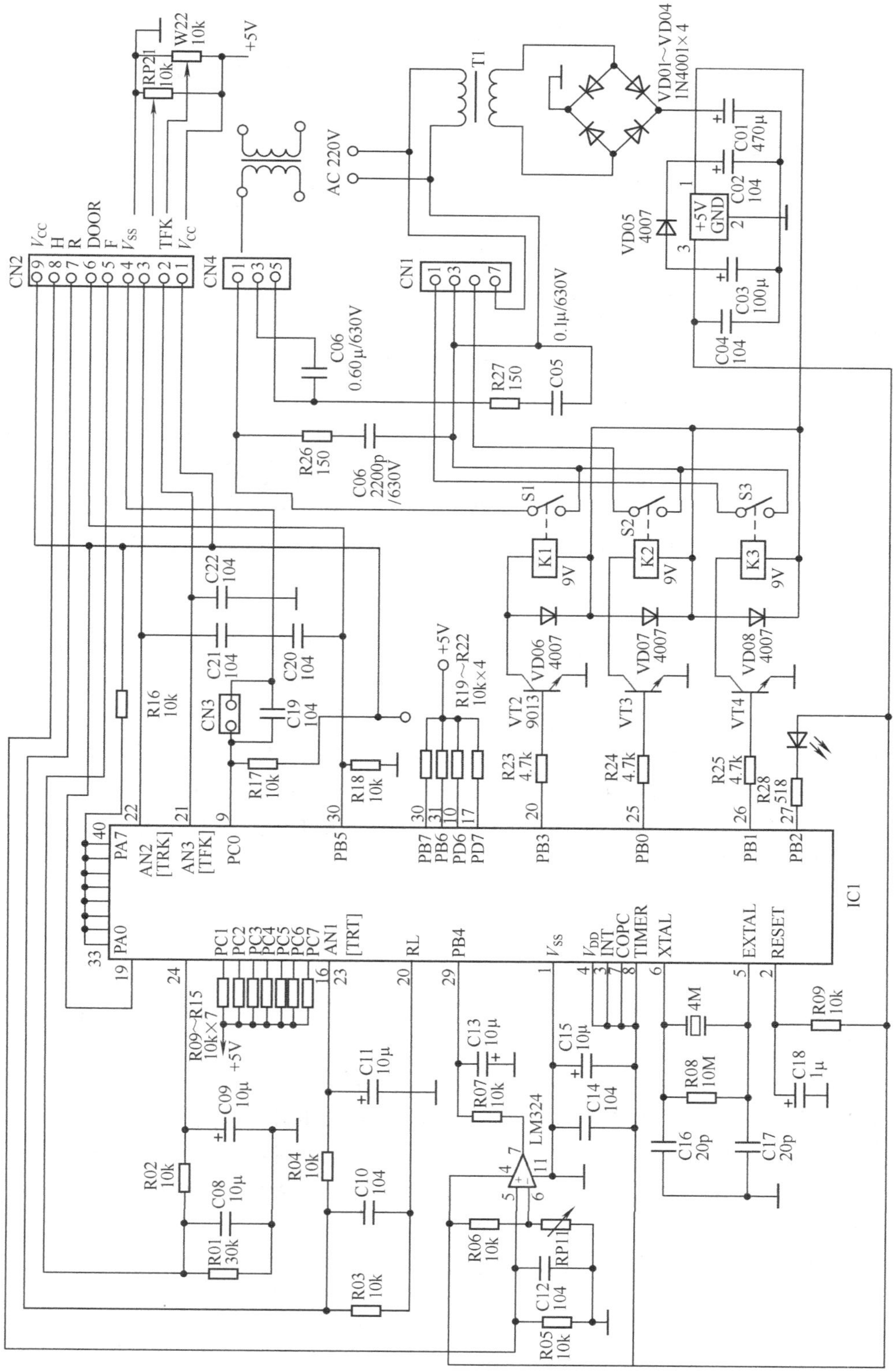

图3.17 华菱BCD—320W 电冰箱温控器电路

（3）控制驱动部分。电脑芯片对电冰箱运行过程的控制如下。电冰箱环境温度设定为32℃，由可变电阻RP21和RP22分别设定电冰箱冷冻室和冷藏室内的温度，当冷冻室温度微调旋钮对应刻度为“弱”时，冷冻室设定温度为–20℃～–18℃；对应刻度为“中”时，温度为–22℃～–20℃；对应刻度为“强”时，温度为–24℃～–22℃。当冷藏室温度微调旋钮对应弱、中、强时，冷藏室设定温度分别为7℃～9℃、5℃～7℃、3℃～5℃。电脑芯片IC1以此作为判断条件，对两个感温元件传来的信号进行比较判断后，发出动作指令。

例如，当冷藏室温度不符合要求时，如果此时冷藏室风门处于关闭状态，IC1指令接通继电器K1和K2。在K1接通后，风门电动机开始转动，当风门打开到位时，风门位置开关接通，向IC1发出信号，芯片接到信号后，关闭K1，风门电动机停止转动，完成打开风门动作。冷藏室电动风门打开后，压缩机和冷冻室风扇正常运转。

当冷藏室温度达到要求而冷冻室未达到使用要求时，IC1接通继电器K2并发出信号，令风门关闭，压缩机和冷冻室风扇正常运转。当冷冻室和冷藏室均达到温度时，IC1断开K2，令压缩机停止运转。在IC1内部设有计时器，计算冷冻室温度低于–3℃时压缩机的运转时间，当压缩机的运转时间累计达到12h，IC1发出指令，断开K2关闭压缩机，同时接通K3，对冷冻室蒸发器进行加热化霜。在蒸发器出口的储液器安装有热敏电阻。当储液器温度达到一定值（6℃左右）时，IC1根据运算元件LM324传来的信号，切断K3，终止化霜过程。

2. 东芝电冰箱电子温控电路

东芝电子温控电路在日本东芝系列、黄河系列电冰箱中使用，它们的控制电路基本相同，有GR、GE两个系列，图3.18、图3.19是两种电子温控器电路原理图。它们还有一些同系列的产品，基本控制原理完全相同，只是采用的数字集成电路型号与控制逻辑电路有所不同。

这里以东芝GE系列电冰箱为例，介绍电子温控器的工作原理。电子温控电路主要由电源电路、温度传感器电路、温度控制电路和除霜控制电路组成，如图3.19所示。

（1）电源电路。电源电路提供14V和6.8V两组直流电压，其中14V供两个继电器使用，6.8V供其余电路使用。

交流220V供电经变压器T801变压，全波整流滤波后，输出14V直流电压，再经稳压管VD803稳压，得到6.8V电压。并联在电源变压器初级的TNR801是压敏电阻，它能吸收电网中的浪涌电压，对电路元器件起到保护作用。

（2）温度传感器电路。温度控制电路中设有两个温度传感器，一个安装在冷藏室内，另一个安装在冷冻室内。这是两个热敏电阻，它们的阻值大小会随周围温度的变化而改变。作为温度传感器的热敏电阻具有负温度特性，它的阻值随温度升高而降低，图中两热敏电阻Rt1和Rt2的阻值在0℃时为7.95kΩ，而在28℃时为2.34kΩ。温度传感器对温度的检测过程，实质上是将温度变化转变成电压变化。电路中冷藏室温度传感电路由热敏电阻Rt1和电阻R806串联，外加6.8V定值电压构成。环境温度升高时，Rt1阻值减小，通过电阻分压作用，使R806端电压升高。反之，R806端电压降低。同样道理，冷冻室温度传感器电路由热敏电阻Rt2和电阻R810串联，外加6.8V定值电压构成，它的作用也是把温度变化转变成电压变化。

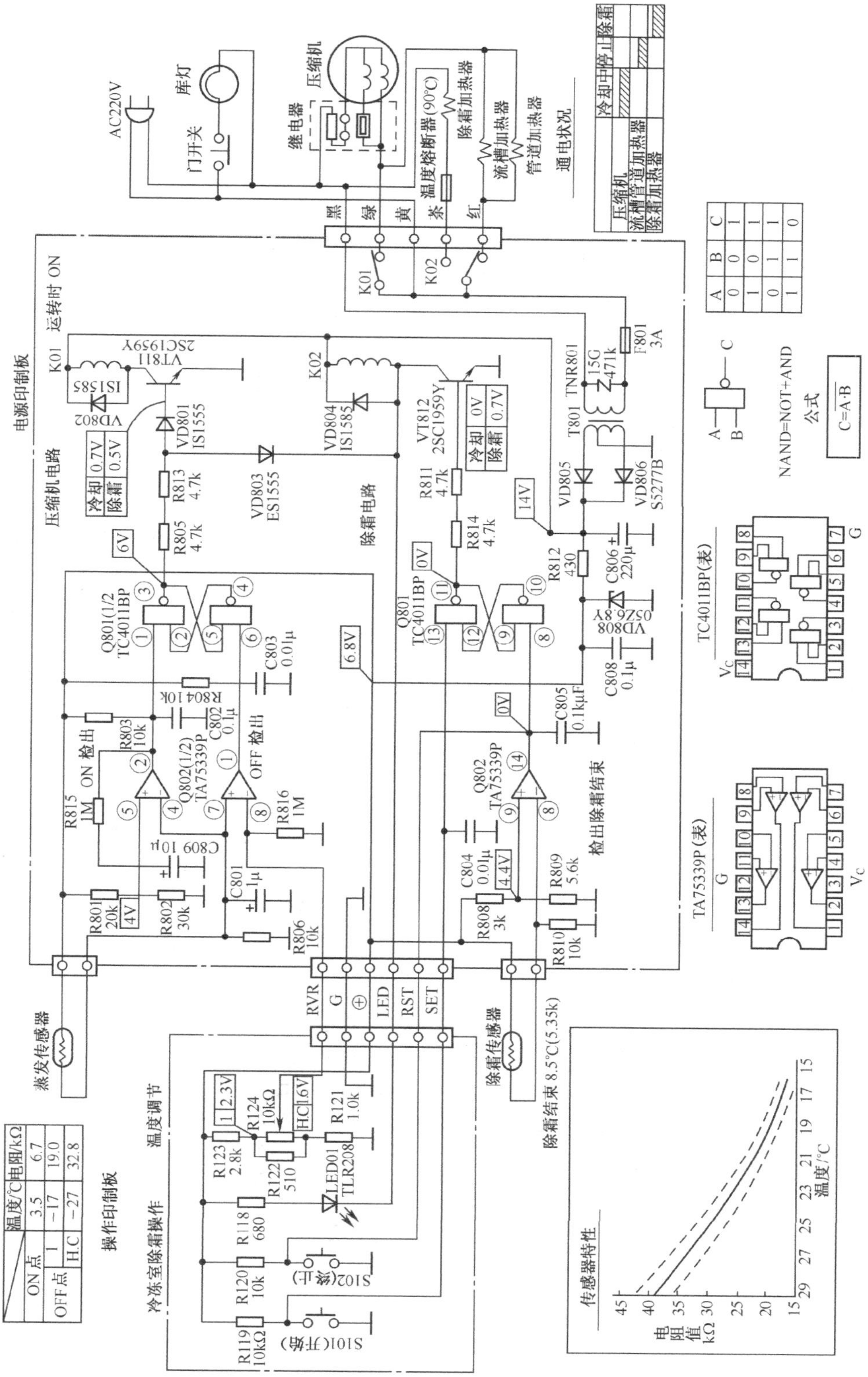

		温度/℃	电阻/kΩ
ON 点		3.5	6.7
OFF 点	1	−17	19.0
	H.C	−27	32.8

操作印制板

冷冻室除霜操作　温度调节

S101(开始)　S102(终止)　R119 10kΩ　R120 10k　R118 680　R123 2.8k　R124 10kΩ　R122 510　1 2.3V　HC 1.6V　LED01 TLR208　R121 1.0k

RVR　G　⊕　LED　RST　SET

蒸发传感器　除霜传感器　除霜结束 8.5℃(5.35k)

电源印制板　压缩机电路　除霜电路　检出除霜结束

R801 20k　4V　R802 30k　R806 10k　C809 10μ　C801 1μ　R815 1M　ON 检出　OFF 检出　R816 1M　R803 10k　C802 0.1μ　R804 10k　C803 0.01μ　Q802(1/2) TA75339P　Q801(1/2 TC4011BP　6V　R805 4.7k　R813 4.7k　VD801 IS1555　VD802 IS1585　VT811 2SC1959Y　K01　运转时 ON

冷却	0.7V
除霜	0.5V

VD803 ES1555　VD804 IS1585　K02　6.8V　Q801 TC4011BP　0V　R811 4.7k　R814 4.7k　VT812 2SC1959Y

冷却	0V
除霜	0.7V

R808 3k　C804 0.01μ　4.4V　Q802 TA75339P　0V　R810 10k　R809 5.6k　C805 0.1μF　14V　R812 430　C808 0.1μ　VD808 05Z6.8Y　C806 220μ　VD805　VD806 S5277B　T801　TNR801 15G 471k　F801 3A

AC220V　门开关　库灯　继电器　压缩机　黑　绿　黄　茶　红　K01　K02　温度熔断器(90℃)　除霜加热器　流槽加热器　管道加热器

通电状况

	冷却中	停止	除霜
压缩机	▨		
流槽管道加热器		▨	
除霜加热器			▨

传感器特性

电阻值 kΩ　45　40　35　30　25　20　15

温度/℃　29　27　25　23　21　19　17　15

TA75339P(表)　G　14 13 12 11 10 9 8　1 2 3 4 5 6 7　V_C

TC4011BP(表)　V_C　14 13 12 11 10 9 8　1 2 3 4 5 6 7　G

A　B　C

NAND=NOT+AND

公式

$C=\overline{A\cdot B}$

A	B	C
0	0	1
1	0	1
0	1	1
1	1	0

图 3.18　东芝 GR—204E 电子控制电路

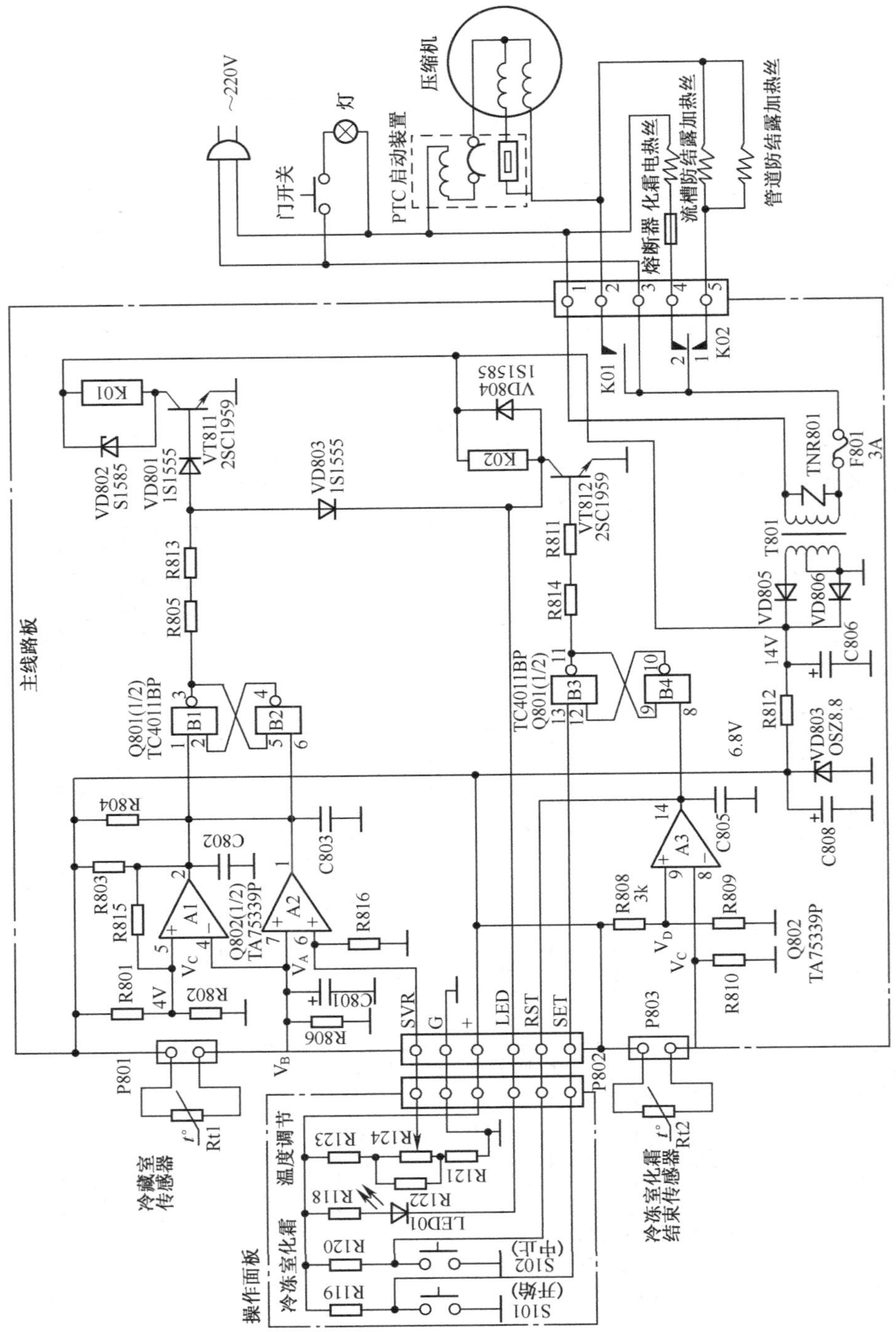

图 3.19 东芝 GE 系列电子控制电路

冷藏室温度传感器 Rt1 安装在蒸发器表面，检测冷藏室的温度。当冷藏室蒸发器表面温度上升到 3.5℃以上时，控制电路由于 Rt1 阻值变化而发出指令，使压缩机启动运转，电冰箱开始制冷。反之，当温度传感器检测到冷藏室温度下降到 0℃以下时，就通过温度控制电路控制压缩机停机。冷藏室内温度变化范围由温度调节器的位置决定。

在冷冻室内的温度达到 7.5℃以上时，就通过除霜电路切断除霜加热丝，同时接通压缩机开机制冷。

（3）温度控制电路。温度控制电路由集成电路 Q802、数字电路 Q801、继电器 K01 控制电路及温度调节电路等组成。它把温度传感器送来的电压信号进行比较和鉴别并判断出是否控制压缩机的开、停。

温度调节电路主要元件是温度调节电位器 R124，改变电位器动触头位置，中心抽头对地电压可在 1.5～2.2V 范围内改变。该电压加在 Q802 的反相输入端的 6 脚，作为冷藏室的最终温度控制信号。按热敏电阻 R-T 特性换算成温度变化，则变化范围对应为–25～19℃。

电冰箱中，冷冻室内温度是跟随冷藏室内温度同时升高或降低的，所以控制了冷藏室温度也就相对控制了冷冻室内的温度。

Q802 内含四个电压比较器，正、反相输入端压差大于 5mV 就可使输出端电平高、低发生翻转，有利于提高该控制电路控制精度和压缩机工作的可靠性。其工作特性是，当正相输入端电位高于反相输入端电位时，输出端翻转为高电位；反之，输出端翻转为低电位。

Q801 内含四个二端输入的与非门，工作特性是只有两个输入端电位均为高电位时，输出端为低电平，否则输出端为高电平，这里是每两个与非门组成一个锁存器，用它判断开、停机信号。

继电器 K01 的常开触点接在压缩机的主回路，当开机信号加在晶体管 VT811 的基极时，经它放大后推动 K01 触点吸合，压缩机启动运转进入制冷循环。

（4）压缩机的开、停控制。当温度调节旋钮的位置调定后，就确定了 Q802 反相端电压 V_6。这个电压就是压缩机的停机电压。由电阻 R801 和 R802 组成的分压电路，把其固定的分压值 4V 加至 Q802 的一个同相输入端 5 脚，该电压即作为开机电压。根据热敏电阻 R-T 特性推断，开机时的对应温度为 3.5℃左右。

假设现在压缩机正处于开机制冷状态，则随着压缩机工作时间的延长，冷藏室温度越来越低，Rt1 阻值越来越大，R806 端电压 V7 越来越小。当箱内温度达到设定值时，V7<V6，于是 Q802 输出端 1 脚翻转为低电压，该电位加到锁存电路 Q801 的 1 端，锁存电路经过判断后，便从它的 3 脚输出低电位停机信号。这样，VT811 由导通转为截止，继电器 K01 触点释放，压缩机随之停止工作。

随着停机时间的延续，冷藏室温度逐渐回升，Rt1 的阻值越来越小，R806 端电压越来越高，当达到 V4>V5 时，Q802 的 2 脚输出立刻变为低电平。Q802 输出电平变化，经锁存器 Q801 判断后，由它的 3 脚输出高电平，使 VT811 由截止转为导通，K01 又得电工作，其触点闭合接通，压缩机开机制冷。如此循环往复，压缩机在电子温控器控制下有规律地开、停机工作，使电冰箱内温度保持在设定的范围内。

（5）化霜控制电路。化霜的目的是为了提高电冰箱制冷效果，降低耗电量，还可消除电冰箱内的怪味。大多数电冰箱冷藏室的温度上限在 0℃以上，所以都采用自然化霜法，在压缩机停机时冷藏室温度上升，结霜便会慢慢地自然化掉，不需任何化霜设备。

采用 GE 系列电子温控器的电冰箱中，冷冻室采用电热化霜装置。把电热丝绕在冷冻室蒸发器表面，需要化霜时，按下化霜按钮 S101，化霜开始信号（低电位）加到锁存电路 Q801 的 13 脚。这个信号经 Q801 判断，从它的 11 脚输出高电平，VT812 饱和导通，继电器 K02 通电吸合，其触点接通位置由 1 转到 2，加热丝通电发热，化霜指示灯 LED01 点亮。同时，VT811 基极通过二极管 VD803 被 VT812 的 c、e 极旁路至地，VT811 转为截止，继电器 K01 不工作，触点释放，压缩机停机。

随着冷冻室温度回升，Rt2 阻值越来越小，R810 端电压 V8 越来越高，当达到 Q802 的输入端电压 V8>V9 时，14 脚输出端立刻翻转为低电平，经锁存电路 Q801 判断，输出端 11 脚输出低电平化霜结束信号，Q802 截止。继电器 K02 触点接通位置由 2 转回 1，加热丝停止加热，化霜指示灯熄灭。同时，VT811 基极不再被旁路至地。这里化霜结束温度设定为 8.5℃不变，由 R808 与 R809 组成的分压电路决定，其电压值为 4.4V。

在化霜过程中当需中止化霜时，只要按下化霜中止按钮 S102。此时，S101 自动弹回，Q801 的 8 脚接为低电位，11 脚翻转为低电位，Q802 转化为截止，K02 释放，断开化霜加热丝。

（6）电路中的几个重要数据。

① 电源电路有 6.8V 和 14V 两组供电电压，其中任何一组出现异常，都会造成控制电路不能正常工作。

② 实际使用中，两个热敏电阻 Rt1 和 Rt2 性能容易变化，甚至失效。

③ 压缩机开机时，Q802 的 5 脚电压应为 4V 不变。如果实际测量此处电压低于 4V，会引起压缩机开、停机过于频繁；而高于 4V 时，又会因压缩机停机过长，造成电冰箱制冷不足。

④ 压缩机停机时，电位器 R124 中心抽头对地电压应在 1.5～2.2V，否则应予调整。这一测量点电压太低，冷冻室和冷藏室温度过低，会出现冷藏室因温度低于 0℃而结冰现象；电压太高，箱内温度又会过高，不利于食物保存。

⑤ 化霜结束时，Q802 的 9 脚电压应为 4.4V 不变，否则应通过改变 R809 的阻值来调整。此测量点电压低于 4.4V 时，化霜时间不足，结霜不能完全化尽；当高于 4.4V 时，化霜时间过长，箱内温度过高，既费电又不利于食物储存。

3. 电子温控器故障检修实例

故障现象一：东芝 GE 系列间冷式电冰箱不制冷。

故障分析与维修：检查冷藏室照明灯亮，由此判断电冰箱供电正常。观察电冰箱化霜指示灯未点亮，电冰箱应在制冷状态。如果化霜指示灯亮，说明电冰箱目前正处在化霜状态，所以暂时不会制冷。

进一步检查压缩机是否正常。用自制电源直接对压缩机供电，压缩机运转正常，说明故障在控制电路，如果用测量绕组电阻的办法来判断压缩机有无损坏，要注意东芝电冰箱压缩机电机的运行绕组与启动绕组的阻值比较接近，运行绕组 C、M 端的正常电阻值是 18.6Ω，启动绕组 C、A 端正常电阻值是 20.2Ω。

实际检修中，压缩机损坏的情况相对少一些，应先测量电路控制板上有无 220V 交流电压。如果有 220V 交流电压说明控制电路工作正常，故障在压缩机的启动与保护电路；无 220V 交流电压，则说明故障在电子控制电路，如图 3.19 所示。

然后检查故障是在冷藏室温度传感器还是在控制电路，短接冷藏室温度传感器，观察压

缩机是否启动，如果启动运转则故障为温度传感器，如仍不启动运转则检查电路控制板的电源部分。重点检查压敏电阻 TNR801，该电阻烧坏的概率较高。该电阻正常阻值应在 500kΩ 以上，烧坏时一般有烧焦的痕迹。接着测量插座 P802 的“+”与“–”端之间是否有 6～7V 电压，整流二极管 VD805 和 VD806 负极对地是否有 14V 电压，如无电压则是整流二极管和稳压管出现故障。

继续测量温控器基准电压是否正常，调节温控电位器 R124，并检查 P802 插座上 SVR 端子与地线之间的基准电压，应在 2.1～3V 之间变化，如超出此范围或高于 6V，则判断 P101 接插件接触不良。

确认温控基准电压正常后，那么故障只可能在集成块 Q801、Q802 及其外围元件了。

表 3.3 是 Q802（TA75339）各引脚在压缩机启动、制冷和制冷结束（保温）阶段的正常电压值，供检测时参考。

表 3.3 TA75339 各引脚工作电压

单位：V

引 脚	1	2	3	4	5	6
启动瞬间	6.7	0	7	>2.7	0	2.7
制冷状态	6.7	0	7	>4	4	2.7
保温状态	0	6.7	7	<2.7	4	2.7

故障现象二：华菱 BCD—320W 间冷式电冰箱化霜结束后，有时不能自动开机。

故障分析与维修：这是一台使用电脑温控板的四门豪华型冰箱，温控器电路如前图 3.17 所示。由于它能正常制冷，可判断微电脑芯片 IC1 正常，故障可能出在温度控制板上。重点检查温度传感信号通道，用万用表检测 RP11 及 R05～R07 电阻正常，在测量 LM324 各引脚电压时，发现它的 7 脚虚焊，造成输入到 IC1 的感温信号不准，所以有时不能自动开机。重新焊接后试机观察，故障排除。

图 3.20 是此机型的部件连接示意图。这种标注了各部件连接导线颜色的实体示意图，在检修中有重要作用。

故障现象三：东芝 GR 系列电冰箱冷藏室照明灯亮，压缩机不启动。

故障分析与维修：拔下电冰箱电源插头，用万用表 R×1k 挡检测压缩机三个绕组阻值，在正常范围内。再接通电冰箱电源，用万用表的交流挡测量电子控制板上继电器的两根电源输入线，无电压，可见压缩机不能启动的原因是没有得到工作电压。参照图 3.18，顺着供电线路检查，发现保护元件 TNT801 内部熔断器烧断，两只抗干扰二极管其中一只被击穿，所以压缩机不启动。

TNT801 是一个将两只二极管和一只 1.5A 熔断器做在一起的专用组件。一般维修店无此配件，可以根据该组件在电路中的作用，用两只二极管 2CP23 和一只 1.5A 熔断器焊接好，试机后电冰箱恢复正常运行。

故障现象四：黄河 BCD—170 间冷式电冰箱压缩机不启动。

故障分析与维修：国产黄河系列电冰箱采用电子温控器电路，其电路与东芝电冰箱相同，因而检修思路相似。

首先检查过热保护器是否开路。压缩机电机线圈即使有轻微短路，热保护器也会周期性跳开，直至烧断损坏。热保护器开路原因主要是电热丝熔断或双金属片性能差，检查时可用万用表电阻挡测量它的引脚间电阻，正常阻值为几欧姆。

其次检查温控板熔断器是否熔断，压敏元件有无击穿，操作板插件接触是否良好等。若以上检查没有发现问题，可重点检查温度传感器。当温度传感器阻值变大或开路后，压缩机也会不启动。

温度传感器安装在冷藏室蒸发器下面，检查温度传感器的性能好坏时，可将温度传感器放在温度为30℃的水中。其阻值约为2.2kΩ左右，若放在温度为0℃水中，其阻值约为7.8kΩ左右。在实际维修中，温度传感器的损坏常有两种原因：一是温度传感器的引脚或引出线有虚焊，需要重新焊接；二是传感器密封不好，有水渗入后使传感器特性改变。

当冷藏室传感器开路时，表现为压缩机不能开机，有水渗入传感器时，表现为压缩机不停机。当冷冻室传感器开路时，冷冻室开始化霜且化霜过程不能自动停止，直至把温度熔断器熔断为止。

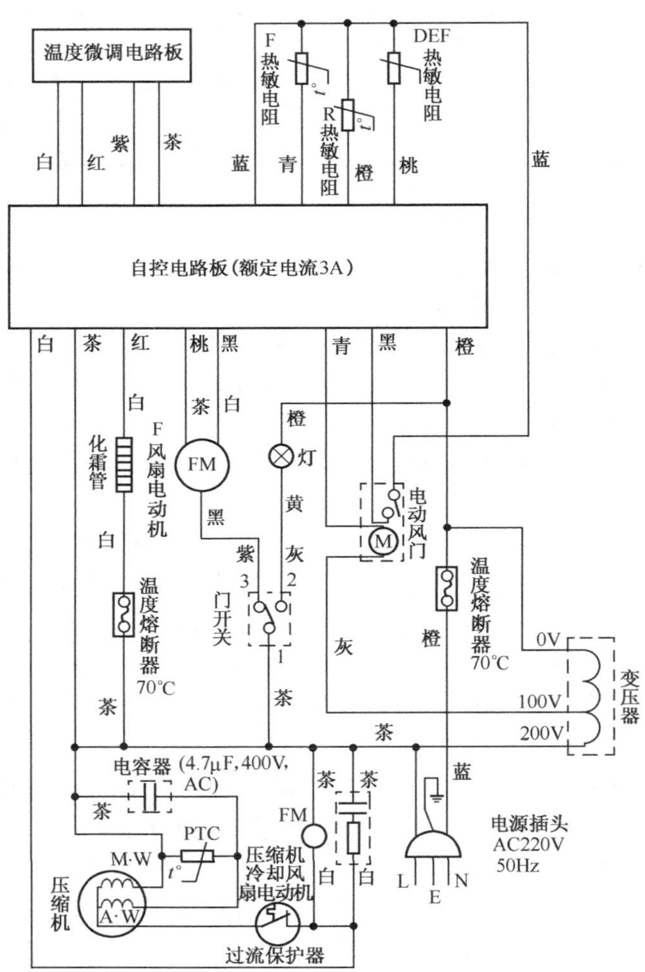

图3.20　华菱BCD—320W电冰箱电路接线示意图

故障现象五：东芝 GR228 直冷式电冰箱压缩机时转时不转，有时能启动运转，但不停机。

故障分析与维修：该电冰箱的装配接线图如图 3.21 所示。此图适用于 GR188EX（G）（A）、GR208EX（G）（A）、GR2Z8EX（G）（A）、GR268EX（G）（A）等型号电冰箱。图中导线颜色是用英文缩写标注的，其含义相应是：Gn-Y—黄绿；Bl—蓝；Bk—黑；Br—棕；Pp—紫；Gy—灰；Y—黄；R—红；Wh—白；Or—橙；Pi—粉红。

检修时首先要分清故障是压缩机本身引起的，还是控制电路造成的。单独对压缩机通电运转正常，则重点检查电子温控器。检测电子温控器到压缩机接线盒两端，即图中热保护元件左端 Pp 点和 Pi 点没有交流 220V 电压。试调节电冰箱操作面板上的温控开关，这两点上有时有交流 220V 电压，有时又会自动没有电压，可以断定故障出在电子温控器盒内。

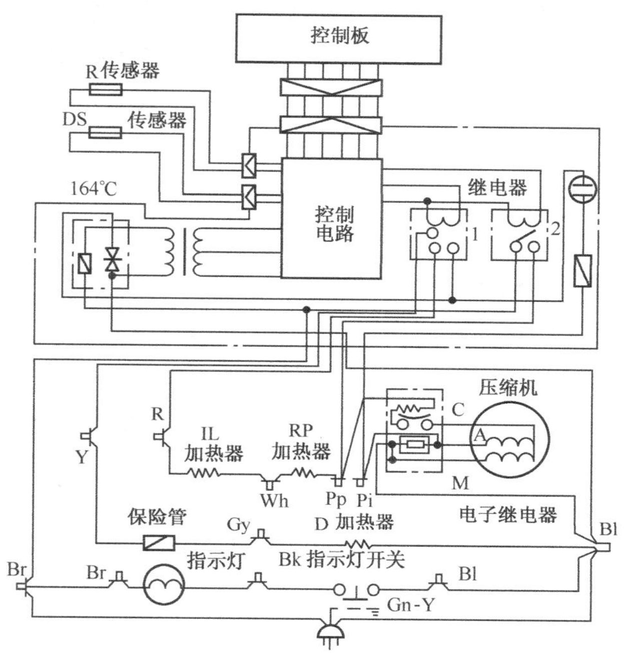

图 3.21　东芝 GR—228 型电冰箱装配接线图

拆开电子温控器盒，查看电路板，从外观未发现明显损坏器件。由于没有电子温控器的具体线路图及检测数据，有的集成块连型号都看不清，修理难以下手，所以决定采用机械式温控器替换电子温控器。

具体做法是利用冷藏室照明预埋的两根线和照明盒的位置，换上普通机械式温控器。把冷藏室照明盒内的指示灯及门灯开关拆掉，利用照明盒的空间固定温控器。用万用表电阻挡找到灯的两根接线，即装配图中的 Br 和 Bl 点连线，按普通型冰箱的控制接法，将温控器接好，通电试机一切正常，经使用电冰箱运行良好。

这种改造方法不涉及制冷回路，没有风险，不减小冷藏室的空间，缺点是冷藏室没有照明，但对使用影响不大。

故障现象六：容声 BCD—225 风直冷式电冰箱接通电源后，显示板显示“E2”。

故障分析与维修：这种型号电冰箱采用“模糊控制”技术，双循环自动控制系统，具有自动化霜、保温、超冻模式、停电记忆和超温报警等功能。

电冰箱的自动化霜由微电脑控制进行，与分置在冷冻室、冷藏室蒸发器的两个感温头有关。根据电冰箱检修资料说明，显示板上显示“E2”字样的含义是“冷冻室蒸发器感温头故障”。

断电后卸下顶盖板，取出电子温控器电路板。找到电气盒内左边的10芯插座，用万用表电阻挡测量从左向右数第3、5两引脚之间的电阻值。室温下，阻值读数应在1.0～6.7kΩ范围内，如果测量值超出这个范围，就表明冷冻室蒸发器感温头有问题。

取下电冰箱后板，在冷冻室蒸发器感温头与内藏线连接处挖出发泡剂，剪下损坏的感温头，并将连线剥出15mm的导线接头。将同型号的感温头的引线去掉15mm绝缘，剥出线头接在内藏导线上。感温头的连接没有极性。插上电路板及显示板。通电运行并确认无误，在连接导线接头处涂上热熔胶，以防潮气进入导线内。按原位置将感温头装好，并在护盖上用胶带固定。补发泡剂后，装上电冰箱后板、电路板、显示板等。通电试机电冰箱运行正常，故障排除。

3.4 箱体故障检修

3.4.1 保温隔热层故障检修

1. 故障现象

保温隔热层常见的故障现象有在内漏故障维修后，隔热层变薄或发泡材料被浸湿，两者均可引起制冷效果变差。

2. 故障维修

（1）挖掉变湿的泡沫材料。

（2）用密封性极好的保鲜薄膜将蒸发器、分配器、回温管等易出霜水部件完全密封包好，再加胶带紧固。

（3）将箱体后背用一带孔的金属板封闭，加方木条或其他重物，紧固的目的是在发泡时不变形。

（4）在容器中将二元发泡剂严格按1:1比例混合，迅速拌匀后，从背板留孔处加入箱体内，直至完全发泡完成。

（5）有条件时可拆下压缩机，将箱体横置，加重物效果更好，待发泡完成后再焊上压缩机，抽空、打压加氟，完成修复工作。

3. 维修实例

故障现象：一台三洋牌SR—310MG型电冰箱修理完后，电冰箱隔热层被破坏。

故障分析：该机因对制冷系统进行过修理，挖掉了部分隔热层，故修理完后要对箱体隔热层进行填充，以免降低制冷效果。生产厂家对箱体的发泡工艺是在生产线上用专用发泡设备来完成的，而在维修部里只能靠人工操作来完成。

故障维修：按表 3.4 配制 A, B 两种液态分组待用。用无水酒精将需发泡的表面清洗干净。发泡前应使箱体保持在 25°C 左右。开始发泡时，准备两只量杯，分别倒入等量的 A, B 两种液体，再另找一个容积稍大的容器，并将两种等量液体倒入混合，同时进行搅拌，使其混合均匀。然后迅速地倒入要发泡的部位，使其在发泡窖内自然发泡（此时不要用其他物品搅动，否则会破坏发泡效果）。充填完毕后，将箱体后背钢板整形清楚，用白乳胶粘贴在新的绝热层上，并用自攻螺钉固定好四周。

表 3.4 聚氮酯发泡料配方

A 组		B 组	
材料名称	重量比	材料名称	重量比
N-303 型甘油聚醚	100	多亚甲基多苯	130-170
硅油	2-4	基多氰酸酯	
三乙烯二胺	4-6		
R11	30-40		
水	2		

3.4.2 电冰箱箱体故障检修

1. 故障现象

电冰箱箱体的故障主要有箱门变形受损，磁性门封条老化变形等。

2. 故障维修

小部分箱体受损变可采取钳工冷加工工艺修复，这里不再介绍。对于箱体外壳掉漆，可采用重新喷漆的方法恢复。

（1）用电动除漆工具将大部分箱体旧漆磨掉（注意不伤及制冷管系）。

（2）再用刮刀，铲刀将电动除漆工具将难以达到的边缘部分的漆清除干净（注意不伤及门封条）。

（3）用防锈漆（一般为红丹）先刷一层后，用腻子填平凹凸不平之处，最后用金钢钻打磨平整。

（4）用自动喷漆的方法将箱体重新喷漆，操作过程中注意均匀一致性。

3. 维修实例

故障现象：一台 BCD—220 型电冰箱压缩机运转时间很长才停机。

故障分析：通电，让该机连续工作几个小时，发现冷藏室温度降不下来而使压缩机不停机。经检查，发现该机的冷藏室蒸发器不结霜，只凝结大量的水珠，可能是制冷剂不足。于是使用修理阀向制冷系统内加注制冷剂，直至低压回气管有一小段结霜（说明制冷系统无故障），但运转观察一段时间后，发现故障并没有排除。再检查冷藏室，发出后壁鼓起，用手按压可发现后壁与蒸发器间有一定的间隙，最大距离超过 5mm，因此判断故障原因就在此处。因后壁鼓起且脱离了蒸发器，它们之间便形成空气腔，腔内不流动的空气是热能的不良导体，冷藏室外的热量不能很好地传导给蒸发器，热交换受阻，致使冷藏室温度不下降。

故障维修： 由于是应力引起的后壁鼓起，故用了很大的力按压也无法使之复位。最好的检修方法是将后面的隔热材料挖去后，将后壁与蒸发器黏合牢固后，再重新发泡，但这样费用较高。若用切割后再对接的方法，则不易对接严密，而且会降低整体强度和密封性能。最后用电吹风加热后壁板，使其软化后逐渐向两边推，一边加热一边推，将鼓出变形产生的多余部分推到边角处，形成一个小皱褶，基本不会影响外观。开机，冷藏室结霜正常，箱内温度也符合要求。压缩机能正常启、停。最后，将系统内的制冷剂排出一些，观察压缩机吸气压力为 0.04MPa，封口后再观察，整机工作正常，故障排除。

3.5 新型电冰箱故障维修实例

3.5.1 海尔电冰箱故障维修实例

实例一

故障现象： 海尔金统帅 BCD—175F 型电冰箱通电后，虽冷藏室照明灯亮，但压缩机不运转

故障分析： 现场接通电冰箱电源后，照明灯亮，但压缩机不运转。测量其工作电源，电压为 220V；切断电源后，测量压缩机启动绕组、运行绕组，其阻值均在正常范围内。

切断温度控制器和照明电路，直接启动压缩机，压缩机运转且箱内制冷正常。用万用表 R×1kΩ挡测量温度控制电路和照明电路的对地直流电阻，其值为 2MΩ，基本符合正常值范围。判断故障产生的原因是电源导线有接头，绝缘电阻值降低，造成供电电源不足。此故障是由于用户违章，接了不合格的电源线所造成的。

故障维修： 拆下电源导线，用万用表测量其阻值在 0.5MΩ以上，正常值应为无穷大，更换新的电源导线后，压缩机启动运转，恢复正常。

实例二

故障现象： 海尔金统帅 BCD—195F 型电冰箱制冷运转正常，但外壳漏电，且不定时跳闸。

故障分析： 开机后，压缩机运转正常，制冷效果一般。用试电笔测试外壳，试电笔的发光管发出较亮的光，说明机壳漏电较为严重。经检查发现，电源插座专用接地线未接。但在正常情况下，即使没有接好专用接地线，也只会存在感应漏电，不会存在严重的漏电现象，由此说明，该电冰箱某个部件的绝缘性能已严重下降。

先断电，然后断开压缩机各接线柱，用万用表检测压缩机电动机启动绕组、运行绕组与机壳之间的绝缘阻值，均属正常；再将压缩机与主控板线路断开，用摇表摇火线、零线与机壳之间的绝缘电阻，发现火线与机壳存在严重漏电电阻，且当电阻上升到一定值时又突然下降；将线路上各元器件断开，当断开到冷藏室温度控制器时，绝缘阻值恢复正常，判断为温度控制器漏电。卸下温度控制器，其内部受潮严重。

故障维修： 卸下温度控制器，用电吹风将其吹干后，用摇表检查其绝缘阻值，正常装上温度控制器后，恢复整机线路，试机，漏电故障被排除。

实例三

故障现象： 海尔金统帅 BCD—205F 型电冰箱冷藏室照明灯亮，但压缩机不工作。

故障分析：现场检测，启动运转时压缩机漏电。在测量启动电容前，先将启动电容的两极短路，使其放电后，再用万用表的 R×100 挡和 R×1k 挡检测。如果表笔刚与电容器两接线端连通，指针即迅速摆动，而后慢慢退回原处，则说明启动电容的容量正常，充放电过程良好。这是因为万用表的欧姆挡接入瞬间，其充电电流最大，以后随着充电电流的减小，指针逐渐退回原处。启动电容的正确测量方法见图 3.22。

（1）测量时，如果指针不动，则可判定启动电容开路或容量很小。

（2）测量时，如果指针退到某一位置后停住不动，则说明启动电容漏电。漏电的程度可以从指针所指示的电阻值来判断，电阻值越小，漏电越严重。

（3）测量时，如果指针摆到某一位置后不退回，则可判定启动电容已被击穿。

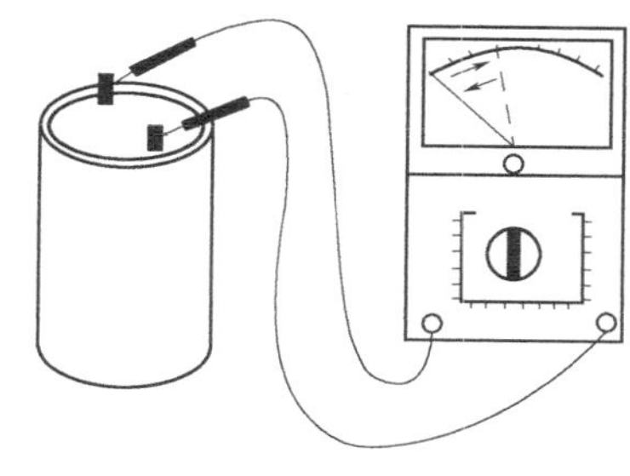

图 3.22　测量启动电容的方法

故障维修：更换同型号的启动电容后，故障被排除。

实例四

故障现象：海尔 BCD—259DVC 型数字变频电冰箱不制冷。

故障分析：现场通电，电冰箱有电源显示，压缩机运转。凭经验判定，此故障的原因是制冷剂泄漏。经全面检查，发现毛细管有砂眼，使制冷剂漏光从而造成不制冷。

故障维修：将砂眼断裂处处理干净，用一段长度约 35mm，内径大于毛细管外径约 0.5mm 的紫铜管与毛细管套接在一起。套接时，用老虎钳将套管两端口压偏，使外套紫铜管紧紧压贴在毛细管外径上，调好火焰焊接，经常规操作故障被排除。

实例五

故障现象：海尔 BCD—259DVC 型数字变频电冰箱不制冷，荧光显示屏显示故障代码。

故障分析：现场通电试机，压缩机运转良好，用手摸过滤器冰凉。初步判断该故障产生的原因是过滤器堵塞。

故障维修：放出制冷剂，在过滤器的出口处断开毛细管时，明显可见随制冷剂喷出的油很多，说明管路油堵。启动压缩机，使油尽量随制冷剂排出，并用拇指堵住过滤器出口端，堵不住时再放开，冷凝器里的油便随强气压排出，反复数次，冷凝器里的油便可排净。更换过滤器，按常规操作后，故障被排除。

实例六

故障现象：海尔 BCD—259DVC 型数字变频电冰箱搬家后，机外壳漏电。

故障分析：上门现场检测，用万用表测量电冰箱的对地阻值，绝缘良好；用试电笔测量用户家中的三眼插座，其地线和零线孔有电，而火线孔无电源显示。卸下三眼插座螺丝，发现零线和地线在插座内连在一起，并且接入火线，导致火线接的是零线。

故障维修：调整好线路后，故障被排除。

实例七

故障现象：海尔 BCD—239/DVC 型变频太空王子电冰箱制冷效果差。

故障分析：检测压缩机，运转良好；显示屏无故障代码显示；手摸低压吸气管，温度差，初步判定制冷系统制冷剂不足。

故障维修：从工艺管放出制冷剂，焊接加气锁母连接管，重新抽真空，按技术要求加制冷剂后故障排除。

实例八

故障现象：海尔 BCD—259/DVC 型变频太空王子电冰箱冷藏室有异味。

故障分析：上门现场检查，经询问发现电冰箱冷藏室内有一年未清洗，因此造成电冰箱冷藏室异味的主要原因是未清洗。电冰箱冷藏室应在使用 1～2 个月时即进行清洗一次，清除过期和即将发霉的食品，避免细菌的生存，同时也可防止对蒸发器的腐蚀，减少电冰箱内漏故障的发生，提高制冷效率，延长使用寿命。电冰箱冷藏室内放的东西多而杂，常会产生各种各样的异味，可按下面的方法去除异味。

（1）黄酒除味法：用黄酒一碗，放在电冰箱冷藏室的底层，一般 3 天就可除净异味。

（2）柠檬除味法：柠檬切成小片，放置在电冰箱冷藏室的各层，效果也佳。

（3）茶叶除味法：将 60g 花茶装在纱布袋中，放入电冰箱冷藏室内，可除去异味。半个月后，将茶叶取出放在阳光下曝晒，可反复使用多次。

（4）麦饭石除味法：取麦饭石 600g，筛去粉末微粒后装入纱布袋中，放置在电冰箱的冷藏室里，16min 后异味可除。

（5）橘子皮除味法：取新鲜橘子皮 600g，把橘子皮洗净挤干，分散放入电冰箱的冷藏室中，两天后，打开电冰箱，清香扑鼻，异味全无。

（6）食醋除味法：将一些食醋倒入敞口玻璃瓶中，置入电冰箱冷藏室内，除味效果也很好。

（7）小苏打除味法：取 600g 小苏打（碳酸氢钠）分装在两个广口玻璃瓶内（打开瓶盖），放置在电冰箱冷藏室的上下层，异味可除。

（8）木炭除味法：把适量木炭碾碎，装入小布袋内，放入电冰箱冷藏室内，除味效果甚佳。

（9）檀香皂除味法：在电冰箱冷藏室内放半块去掉包装纸的檀香皂，除异味的效果也佳。但电冰箱冷藏室内的熟食必须放在加盖的容器中。

故障维修：帮助用户清洗电冰箱冷藏室后，异味被排除。

实例九

故障现象：海尔 BCD—289/DVC 型变频太空王子电冰箱不制冷，无电源显示。

故障分析：上门测量，其电源电压较高，卸下电冰箱控制板外盖，检查控制板，发现压敏电阻开裂。

故障维修：更换同型号的压敏电阻后，故障被排除。该电冰箱的电路控制原理如图 3.23 所示。

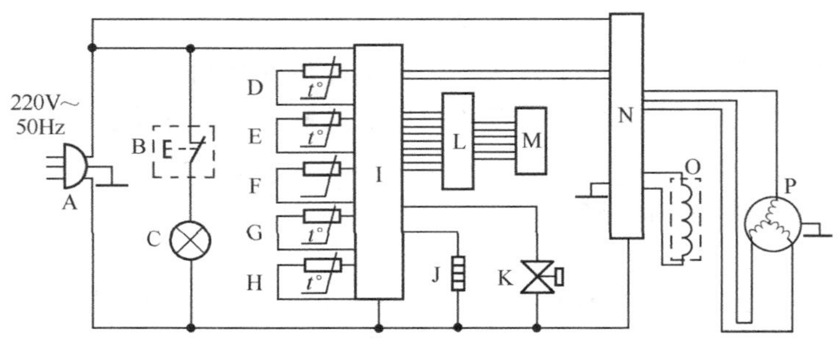

图 3.23　海尔 BCD—289/DVC 型变频太空王子电冰箱原理图

3.5.2　科龙电冰箱故障维修实例

实例一

故障现象：科龙 BCD—166W/H 型电冰箱冷冻室蒸发器堵塞，造成不制冷。

故障分析：经检测，化霜传感器正常；再仔细观察，发现固定传感头的套管在蒸发器管道最上左端，当蒸发器下部的霜没有完全化掉时，传感器已感受到化霜需停止的温度，即停止化霜。

故障维修：先采用人工的方法将冷冻室蒸发器上的霜全部化掉，过两周后再检查，发现霜层是逐步积累的。如果能使传感头靠近蒸发器的适当位置，则可使霜全部化掉后才停止化霜。将传感头移到蒸发器从下数第 3、4 管道之间的翅片里。注意，不要太靠近加热丝管。

实例二

故障现象：科龙 BCD—272HCP 型变频电冰箱搬新家后，不制冷，显示屏显示故障代码。

故障分析：现场检查，发现变频器与压缩机接插件松脱。

故障维修：把松脱的插件插牢固后，电冰箱即可恢复制冷。科龙 BCD—272HCP 型变频电冰箱的变频器安装在压缩机仓内，其零件分布示意图如图 3.24 所示。

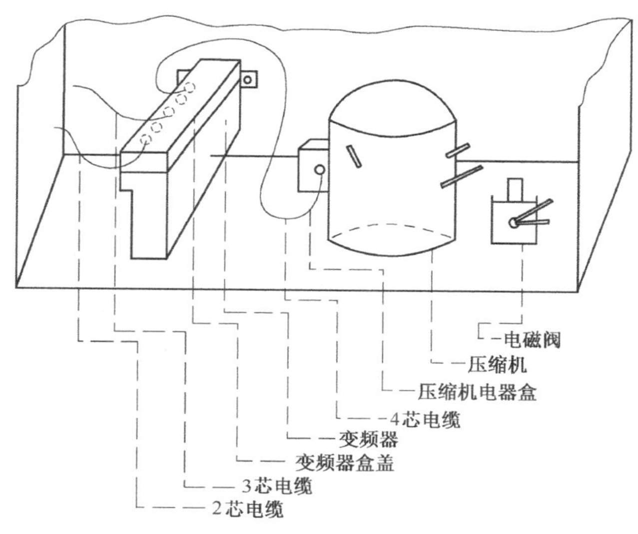

图 3.24　零件分布示意图

拆卸变频器的顺序：

（1）将与电源线相连的 3 芯电缆拔下；

（2）将与电冰箱控制器相连的 2 芯电缆拔下；

（3）将压缩控制盒打开后，把与压缩机相连的电缆拨出，并将地线松开；

（4）将固定变频器的 4 颗螺钉松开。

实例三

故障现象：科龙 BCD—260W/HCP 型变频电冰箱压缩机不工作，无电源显示。

故障分析：科龙 BCD—260W/HCP 型变频电冰箱微电脑板控制电路如图 3.25 所示。测量电源电压，正常；测量主控制板熔丝管，良好；测量变压器，次级有 13V 交流电压输出；测量三端稳压器 7805 的 2、3 脚，有+5V 直流电压输出；按顺序从易到难继续检测，当

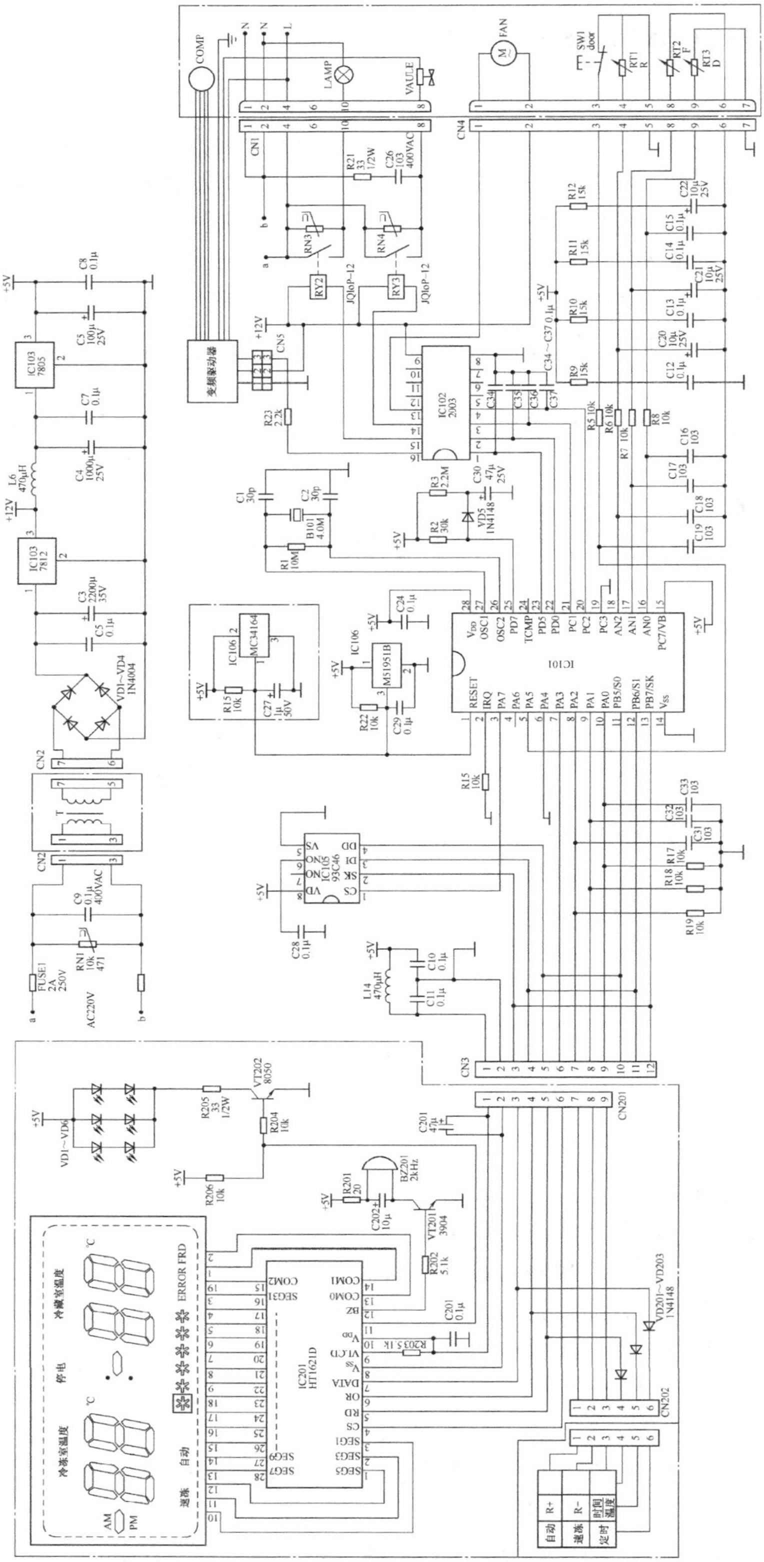

图 3.25 科龙BCD—260W/HCP型变频电冰箱微电脑板控制电路

测量滤波电容 C5 时，发现其漏电。

故障维修：更换同型号的滤波电容后，压缩机不工作的故障被排除。

实例四

故障现象：科龙 BCD—260W/HCP 型变频电冰箱压缩机不工作。

故障分析：经检测，初步判定该故障产生的原因是压缩机线圈断路。变频压缩机运行电压为直流电压，所以不能直接将 220V、50Hz 的电源加在压缩机上。当发现压缩机有不运转的情况时，可按下列步骤排除故障：

（1）更换主控制板，检测压缩机是否运转；

（2）松开变频器安装螺钉，打开变频器盒盖，检查各连接器及相连部件有无松动或脱落；

（3）如以上步骤均无效，可初步判断为压缩机故障，采用测压缩机静态电阻的方法来判断压缩机是否损坏。注意：变频压缩机属于变频专用，不能代换普通压缩机。

故障维修：更换同型号的变频压缩机。在更换压缩机前将压缩机控制盒打开，把与压缩机相连的电缆拔出，并将地线松开。然后，用割管刀将与压缩机相连的吸、排气管用气焊焊离，将固定压缩机的螺钉松开。这时可卸下变频压缩机，新的变频压缩机经焊接、打压、抽真空、加制冷剂后，压缩机不工作的故障被排除，制冷恢复。

实例五

故障现象：科龙 BCD—272W/HCP 型变频电冰箱熔断器管经常烧断。

故障分析：现场测量变压器输入、输出线圈，良好，无短路故障；测量电子控制板的滤波电容，良好，无漏电现象。经全面检查，该故障产生的原因是主控板上的 4.0MHz 晶振短路。

故障维修：根据维修经验，只要微电脑板上的晶振短路，则熔丝管必炸。更换晶振后，故障排除。

3.5.3 美菱电冰箱故障维修实例

实例一

故障现象：美菱 BCD—198W 型电冰箱制冷效果差。

故障分析：现场检查，蒸发器结冰。用万用表测量化霜温度传感器，其电阻值参数改变。美菱 BCD—198W 型电冰箱化霜温度传感器固定位置图如图 3.26 所示。

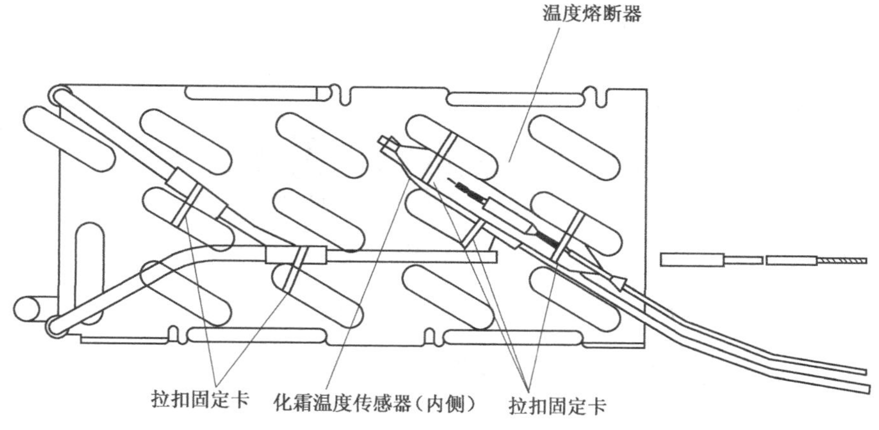

图 3.26 美菱 BCD—198W 型电冰箱化霜温度传感器固定位置图

故障维修： 更换同型号的化霜温度传感器后，故障被排除。化霜传感器的位置是有规定的，修复或更换后必须按规定将其固定好。

实例二

故障现象： 美菱BCD—198W型电冰箱压缩机忽转忽停。

故障分析： 该电冰箱主控板设置有微电脑及继电器RL1、RL2、RL3、RL4。这4个继电器的吸合与释放状态受控于微电脑，并分别控制压缩机、风扇电动机、加热器、电磁换向阀供电电路的通、断，即工作状态。交流220V电源从接线盒的L脚、N脚输入到主控制板CON1插座的1、5脚，被内部线路传输后从CON2插座的1、3脚输出到电源变压器进行降压后由CON3插座的1、2脚返回主控板作为电源。CON1的3、5脚接压缩机，压缩机的开、停通过主控板上继电器RL1的吸合和断开来控制。CON7的1、2脚接冷冻室温度传感器，3、4脚接化霜温度传感器。CON6接冷藏室温度传感器。标号为RT—AM的位置接环境温度传感器。CON9插座、CON10插座接补偿加热器，CON8插座接冷藏室门开关。当门打开时，开关闭合。开关闭合导通电路接通，冷藏室照明灯亮。CON11插座接两个加热器和一个风扇电动机，其中1、5脚接风扇电动机，1、3脚接化霜加热器和接水盘加热器，此两个加热器并联在一起同时工作。为防止加热器由于某种原因导致过热，在电路中串联了一个温度熔断器，当加热器过热或短路时，熔断器熔断断开电路，起到保护作用。接水盘内置加热器在出口外串联了一个过温保护器，当它附近温度过高（大于70℃）时，就会断开，当温度下降到40℃左右时又恢复导通。其混合制冷微电脑板控制电路图如图3.27所示。经全面检查，发现CON接插件接触不良。

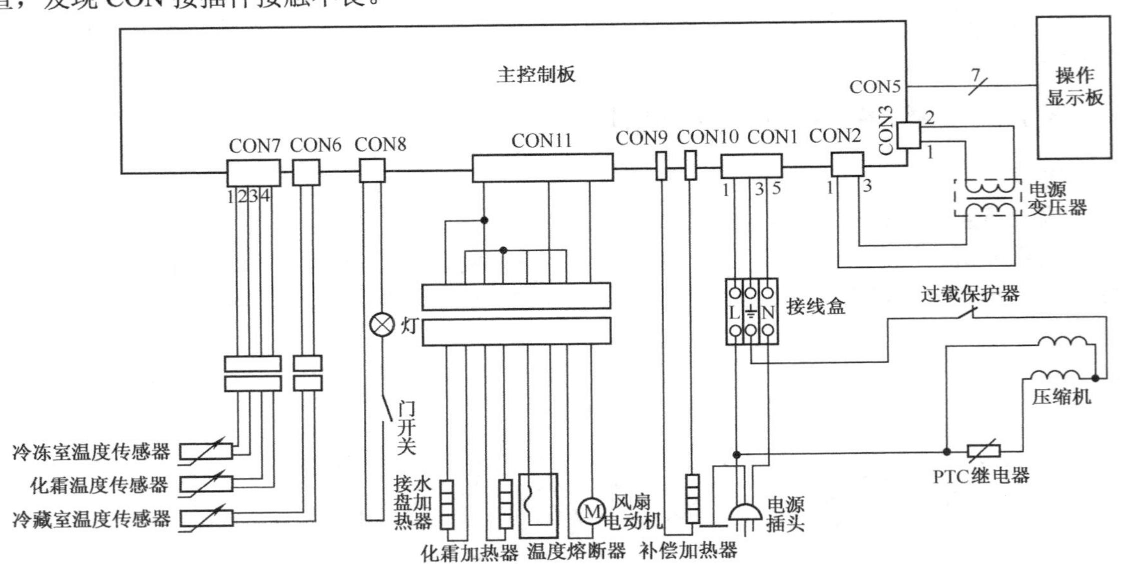

图3.27　美菱BCD—198W型电冰箱混合制冷微电脑板控制电路图

故障维修： 修好接插件后，故障被排除，电冰箱恢复制冷。

3.5.4　伊莱克斯电冰箱故障维修实例

实例一

故障现象： 伊莱克斯BCD—280e电冰箱冷冻室温度显示屏显示“C3”。

故障分析：经检查发现，冷冻室传感器感温头开裂。电子温度传感器的传感元件不是压力型的，而是信号型的热敏电阻。热敏电阻的特点是随着温度的变化，其阻值随之急剧变化。如果把热敏电阻接入电桥的一臂，并将电桥调节平衡（电桥此时输出为零），则当环境的温度改变而使热敏电阻阻值变化时，电桥将有信号输出。将输出的信号经放大电路放大，进而控制继电器的通、断，从而达到控制电冰箱启、停的目的。

故障维修：更换同型号的冷冻室传感器后，故障被排除。

实例二

故障现象：伊莱克斯BCD—280e型电冰箱连续发生两次电脑板、变压器烧毁。

故障分析：现场检测，发现用户家的电源电压忽高忽低。微电脑控制的电冰箱，对电源电压的使用要求较高。为此，用户家里的电源电压是十分重要的，可对用户家里的电源进行详查。

故障维修：让用户购买稳压器后，故障被排除。

实例三

故障现象：伊莱克斯BCD—280e型电冰箱因用户使用不当，造成内胆腐蚀。

故障分析：电冰箱的内胆是铝板，其一面喷涂漆层并用做放置食品的内面；另一面不涂漆，直接与蒸发器铜盘管道相接触，外覆盖铝泊纸。由于漆层长期受食品中所含酸性物质的腐蚀，因此造成内胆漆面小面积腐蚀。更多的是由于食品中的水分通过内胆四周缝隙进入内胆与蒸发器铜管之间的间隙，使铜、铝之间产生电解，因酸性腐蚀而造成内胆铝板腐蚀穿孔。

故障维修：对漆层腐蚀轻微的，可采用清洗干净内胆表面，烘干后，直接粘贴两层铝泊纸，铝泊纸贴面要高于内胆底面2cm的方法排除故障；如果内胆腐蚀严重则应挖去腐烂的内胆，清除铜管上和泡层表面的锈蚀物，用电吹风吹干泡层上的水分，用ABS胶稀料将蒸发器表面填平，待ABS涂层干结凝固后，再敷一层铝泊纸，内胆修补后明亮光洁，且热传导性好。

实例四

故障现象：伊莱克斯BCD—280e型电冰箱停机3个月后，再启动压缩机，有“嗡嗡”声，但不运转，过载保护器动作。

故障分析：询问用户，该电冰箱在停用前一切正常，而在停用3个月后即出现本故障。检查压缩机启动器，正常，可判断本故障产生的原因是压缩机内部卡缸、抱轴或冷冻油干涸。

故障维修：用橡锤敲击压缩机，并反复开启压缩机，待“嗡嗡”声消除后，故障被排除。对于卡缸不严重的可采用此方法。

3.5.5　容声电冰箱故障维修实例

实例一

故障现象：容声BCD—207/HC直冷式电脑温度控制型电冰箱内胆鼓起。

故障分析：现场检查，发现电冰箱的内胆鼓起。造成内胆鼓起的原因是用户使用不当，把较热的炒菜放入冷藏室内，或把较重的西瓜放在中间的格栅。维修电冰箱内胆鼓起的方法很多，维修人员可在争得用户同意的情况下，采用以下5种方法：

（1）用电吹风对内胆加热，将鼓起的部分烫平，使内胆后壁与蒸发器贴紧；

（2）调整温度控制器，改变冷藏室温度控制范围，必要时，更换一个同型号的时间温度控制器；

（3）掀开后背，在冷藏室内胆后壁上钻一个直径 3mm 的小孔，用自攻螺钉将蒸发器与内胆贴紧，以增强热传导；

（4）掀开内胆后背，用玻璃胶将内胆后壁与蒸发器黏合；

（5）将原蒸发器废弃不用，在冷藏室内加装盘绕式或片式蒸发器，使冷藏室内的温度更均衡。

故障维修： 用 502 胶注射到内胆的鼓起处，然后用带手套的手迅速按住，3min 后，此故障被排除。

实例二

故障现象： 容声 BCD—207/HC 直冷式电脑温度控制型电冰箱压缩机不工作。

故障分析： 现场通电试机，压缩机只能发出“嗡嗡”声，但不能启动，5s 后过载保护器断开；测量电源电压，良好；卸下压缩机保护栏，测量压缩机线圈，良好；测量启动器阻值正常，由此可判断该故障产生的原因是压缩机抱轴。电冰箱压缩机抱轴或卡缸故障，大都是由于使用环境较差，造成压缩机过热，使冷冻油油膜被破坏，以及吸油量不畅所造成的。其表现为压缩机线路和供电电压正常，启动继电器过载保护器也无损坏，且电动机的启动绕组加运行绕组的阻值等于公用端绕组的阻值，压缩机抱轴，细听压缩机有“嗡嗡”声，热保护器在 3～5s 内动作断开，片该后热保护器复位，接通压缩机电源后，故障很快再次出现。

故障维修： 采用加大电容和泄压法维修均不奏效后，更换一个 154W 的压缩机，故障被排除。

实例三

故障现象： 容声 BCD—272W（HC）型电冰箱液晶显示屏显示“ERRORR”。

故障分析： 查容声维修手册，确定该显示代码为冷藏室传感器有故障。

故障维修： 更换同型号的冷藏室传感器后，故障被排除。

实例四

故障现象： 容声 BCD—272W（HC）型电冰箱液晶显示屏显示“ERRORF”。

故障分析： 查容声维修手册，确定该显示代码为冷冻室传感器有故障。

故障维修： 换同型号的冷冻室传感器后，故障被排除。

实例五

故障现象： 容声 BCD—272W（HC）型电冰箱液晶显示屏显示“ERRORD”。

故障分析： 查容声维修手册，确定该显示代码为化霜传感器有故障。

故障维修： 更换同型号的化霜传感器后，故障被排除。

3.6 无氟电冰箱的检修

3.6.1 检修工具

检修无氟电冰箱，除了常用工具外，还有一些特殊的要求。这些要求是为了适应 R134a 制冷剂而提出的。检修总的原则是凡维修普通电冰箱用过的充冷软管、接头、三通修理阀、钢瓶及与 R12 系统有关的工具，都不能用于无氟电冰箱 R134a 系统。如果要继续使用，必须用 R134a 清洗处理。更不能利用装有矿物油的压缩机向 R134a 制冷系统打压检漏。

1. 真空泵

用于普通电冰箱R12制冷系统的真空泵，里面使用矿物油做润滑剂，极易污染R134a制冷系统。所以，维修无氟电冰箱应使用充注酯类的真空泵。如果仍要使用旧泵的话，除用酯类油彻底清洗，并换上酯类油外，与之配套的连接软管、快速接头、密封圈都要更换。

2. 制冷剂充注机

无氟电冰箱中，制冷系统的R134a制冷剂充注量较少，大约要比使用R12的普通电冰箱少15%左右，而且要求所有的制冷管道中不能含氯。因此用于无氟电冰箱的制冷剂充注时需要精度更高，而且要有专用的洁净软管、接头等配件。

3. 检漏仪器

由于R134a是“无氯”制冷剂，所以在普通电冰箱修理中使用卤素测漏仪不再适用，而浓肥皂水和洗涤灵检漏的方法更有效。喜欢使用仪器检漏的专修厂店，可以换用电子检漏仪。

3.6.2 检修材料的选用与处理

由于不同品牌的无氟电冰箱使用的制冷剂也不相同，修理时对材料和配件的选用原则是尽量用原型原号，一般不要随意替代。盲目地使用替代品，可能带来不同的负面影响，甚至造成“疑难杂症”。实际操作中要特别注意以下几点：

（1）无氟电冰箱使用的压缩机和XH—7型干燥过滤器，在出厂时已将吸气管、排气管及进出口严格密封，不能轻易试机或打开，一旦打开就要马上使用，如果打开存放一段时间不用，就不能再用。

（2）凡R12或R22制冷系统用过的铜管和有关的配件，不能再用于R134a系统。如果一定要使用，必须用三氯乙烯清洗剂冲洗处理。

（3）修理无氟电冰箱制冷系统时，需要焊接时，要尽量用干燥助焊剂。在干燥助焊剂不易获得时，可以使用铜银焊条或低银焊条施焊，不能使用焊剂。

3.6.3 检修的要求

1. 电冰箱小修的要求

无氟电冰箱的R134a制冷系统，要保持绝对干燥才能正常工作。电冰箱小修时，应以眼看、耳听、手摸为主，仔细分析，准确判断。一旦确认故障为干燥过滤器堵塞，或压缩机损坏等，需要打开系统时，断开的管口要及时密封，焊接也要迅速。尤其在压缩机工艺管上装入三通修理阀、充冷软管时，在与装制冷剂的钢瓶阀连接后，要用同类工质的气体对内腔试压检漏，保证有良好的气密性。维修中动作要快，开口时间要短，全部操作不能大于20min。

操作中，做出开口决定要慎之又慎。要知道，管道一旦被打开，就会有水气杂物进入，而它们对无氟电冰箱正常工作的影响，要远比普通电冰箱大。

2. 电冰箱大修的要求

所谓大修，是指电冰箱发生内漏故障，需要开背修理，动“大手术”的情况，这对采用

R134a 制冷剂的无氟电冰箱系统，的确是一大难题。因为一旦制冷系统泄漏，拆修时就会有空气、水分侵入系统管道。由于时间长，水分被吸附在管壁上，用修普通电冰箱那样的抽空、打压办法，很难完全消除。即使用氮气，因氮气也含有一定水分，仍难保证修理质量。

业余条件下，清洁制冷系统管路的方法是用 R134a 冲洗。也可利用 R134a 气体试压检漏，合格后，再用反复充注、放出 R134a 制冷剂的办法代替抽空。尤其在泄漏出现在压缩机的低压侧时，最好更换压缩机。

凡维修系统管道，必须更换同型号的干燥过滤器，并应在停机压力平衡后进行。检修动作一定要迅捷，注意在打开管道之前做好准备，备齐工具、材料，从开口到封口全部操作过程中，应在 50min 内完成，否则电冰箱的修理质量无法保证。

3. 充注制冷剂的要求

目前市售的 R134a 制冷剂，多为小瓶 0.4kg 分装。在分装过程中，如果厂商抽空、放空操作不当，就会有空气遗留在钢瓶内。所以制冷剂使用前必须进行放空，以排除瓶内的空气。放空的办法是将制冷剂钢瓶阀门端向上正立，放置在磅秤上，静放 1h 后，继续开启钢瓶阀门放气。由于刚刚开启时放出的是空气，磅秤指示的钢瓶重量不会变化，等看到放气时磅秤杆略微下沉，表明瓶内制冷剂开始汽化放出，放空即告完成。

与普通电冰箱一样，制冷剂充注量是否适量，对电冰箱的制冷性能影响很大。为无氟电冰箱充注 R134a 制冷剂时要注意观察冷冻、冷藏室的结霜情况，并根据回气管和冷凝器冷热程度来判断充注量是否正常。如果通过观察工艺管上的压力表指示压力来了解制冷剂的充注量，应注意温度对 R134a 压力指示的影响，若充注的 R134a 制冷剂过多，尤其在不装压力表观察时，不能在压缩机运转时放出，以防止负压下空气进入。

3.6.4 无氟电冰箱检修实例

故障现象一：新飞 BCD—260 直冷式电冰箱刚启动时制冷正常，然后逐渐不制冷。

故障分析与检修：此型电冰箱采用 R134a 制冷剂。新机使用两年多一直很好，后来逐渐发现压缩机运转时间长，停机时间短，最后形成不制冷故障。

通电启动电冰箱检查，最初压缩机运转正常，冷凝器有热感，听箱体毛细管出口与蒸发器接口处有制冷剂流动的声音，然后声音逐渐消失，冷凝器变凉。这是典型的毛细管堵塞故障特征。

为判断堵塞性质，试用热毛巾包敷毛细管与过滤器、毛细管与蒸发器的结合部，几分钟后能听到制冷剂的流动声，说明毛细管出现了“冰堵”。

打开压缩机工艺管封头，有制冷剂喷出，喷出制冷剂的声音时大时小，证明制冷剂系统管路不畅通。在工艺管焊上修理阀，将毛细管在距离过滤器出口 10mm 处割断。通过修理阀接口向系统内充注氮气，发现过滤器出口（毛细管端口）气流较大，而从毛细管流出的气流较小，说明毛细管内有杂质堵塞了管道。

将过滤器上的一段毛细管管口封住，使充入系统内的氮气压力增大，当压力上升到 0.8MPa 时，发现从毛细管管内喷出发黑的冷冻油。在 0.8MPa 压力下连续吹 30min，净化主、副蒸发器，保证毛细管畅通。最后将旧过滤器拆下，用 0.9MPa 压力氮气吹冷凝器管道 5min。即时封住毛细管出口，换上新过滤器，用气焊将系统管道连接好。用氮气充入制冷系

统使压力为1.2MPa，保证24h不掉压。

由于无氟电冰箱对制冷系统抽真空要求高，因此采用连续抽真空3次的方法，即真空泵抽真空60min后，关闭三通修理阀，压缩机继续运转，保持负压24h。定量加入R134a制冷剂130g，吸气压力表读数为0.2kg。连续试机运转5天后，将压缩机工艺管封口，电冰箱制冷恢复正常。因而检修电冰箱时应注意以下几点：

（1）无氟电冰箱制冷管路内洁净度要求高，最好采用专用设备排除电冰箱管路中的微量水分和杂质。

（2）无氟电冰箱制冷系统真空度要求高。采取3次抽真空法，并利用系统内高压侧不凝性气体的排出，把高、低压两侧的空气同时（或先后）抽出，这样能保证系统内真空度较高，而且抽空时间短、效率高。电冰箱在修理过程中如果不能达到真空要求，制冷剂系统内部的水分、杂质就会在电冰箱正常运行一段时间后与R134a、润滑油等物质发生酸解反应，产生酸性化合物，腐蚀管道，堵塞系统，使电冰箱不能制冷。

故障现象二：BCD—216型双门直冷式单回路无氟型电冰箱使用一年后突然不制冷。

故障分析与检修：试机检测，工作电流较额定值偏低，冷凝器不热，无气流声，蒸发器不结霜。用酒精灯烘烤干燥过滤器、毛细管无效，检测外管路无油迹。初步判断脏堵、泄漏或压缩机无效。

停机20min，等管路内压力平衡后，用刺阀连接修理阀，将刺阀套入工艺管中，加压手柄穿透工艺管外壁。这时修理阀上的低压表压力值为0.07MPa，较0.2MPa左右的正常压力小。启动压缩机5min，表压力很快降低到负压值，停机20min后，又恢复原压力值，这证明压缩机吸气能力正常。断开毛细管与过滤器焊接外，干燥过滤器侧无气流排出，而毛细管排气侧排气正常，由此确定干燥过滤器脏堵死。试用割刀断开过滤器时，气体突然排出，证明判断准确。

更换同型号干燥过滤器，用低银焊条焊接后，从工艺管充入R134a制冷剂，气体平衡压力0.25MPa。复查焊接处无泄漏，启动压缩机30min，冷凝器发热，蒸发器挂霜，停机15min后压力复原，说明系统管路已经畅通。

将气体全部放出，二次充灌制冷剂，运行60min后停机。再把电冰箱管路内气体全部放出，按标注灌入量充注108g的R134a制冷剂。开机运行，将温控器调在“强挡”，连续运行3h后，冷冻室温度达−18.5℃，冷藏室温度为1.5℃。观察蒸发器表面全部结霜，回气管发凉有凝露，冷凝器全部温热，低压表压力值为0.03MPa，均属正常范围。

因采用刺阀连接，封口时应先用封口钳压死管路，再把刺阀去掉，然后再将刺阀孔封焊。这类刺阀市售产品较多，可刺透直径4～6mm的工艺管，适用于有较长工艺管的接头。在连接刺阀、修理阀和充冷软管过程中，必须反复试漏，或加压后将修理阀浸入水中检漏，以防人为的泄漏假象造成危害。

故障现象三：BCD—220型双门直冷式单回路电冰箱使用近两年，渐渐不制冷。

故障分析与检修：试机电流偏小，冷凝器不热但有微弱气流声，冷冻室、冷藏室不冷。检测外管路无泄漏油迹及反常温差。推断故障为制冷剂泄漏造成。

断开工艺管验证，无余气排出。接上修理阀，充灌R134a制冷剂，气体平衡在0.35MPa。用浓肥皂水全面检漏，发现冷藏室吹胀管式蒸发器铝焊接头处有泄漏点，约5s冒出针眼大小的气泡。

启动压缩机 10min 后，停机等候 10min，使系统混合气平衡。剪断毛细管连焊侧，利用混合气体对毛细管和过滤器两侧吹冲，快速更换同型号干燥过滤器，并与毛细管连焊。用断锯条刮擦铝接头漏孔处，并用汽油清洗、干燥。然后，用 HC—3 胶粘剂 1:1 混合，滴在漏孔中，启动真空泵，使系统内管路略呈负压，同时观察漏孔中的黏合剂，看到粘胶被吸进漏孔，表面出现的凹坑稳定不下降时，再补加黏合剂。固化 1h 左右，继续干燥抽空，低压表针一般能指到–0.095MPa 左右。经 8h 干燥抽空，粘胶处即可固化，系统的水分也能蒸发抽出。复查真空度合格，即可充灌 R134a 制冷剂。在气体平稳压力到 0.3MPa 左右，启动压缩机，运行 1h 后停机，将气体全部放出。再按照标准灌注量（110g）充注 R134a，试机 2～3h 连续制冷，观察一切正常，即可封口。

故障现象四：新飞 BCD—260 型双门型直冷式单回路电冰箱有时制冷，有时不制冷。

故障分析与检修：试机工作电流正常，冷凝器温热，有气流声，冷冻室、冷藏室挂霜。制冷约 40min 后，气流声逐渐消失，冷凝器变凉，蒸发器挂霜融化。这种故障现象很像管路冰堵。但这时用听诊器却能听到毛细管中有微弱断续的气流声，则判断为脏堵或油堵。

停机 10min 后，断开工艺管，有气体排出，且排出量充足。接入修理阀，充注 R134a 制冷剂，气体平衡在 0.38MPa（环境温度 33℃时自然压力）。断开毛细管连焊处，靠毛细管侧只有微量气体排出，而靠干燥过滤器侧排气畅通，随即用手钳将此侧压封后，充加氮气至 0.9MPa，毛细管侧排出气流略有上升，2min 后渐渐出现油滴，气流逐渐增大喷出，最后恢复畅通。

当表压力读数下降到 0.3MPa 时，断开原过滤器，将余气放出后，换入同型号干燥过滤器与毛细管连焊。再次充入 R134a，气体平衡压力为 0.2MPa。开机表针指到–0.095MPa。按经验，继续不停机充灌 R134a 气体，边充灌、边观察，至低压表压力值稳定在 0.08MPa 左右，暂缓充灌。随着冷冻、冷藏温度下降，其压力值相应下降，制冷运行 1h 左右，低压表压力指到 0.03MPa，回气管至压缩机管段发凉，蒸发器全部结霜粘手，冷凝器温热，工作电流属正常范围。经 3h 观察，制冷正常，即封闭工艺管，结束检修。

R134a 制冷剂吸气压力比 R12 低，有时会出现负压值。采用经验法充制冷剂时，一旦充灌量过多或不足，需要放出或补充，不能在负压下操作，而需要停机进行，以免进入空气。

故障现象五：美菱 BCD—181 型双门直冷式电冰箱不制冷。

故障分析与检修：试机电流偏小，冷冻室、冷藏室不冷，冷凝器有微弱的气体声。检查发现冷冻室铝管蒸发器连接焊头处有极少油迹，断开工艺管无气体排出，确定制冷剂泄漏。

接上修理阀，充入 R134a 气体使压力达到 0.2MPa，复查油迹处不断冒出气泡。为驱除系统有害气体，启动压缩机 10min，并补充 R134a 气体以保持正压，运行一段时间后再将气体放出。如此两充两放。补漏时，净化干燥泄漏处，将 HC—3 双管胶粘剂滴在漏孔中，再换入同型 XH—7 或 XH—9 型分子筛干燥过滤器。

因分子筛吸水能力较强，操作时应先焊下原过滤器，再开新换过滤器密封塞。过滤器的开口与连焊最好在 1～2min 完成。

将过滤器与冷凝器、毛细管连焊检漏合格后，再开启真空泵对系统抽空。当得到负压时停机，观察漏孔中黏合剂吸入程度，如果吸入过快，也可用棉花与黏合剂混合后阻挡，尽量使被吸进的粘胶呈铆钉状。粘胶不能吸入过多，以免堵塞蒸发器通道。补漏粘胶初凝后，用灯泡烘烤 8h 固化，最后，对系统干燥、抽空合格后，按标注量一次充入 R134a 制冷剂 100g。经 3h 运行观察，电冰箱制冷正常，封口完成修理。

故障现象六：BCD—220 无氟型电冰箱通电后压缩机不启动，不制冷。

故障分析与检修：这台电冰箱原灌注 R134a 制冷剂 110g，检查后发现压缩机已经烧毁。由于时值盛夏，电冰箱使用不能耽误，但因地处偏远，一时没有适合 R134a 制冷剂使用的无氟电冰箱专用压缩机。在向用户说明情况后，换上同功率的普通电冰箱压缩机应急。

普通电冰箱压缩机适合用 R12 制冷剂。换上后按常规方法干燥、抽空，注入 R12 制冷剂 123g。应急处理后，电冰箱制冷恢复正常，又经数月使用考验，验明此法可行。

故障现象七：BCD222 无氟型电冰箱压缩机能正常工作，但制冷效果差。

故障分析与检修：试机检测工作电流较正常偏低，蒸发器结霜不满。检查工艺管压凹封口处有油迹，用肥皂水检漏发现有气泡冒出，则确定此处泄漏。

该无氟电冰箱标注制冷剂 R134a 的灌注量为 120g。因条件所限，无法找到 R134a 制冷剂补充，向用户说明后，充注 R12 制冷剂应急。断开工艺管，焊入修理阀。放掉原机全部制冷剂，反复充、放 R12 制冷剂，以彻底清洗管路。然后按常规操作，充入 R12 制冷剂 135g，试机观察制冷正常。

故障现象八：东芝牌 GR—18HT 型绿色冰箱制冷效果不好。

故障分析与检修：通电试机，电风扇运转正常。用钳形电流表测量电冰箱的工作电流，电流偏小，估计制冷系统内存在泄漏。断开压缩机的工艺管，只有少量 R134a 气体喷出，说明系统内的确有泄漏。

在压缩机的工艺管上焊上一段紫铜管，接入三通修理阀，充入 0.8MPa 的高纯氮气，用肥皂水进行检漏，发现干燥过滤器与毛细管的接头处有气泡冒出，说明此处存有泄漏。系统泄漏后，水分和杂质就易于进入，故在焊接处补漏后，必须对系统进行吹氮和抽真空处理。

如图 3.28 所示，在干燥过滤器的工艺管上再接一个修理阀，断开 Pd 和 Ps 两处，对系统的高、低压两侧都进行吹氮；毛细管可以不进行吹氮，但接头处要进行吹氮。吹氮结束后，更换一个新的干燥过滤器，将系统重新装好，充入 0.8MPa 的氮气，保压 24h 不掉压，说明系统密封良好。然后按图 3.29 所示接好抽真空管路，对高、低压都进行抽真空。当真

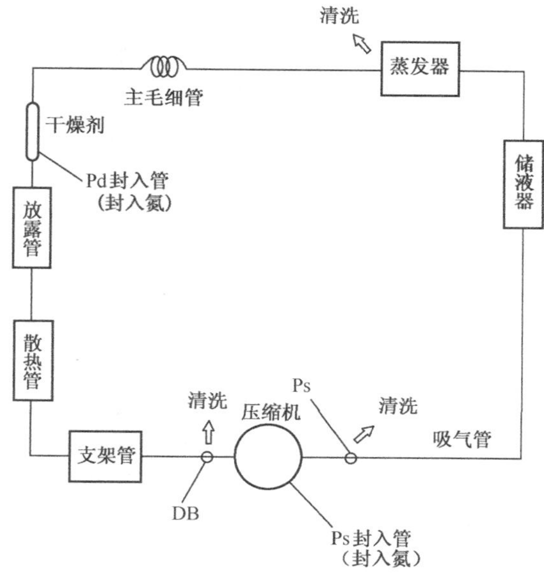

图 3.28　制冷系统的吹氮处理

空度达到一定值后，关闭修理阀，让真空泵停机，开启压缩机，连续运转半小时后停机，再启动真空泵，打开修理阀抽真空，如此反复几次，当真空度达到 133Pa 以下时，即可定量充灌 R134a。充灌完毕后，开机检验，蒸发器全部结霜且粘手，冷凝器温热，用钳形表测量电冰箱工作电流也正常。再试机 29h，无异常后即可进行封口：先用封口钳将连接管在距压缩机工艺口约 50mm 处用力夹扁，在用力夹扁 20～30mm 处切断连接管，用焊条将切口封死，让电冰箱连续运行 72h，电冰箱均正常。

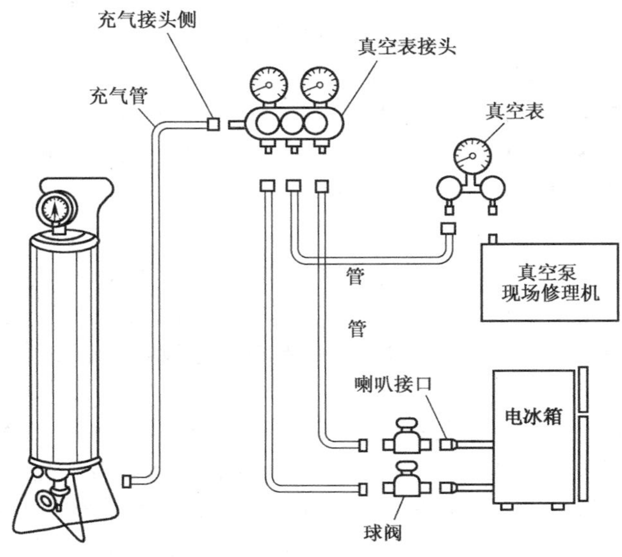

图 3.29　制冷系统抽真空的接线图

习题 3

1. 一台风冷式电冰箱通电不启动，试分析其故障原因及可能的故障部位。

2. 一台电冰箱启动后，过载过热保护器作保护性开路，试分析产生此故障原因，并列出检修程序。

3. 风冷式电冰箱启动，运行顺利，但制冷效果不佳，试分析产生此故障原因及可能涉及的范围。

4. 如何对一台查明有制冷剂泄漏故障的电冰箱进行分段试压？

5. 试分析电冰箱冰堵故障和脏堵故障在现象上的区别及相对应的排除方法。

6. 一台带自动化霜功能的电冰箱，使用中发现冷冻室结霜过多，试说明产生此故障的具体部位及排除方法。

7. 有两台查明故障原因待修复的电冰箱，一台经补冷蒸发器试压合格后需加灌制冷剂，但抽真空机出现故障不能使用；另一台电冰箱已拆压缩机吸、排气管准备作分段试压，用户要求将前一台电冰箱立即修复，你如何办到？说明具体方法。

8. 上题那台拆下压缩机做分段试压的电冰箱，后经查明有内漏故障，具体如何修复？

9. 一台进口微电脑温控电冰箱，温控电路损坏，其配件一时无法找到，用户要求用替代方法恢复其温控功能，试找出两种替代方法，阐明具体实施方案，分析各利弊供用户参考。

10. 门封条损坏变形对电冰箱正常工作有无影响？为什么？如何排除？

第4章 空 调 器

4.1 空调器概述

4.1.1 空调器的定义

空调是空气调节的简称，它是一门工程技术。空气调节器（简称空调器）是一种人为的气候调节装置，它可以对房间进行降温、减湿、加热、加湿、热风、净化等调节，利用它可以调节室内的温度、湿度、气流速度、洁净度等参数指标，从而使人们获得新鲜而舒适的空气环境。国外较发达的国家中，已普遍使用空调器。在我国随着人民生活水平的提高，空调器已进入家庭。这样，无论是炎热的夏季，还是寒冷的冬季，人们都能在一个舒适的环境里更好地工作和生活。

4.1.2 空调器的分类

依据不同的分类标准，空调器有很多种分类方式。

1. 按空调器系统的集中程度可分为集中式、局部式和混合式

（1）集中式。集中式是将空气集中处理后，由风机通过管道分别送到各个房间中去。一般适用于大型宾馆、购物中心等。这种方式需专人操作，有专门的机房，具有空气处理量大、参数稳定、运行可靠的优点。

（2）局部式。局部式是将空调器直接或就近装配在所需房间内，安装简单方便，适于家庭使用。

（3）混合式。混合式又称半集中式，为以上两种方式的折中。它包括诱导式和风机式两种。诱导式把集中空调系统送来的高速空气通过诱导喷嘴，就地吸入经过二次盘管（加热或冷却）处理后的室内空气，混合送到房间内；风机式盘管式是把类似集中式的机组（集中式制冷、热源和风机）直接安装在空调房间内。

2. 按空调器的实用功能可分为单冷型（冷风型）和冷热两用型

（1）单冷型空调器。它只能用于夏季室内降温，同时兼有一定的除湿功能。有的空调器还具有单独降湿功能，可在不降低室温的情况下，排除空气中的水分，降低室内的相对湿度。

（2）冷热两用型空调器。冷热两用型又可分为 3 种类型：电热型、热泵型和热泵辅助电热型。夏季制冷运行时可向室内吹送冷风，而冬天制热运行时可向室内吹送暖风。其制冷运行的情况与单冷型空调器完全一样，而制热运行情况则视空调器的类别而异。电热型空调制热运行时压缩机停转，电加热器通电制热。由于电加热器与风扇电动机设有连锁开关，当电加热器

通电制热时风机同时运行，给室内吹送暖风；热泵型空调器制热运行时，通过电磁四通换向阀改变制冷剂的流向，使室内侧换热器作为冷凝器而向室内供热；热泵辅助电热型空调器是在热泵型空调器的基础上，加设了辅助电加热器，这样才能弥补寒冷季节热泵制热量的不足。

3. 按空调器系统组合可分为整体式和分体式

（1）整体式。整体式空调器是将所有零部件都安装在一个箱体内，它又可分为窗式和立柜式。其中窗式空调器按其外形长、宽比例的不同分为卧式和立式，如图4.1和图4.2所示。整体立柜式空调器如图4.3所示，若冷凝器用水冷却，则制冷量较大，一般在7000W以上。

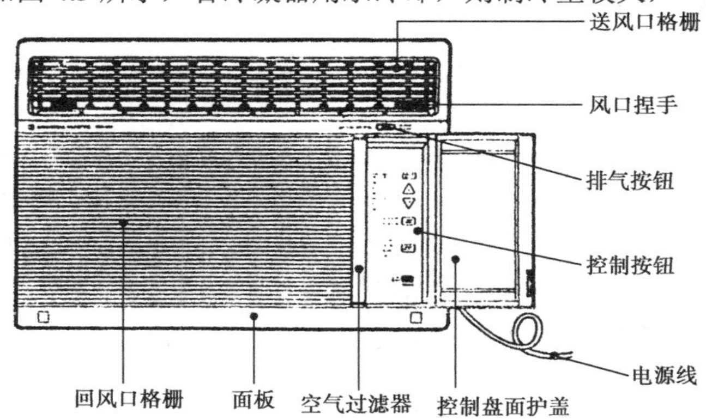

图4.1　卧式窗式空调器

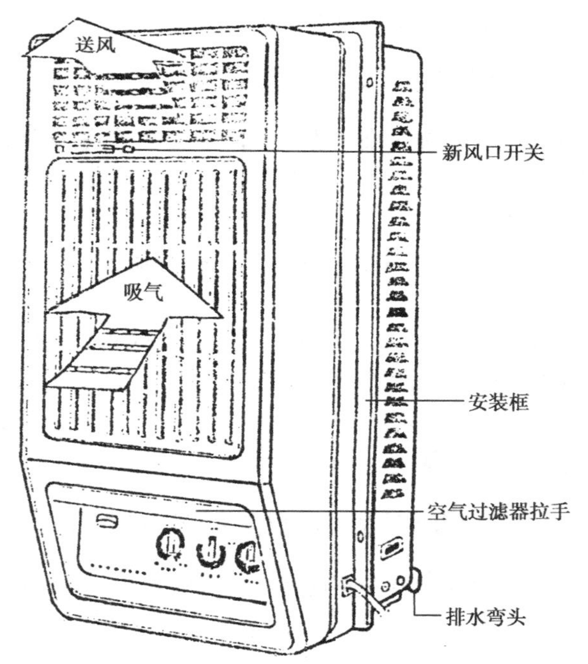

图4.2　竖式窗式空调器

（2）分体式。它将空调器分成室内机组和室外机组，然后用管道和电线将这两部分连起来。压缩机通常安装于室外机组，因而分体式空调器的噪声比较小。

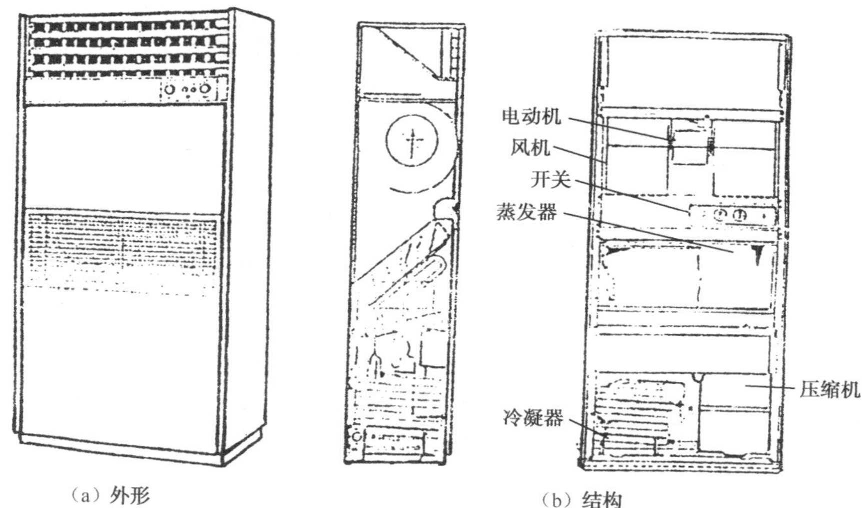

（a）外形　　（b）结构

图 4.3　柜式（水冷却）空调器

分体式空调器按其室内机组安装位置，可分为壁挂式、落地式、吊顶式和嵌入式，如图 4.4 至图 4.7 所示。而分体式空调器的室外机组多为通用型，其外形如图 4.8 所示。

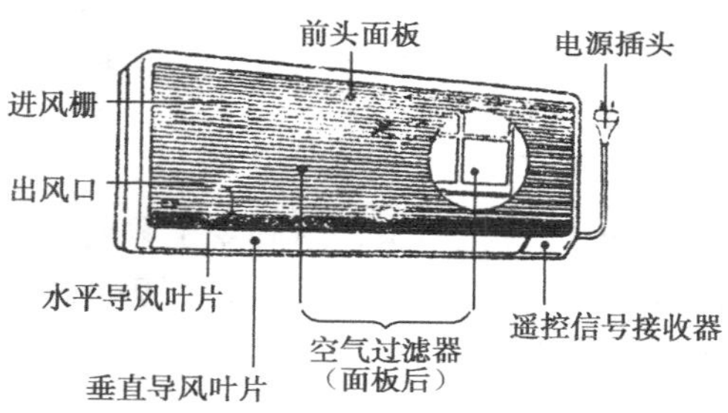

图 4.4　壁挂式分体机室内机组

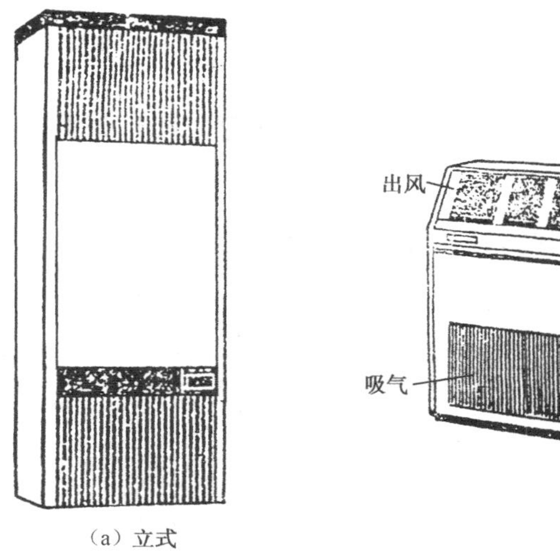

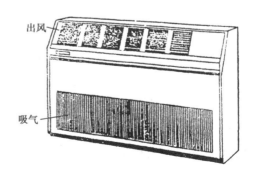

（a）立式　　（b）卧式

图 4.5　落地式分体机室内机组

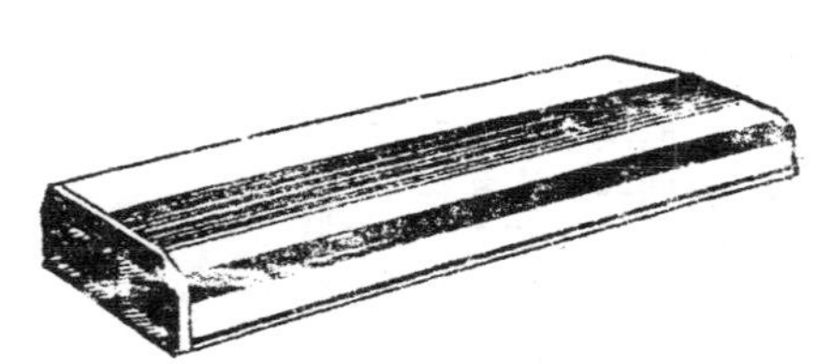

图 4.6 吊顶式分体机室内机组

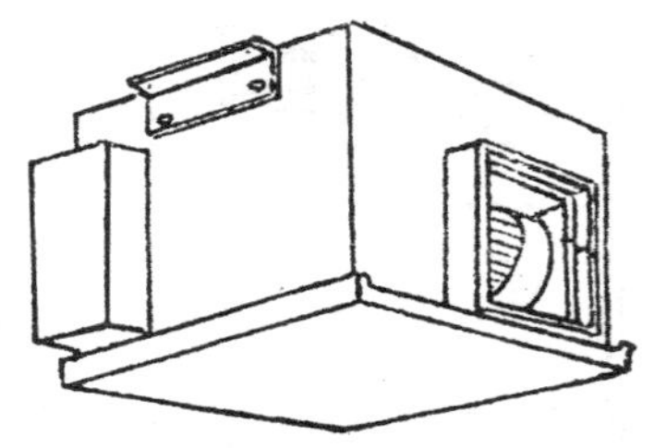

图 4.7 嵌入式分体机室内机组

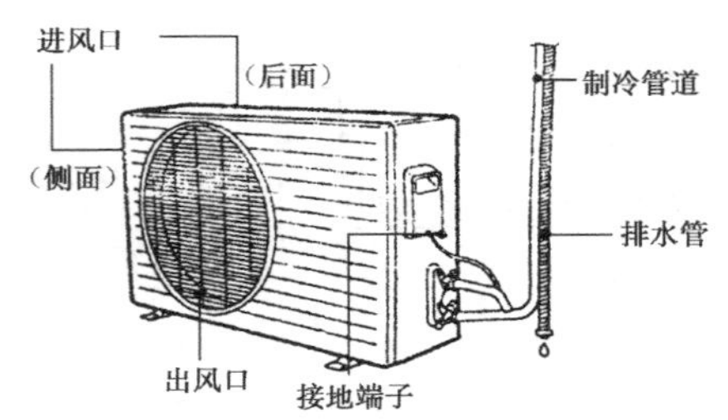

图 4.8 分体式空调器的室外机组

a. 壁挂式

壁挂式分体机室内机组的换热器安装在机组内部的上半部分，而离心风机安装在下半部分。风从上面进，从下面出。壁挂式分体机又可以做成“一拖二”或“一拖三”的形式，即一台室外机组拖动两台或三台室内机组。但壁挂机风压偏低，送风距离短，室内存在送风死角，室温分布不够均匀。

b. 吊顶式

吊顶式分体机的室内机组安装在室内天花板下，所以又称吸顶式或悬吊式。它由底下后平面进风，正前面出风（两侧面也可辅助出风），风压高，送风远，但安装、维修比较麻烦。

c. 嵌入式

嵌入式分体机的室内机组嵌埋在天花板里，从外观上只看到它的进出风口，因此又称埋入式机组。它可通过天花板内的吸排风管把冷气通入相邻房间，一机多用。嵌入式机组噪声低，送风均匀，但安装、检修都比较费事。

d. 落地式

落地式分体机的室内机组外形为一台立式或卧式柜，因此又称柜式机组，它通常安装在窗口下的墙边。

4. 按空调器冷却方式可分为水冷式和气冷式

水冷式与气冷式相比，具有能效好的优点，但必须有水源，对于家庭来说安装较麻烦，且有运行耗水之弊。

5. 按空调器制冷方法可分为全封闭蒸汽压缩机式和热管式

前者是目前广泛采用的。后者可以制成小型家用空调器，利用“热管”这种具有良好导热性能的新技术产品，有很好的传热效能。热管式空调没有活动部件，可在设计温度范围内长期可靠运行，此外尺寸小、结构紧凑。

6. 按空调器制冷量可分为小型、中型、大型3种

制冷量在（1000～3000）kcal/h（1.16～3.48kW）为小型；（4000～6000）kcal/h（4.46～6.09kW）为中型；10 000kcal/h左右（11.6kW左右）的为大型（1cal=4.1868J）。

4.1.3 空调器的型号

1. 国产空调器型号

空调器的结构形式不同，其型号的表示方法也不相同。

（1）房间空调器型号的表示方法如图 4.9 所示。

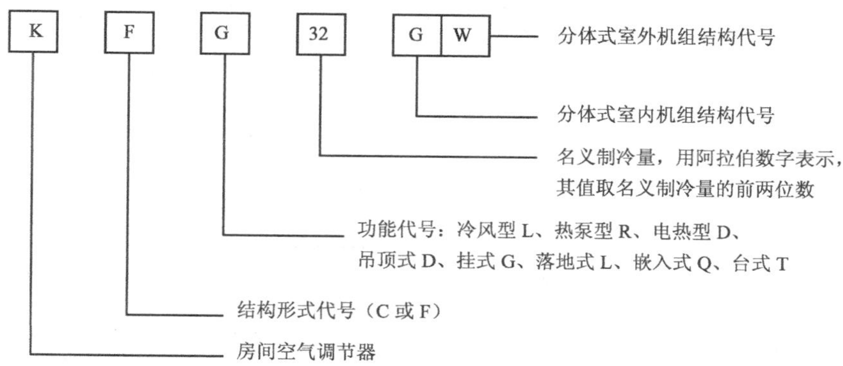

图 4.9 房间空调器型号的表示方法

例 4.1 KCD—30 表示窗式电热型房间空调器，制冷量为 3000W。

例 4.2 KFR—28GW 表示分体壁挂式热泵型房间空调器（包括室内机组和室外机组），制冷量为 2800W。

（2）单元式空调器型号的表示方法如图 4.10 所示。

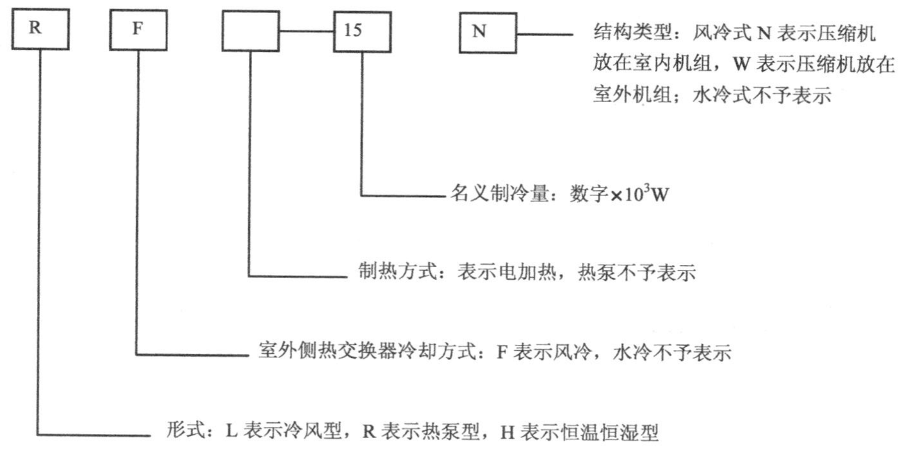

图 4.10 单元式空调器型号的表示方法

例 4.3 RF—14W 表示热泵型、室外侧换热器风冷，制冷量为 1400W，压缩机放在室外机组的单元式空调器。

例 4.4 LF—13W 表示单冷型、室外侧换热器为风冷，制冷量为 1300W，压缩机放在室外侧机组的单元式空调器。

2. 进口空调器型号

目前，市场上进口空调器牌号很多，而且没有统一的型号表示规定。各公司自行制定产品的型号。常见进口空调器的型号如表4.1所示。

表4.1 常见进口空调器的型号

厂 家	结构形式		型号示例
日本三菱公司 MITSUBISHI	窗式		MWH—13AS
	壁挂分体式（室内机组）		MSH—13AS PK—3
	吊顶分体式（室内机组）		PC—2F
	嵌入分体式（室内机组）		PL—2AG
	落地分体式（室内机组）		MGL—180
	立柜式		PS—3E
日本日立公司 HITACHI	窗式	单冷	RA—5105BDL
		冷暖	RA—2100CH
	壁挂分体式（单冷，一拖二）		RAS—5102CZ/CZV
	壁挂分体式（单冷，模糊控制）		RAS—5018C/CV
	壁挂分体式（冷暖，变频）		RAS—129CNH/CN—HV
	窗口分体式		RAS—309K/3093K
美国北极公司 FRIGIDAIRE	窗式		A1320—5 A1720—5

厂 家	结构形式	型号示例
日本东芝公司 TOSHIBA	窗式	RAC—45BH
	壁挂分体式	RAS—F252LV/LAV
日本松下公司 NATIONAL	窗式	CW—100P205 CW—72Y205
	壁挂分体式	内：CS—702KM 外：CU—702KM
日本大金公司 DAIKIN	窗式	W18M，W20MVH
	壁挂分体式（室内机组）	FT22L FIY22L
日本三洋公司 SANYO	窗式	SA12B，SA104BH
	壁挂分体式	内：SAP—282HVR2 外：SAP—C282HVR2
日本夏普公司	壁挂分体式	内：AH—902S 外：AV—902
美国开利公司 CARRIER	窗式	51DKA，51QG
美国约克公司 YORK	窗式	RC17X48D RC21X48D
美国飞捷公司 FRIEDRICH	窗式	SP07AD50 SS13AD50
瑞典丽都公司 ELECTROLUX	窗式	ESG12S ESG17S

4.1.4 空调器的开机运行

1. 环境温度的选择

空调器一般采用风冷式冷凝器，当环境温度超过43℃时，因冷凝器周围的气温太高，会导致压缩机超负荷运行，最终压缩机过载保护器动作，切断压缩机电源。

对于特别炎热的地区，可选用最高环境温度为52℃的空调器，该空调器采用特殊的压缩机。若外界气温低于21℃，就不必使用制冷空调器，所以冷风型空调器下限环境温度为21℃。热泵型空调器的使用环境温度为–5～43℃，其中不带化霜的热泵空调器允许的环境温度为5～43℃。

2. 空调器运行操作

房间空调器的控制面板上标有通风、低冷、高冷（中冷）挡。冷热两用空调器上还标有低热、高热挡。当主控开关置于通风挡时，制冷压缩机不运行，仅有风机运行，此时空调器不制冷，只通风。主控开关置于冷挡时，压缩机运行，空调器吹出冷风。空调器制冷量的改变是通过改变风机转速来达到的。热泵空调器制热时，同样是风机高速运行时，其制热量大；风机低速运行时，其制热量小。

需要制冷时，先将温度控制器旋至最冷区，此时温度控制器接通，然后将选择开关旋至高风或低风位，使风扇旋转，紧接着把它旋转到高冷或低冷位置，压缩机回路接通，制冷开始。当室温达到设定值时，可调节温控器旋钮，停在某一数字处，将室温控制在某一温度范围内。如果此温度偏高，可顺时针方向旋转温度控制器旋钮，反之则逆时针旋转。

对于热泵式空调器，只要按下制热按钮，风机与压缩机就会同时运行。由于电磁换向阀的作用，空调器会向室内吹热风，向室外吹冷风。当房间温度上升到需要的温度时，可调节温控器旋钮，直到压缩机刚好自动停止，即可使室内维持在一定的温度范围内。使用遥控器操作空调器运行时，根据设定的温度操作相应的按键，达到运行要求。为了保持室内空气新鲜，可以打开风门开关，排除污浊空气。之后要把风门关好，以保持室内舒适温度。

3. 空调器在不同工频下的运行

我国的电源工作频率为 50Hz，但由于世界各地区的电源频率各不相同，一些国外空调器制造厂商提供多种频率的空调器供用户选择。

若空调器的工作频率为 60Hz，则它可以运行于 50Hz 的相应地区。压缩机工作于 60Hz 的同步转速为 3500r/min，在 50Hz 下运行的同步转速为 2900r/min，所以运行在 50Hz 电源下，压缩机转速下降，空调器制冷量也下降。反之，工作电源为 50Hz 的不可运用于 60Hz 电源，否则，将会损坏压缩机。

4. 空调器的低压运行

我国房间空调器的工作电源规定为单相 220V/50Hz，工作电压允许波动±10%。家用空调器一般采用单相 220V/50Hz。

目前我国有一些地区的电网电压偏低，电动机启动力矩下降，会使单相空调器压缩机启动困难，要注意倾听压缩机是否已经启动。若不能启动，则应立即关机再重复启动。若仍不能启动，则应该关机，待电压回升后再启动。不能让压缩机过载保护继电器反复动作，以防触点烧结或大电流通过电动机绕组将电动机烧毁。

如果辨别压缩机是否启动有困难，可在空调器输入电路中接一只电流表。在启动压缩机的瞬间，由于启动电流很大，会使电流表指针转到底，然后返回到空调器正常的工作电流值（此值可查产品标签），说明压缩机已工作。若电流表指针转到底，返回后指到 1A 左右，则说明只有风机工作，压缩机并没有工作。

5. 空调器连续启动的间隔时间

总开关由“制冷（制热）”转至“停止”或“送风”后，至少间隔 2～3min 才能转至“制冷（制热）”位置，否则压缩机将会因制冷系统内的压力不平衡而难以启动，甚至损坏。

对于分体式空调器，因为室内机组与室外机组距离较远，压力平衡的时间长，所以等待时间应稍长。若高压侧与低压侧压力还未平衡就开机，会因负荷过大而使电动机处于堵转状态，而堵转时电流十分大，压缩机上的过载保护器会切断压缩机电源，以保护电动机不被烧毁；若过载保护失灵，则压缩机电动机就有被烧毁的危险。

4.2 空调器的整体构造

空调器是由制冷循环系统、空气循环系统、电气系统和箱体等组成的，但空调器的结构差别很大。图 4.11 至图 4.18 是几种基本类型空调器的结构。

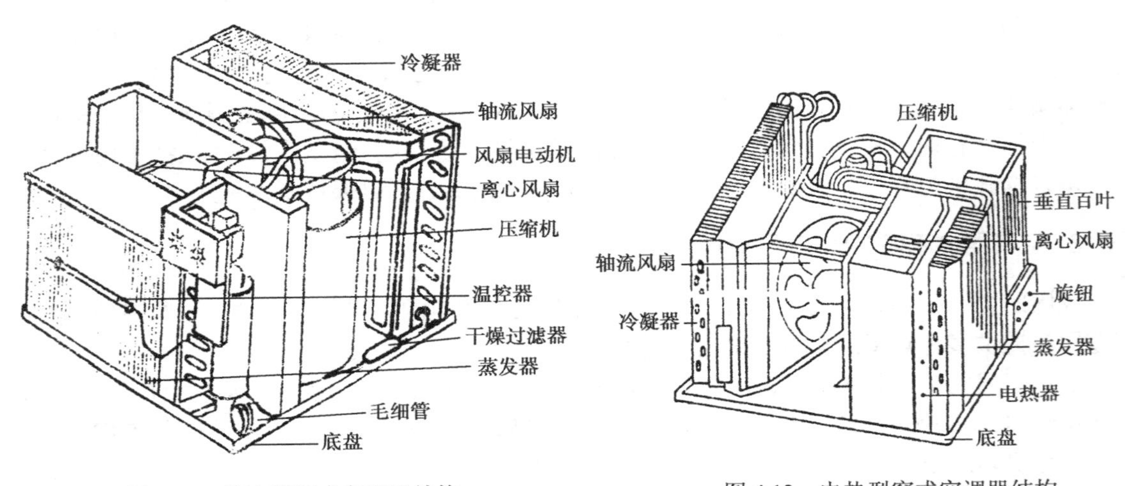

图 4.11　单冷型窗式空调器结构　　图 4.12　电热型窗式空调器结构

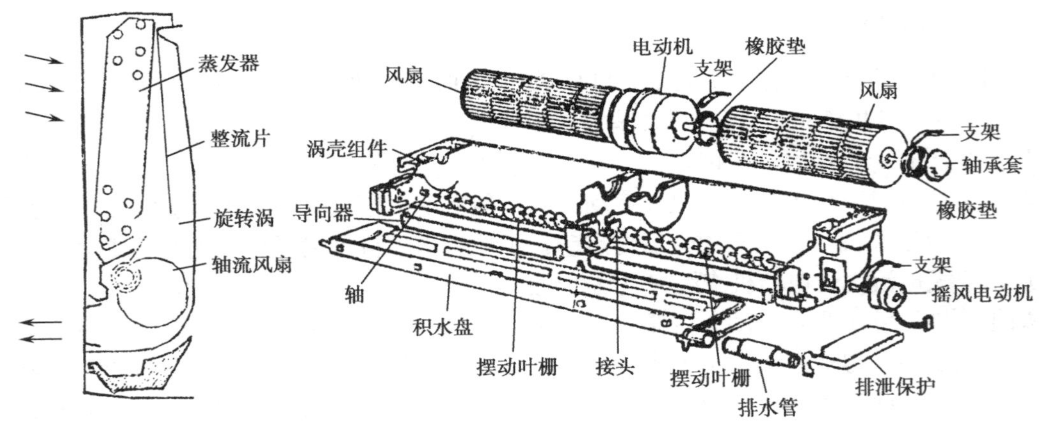

图 4.13　壁挂式分体机室内机组结构

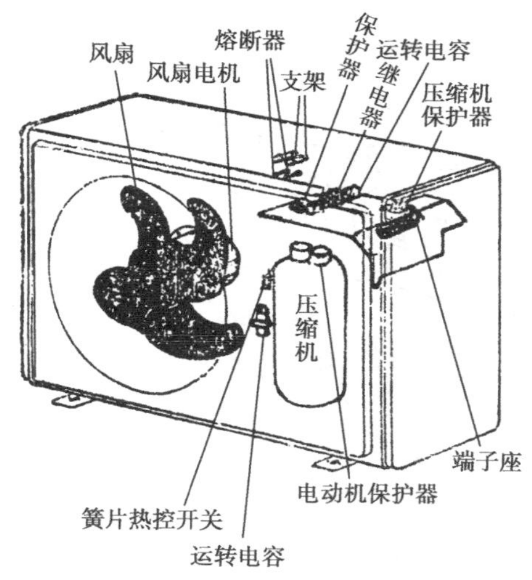

图 4.14 单风扇分体机室外机组结构

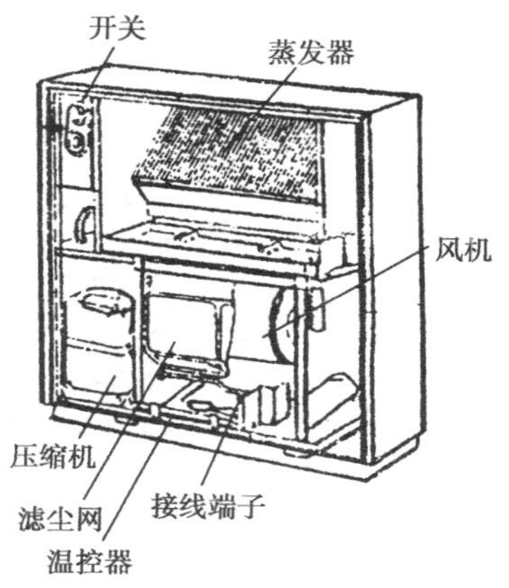

图 4.15 落地式分体机室内机组结构

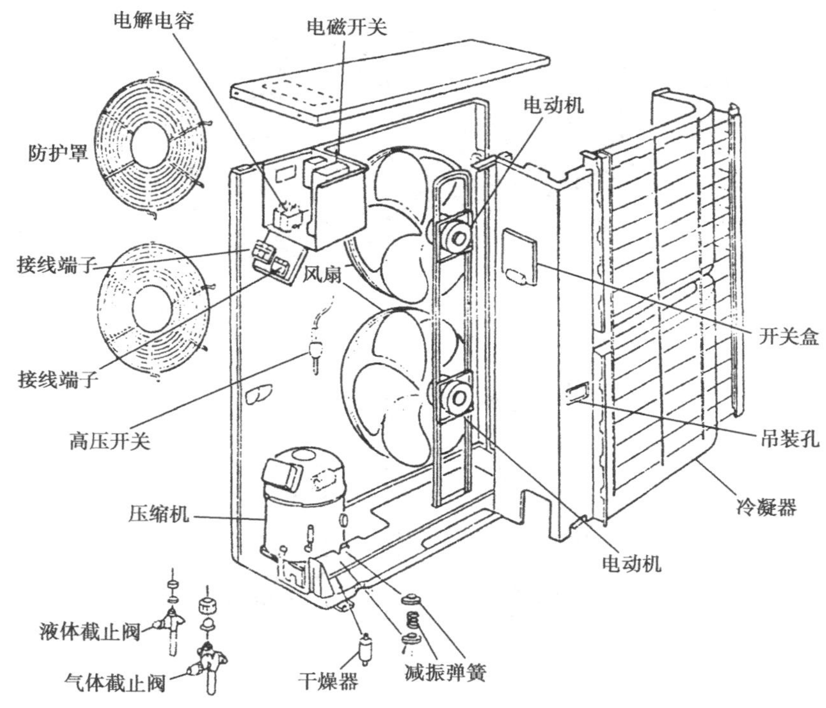

图 4.16 双风扇落地式分体机室外机组结构

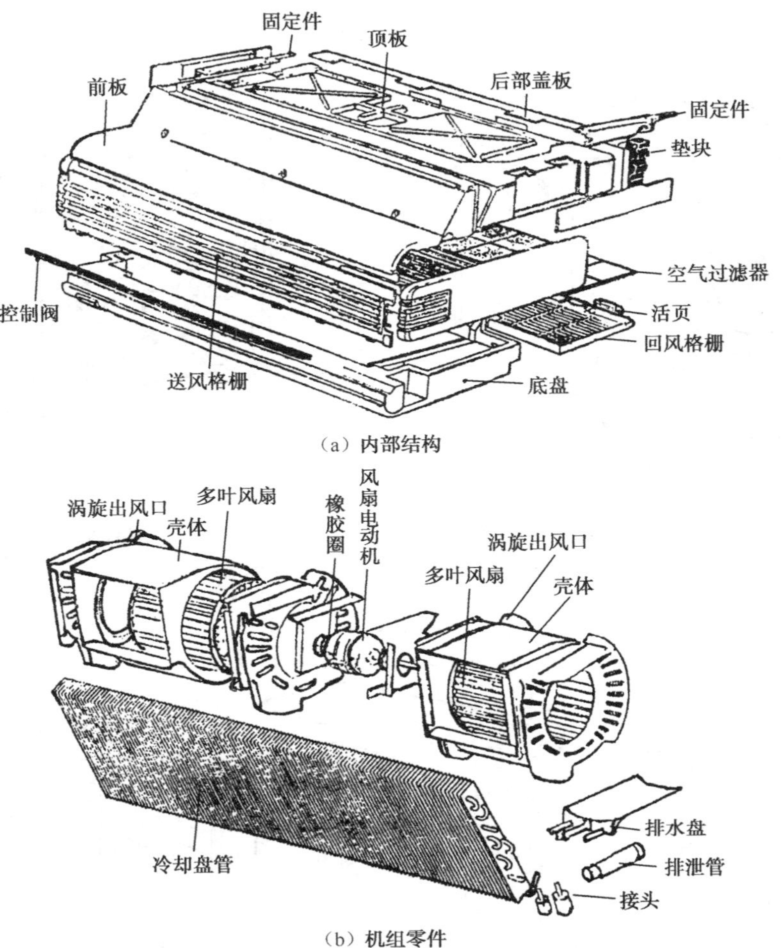

（a）内部结构

（b）机组零件

图 4.17 吊顶式分体机室内机组结构

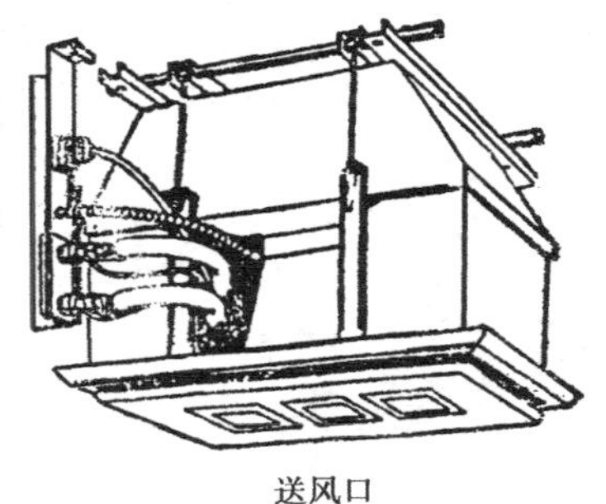

图 4.18 嵌入式分体机室内机组结构

单冷型窗式空调器的蒸发器位于箱体内部的室内侧，冷凝器则位于箱体内部的室外侧，用一台双轴电动机同时带动室内离心风扇和室外轴流风扇；冷热两用型窗式空调器的内部结构与单冷型窗式空调器基本相同，不同之处仅是热泵型窗式空调器在制冷管道上增设一只电磁四通换向阀；电热型窗式空调器则在箱体内部的室内侧增加一个电热器；分体式空调器通常配单风扇室外机组，若制冷量较大时则须配双风扇室外机组。

4.3 空调器制冷系统

空调器制冷系统主要由压缩机、蒸发器、冷凝器和节流器件等组成，此外，还包括一些辅助性元器件，如干燥过滤器、气液分离器（储液器）、电磁换向阀等。空调器制冷系统如图 4.19 所示。

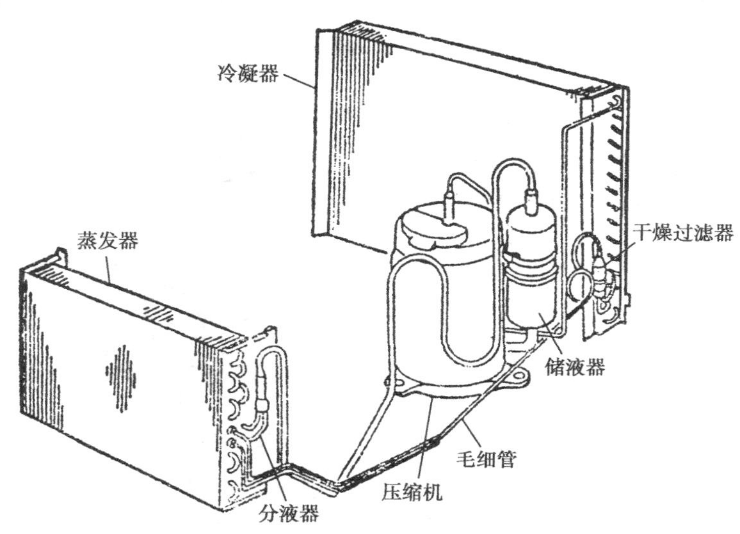

图 4.19 空调器制冷系统

4.3.1 压缩机

空调器所用的压缩机与电冰箱所用的压缩机在原理上基本相同，其不同点在于结构参数和工况条件。空调器所用的压缩机属高背压压缩机，而电冰箱所用的压缩机属低背压压缩机。背压是指压缩机的吸气压力，即蒸发器出口的压力，该压力与蒸发温度有关。背压的高低往往按蒸发温度范围来划分。

压缩机分为开启式、半封闭式和全封闭式 3 种。由于全封闭式压缩机结构紧凑，体积小，重量轻，噪声低，密封性能好，允许转速高，因此，家用空调器几乎都采用这种压缩机。全封闭压缩机主要有往复活塞式压缩机和回转式压缩机两种。

1. 往复活塞式压缩机

（1）往复活塞式压缩机的结构。往复活塞式压缩机主要由机体、曲柄连杆机构、气阀及其他零部件构成。如图 4.20 所示为往复活塞式压缩机结构。电动机和压缩机都置于 3～4mm 的钢板冲压成型的机壳内，电动机定子垂直固定在机壳上，转子紧压在曲轴上，曲轴呈垂直安装位置，汽缸为卧式排列，曲轴支撑在机体上，曲轴的回转运动通过连杆传给活塞变为往复运动，阀板上的吸气和排气阀片起到控制吸排气的作用。这种压缩机一般采用偏心压力输送润滑油，通过曲轴下端的偏心孔，在离心力作用下，把润滑油送至各摩擦面。

（2）往复活塞式压缩机的工作原理。往复活塞式压缩机的工作原理如图 4.21 所示。当压缩机由电动机驱动工作时，曲轴带动活塞下降。由图 4.21（a）可知：吸气阀片被打开，制冷剂蒸汽沿进气通道进入汽缸和活塞顶部组成的气腔容积内，这时排气阀片紧贴着阀板，盖住排气孔，以免进、排气串通。当气体充满汽缸后，即活塞到达下止点时，曲轴继续转动而使活塞上升。由图4.21（b）可知：活塞这时已升到使排气阀片打开的位置，被压缩的高压制冷剂蒸汽由排气孔排到排气管后再进入冷凝器冷凝放热。从图中可知，在排气阀片上面安装有限位器，限位器的作用是防止排气阀片被冲坏。当高压气体排出时，冲击排气阀片并使其紧贴在限位器上，限位器限制排气阀片的最大位置。排气结束，曲轴又带动活塞下降，如此不断地往复运动完成压缩过程。

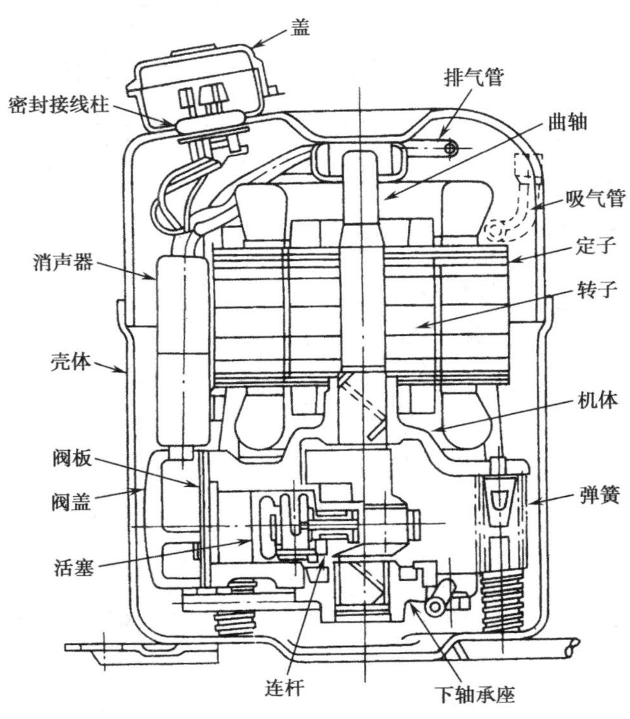

图 4.20　往复活塞式压缩机结构

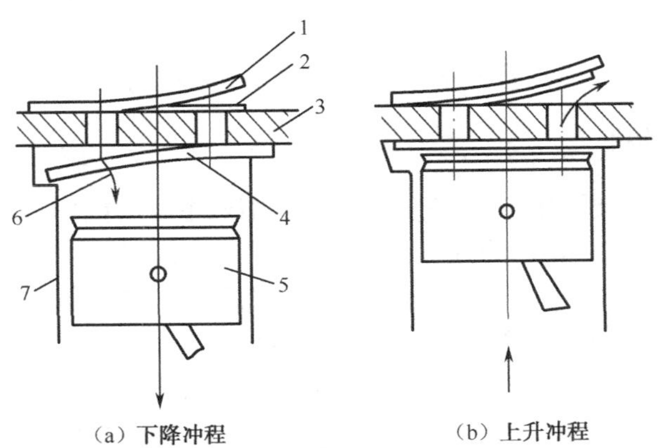

1. 限位器　2. 排气阀片　3. 阀板　4. 吸气阀片　5. 活塞　6. 进气方向　7. 汽缸

图 4.21　往复活塞式压缩机工作原理

2. 滚动式活塞式压缩机

（1）滚动活塞式压缩机的结构。如图 4.22 所示为滚动活塞式压缩机结构，它主要由电动机、滚动活塞、偏心轴、滑片、弹簧、吸气孔、排气阀片等组成（无吸气阀片）。滚动活塞式压缩机一般为立式结构，压缩机装在壳体的下部，电动机在上部，整个汽缸的外部几乎浸在润滑油中，圆柱活塞装在汽缸内，并套在偏心轴的偏心拐上，偏心轴以 O 为轴心带动活塞在汽缸内沿着汽缸壁面滚动，汽缸壁有一条穿通的槽，槽内装着滑块，滑块与转子配合在槽内滑动，在弹簧力的作用下与滚动转子外圆壁面紧密接触而组成动密封，将滚动转子和汽缸壁之间的月牙形空间分成进气腔和压缩腔，在偏心轴绕汽缸中心旋转一周的过程中，进气腔完成进气过程，压缩腔完成压缩和排气过程。滑块与圆柱转子高度相等，汽缸高度比转子稍高出一点，汽缸口上盖有汽缸盖，活塞端面与汽缸盖平面之间有一定间隙，以使活塞与滑块能在汽缸内自由运动，在汽缸槽两侧的汽缸体上有吸、排气孔，吸气孔没有吸气阀，制冷剂蒸汽直接从吸气管进入汽缸的吸气孔。为防止液击，在其吸气管上装有气液分离器；排气口上装有排气阀，汽缸内的气体排入壳体内，故其壳体内是高压气体区，然后高压气体再由壳体进入排气道内。

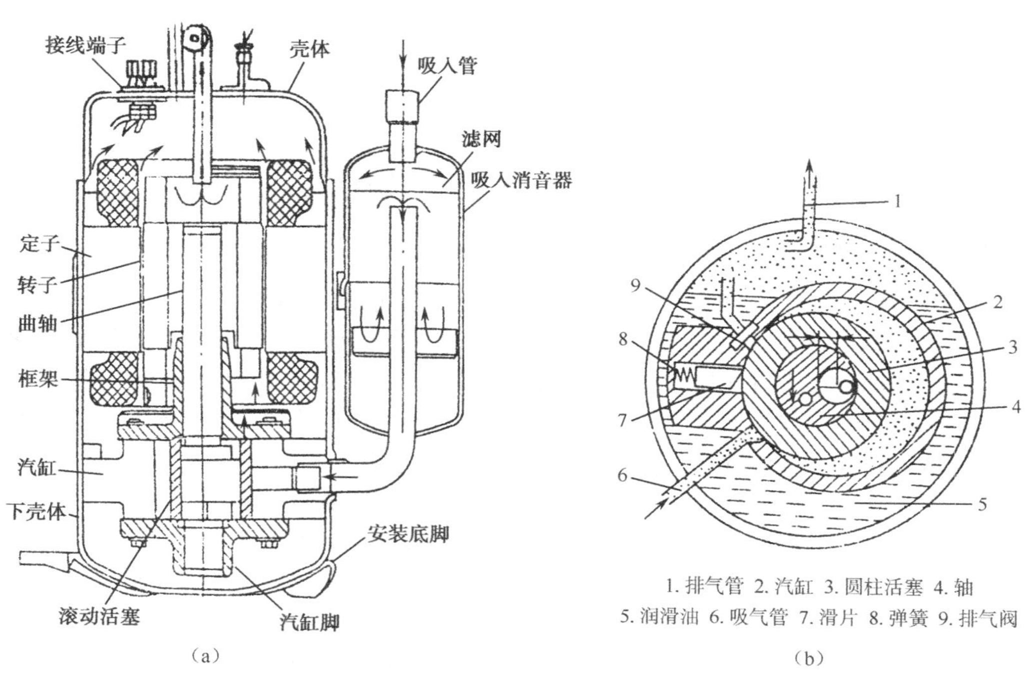

图 4.22 滚动活塞式压缩机结构

（2）滚动活塞式压缩机的工作原理。滚动活塞式压缩机现已广泛应用在空调器上，它的容积效率高，零部件少。图 4.23 所示为滚动活塞式压缩机的工作原理。从图中可知：滚动活塞安装在曲轴上，活塞中心与曲轴旋转中心有一偏心距。当压缩机工作时，制冷剂蒸汽从吸气口进入汽缸的月牙形空腔中（图中 A 位），汽缸体滑槽中的叶片在背部弹簧力作用下紧贴着转子外表面，将气腔分成低压腔和高压腔，低压腔与吸气口相连，高压腔与排气口相连（图中 B 位），由于滚动活塞的不断旋转，压缩腔不断减小，其压力也不断升高（图中 C

位），活塞继续旋转，直到压缩室内的气体压力高于排气压力时，排气阀被打开，高压高温制冷剂蒸汽经排气口排出。同时，吸气腔又在扩大，气体又被吸入压缩（图中 D 位）。如此循环往复，完成制冷剂的压缩。

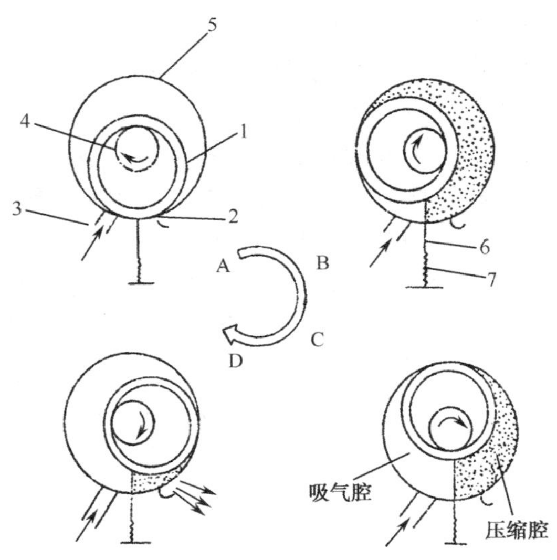

1. 滚动活塞　2. 排气阀　3. 吸气口　4. 曲轴
5. 汽缸　6. 叶片　7. 弹簧

图 4.23　滚动活塞式压缩机工作原理

3. 旋转式压缩机

（1）旋转滑片式压缩机的结构。如图 4.24 所示为旋转滑片式压缩机结构，它主要由转子、叶片、转动轴、汽缸及汽缸密封盖、轴承及轴承盖等组成。压缩机汽缸有圆形和椭圆形两种。圆形汽缸的转子上有叶片 2～4 个，椭圆形汽缸的转子上有叶片 4～5 个。圆形汽缸压缩机的汽缸是偏心安置的，只有一个接触点，而椭圆形汽缸与转子有两个接触点，圆形汽缸有一对吸气孔和排气孔，椭圆形汽缸有两对吸气孔和排气孔。

（2）旋转滑片式压缩机的工作原理。旋转滑片式压缩机有圆形多叶片和椭圆形多叶片两种，图 4.25 所示为圆形多叶片旋转滑片式压缩机工作原理。从图中看出：旋转滑片式压缩机的转子偏心安置在汽缸内，在转子上开有 3～5 个纵向开口槽，槽中装有能径向滑动的滑片。当旋转滑片式压缩机工作时，转子在圆形缸体或椭圆形缸体内旋转，滑片在离心力或油压作用下滑出，并紧贴汽缸壁，这样，由转子表面、汽缸内壁、滑片及压缩机两端盖共同形成一个封闭的月牙形容积，在压缩机缸体适当位置上设置吸气口和排气口，随着转子的旋转，月牙形容积不断由大到小、由小到大的变化，完成了旋转滑片式压缩机的吸气、压缩、排气工作过程。

4. 涡旋式压缩机

涡旋式压缩机是一种容积型压缩机，如图 4.26 所示。它利用涡旋转子与涡旋定子啮合，形成了多个压缩室。随涡旋转子的平移转动，各压缩室内容积不断发生变化，实现吸入与压缩气体。

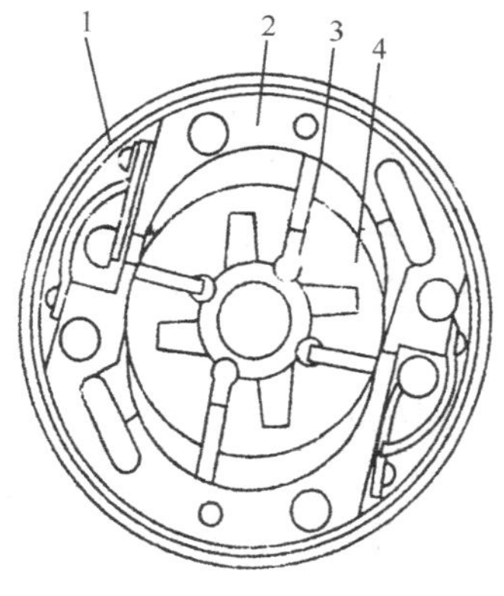

1. 外壳 2. 汽缸 3. 叶片 4. 转子

图 4.24 旋转滑片式压缩机的结构

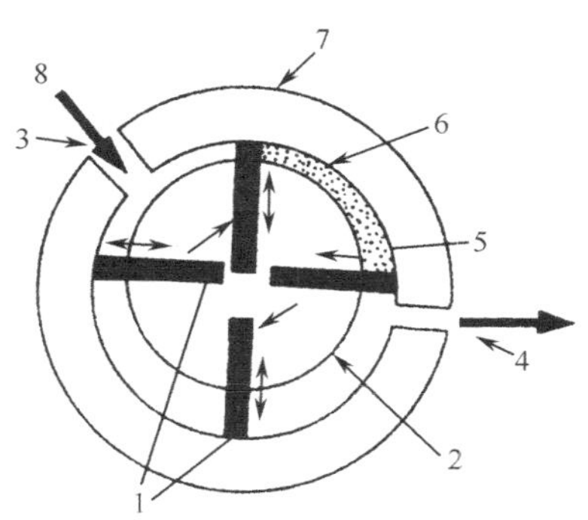

1. 滑片 2. 转子 3. 进气口 4. 排气口
5. 高压气体 6，7. 汽缸 8. 低压气体

图 4.25 旋转滑片式压缩机的工作原理

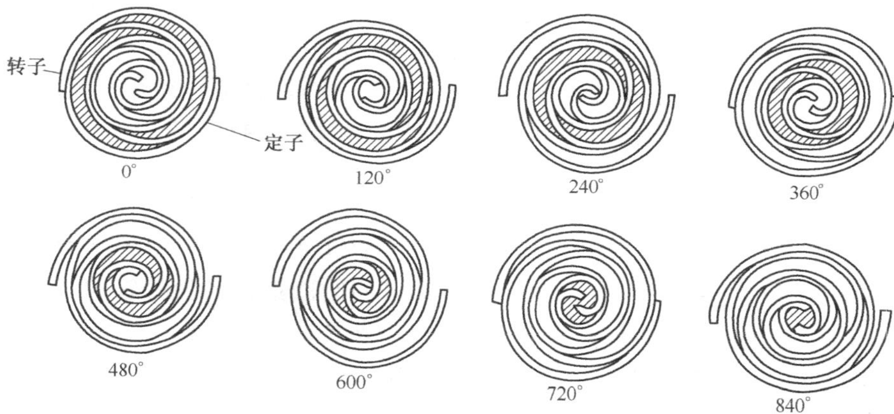

图 4.26 涡旋式压缩机的压缩原理

涡旋式压缩机的压缩原理在 100 多年前就已提出，直至 20 世纪 70 年代，日本和美国成功开发了应用于空调制冷的涡旋式压缩机。由涡旋式压缩机压缩过程可知，该压缩机无须吸、排气阀，并且能比较平稳地排出和吸入气体，因而有极高的容积效率。

近年来，美国和日本的一些公司，如谷轮公司等，相继推出轴向和径向的柔性密封涡旋式压缩机，有效地解决了涡旋式压缩机中湿压缩和高压比下排气温度过高的问题，以及少量金属磨屑和杂质对涡旋体的损伤。还利用轴向柔性密封技术，在加设控制电磁阀后，实现"数码涡旋"的变容量技术，扩展了容量的调节范围，可实现 10%～100%的比例调节压缩机容量范围，而且不影响离心供油的润滑性能。

由于新技术的应用及材料和机械加工工艺的发展，涡旋式制冷压缩机自 20 世纪 90 年代后得以飞速发展，与滚动转子压缩机一样，成为中小型制冷空调装置的重要压缩机品种。

（1）涡旋式制冷压缩机的工作原理。涡旋式压缩机的工作室由转子和定子两个涡旋啮合而成。涡旋体的型线为基圆的渐开线，以基圆半径 a 的不同起始角形成，其壁厚为 δ，轴向高度为 H。涡旋体转子和定子周向起始角相差 180°，两个涡旋体的面出现多处的啮合点，形成多个封闭腔体。涡旋转子由十字连接环带动，而十字连接环又由压缩机主轴（偏心轴）带动，使涡旋转子绕定子公转，在涡旋定子的中心开设排气孔口，涡旋周边吸气口与转子外周相通，当转子端点和定子外周相啮合时，完成吸气并随转子进行平移转动，此啮合点内容积承受啮合点位置向定子中心改变，且逐渐收缩。压力不断提高，进入压缩过程，当内容积对准中心室并与排气口相通，开始排气直至中心室内容积消失，同时外围开始多次进入吸气状态，并形成多个压缩内容积。

在涡旋式压缩机中，由于无余隙容积，因而容积式压缩机的膨胀过程在此类压缩机中已消失，有效地提高了容积效率。吸气和压缩排气过程在多个涡旋小室中进行，因而有效地实现了平稳输气，减小输气的脉动损失。由于无吸排气阀，无阀前后的压力损失，显而易见，与往复式和滚动转子相比，此类压缩热力过程中的流动损失也很小。

由于涡旋式压缩机为一内容积比一定的压缩机，必然有一定内压缩比的特点。因而在低压比工况运行时会产行“过压缩”现象，增加额外的功率消耗，为此，产生了径向、轴向的各种“柔性”密封，以适应各种工况和容量的变化。

（2）全封闭式涡旋式制冷压缩机的结构。涡旋式压缩机结构简单，运动件少，但对其加工精度的要求极高，对材料的耐磨性、耐热性要求更为特殊。

涡旋式压缩机与全封闭往复式、流动转子压缩机一样，以偏心油孔“泵油”为润滑的主要方式，机壳内部除高低压分隔罩以上的排气腔外，机壳内处于低压状态，电动机与机壳紧密配合，电动机的热量经机壳及制冷剂吸入气体带走，实现冷却，因而与滚动转子压缩机不同，机壳内压力状态为低压状态。一般涡旋式压缩机电动机置于全封闭钢壳的下部，压缩机位于上部，如图 4.27 所示。从蒸发器来的制冷剂，经吸气管 4 进入钢壳，并被吸入吸气腔，经转子 3 和定子 2 的啮合压缩，由定子中心孔排出，进入排气腔 24、排气管 1。在排气孔口附近，有一旁通管，由双金属片控制启闭。当排气孔口温度过高时，打开通道口，使高低压旁通排气腔压力降低，压缩机进入卸载状态，使温度下降，有效地避免了过高的温度所引起的压缩机“咬死”、“润滑失效”等故障。

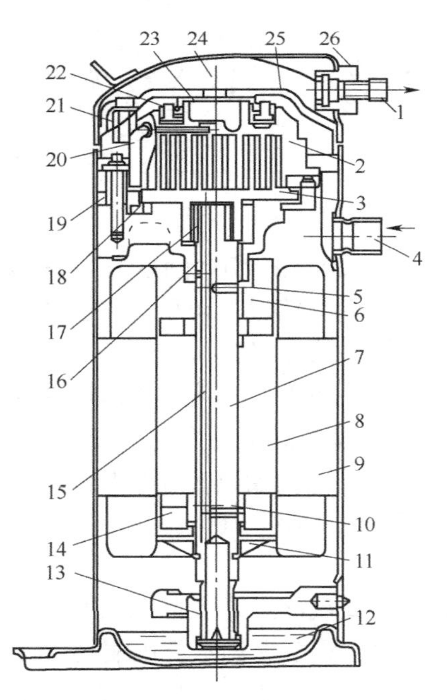

图 4.27　全封闭涡旋式制冷压缩机的基本结构

主轴与涡旋转子通过十字连接环 18 相联，使涡旋转子仅能绕定子公转，而避免转子在气体压力推动下的自转。某些涡旋式压缩机以轴向柔性运动的方式安装定子，使定子在气体压力下能有 1mm 的运动间隙，在停止运动时，定子与转子在轴向自然产生一定间隙，在启动时逐渐对定子加压与转子顶端实现密封，有效地实现了“卸载启动”，减小了启动电流。

（3）全封闭式涡旋制冷压缩机的输气调节原理。以美国谷轮公司为代表的全封闭式涡旋制冷压缩机，在输气量的调节方面采用多项专利的新技术，有效地解决了压缩的可靠性、变工况的适应性及不同容量的调节。此类压缩机已进入商业化时代的大批量生产。

①“柔性”涡旋压缩机。“柔性”指涡旋压缩机的定子和转子在轴向和径向有一定的活动余地，在非正常工况下具有一定的分离能力，在需要时，可人为地利用其“柔性”实现部分的卸载功能。

a. 径向“柔性”密封如图 4.28 所示，压缩机的转子涡盘与定子涡盘一般情况下通过十字联接环啮合，并通过一定数量的啮合点实现径向的密封。而此传动机构中，适当留有“游隙”，使涡旋转子在正常情况下由于平衡块离心力的作用，与定子实现密封啮合。当有杂质和液体制冷剂被吸入时，则由于“游隙”的存在，使转子出现平面位移，和定子的啮合出现缝隙，转子向一侧与定子分离而避免了发生杂质磨损和液体的“湿压缩”的可能性。此种结构使停机时两涡旋体稍有脱离，实现卸载启动。

b. 轴向“柔性”密封如图 4.29 所示，压缩机定子在轴向留有 1mm 的活动间隙，在正常运行条件下，涡旋定子受气体的压力（排气压力及与压缩腔相通的中间压力）作用，定子与转子紧密结合形成端面密封。当定子上端面气体压力减小或消失时，会产生涡旋定子顶端与转子微量的分离现象，实现“卸载”。当有液体、杂质时，会产生压缩腔内压力升高现象，将定子顶起，避免“湿压缩”的故障，轴向“柔性”密封又有利于“卸载启动”。利用轴向“柔性”密封，产生了“数码涡旋压缩机”。

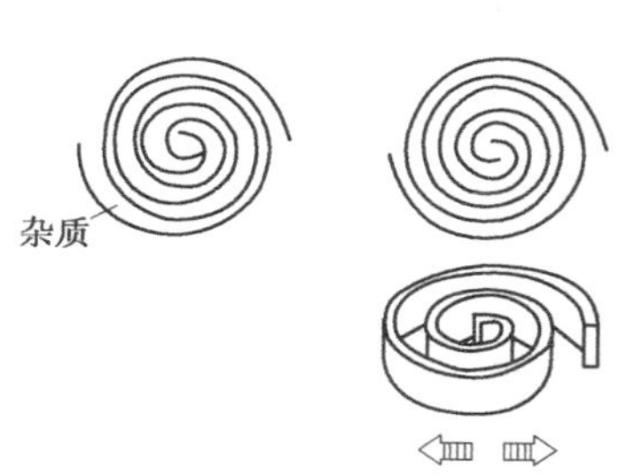

图 4.28　径向“柔性”密封

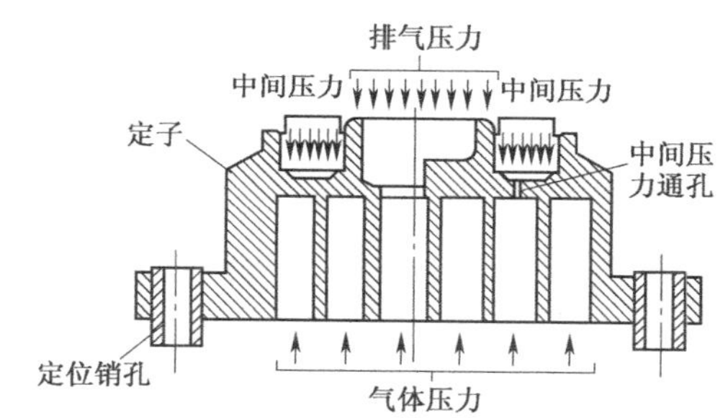

图 4.29　轴向“柔性”密封

② 数码涡旋压缩机。如图 4.30 所示，数码涡旋式压缩机利用轴向“柔性”密封技术，对定子涡旋盘轴向活动范围精密调整，并在压缩机吸气口增设一连通管，与定子轴向浮动密封处的中间压力相通，当电磁阀打开时，中间压力室内释放，压缩腔室内压力大于定子上端面压力，压缩机定子轴向上移一间隙，由于高低压腔室的连通，实现卸载。当电磁阀关闭，排气压力及中间压力又将定子下压，实现密封并上载。压缩机在电磁阀控制电源的作用下，可自由地调节开启—关闭的比例，实现“0-1”输出，即为“数码涡旋压缩机”。

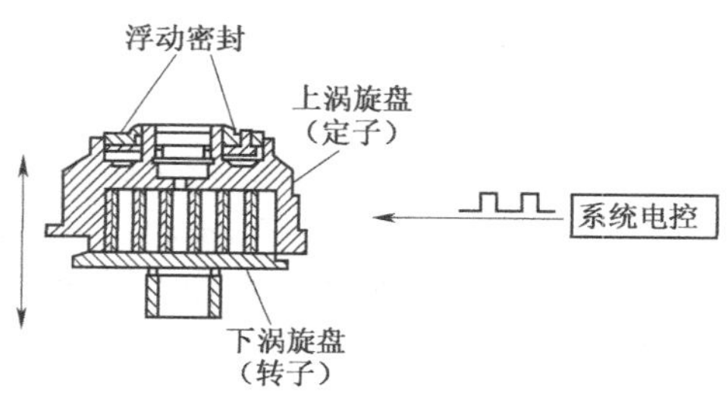

图 4.30　数码涡旋压缩机调节原理

数码涡旋压缩机电磁阀能承受 4000 多万次开—关动作，卸载周期最短可在 30s 内完成。变动负载时间可达“无级调节”，并节省了变频成本与变频器的电耗损失，减少了电源高次电磁谐波的干扰，扩大了压缩机的运行工况范围。对于多台蒸发器并联运行的制冷系统，数码涡旋压缩机由于其抗“湿压缩”能力，可得到更广泛的应用。

③ 两级容量可调的涡旋压缩机。当小型制冷压缩机应用于热泵机组时，设计者面对制冷容量与热容量不一致的矛盾，对同一建筑物而言，夏季制冷足以满足的条件下，在制冷工况时，会产生蒸发温度过低而造成热量不足的情况，而此类热量不足，在极端气温条件下可达30%～50%的差距，为此，两级容量的压缩机应运而生。

如图 4.31 所示，两级可调容量涡旋压缩机在涡旋定子端面一定位置打两个小孔，并将小孔在定子端面上用一连接管引至控制阀。当控制阀关闭，压缩处于制热状态，此时为 100%的容量。当开启控制阀，旁通口开启，中间压力的气体旁通与吸入气体混合，实现 65%左右的吸气容量的调节。这样，有效地解决了冬季、夏季压缩机容量的匹配。由于不改变压缩机的转速，避免了低速时对润滑的影响与高转速时压缩机噪声与振动加大的影响。避免了空调机加装辅助电加热系统的要求，并可适应部分负荷的要求。

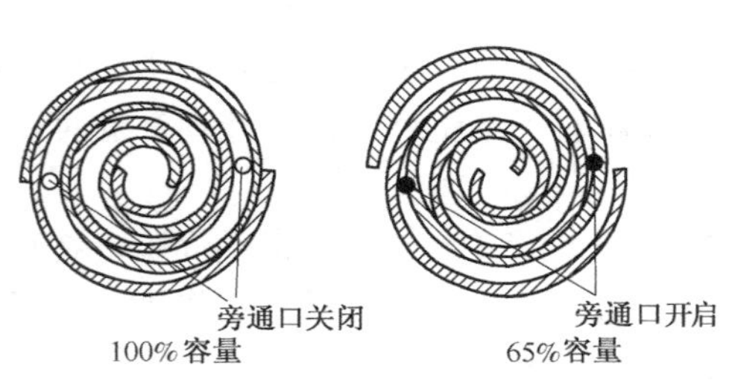

图 4.31　两级可调容量涡旋压缩机调节原理

图 4.32 为一空调机组运行停—开区域示意图。以环境温度 18℃为中轴，高于 18℃区域为制冷区域，低于 18℃为制热区域，两斜线中所含区域为压缩机容量过大而造成频繁开—停区域。此外为全容量不足区域。斜线上为机组容量与负荷相匹配。

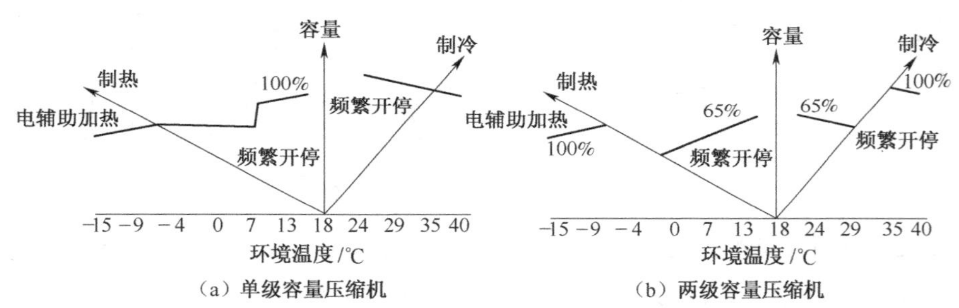

图 4.32　空调机组运行停—开区域示意图

由图 4.32 可看到，由于采用两级容量的压缩机，在夏季制冷和冬季制热时，可在较广的范围内实现容量的运转，而减少了在频繁关—停区域的温度范围，在较宽的一段温度区域中处于匹配平衡的容量范围内（在频繁开—停与全容量运行区域的交界线重合区域）。

④ 喷气增焓技术在涡旋压缩机的应用。图 4.33 所示的制冷系统，在冷凝器出口处旁通一段毛细管，并加设一控制电磁阀，向两级容量涡旋压缩机（开设旁通孔）内引射制冷剂低压蒸汽，可有效地在空调机组处于极端的炎热和寒冷的工况时，类似于“经济器”的办法，提高压缩机的质量流量，冷却压缩机的涡流旋盘，保证压缩机的可靠性。按美国谷轮公司介绍，采用“喷气增焓”技术的涡流压缩机，可增加 30%～40%的制冷量，以及 15%的性能系数（COP 值）。图 4.34 所示为喷气增焓技术的示意图。

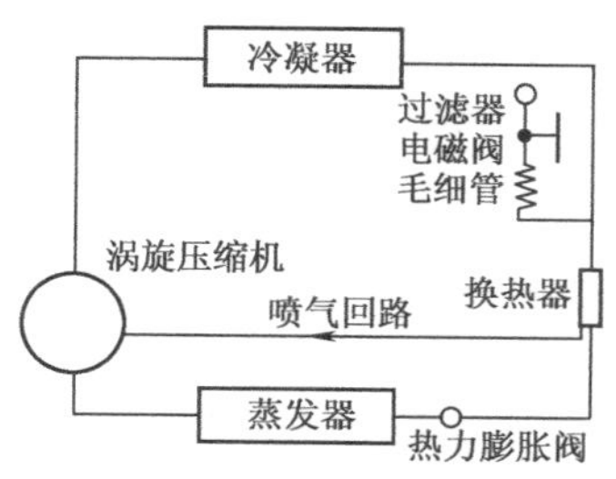

图 4.33 喷气增焓技术制冷系统

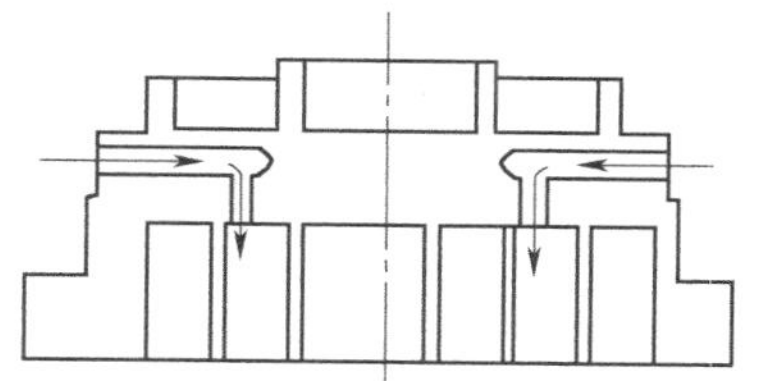

图 4.34 喷气增焓压缩机定涡盘

⑤ 变转速容量调节。采用变转速容量调节技术的涡旋压缩机与转子压缩机相似，变转速容量调节可减少频繁的开停，减少空调系统的温度波动，增加在低温条件下的制热能力，减少空调机组开机时的“非稳态过渡”过程的时间，同时由于涡旋压缩机采用径向和轴向的柔性密封，可有效避免在运行中，特别是转速改变较快时的湿压缩故障。

（4）双涡旋制冷压缩机。如图 4.35 所示，双涡旋压缩机将两个涡旋压缩机封装在同一钢壳内，一个压缩机为定转速压缩机，而另一个为变转速压缩机。此类压缩机可装较多润滑油和制冷剂，可保证压缩机在多联室内机组时有较可靠的润滑保证，并可实现无级调节，且功率范围较大。

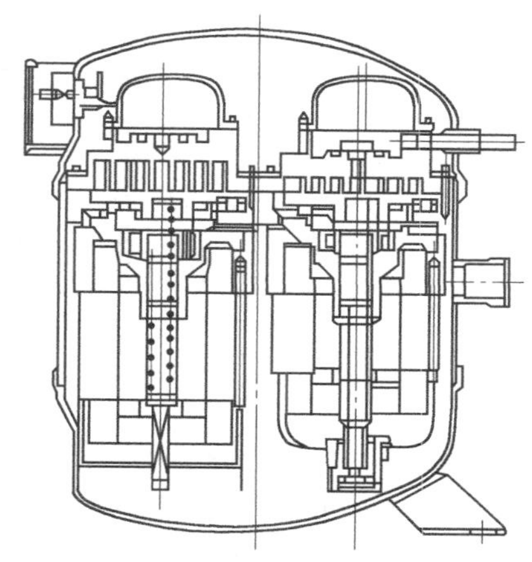

图 4.35 双涡旋制冷压缩机

4.3.2 换热器

换热器是空调器的重要部件。制冷剂在换热器中通过状态的改变来吸收或放出热量，实现热量的转移。换热器由铜管、翅片和端板组成，它包括室内换热器（蒸发器）和室外换热器（冷凝器）。

1. 蒸发器

蒸发器是制冷系统的直接制冷器件，低压液态制冷剂在其内吸热蒸发，从而使周围的空气温度下降。蒸发器按其冷却方式可分为空气自然对流和强制通风对流两种。空调器中的蒸发器，都采用强制通风对流方式，以加快空气与蒸发器之间的热交换。

（1）结构。小型空调器大都采用风冷翅片（肋片）式蒸发器，它的结构如图 4.36 所示。它是在紫铜管上接纯铝翅片而成。

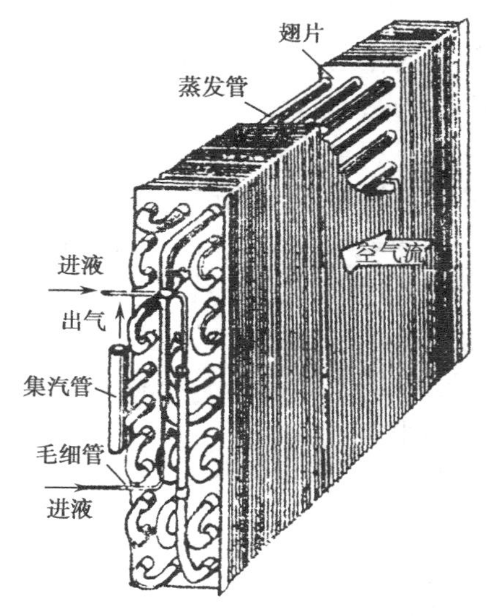

图 4.36 蒸发器的结构

（2）翅片。胀接翅片的目的是增加传热面积，加强空气的扰动性，提高蒸发器在空气侧的传热效率。翅片厚度通常为0.12～0.20mm，片距为1.5～2.5mm。翅片有平、波纹、冲缝翅片之分，如图4.37所示。平翅片虽然加工容易，但刚性差，传热性能不好，现已逐渐被淘汰；波纹翅片与平翅片相比，刚性好，传热面积增加，且空气流过波状起伏的翅片时，增加了扰动和搅拌效应，因此传热效率提高1/5左右；而冲缝翅片会使通过翅片的空气在槽缝中窜来窜去，因此其扰动和搅拌效应比波纹片还好，传热效率比波纹翅片高1/3，但冲缝翅片空气阻力大，容易积尘结垢，反而可能使空调器的制冷量急剧下降，所以，配置冲缝翅片的空调器不能在尘埃多的环境中使用。高档空调器往往在蒸发器的紫铜管内壁加翅片或在内壁加工成螺旋纹，使蒸发器整体的热交换效率大大提高。

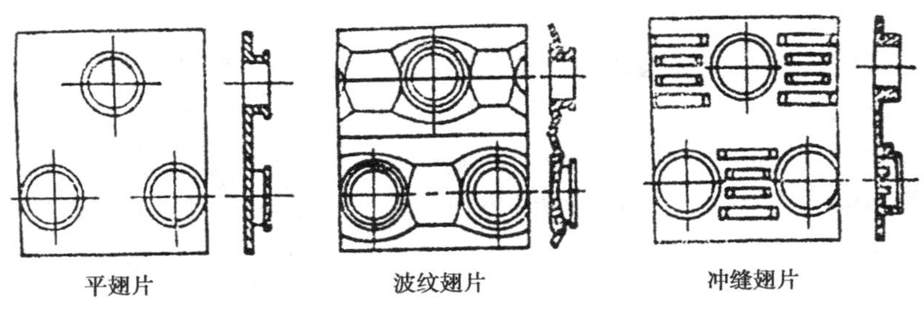

图4.37　翅片形式

（3）发展。由于空调器不断向小型化、轻量化发展，翅片间距常降到2mm以下，凝露水由于受表面张力的作用，会形成局部桥路，从而使空气流通截面减小，风压损失急剧增加，因此须对翅片表面进行亲水处理，以降低凝露水的表面张力，使之水膜化。翅片表面亲水处理的方法很多，其中，γ–水铝石处理的综合性能很理想，它除了具有极好的亲水性外，还有防腐蚀性能。

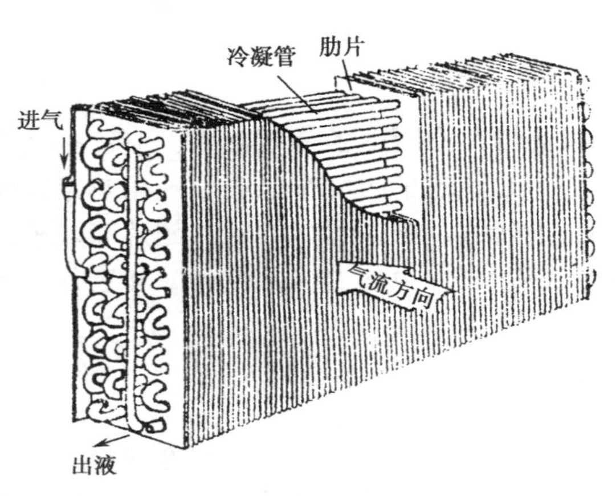

图4.38　冷凝器的结构

2. 冷凝器

冷凝器的作用是将制冷剂在蒸发器和压缩机中吸收的热量传送到室外的空气中。冷凝器有风冷式和水冷式两种类型。家用空调器制冷量小，通常采用风冷翅片式冷凝器。风冷翅片式冷凝器与蒸发器的结构相同，如图4.38所示。水冷式比气冷式冷却效果好，大功率空调器都采用水冷式。其空气侧是干热交换，空气流动阻力比蒸发器小，放热系数则更小，因此，翅片面积要比蒸发器约大60%，片距可稍小些。

4.3.3　节流器件

节流器件是制冷循环系统中调节制冷剂流量的装置。它可把从冷凝器出来的高压、高温液态制冷剂降压、降温后，再供给蒸发器，从而使蒸发器获得所需要的蒸发温度和蒸发压力。空调器中常用的节流器件是毛细管、膨胀阀和分配器。小型空调器通常使用毛细管，而

大、中型空调器一般使用膨胀阀和分配器。

1. 毛细管

空调器上用的毛细管与电冰箱上用的基本一样。毛细管结构简单，运行可靠，压缩机停机后，高、低压区的压力通过毛细管很快就达到平衡，因此，压缩机可使用转矩小的电动机轻载启动。但是，毛细管调节制冷剂流量的能力很弱，几乎不能根据房间空调器负荷的变化调节制冷剂的流量，从而有效地调节制冷系统的制冷量。

2. 膨胀阀

膨胀阀既是制冷系统的节流器件，又是制冷剂流量的调节控制器件。它主要包括热力膨胀阀、热电膨胀阀和电子膨胀阀等。

（1）热力膨胀阀。依据受力的平衡方式可分为内平衡式和外力平衡式。空调器一般选用内平衡式膨胀阀。

a. 内平衡式膨胀阀的组成结构

内平衡式热力膨胀阀由感温机构、执行机构和调整机构 3 部分组成，其结构如图 4.39 所示。其中感温机构由感温包、毛细管、膜盒组成；执行机构由膜片、推杆、阀心组成；调整机构由调整杆、弹簧组成。

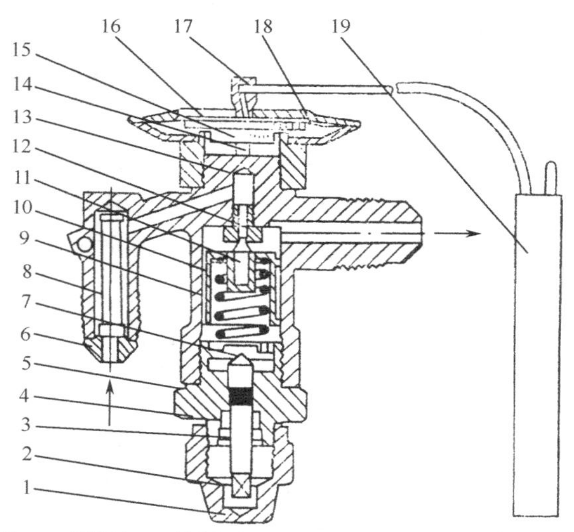

1. 密封盖　2. 调节杆　3. 垫料螺帽　4. 密封垫料　5. 调节座　6. 喇叭接头
7. 调节垫块　8. 过滤网　9. 弹簧　10. 阀针座　11. 阀针　12. 阀孔座　13. 阀体
14. 顶杆　15. 垫块　16. 动力室　17. 毛细管　18. 薄膜片　19. 感温片

图 4.39　内平衡式热力膨胀阀结构

b. 内平衡式膨胀阀的工作原理

内平衡式热力膨胀阀的工作原理如图 4.40 所示。

（2）电子膨胀阀。近年来，空调器技术发展迅速，空调器更新换代很快，新品种不断推出，如变频式热泵型冷热两用空调器就是其中的代表。为了适应精确、高速、大幅度调节负荷的需要，以便使制冷循环维持在最佳状态，微电脑控制的速动型电子膨胀阀应运而生。电子控制膨胀阀可以根据不同的工况，控制系统制冷剂的流量，因此在变频技术空调器、模糊技术空调器、多路系统空调器等系统中，得到广泛的应用。

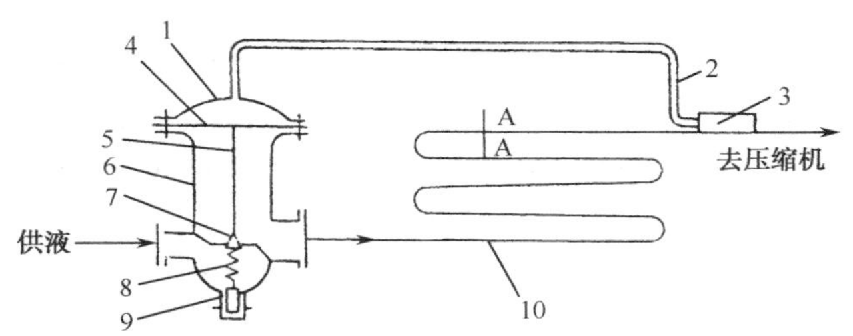

1. 阀盖　2. 毛细管　3. 感温包　4. 膜片　5. 推杆
6. 阀体　7. 阀心　8. 弹簧　9. 调整杆　10. 蒸发器

图 4.40　内平衡式热力膨胀阀工作原理

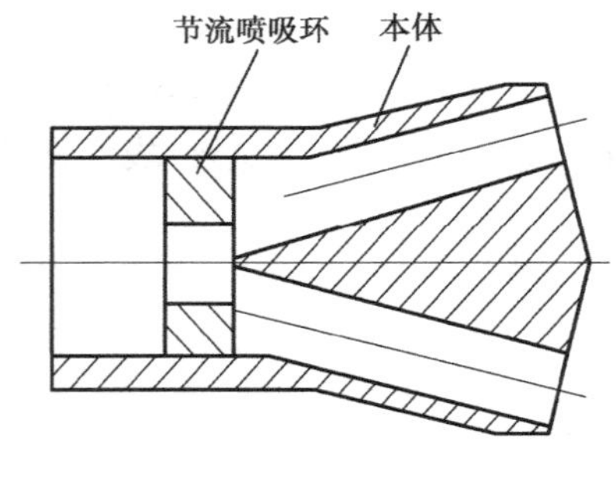

图 4.41　分配器结构

3. 分配器

空调器（如分体立柜式空调）中的蒸发器采用热力膨胀阀进行节流时，大多将制冷剂分成多路进入蒸发器中，而要将膨胀阀出来的制冷剂均匀地分配到各条通路内，必须使用分配器。

图 4.41 所示为分配器结构，它由一个分配本体和一个可装拆的节流喷嘴环组成。节流环的出口有一圆锥体，各条流路的液体沿圆锥体分开流出，圆锥的底部有许多均匀分布的孔用于连接蒸发管。制冷剂由入口经节流喷嘴环而进入分配体，再经圆锥体分别进入各分路孔，然后进入蒸发器各分路蒸发管中。

4.3.4　辅助器件

1. 干燥过滤器

由于空调器制冷剂系统中含有微量的空气和水分，再加上制冷剂和冷冻油中含有的少量水分，若其总含水量超过系统的极限含水量，当制冷剂通过毛细管（或热力膨胀阀）节流降压时，制冷剂中含有的水分就可能在毛细管进口（或热力膨胀阀的阀心处）冻结成小冰块，堵塞毛细管（或热力膨胀阀的阀心通道），使空调器制冷剂系统不能正常工作。另外，空调器制冷系统中还可能含有一些脏物和其他杂质，若不把它们除掉，也可能堵塞毛细管（或膨胀阀的阀心处）。所以，空调器一般都要安装干燥过滤器。

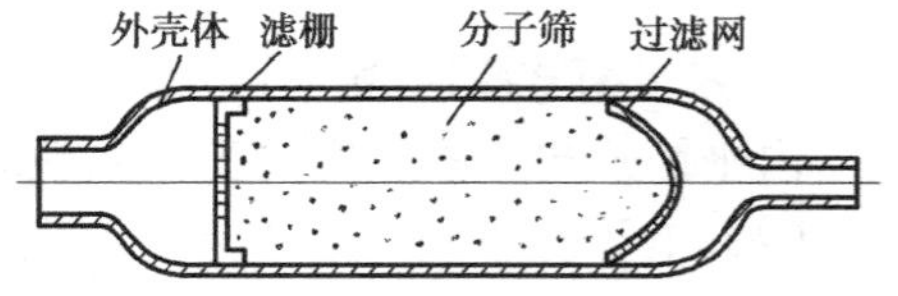

图 4.42　干燥过滤器结构

图 4.42 所示为干燥过滤器的结构，其外形为圆筒状，其中过滤网设置在过滤器较细的一端，另一端设置滤栅，在这两端之间充满着干燥剂分子筛。过滤器的一端与冷凝器相连，另一端与毛细管相连，毛细管焊接时伸入干燥过滤器内一段长度，但不能与过滤

网相碰，以免堵塞毛细管。干燥过滤器使用一段时间后，由于分子筛的吸附能力下降，失去了干燥、过滤的作用，因而需要定期更换。

2. 气液分离器

为了防止液态制冷剂进入压缩机，引起液击，制冷量比较大的空调器均在蒸发器和压缩机之间安装气液分离器。普通气液分离器的结构如图 4.43 所示。从蒸发器出来的制冷剂进入气液分离器后，制冷剂中的液态成分因本身自重而落到筒底，只有气态制冷剂才能由吸入管吸入压缩机。气液分离器筒底的液态制冷剂待吸热汽化后，也可吸入压缩机。这种气液分离器常用于热泵型空调器中，接在压缩机的回气管路上，以防止制冷运行与制热运行切换时，把原冷凝器中的液态制冷剂带入压缩机。

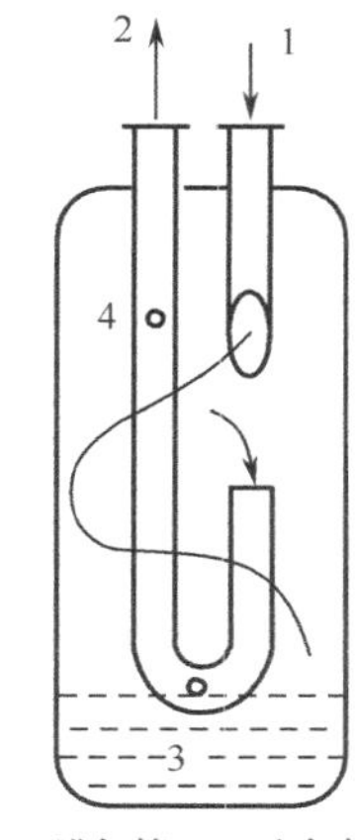

1.进气管　2. 出气管
3.微量回油孔　4. 压力平衡孔

图 4.43　气液分离器结构

旋转压缩机的气液分离器与压缩机组装在一起，其结构很简单，即在一个封闭的筒形壳体中有一根从蒸发器来的进气管及一根通到压缩机吸入口的出气管，两管互不相连，筒形壳体内还设有过滤网。这种气液分离器还兼有过滤和消声两种功能。

3. 单向阀

单向阀的作用是只允许制冷剂沿单一的方向流动。单向阀的阀体外表面往往标有制冷剂流向的箭头。常见单向阀的外形及结构如图 4.44 所示。热泵型空调器夏天制冷，冬天制热，其工况差别悬殊。若仅靠电磁换向阀来切换制冷剂的流向，往往不可靠。为了使热泵型空调器在制冷工况和制热工况下都能安全而有效地运行，常常在制冷管道中增设单向阀。此外，为了防止停机时制冷剂由冷凝器回流进入压缩机，从而引起液击，分体式单冷型空调器多在靠近压缩机的排气管上安装单向阀。

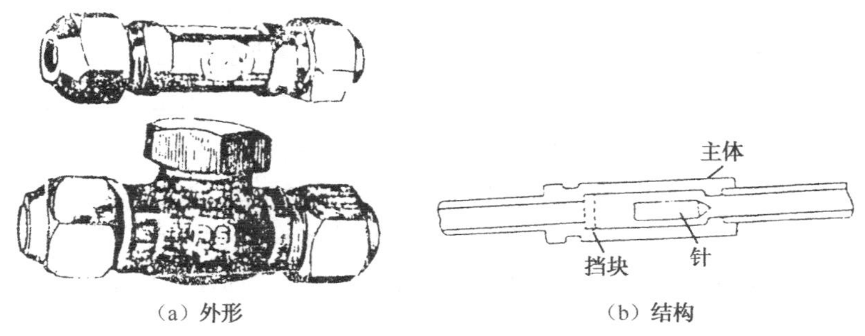

（a）外形　　（b）结构

图 4.44　单向阀

4. 电磁阀

电磁阀是利用通电线圈所产生的电磁力来接通、切断制冷剂通路或切换制冷剂流向的闸阀，它也可用于旁路，以控制压缩机在正常压力下启动和运行。电磁阀的形式很多，空调器上常用的电磁阀有电磁四通换向阀、双向电磁阀和专用电磁阀旁通阀。

（1）电磁四通换向阀。它又称电磁换向阀，常用在热泵型空调器上，通过改变制冷剂的流向，实现制冷工况和制热工况之间的转换。

a. 组成结构

电磁四通换向阀的外形如图4.45所示。

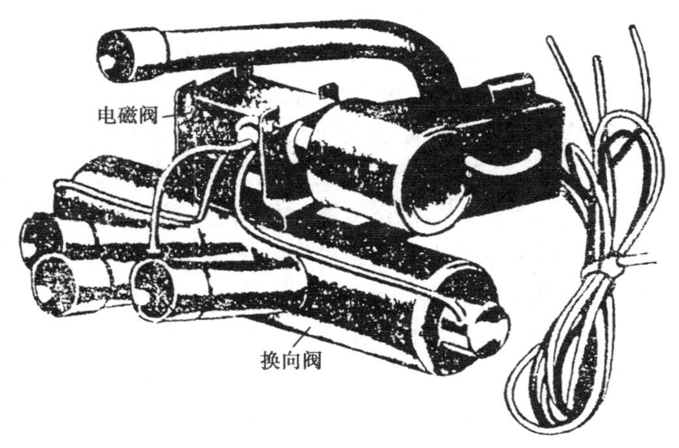

图4.45 电磁四通换向阀的外形

电磁阀由阀体、左右阀心、左右弹簧、衔铁和电磁线圈等组成。阀心与衔铁连成一体，能一起移动。右弹簧的弹力大于左弹簧的弹力，使电磁线圈断电时衔铁复位，这时左弹簧起缓冲作用，以减少阀心对阀体的冲击。当线圈通电时，线圈磁场对衔铁的磁力克服右弹簧的弹力，使衔铁带动阀心向右移动，左阀心关闭左边的阀孔，而右边阀孔被右阀心打开；而线圈断电时磁场消失，衔铁左移复位，右阀心关闭右边阀孔，同时左边阀孔被左阀心打开。

b. 工作原理

电磁四通换向阀工作原理如图4.46所示。当空调器的冷热换向开关扳向制冷时，换向阀中的电磁阀线圈断电，衔铁左移，左阀孔打开，毛细管A与B接通，而C管堵住。由于换向阀上的4号管与压缩机排气管相连接，阀体内腔除被滑块盖住部分外，均充满高压气体，而高压气体通过活塞上的小孔向左右两端的空腔充气。又由于毛细管C被堵不通，因而右活塞右端空腔内充满高压气体，而毛细管A和B能过2号管与压缩机吸气管（低压侧）相通，使左活塞左端空腔内的气体不断被压缩机吸走，形走低气压区。这就是说，换向阀左右活塞两端的空腔内形成一个自右向左的压力差，从而将滑块推向左侧，使1号管和2号管靠滑块而接通，这时，室内侧的热交换器就变成蒸发器，液态制冷剂在蒸发器内吸热汽化，起制冷作用。

将空调器冷热换向开关扳向制热挡，则电磁阀的线圈通电，衔铁右移，毛细管B和C接通，A管堵住。这时换向阀滑块右移，2号管和3号管接通，室内侧的热交换器就变成冷凝器，气态制冷剂在冷凝器内液化放热，达到制热的目的。图中换向阀处于制热工况位置。

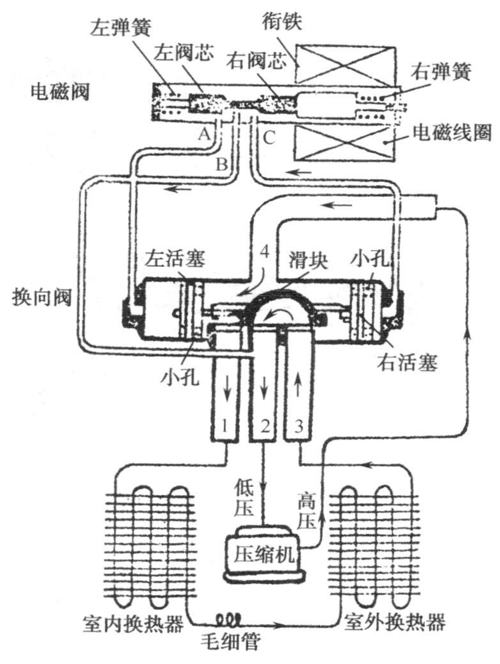

图 4.46　电磁四通换向阀工作原理

（2）双向电磁阀。双向电磁阀允许制冷剂沿两种不同方向流动，其结构如图 4.47 所示。双向电磁阀可用于控制压缩机负载的轻重。当线圈通电时，双向电磁阀开启，压缩机排气端有一部分制冷剂返回进气端，则压缩机两侧压力差减小，压缩机轻载运行；而线圈断电时，双向电磁阀关闭，压缩机满载运行，如图 4.48 所示。这里双向电磁阀实际上起旁通阀的作用。

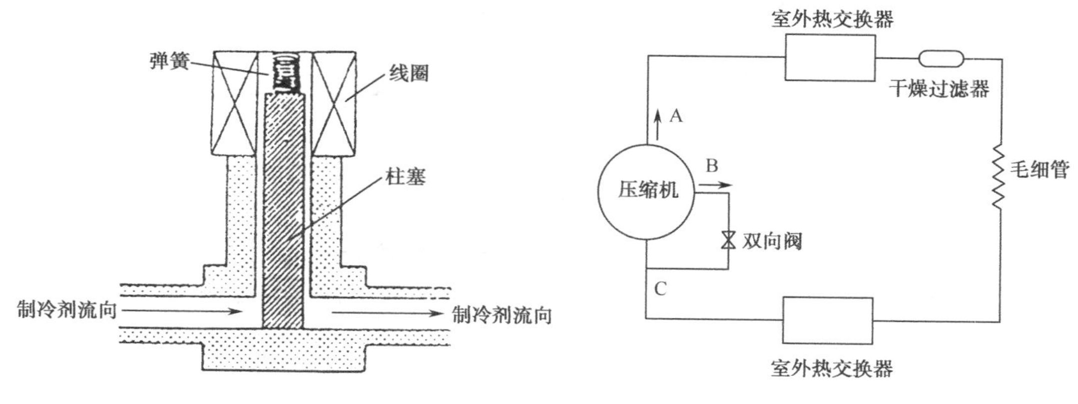

图 4.47　双向电磁阀结构

图 4.48　双向电磁阀应用

（3）专用旁通电磁阀。它的外形如图 4.49 所示。旁通电磁阀开启时，制冷剂从水平管流进，由竖直管流出。旁通电磁阀可以为压缩机减载运行或启动、单独除湿等提供制冷剂的旁通路径。

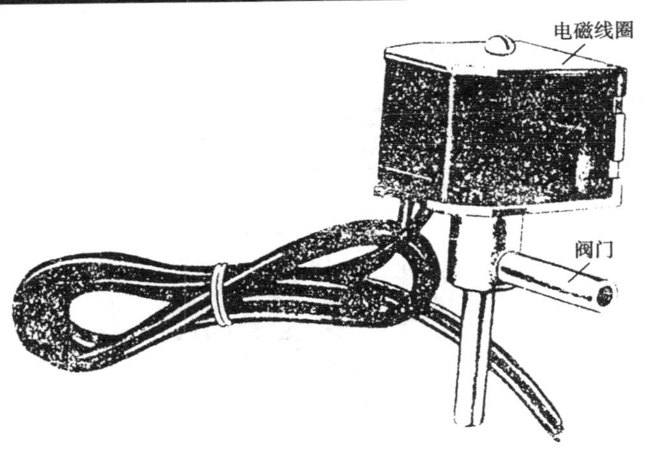

图 4.49　旁通电磁阀

5. 截止阀

为了安装和维修方便，分体式空调器在其室外机组的气管和液管的连接口上，各装一只截止阀，这是一种管路关闭阀，结构形式较多。从配接管路看，有三通式（带旁通孔）和两通式（不带旁通孔）；从外形看，有直角形和星字形（Y 形）等。通常，气阀多用三通式，而液阀既可用两通阀，也可用三通阀。

图 4.50 为直角形三通截止阀，阀杆有前位、中位和后位 3 种工作位置。

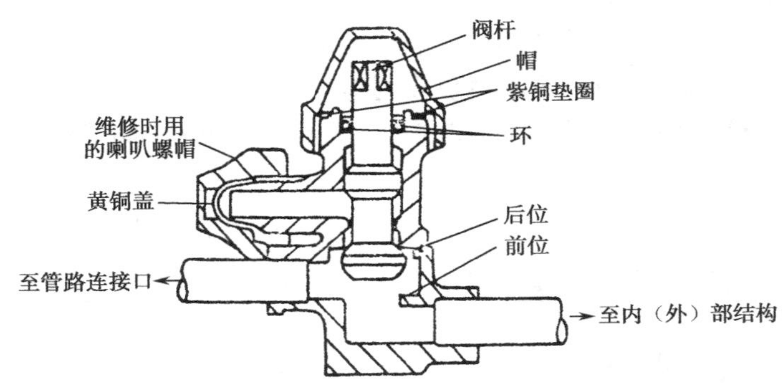

图 4.50　直角形三通截止阀

如图 4.51 所示，阀杆处在前位时，阀心向下关足，管路关闭，而旁通孔打开；阀杆处在中位时，管路与旁通孔都导通（三通）；阀杆处在后位（背锁位置）时，阀心向上升

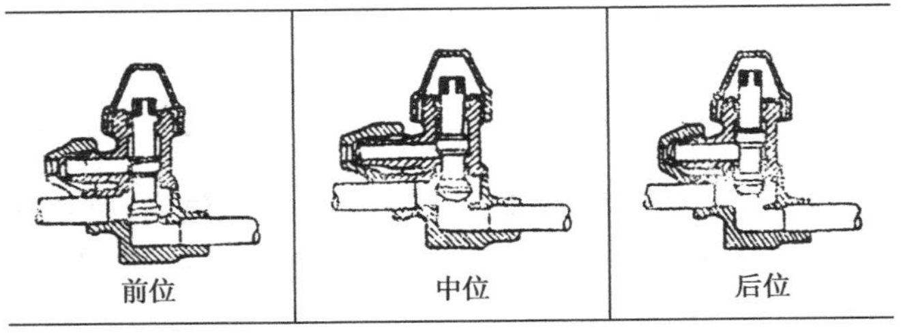

图 4.51　三通截止阀工作状态

足，管路导通，而旁通孔关闭。其中，前位是机组出厂时的位置，后位是制冷循环时的正常工作位置，中位是抽真空、充灌制冷剂的位置。

4.4 空气循环系统

4.4.1 空气循环系统的组成

空调房间的空气在空调器的作用下，沿以下路径循环：室内空气由机组面板进风栅的回风口被吸入机内，经过空气过滤器净化后，进入室内热交换器（制冷时为蒸发器，热泵制热时为冷凝器）进行热交换，经冷却或加热后吸入电扇，最后由出风栅的出风口再吹入室内。

空气循环系统的作用是强制对流通风，促使空调器的制冷（制热）空气在房间内流动，以达到房间各处均匀降温（升温）的目的。空气循环系统是由空气过滤器、风道、风扇、出风栅和电动机等组成的。

1. 空气过滤器

空气过滤器是由各种纤维材料制成的、细密的滤尘网，室内空气首先通过空气过滤网，可滤除空气中的尘埃，再进入蒸发器进行热交换。而功能完善的空气过滤器（空气清新器）能滤除 0.01μm 的烟尘，并有灭除细菌、吸附有害气体等功能。灭菌和高效除尘通常采用高压电场；吸附有害气体通常用活性材料或分子筛等吸附剂。

2. 风道

风道的结构、形状对循环空气的动力性能有很大的影响。轴流风扇的风道用金属薄板加工而成，离心风扇的风道常常用泡沫塑料加工而成，但电热型空调器的风道需用金属薄板。

3. 风扇

窗式、分体式空调器及一些立柜式空调器均采用风冷式换热器，它是通过空气的对流与换热器进行热交换。空调器中的风扇主要有离心风扇、贯流风扇和轴流风扇。窗式空调器和立柜式空调器蒸发器的换热主要采用离心风扇，分体壁挂式空调器主要采用贯流风扇，而空调器冷凝器均采用轴流风扇吹风换热，如图 4.52 所示。

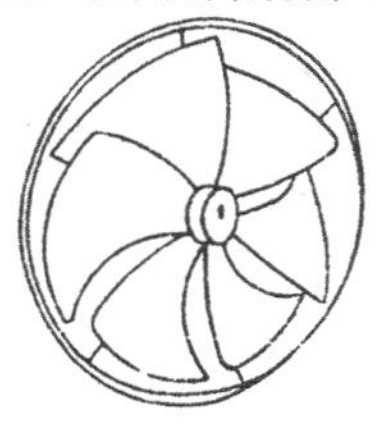

轴流风扇的形状

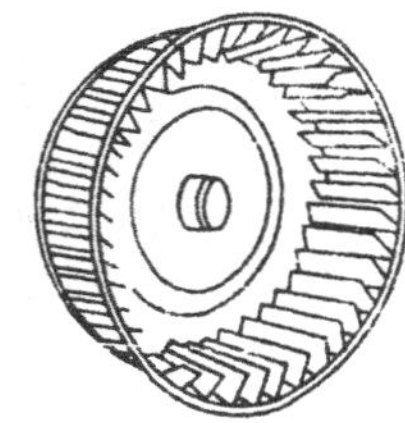

离心风扇的形状

贯流风扇的形状

图 4.52 空调器风扇

（1）离心风扇。将室内空气吸入蒸发器表面进行降温去湿。它的特点是风量大、噪声小、压头低。叶轮材质主要有：ABS 塑料、铝合金、镀锌薄钢板。

（2）贯流风扇。将室内空气吸入分体壁挂式空调器蒸发器表面进行降温去湿。它由细长的离心叶片组成，其特点是风量大、噪声小、压头低，由ABS塑料或镀锌薄钢板组成。

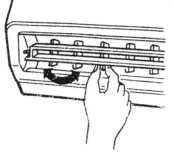

（3）轴流风扇。用来冷却冷凝器。轴流风扇由铝材压制或ABS塑料注塑而成，也有采用镀锌薄钢板制成的。

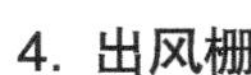

4. 出风栅

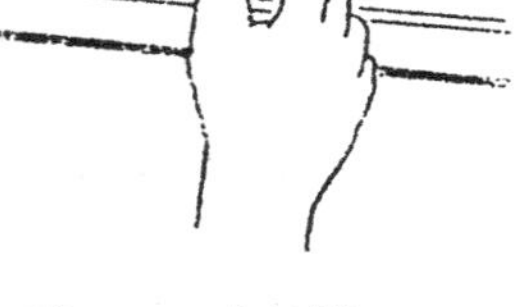

图4.53　出风栅

出风栅是由水平（外层）和垂直（内层）的导风叶片组成的出风口，如图4.53所示。普通空调器用手动调节导风叶片的角度，以调节出风方向。高档空调器设有摇风装置，可自动调节出风方向。摇风装置利用微型自启动永磁同步电动机带动连杆系统，推动导风叶片来回摆动，从而使出风方向随之摇摆。

4.4.2　空气循环系统的工作原理

1. 室内空气循环

离心风机装在蒸发器内侧，构成室内空气循环系统，如图4.54所示。室内空气通过过滤网去尘，吸向离心风机，经蒸发器冷却后，再由风机的扇叶将冷气由风道送往室内。离心风机一般由工作叶轮、螺旋形涡壳、轴承座组成，其结构像理发馆使用的吹风机。由电动机驱动风机叶轮，当叶轮在涡壳中旋转时，叶片之间吸入气体，在离心力的作用下，气体抛向叶轮周围，体积压缩、密度增加，产生静压力；同时加大气流速度，产生动压（提高了动能），使气体由风机口送出。在此情况下，叶轮中心部分形成低压空间，空气不断吸入，形成空气进、出的不断循环。空调器中使用的离心风机，希望噪声低，因此选低转速的，一般为（500～600）r/min。往室内送气的出风栅可以调节出风方向，制冷时调至向上倾斜，制热时调至向下倾斜，以利于空气冷沉、热升的自然对流。

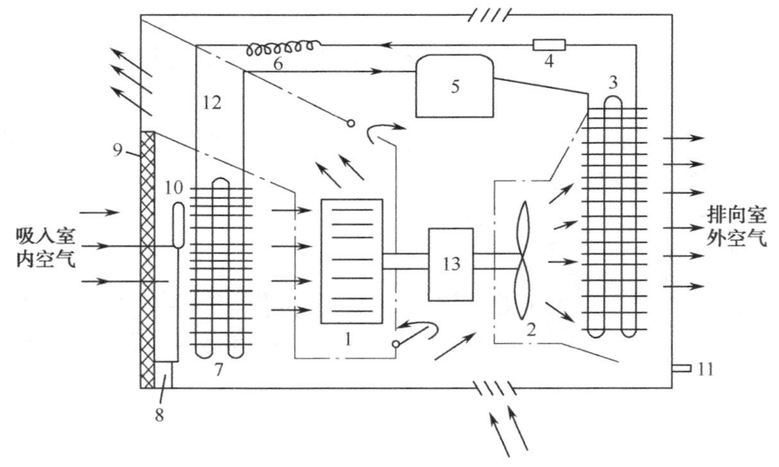

1. 离心风机　2. 轴流风机　3. 冷凝器　4. 过滤器　5. 压缩机　6. 毛细管　7. 蒸发器　8. 温控器　9. 空气过滤器　10. 温度传感器　11. 排水管　12. 风道，向室内送风　13. 电动机

图4.54　空调器的空气循环系统

2. 室外空气循环

由图 4.54 可知，轴流风机装在冷凝器内侧，构成室外空气循环系统。室外空气从空调器两侧百叶窗吸入，经轴流风机吹向冷凝器，携带冷凝器的热量送出室外。轴流风机由几个扇叶和轮筒组成，其结构像生活中的排风扇。空气轴向流动，噪声小，风量大。由于夏季室外温度较高，进入冷凝器的气温高，因而空调器中大多采用压头低、流量大的轴流风机。

风道用铝制薄板构成，与离心风机连在一起，使风机排出的冷空气通过风道方向排往室内。为了使室内更新空气，在风道一端开有一扇小门，污浊空气由此排出；为了给轴流风机补风，又在风道的另一侧设有进风口，从外界补入新鲜空气。由于进来的是室外新鲜热空气，排出的是室内混浊的冷空气，所以会损失一些制冷量。

4.4.3 新型空气净化技术

现代空调在空气净化技术方面已经有了质的突破，除空气滤网、防霉滤网、活性炭除味等技术外，还采用如下技术。

1. 除臭过滤器

除臭过滤器选用最新化学吸附型净化材料，有效脱除空气中含有的一氧化碳、二氧化碳、氨气、有机酸等的各种异味、臭味，同时具有高效杀菌的功能。除臭效果是传统活性炭的 100 倍，具有广谱、高效、稳定、安全四大优势。

2. 静电空气滤清器

静电空气滤清器的滤芯是经过特殊静电处理的纤维网，能够有效地将空气中悬浮的尘埃、花粉微粒和非常细小的微尘（直径 0.01μm）进行吸附。锯齿波纹的外形使过滤吸附的表面积增大 50%以上，效果更为显著。

3. 再生光触媒技术

再生光触媒是由纸、活性炭吸附剂、光敏剂材料组成的。它的工作原理是利用具有多孔特性的载体物质吸附空气中的异味及有害气体，并在紫外线作用下使吸附的有害气体与空气中的氧气发生化学反应，将有毒气体分解后脱离载体，使这一工作过程得以再生。

4. 冷触媒技术

在光触媒技术发展的同时，广东“科龙”集团公司又将先进的冷触媒技术应用在空调上，冷触媒材料在–30～+120℃范围内工作，无须任何附加条件，即能有效分解致癌物质甲醛，消除房间各种异味的有效率达 99%，甲醛分解性能的有效率也达 88%以上，其他性能如霉变、抗菌性能等也完全符合国家有关卫生标准。

5. 采用负离子、换新风等技术

有的空调采用了全新空气负离子发生器，形成携氧负离子，有利于氧气被人体所吸收。此外，有的厂家生产的空调在结构上有换气功能，使室外总有新风进入室内，从而使空气更为清新。

6. 等离子体空气净化技术

以等离子体技术为核心的整体空气净化技术是目前世界上最先进的一种空气净化技术，它主要由生物抗菌过滤层、等离子体发生层、静电吸附层、电极光触霉层组成。对空气进行渐进式过滤，能彻底清除空气中各种异味和有害物质。

生物抗菌过滤层的作用是能吸附空气中尘埃颗粒及有害病菌，30min 内能达到有效率为80%的除尘效果。等离子体发生器的作用是在 650V 高压电击下产生第四种物质状态，释放脉冲能量，利用正、负电极改变尘埃粒子结构，击碎有害分子。静电场吸附层的作用是利用不同极性，使带正电的灰尘更容易吸附在带负电的集电极上，这种作用也叫静电吸尘。电极光触媒层的作用是在集电安全网上进行杀菌物质涂刷处理，并利用放电极发出的光能激活周围氧气和水分子，产生氧化性极强的自由离子基，分解各种有害物质。它具有清除香烟粒子、除尘、除各种异味、除各种真菌、除杂质、除各种花粉、除寄生虫七大作用。

4.5　电气控制系统

空调器的电气控制系统由电动机、继电器、温控器、电容器、熔断器及开关、导线和电子元器件等组成，用以控制、调节空调器的运行状态，保护空调器的安全运行。

4.5.1　电动机

空调器中的压缩机、风扇等器件用电动机驱动，小型家用窗式和分体式空调器都用单相异步电动机，容量较大的柜式空调器多用三相异步电动机，摇风装置和电子膨胀阀多用微型同步电动机或步进电动机。

1. 压缩机电动机

空调器中的压缩机电动机必须具备耐高温、具有较大的启动力矩、能适应供电电压的波动、耐冲击和振动、耐制冷剂和油的侵蚀等性能。常用的压缩机电动机有单相异步电动机和异步变频调速电动机等。

（1）单相异步电动机。空调器压缩机用的单相异步电动机结构与电冰箱压缩机用的电动机基本相同。家用空调器压缩机电动机多采用电容运行式（PSC）。电动机从启动到正常运转的全过程中，副绕组电路中始终都串接一只电容。这样电动机运行性能好，效率和功率因数都较高，工作可靠，但启动转矩小，空载电流大。若瞬时断电再启动时，间隔时间太短，可能会过载，因而必须有过流保护装置。

空调器一般都采用全封闭式压缩机，即将压缩机和电动机组装在同一个封闭的泵壳体内。这种电动机直接暴露在高温高压的制冷剂蒸汽和冷冻油的混合物中，易受到制冷剂、冷冻油及其杂质的分解产物的腐蚀；而且在制冷循环过程中，电动机一直处在振动及制冷剂蒸汽剧烈冲击下（冷热交替冲击和压力波动冲击），因而电动机在电气方面和化学稳定性方面必须可靠。

（2）变频调速异步电动机。若能根据房间空调器负荷的大小平滑地调节压缩机电动机的转速，从而调节制冷（或制热）量的大小，则能降低能耗，提高效率，使电源电压稳定，室

内温度波动减小。变频调速可以实现平滑调速，而且调速范围宽，效率高，反应快，启动电流小，对电网影响小，舒适性能好，是一种节能型的理想调速方法。尤其是热泵型空调器，可以通过调频调速来控制热泵制热的热量的大小，不必受到室外气温的限制，因而大大提高其供暖能力。异步电动机采用变频器实现变频主调速，其基本结构如图 4.55 所示。

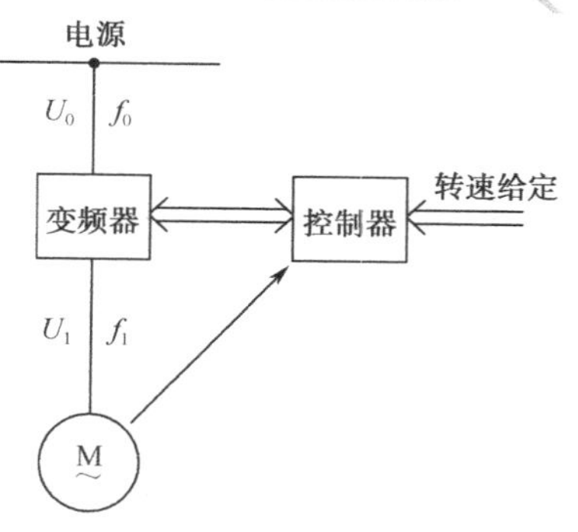

图 4.55　变频调速基本结构

变频器分为直接（交—交）变频和间接（交—直—交）变频两大类。交—交变频器能将恒压恒频的交流电直接变换成电压和频率都可以控制的交流电。而交—直—交变频器则是先用逆变器将工频交流电变成直流电，然后再经过逆变器将直流电变成频率和电压都可以控制的交流电。压缩机的电动机的变频调速通常用交—直—交变频器。

交—直—交变频器有单相和三相之分。单相交—直—交变频器主电路如图 4.56 所示，它用来驱动单相压缩机电动机，而压缩机电动机应采用电容运转方式（PSC），但不必配装运行电容。三相交—直—交变频器的主电路如图 4.57 所示。

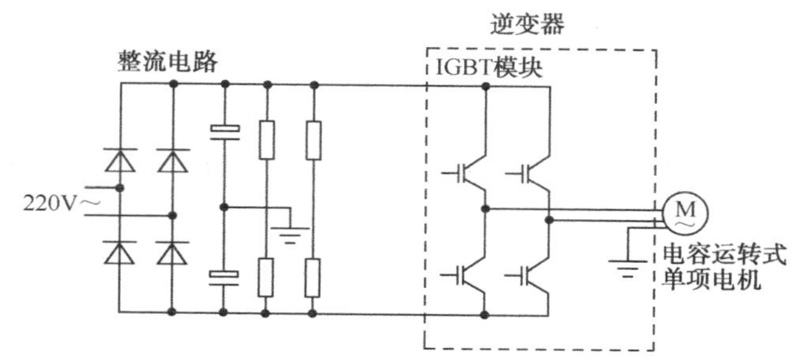

图 4.56　单相交—直—交变频器主电路

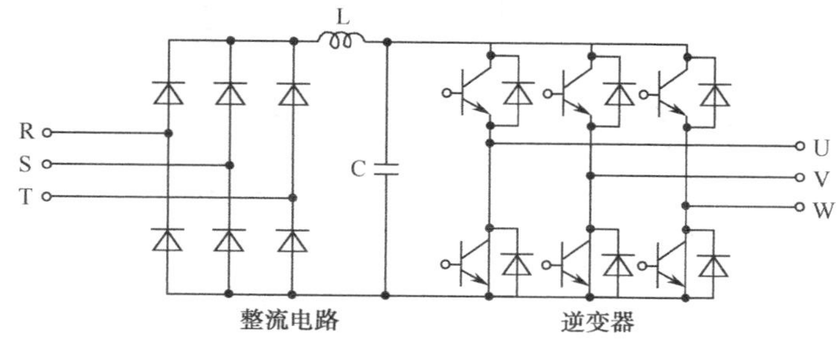

图 4.57　三相交—直—交变频器主电路

2. 风扇电动机

空调器的热交换器用风扇送风，以增强热交换效果。根据使用的需要，电动机须进行调速。调速方法多采用改变电动机定子绕组的匝数来改变主绕组上的工作电压，从而达到改变磁通、调节转速的目的。其接法均可设计为高速、中速和低速 3 个转速挡，也可设计为两个转速挡。它们都是因中间绕组与主绕组串接而产生分压作用，使主绕组的电压降低，从而达到降低转速的目的。

3. 其他装置的电动机

（1）步进电动机。步进电动机是一种将电脉冲信号转换成直线位移或角位移的执行元件，即外加一个脉冲信号于电动机时，电动机就运动一步。脉冲频率高，电动机转速快，反之则慢；脉冲数多，电动机直线位移或角位移就大，反之则小。脉冲信号相序改变，电动机逆转；脉冲停止，电动机即自锁。步进电动机需与专用驱动电源相配套，才能发挥其运行性能。步进电动机通常在电子膨胀阀阀门开度的控制上。

（2）永磁同步电动机。永磁同步电动机分为爪极自启动和异步启动两种类型。空调器出风栅叶摇风装置杆上用的微电动机就属于前一种类型。

4.5.2 启动继电器与过载保护器

1. 启动继电器

启动继电器是单相异步电动机启动的专用部件。依据工作原理可分为电流型启动继电器和电压型启动继电器。

（1）电流型启动继电器的结构及工作原理如图 4.58 所示。其线圈与压缩机电动机的主绕组串联，平时电触点处于常开状态。压缩机刚启动时，启运电流很大，启继电器线圈会产生足够大的电磁力使衔铁向上动作，动、静触点闭合。随着电动机转速的升高，电流下降，线圈对衔铁的电磁力减小，衔铁下落，触点断开，则完成了一次启动动作。

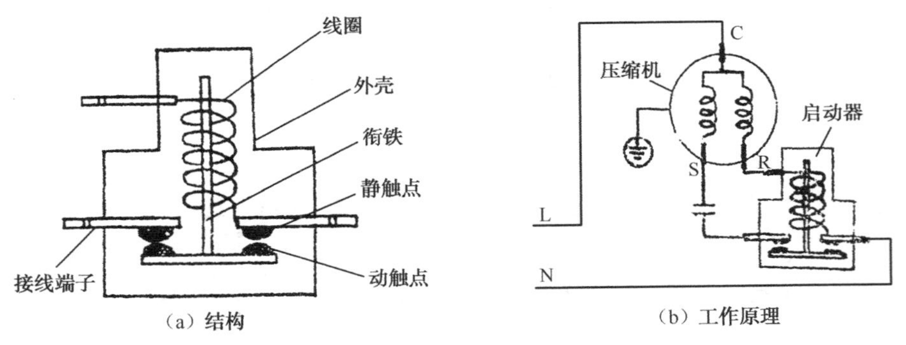

图 4.58 电流型启动继电器

（2）电压型启动继电器的结构及工作原理如图 4.59 所示。这种启动继电器的线圈与压缩机电动机的副绕组并联，常闭触点与启动电容串联。加在启动继电器线圈两端的电压随着电动机转速的增加而增加。当电动机接近工作转速时，线圈上的电压使线圈具有足够的吸力吸引衔铁，使常闭触点跳开，启动电容从电路中断开。当电动机停止转动时，在启动继电器内部弹簧的作用下，常闭触点闭合。

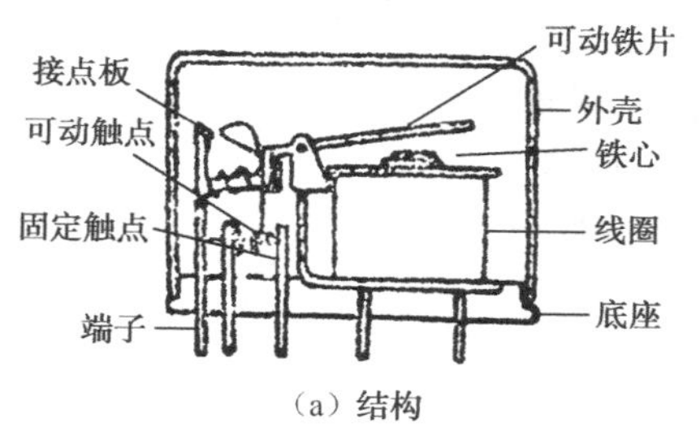

（a）结构

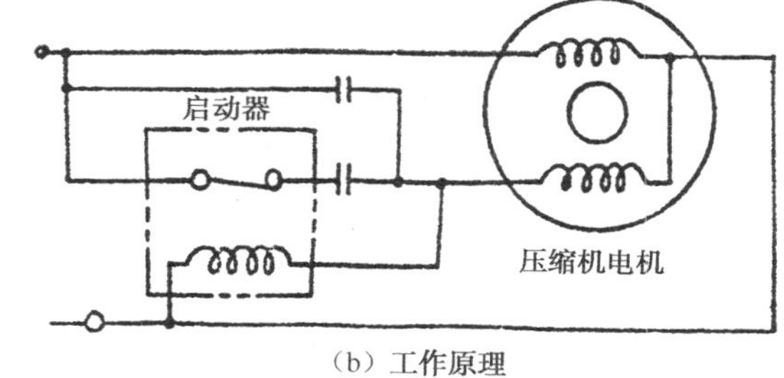

（b）工作原理

图 4.59 电压型启动继电器

2. 过载保护器

过载保护器可防止电动机过载烧坏，一般兼有温度保护和电流保护双重功能。它的结构如图 4.60 所示，它由双金片、壳体、动触点、固定触点、调整螺钉等组成，它安装在压缩机的外壳上，当压缩机超负荷运行或空调器工作时的环境温度超过 43°C 时，保护器就自动切断电源，使压缩机停止运转。

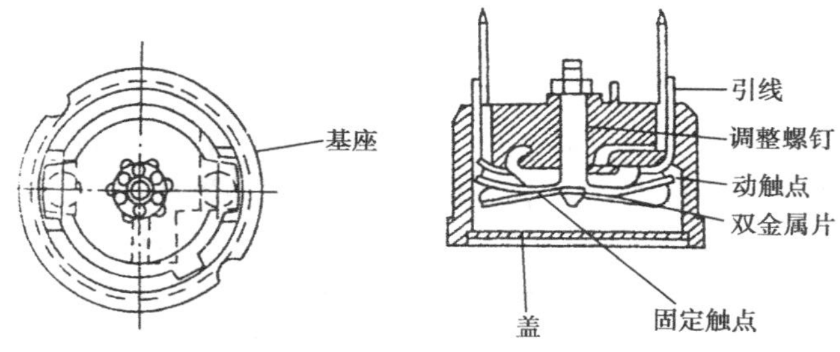

图 4.60 过载保护器结构

4.5.3 主控开关

主控开关也称主令开关或选择开关，通常安装在空调器控制面板上。它是接通压缩机、风扇或电热器的电源开关，也是切换空调器运行状态的选择开关。常见的主控开关有机械旋转式和薄膜按键式两种。机械旋转式主控开关的外形如图 4.61 所示，它由塑料外壳、旋转轴、接线端子及内部多路转换触点组成 。薄膜式主控开关是一种轻触式按键开关，性能稳定、外表美观，近年新生产的空调器多采用这类开关。这两种主控开关的电气性能基本一致，图 4.62 所示为主控开关的电气符号。

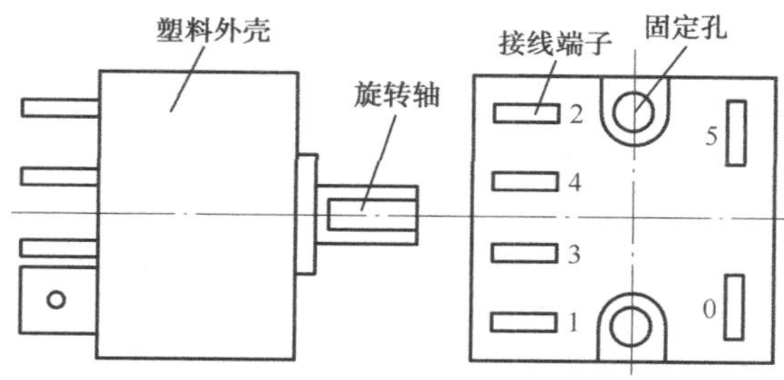

图 4.61 机械旋转式主控开关

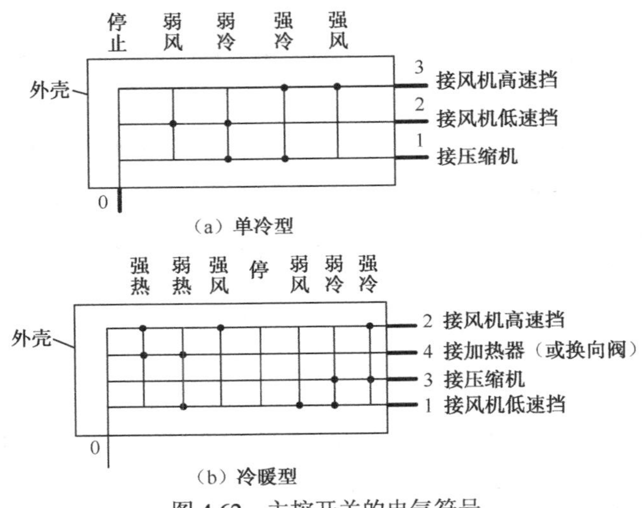

图 4.62 主控开关的电气符号

4.5.4 温控器

1. 温控器的功能

温度控制器（简称温控器）。空调器中的温度控制器可对房间的温度进行自动控制，使空调器房间的温度保持在某一个范围内。空调器上常用的温控器有如下 3 种：

（1）波纹管式温控器。窗式空调器上多采用这种温控器。这是一种压力式温控器，其外形和结构如图 4.63 所示。感温包、毛细管和波纹管中充有感温剂。感温包置于空调器回风口，能直接感受室内温度。当室内温度发生变化时，波纹管伸长或缩短，通过杠杆结构控制微动开关的开、关，进而控制压缩机的转、停，使室温保持在一定范围内。

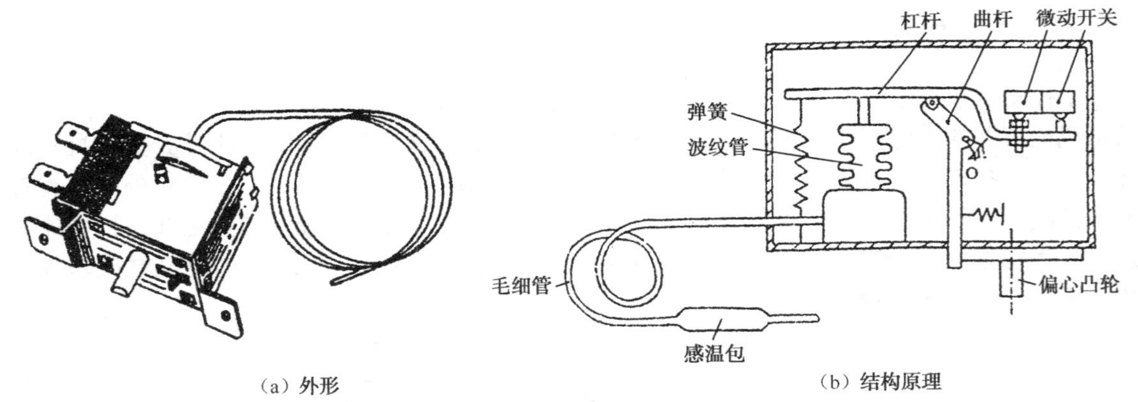

图 4.63 波纹管式温控器

（2）膜盒式温控器。膜盒式温控器的结构如图 4.64 所示，膜盒式与波纹管式温控器的结构类似，作用原理相同，只是把波纹管改为膜盒。

（3）电子式温控器。这种温控器通常以具有负温度系数的热敏电阻作为感温元件，并与集成电路配合使用。为了提高温控器的灵敏度，常将热敏电阻接在电桥电路中，作为电桥的

一个臂，如图 4.65 所示。图中 Rt 为热敏电阻，其他电阻为定值电阻，J 为继电器。其工作原理与电冰箱上用的电子式温控器相同。

2. 温控器的分类

依据温度控制器的结构可分为压力式和非压力式两大类。采用压力作用的温控器有波纹管式、膜盒式温控器；非压力式的温控器有电子温控器。

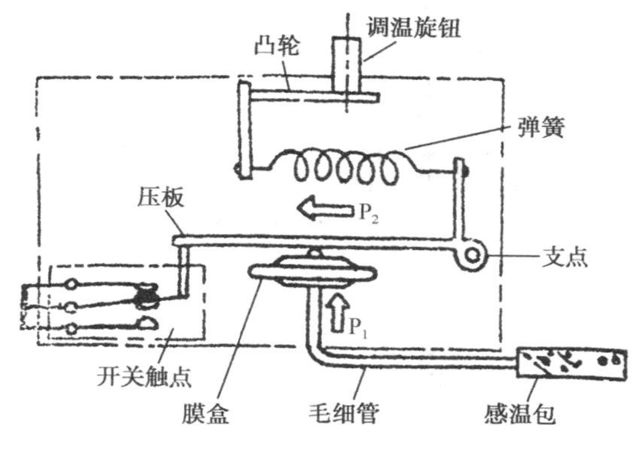

图 4.64　膜盒式温控器

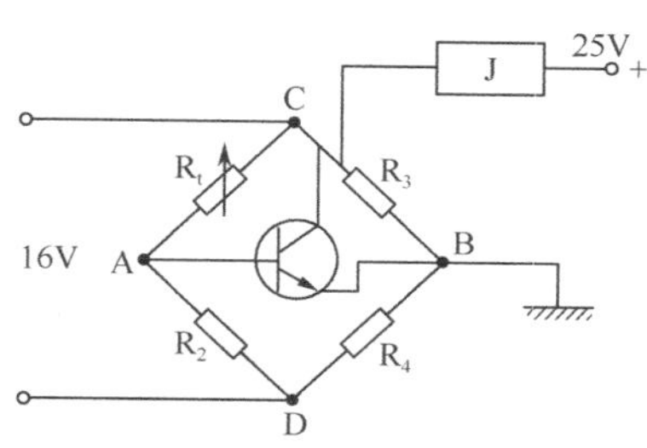

图 4.65　电子式温控器热敏电阻电路

4.5.5　化霜控制器

1. 功能

一般制冷型空调器没有这个部件，对于热泵型空调器冬季制热时，由于室外温度较低，蒸发器表面温度可达 0°C 以下，蒸发器表面可能结霜，厚霜层会使空气流动受阻，影响空调器的制热能力。除霜的方法一般有两种：一种是停机除霜，使霜自己融化，这种方式在温度较低时不行，且融霜时间较长；另一种是制热除霜，即换向阀改向，使室外侧的蒸发器转为冷凝器。

化霜控制器也是利用温度控制触头动作的一种电开关，它是热泵制热时去除室外热交换器盘管霜层的专用温控器。其化霜方式一般为逆循环热化霜，即通过化霜控制器开关触点的通、断，使电磁换向阀换向。

2. 家用空调器上常用的化霜控制器

家用空调器上常用的化霜控制器主要有波纹管式、微差压计和电子式化霜控制器。

（1）波纹管式化霜控制器。其工作原理与波纹管式温控器相同，其外形如图 4.66 所示，感温包贴在蒸发器表面，当感受温度达到 0℃时，将换向阀的线圈电路切断，将空调器改成对室外制热运行。经除霜后、室外蒸发器表面温度逐渐上升，当感温包达到 6℃时，接通换向阀线圈电路，又恢复对室内的制热循环。在化霜期间，室内风机停转。

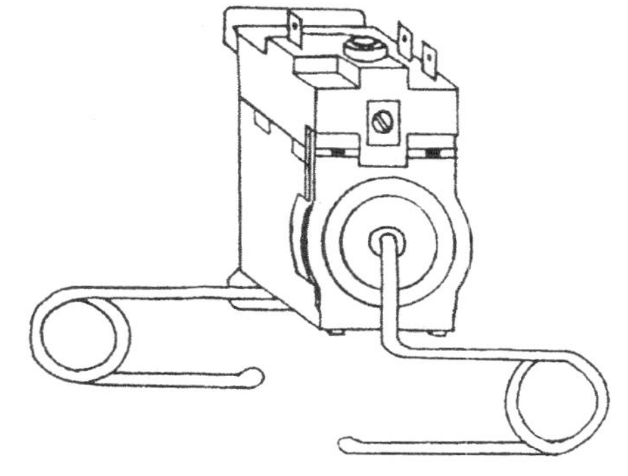

图 4.66　波纹管式化霜控制器

（2）微差压计除霜控制器。它利用微差压计感受室外热交换器结霜前后的压差来自行控制。如图 4.67 所示，高压端接在室外热交换器的进风侧，低压端接出风侧。热交换器盘管结霜后，气流阻力增加，前后压差发生变化，从而接通化霜线路，使电磁换向阀换向化霜。这种化霜方式仅与盘管结霜的程度有关，因而化霜性能好。

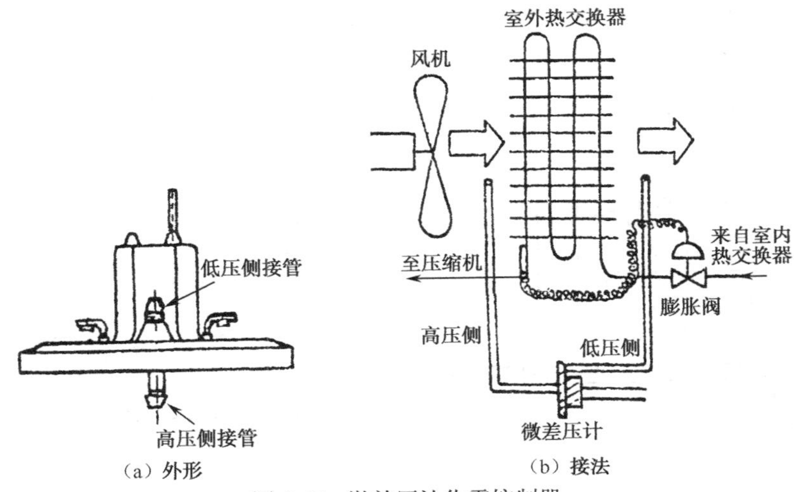

（a）外形　　（b）接法

图 4.67　微差压计化霜控制器

（3）电子式化霜控制器。电子式化霜控制器是通过温度和时间两个参量来控制化霜的。它先通过热敏电阻来感受室外热交器盘管表面的温度，并以此来控制电磁换向阀的换向；同时，通过集成电路来控制化霜的时间。若热泵型空调器还常有辅助电热器，化霜期间还可以在集成电路的控制下，启用电热器，并向室内吹送热风。

4.5.6　压力控制器

1. 功能

压力控制器又称压力继电器，它是监测制冷设备系统中的冷凝高压和蒸发低压（包括油泵的油压），当压力高于或低于额定值时，压力控制器的电触头切断电源，使压缩机停止工作，起保护和控制作用。

2. 分类

压力控制器有高压控制器和低压控制器两种，也有将高、低压控制器组装在一起的。高压控制器安装在压缩机的排气口，以控制压缩机的出口压力。低压控制器安装在压缩机的进气口，以控制压缩机的进口压力。

（1）波纹管式压力控制器。KD 型高低压控制器就是一种传统的波纹管式压力控制器，其工作原理如图 4.68 所示。高压气态制冷剂和低压气态剂通过连接管道，分别进入压力控制器的高、低压气室，使波纹管对传动机构产生一定的作用力，这个作用力与传动机构弹簧弹力相平衡。当压缩机排气侧的压力过高或吸气侧压力过低时，都会打破上述平衡状态，使开关触头动作，切断压缩机电源。转动压力调节盘，可以调整弹簧的弹力，从而可以调节压力的控制值。

（2）薄壳式压力控制器。薄壳式压力控制器的性能优于波纹管式压力控制器，其外形与工作原理如图 4.69 所示。进入压力控制器压力室的气态制冷剂压力超过限值时，薄壳状膜片就会产生一定的位移，从而推动传动杆，使开关触点闭合或断开。这种压力控制器既可用于过压保护，也可作为防泄漏保护。

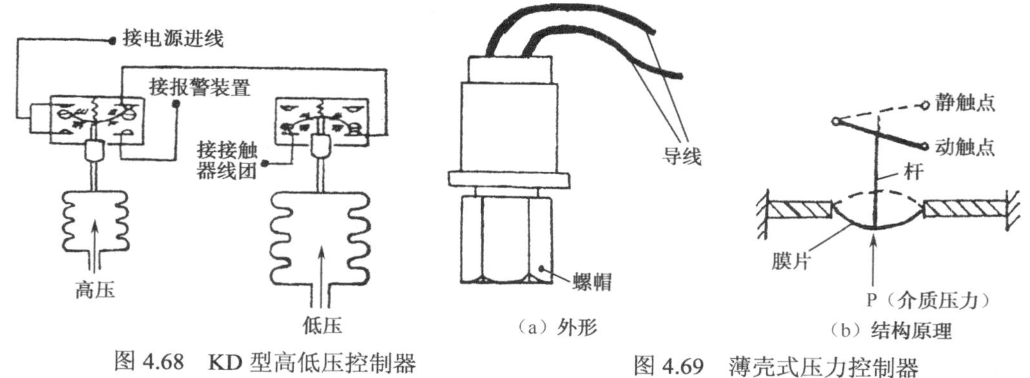

图 4.68 KD 型高低压控制器　　图 4.69 薄壳式压力控制器

4.5.7 遥控器

遥控器通常用红外线作载体，发送控制信号。它由遥控信号发射器和遥控信号接收器两个部分组成。

1. 遥控信号发射器

遥控信号发射器是独立于空调器本机的键控开关盒，故又叫遥控开关。其原理框图如图 4.70 所示。键盘由矩阵开关电路组成。开关盒内的 IC1 扫描脉冲和键盘信号编码器构成键命令输入电路。当按下某个功能键时，相应的扫描脉冲通过键开关输入到 IC1，使 IC1 内的只读存储器中相应的地址被读出，产生相应的指令代码，再由指令编码器转换成二进制数字编码指令。而指令编码器输出的编码指令送到编码调制器，形成调制信号。调制信号经缓冲级到激励管，由 VT1，VT2 组成的红外信号激励级放大到足够的功率，去驱动红外发光二极管，发射出经调制的指令信号。

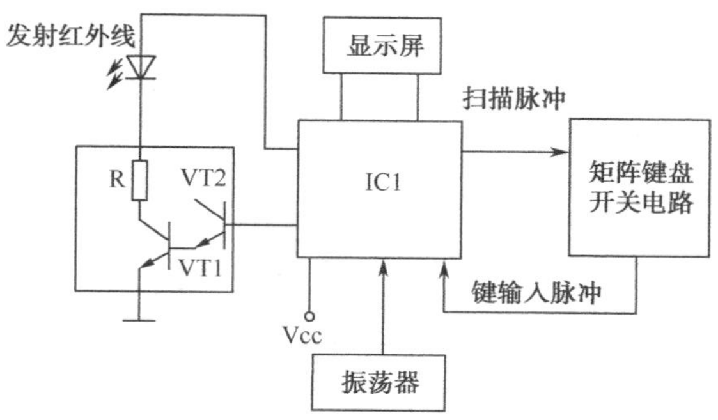

图 4.70 遥控信号发射器原理框图

2. 遥控信号接收器

遥控信号接收器装在空调器本机面板内，其原理框图如图 4.71 所示。当红外指令信号被接收器的光敏二极管接收后，光敏管将光信号转换成电信号。该信号经放大增益、限幅、滤波、检波、整形、解码后，输出给有关电路，执行相应的功能。

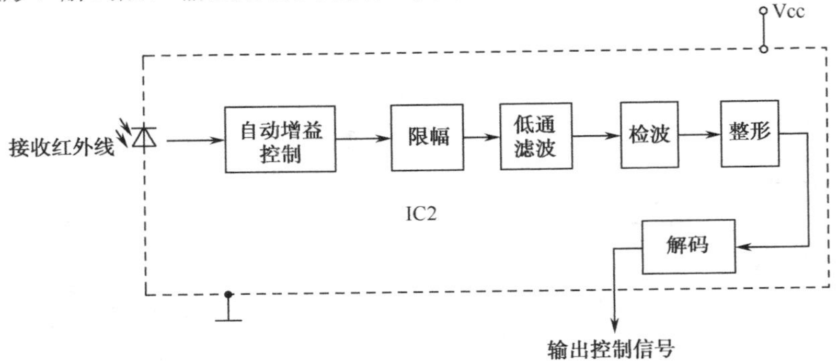

图 4.71　遥控信号接收器原理框图

4.6　控制系统

空调器的控制系统主要由电源、信号输入电路、电脑芯片、输出控制（室温给定、运转控制）和 LED 显示等组成。这里介绍几种不同类型的空调器控制系统的基本结构。

4.6.1　窗式空调器的控制电路

1．电路组成

窗式空调器的控制系统主要由电脑芯片、驱动电路、显示器、继电器、电源及各种传感器组成。图 4.72 是一种窗机遥控器的典型电路，这种遥控器采用集成电路μPD6121 做芯片电路，外围元器件很少。

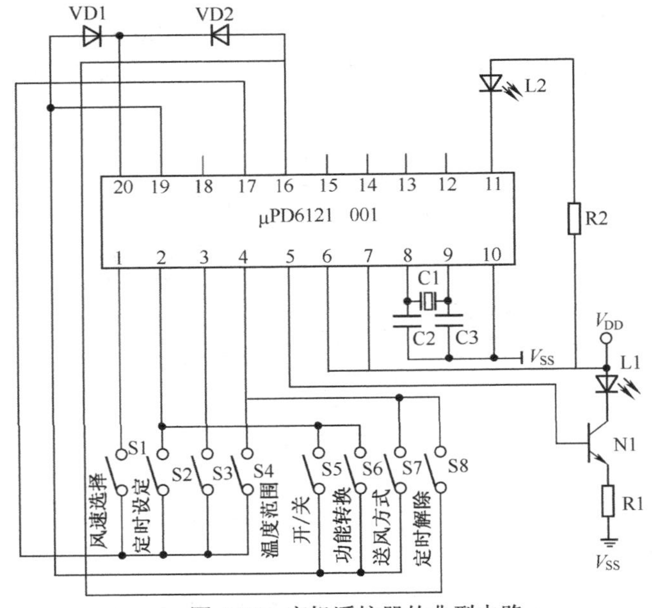

图 4.72　窗机遥控器的典型电路

电路中，S1～S8 为功能键。使用者按键时，遥控器芯片相应引脚得到脉冲电压，经处理后由 5 脚发出经过编码的脉冲信号，这个信号加到三极管 N1 的基极，控制红外发光管 L1 发出红外线信号。不同按键按下后，电路发射的红外线信号编码是不同的。

2. 工作原理

图 4.73 是一种典型的电脑控制窗式空调器电路。控制电路中，芯片发出的指令是通过相应引脚电平高低变化来表现的，一般说来，由于引脚不能输出大的驱动电流，所以指令不能直接控制压缩机等大功率元件的动作。为了将芯片发出的指令付诸实施，系统内设有驱动电路，由它来带动继电器的动作，就能直接控制空调器部件工作了。

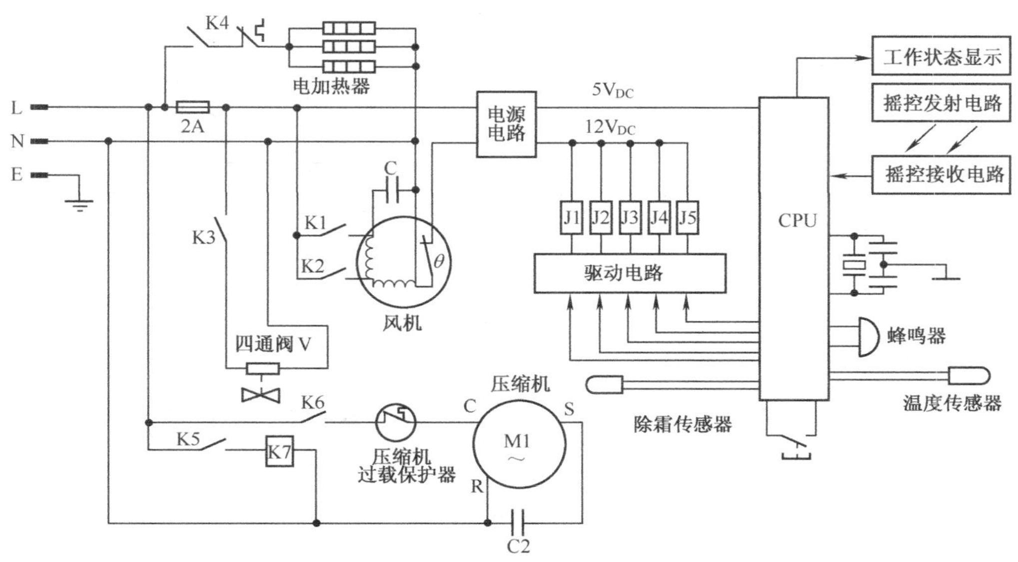

图 4.73　电脑控制窗式空调器电路

4.6.2　分体壁挂式空调器的控制电路

分体壁挂式空调器的控制电路由室内外机组控制电路和遥控器电路组成。遥控器发射控制命令，控制电路中电脑芯片处理各种信息并发出指令控制室内机组与室外机组工作。

1. 17202A 芯片液晶显示遥控器

图 4.74 所示是以 NEC17202A 芯片为核心的液晶显示遥控器电路。17202A 芯片是 NEC 公司产品，为 4 位微处理器，有 64 条引脚。芯片的 1～25 脚、62～64 脚用来驱动 LCD（液晶显示）；28～43 脚为 I/O 接口，用于按键扫描，控制信息由这里输入；45 脚用于控制红外线发射，该脚输出的是调制波。液晶显示屏有两个电极，由于加固电平易损坏液晶，因此两极间加的是脉冲信号。

遥控器有 3 种工作状态：一是正常工作状态，这时电路的主副时钟同时工作，电流为毫安级；二是休眠状态，这时电路仅主时钟工作，电流不到 1mA；三是停止状态，这是只有副时钟振荡电路工作，电流小于 80μA。

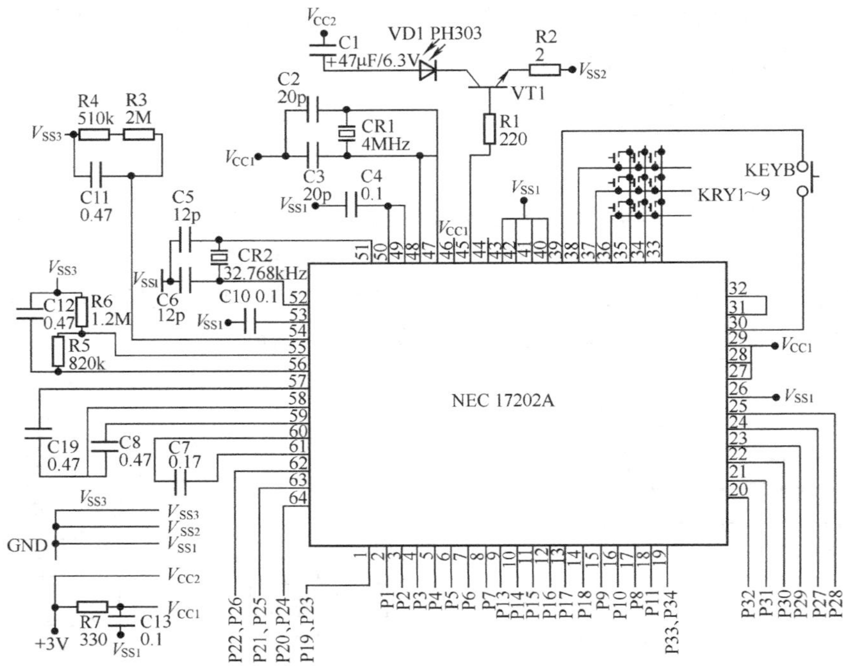

图 4.74　NEC17202A 液晶显示遥控器电路

2. 热泵型空调器控制电路

图 4.75 是热泵型分体式壁挂式空调器室内外机组的控制电路简图，电路具体工作过程如下。

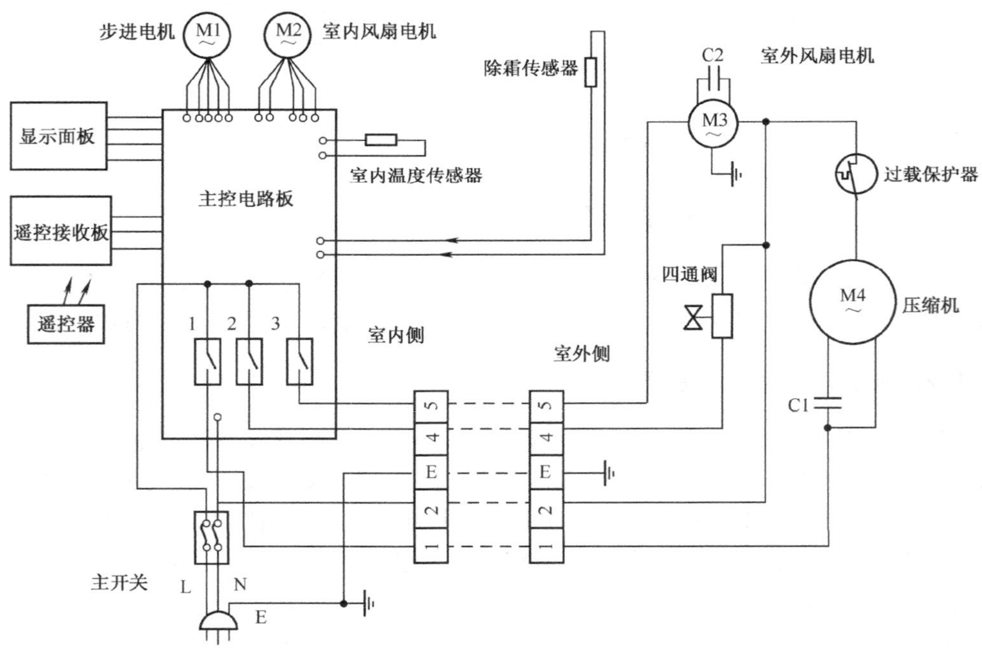

图 4.75　热泵型壁挂式空调器控制电路简图

（1）制冷运行。制冷运行的温度设定范围为 20～30℃，当室内温度高于设定温度时，电脑芯片发出指令，压缩机继电器吸合，通过室内外机组的信号连线送出信号，于是压缩机、室外风扇运转。制冷运行时室内风扇始终运转，可任意选择高、中、低挡风速。当室内温度低于设定温度时，压缩机、室外风扇停止运转。

（2）湿运行。当选择抽湿工作方式后，空调器先制冷使室内温度达到遥控器指定的温度，然后转入抽湿工作方式。抽湿时，室内风扇、室外风扇和压缩机先同时运转，当室内温度降至设定温度后，室外风扇和压缩机停止运转，而室内风扇继续运转 30s 后才停止。风扇停转后，室温将慢慢回升，但相对温度已经变小了。5min 后再同时开启室内外机组，如此循环进行。与正常制冷状态相比较，抽湿运行时室温降低速度较慢，而空气中的水分却能较多地在蒸发器上凝成水滴排出。在抽湿运行时，室内风扇自动设定为低速挡，而且睡眠、温度设定等功能键均有效，如果遥控器发出变换风速的信号，空调器可接收信号，但并不执行。

（3）送风运行。送风运行时，可任意选择室内风扇自动、高、中、低挡风速，但室外机组不工作。

（4）制热运行。空调器制热运行后，可在 14～30℃范围内以 1℃为单位设定室内温度。当室内温度低于设定温度时，压缩机继电器、室外风扇继电器吸合，空调器开始制热运行。制热运行中，当室外机冷凝器温度小于（或等于）20℃时，室内风扇停转；当冷凝器温度高于 28℃时，室内风扇运转。

此外，为了提高制热效率，电脑芯片会根据室外铜管的温度及压缩机的运转情况来判断空调器是否需要除霜。在除霜时，压缩机运转室外风扇，室内风扇停止工作，待除霜结束后再恢复工作。

（5）自动运行。空调器进入自动运行工作方式后，室内风扇按自动风速运转，芯片根据接收到的外界信息自动选择制冷、制热或送风运行。

4.6.3 柜式空调器的控制电路

柜式空调器的控制电路结构如图 4.76 所示。与分体壁挂式空调器相比柜机的功率往往更大，有的要使用 380V 三相电源供电。柜机的控制系统功能更多，并增加了显示面板，通常用液晶显示器和 LED 发光管两种形式，来显示空调器的运转方式。

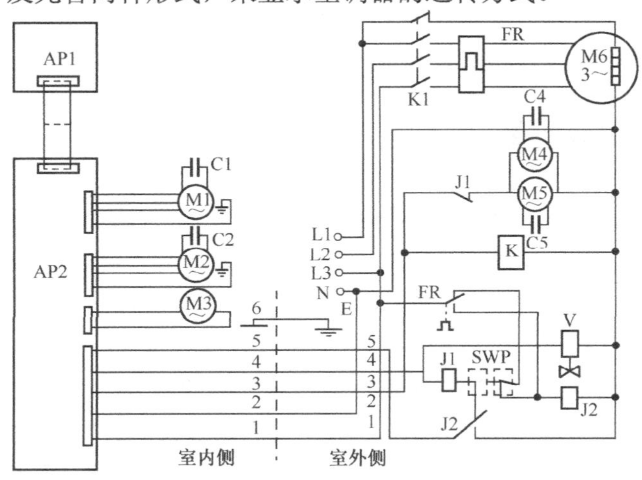

图 4.76 柜式空调器控制电路简图

图中，M1、M2 为室内风扇，M3 为导风板电动机，M4、M5 为室外风扇，C1、C2、C3、C4、C5 为风扇电动机电容器。AP1 为显示面板，一般装在柜机正面，并有精致的装饰框。AP2 为主控板，装在室内机中。J1 为继电器，K1 为交流接触器，FR 为热继电器，P 为高压控制器，SW 为除霜温控器，V 为四通阀，M6 为压缩机。此外，L1、L2、L3 代表三相交流电源（380V、50Hz）接线端，N 代表零线，E 代表接地线。

当空调器正常制冷时，L1、L2、L3 为 380V 三相电源输入，作为压缩机供电线。C 线是压缩机控制线，电压为 220V，V 线为 0V。此时，交流接触器 K1 的线圈得电，K1 的常闭触点断开，切断压缩机的预加热，而常开触点闭合，压缩机风扇运转。此时 S 线为 220V。当空调器正常制热时，C 线为 220V，V 线也为 220V，四通阀吸合，压缩机、室外风扇运转。此时 S 线也为 220V。因此，在正常的制冷、制热运行时，S 线总为 220V，这也是判断空调器工作是否正常的依据。

同时，柜式空调器控制系统中有较完善的保护电路。当经过热继电器 FR 的电流超过规定值时，FR 的常闭触点就会跳开，常开触点吸合。而当系统压力过高时，高压控制器 P 的触点也会跳开。因此，只要出现上述任意一种情况，就可使继电器 J2 的线圈通电。J2 动作使 S 线电压为零，这时空调器不能正常工作，显示面板上就会出现故障提示。

柜式空调器在制热运行时，也需要不定时的除霜来提高制热效果，要使空调器除霜运行，必须具备以下两个条件。

（1）室外热交换器管路温度低于−10℃。这时除霜控制器动作，继电器 J1 的线圈接在 V 和 L 两线之间。由于这两条导线的电压都是 220V，两线之间并没有电压，所以 J1 线圈不通电。

（2）制热运行 50min 以上。当这两个条件同时满足时，主控电路板发出指令使室内风机停转，四通阀断电，则 V 线电压变为零，因而 J1 的线圈通电，J1 的常闭触点断开，使室外风扇也停止运转。此时，只有压缩机工作，空调器进入除霜运行。当室外热交换器管路温度回升使除霜控制器复位，或者除霜运行时间在 10min 以上时，主控电路板发出指令，室内风扇运转，四通阀通电，室外风扇也运转，空调器开始制热运行。

在维修时，应先检测 S 线所处的状态。当 S 线电压为零时，就应该检查热继电器、高压控制器等保护装置是否动作。如果 S 线电压为 220V，但空调器压缩机不工作，则故障很可能为交流接触器触点损坏。这在柜式空调器中比较常见，通常是由于电源电压过低引起的大电流或者触点频繁吸合、断开引起的拉弧烧毁触点。

4.7 空调器的安装

为了保证空调器的安全运行，充分发挥空调器的制冷（热）能力和延长空调器的使用寿命，空调器无论是新装、还是拆下检修后重装，都必须进行正确的安装。

4.7.1 对电源线和地线的要求

为了空调器的安全运行，安装空调器时对电源和地线都有具体要求。

（1）目前空调器的产品大多为单相电源，工作电流较大，电源线要使用专用动力线，不能使用照明线，否则大电流会使电源线过热烧毁，甚至引起火灾。若有多台空调器并联运行时，更要配以足够截面积的电源线，同时还要注意电路上三相负载的平衡问题。

（2）安装空调器必须可靠接地。目前，新建楼房一般都安装了公共接地线，或由供电部门专设了“保护接零”线。这种楼房的用户，只要把空调器电源线的三芯插头直接插进三芯插座即可。老式建筑物一般没有安装地线，必须自己安装地线。住在一楼的用户，可采用40mm×4mm 的扁钢或 50mm×50mm×4mm 的角钢，埋入地下深 1m 左右，用接地线引入室内，装接三芯插座即可。如住高层，可利用自来水的金属管，作为安全接地保护。从自来水管上引出的接地线，要用接线卡子与水管卡牢，以保证良好的导电。而排水管、暖气管和煤气管绝不允许做接地线用。

4.7.2 窗式空调器的安装

1. 安装位置的选择

窗式空调器的安装位置可根据房屋的结构、朝向、室内陈设等决定，可以安装在窗口，也可以采用穿墙的办法。安装方向以没阳光直射的位置为最佳，其中北面最好，东面较好，南面次之，若由于地理位置限制，只能在西面安装时，必须加装遮阳板。

由于窗式空调器采用风冷式冷凝器，且位于空调器外侧，若阳光直晒冷凝器，则会使冷凝压力及温度升高，结果是压缩机制冷量减小，耗电量增大，负荷加大，电流也增加，长期过载，且过载保护器因长期频繁动作可能会使触点烧结，失去保护功能，从而导致烧毁压缩机。

遮阳板的位置，既要遮住直射阳光，又不能挡住空调器排出的热气流，使之畅通无阻地把热量散发到大气中去。国内有许多用户，出于保护空调器的目的，把空调器后部也盖住了，这是绝不允许的，它会使冷凝器热量散发不出去，致使空调器不能正常工作。

空调器的安装高度以 1.5～2m 为宜，这样便于操作和维护，过高或过低还会影响冷、热气流的对流。此外，空调器应远离门，以减少开关门的振动的影响及冷气对外短路；要远离热源，如炉子、暖气。热源会使周围空气温度上升，造成冷却冷凝器的空气温度上升，影响冷凝器工作，使空调器制冷量下降，耗电量增加，一般若周围空气温度超过 43℃，空调器便不能工作。

要选择具有足够强度的、能承受机器重量的安全场所。不要把机器安置在有可燃性气体漏泄之处，以免空调器中的电火花引起火灾。若空调器用于空气中含有油分（包括机油）、临近海滩而含有盐分或临近温泉而含有硫分的空气环境，往往会引起故障。

2. 安装步骤和方法

安装时应备有支架，以便于固定。室外部分应有遮阳防雨板，该板至少伸出空调器后部20cm 左右。可按以下步骤进行安装。

（1）做一个尺寸比空调器外形稍大的木模型，木框选用结实的木料。为防止振动和噪声，在木框与空调器接触部位衬以橡皮、海绵、泡沫塑料、毛毡类缓冲垫。

（2）在窗或墙上开稍大于木框外形尺寸的孔。在墙上打孔时先从四角开始，以免墙壁受伤，特别要保护室内的完整。砂浆外敷的硬墙可用金刚石削刀切割。若墙的厚度大于 30cm，必须将遮住吸风百叶窗的砖墙削去以保证吸风通畅。

对混凝土钢窗结构的楼房，不宜将空调器放在室内窗台上。这样做，冷却冷凝器的热气流可全部排至窗外，但两侧吸风百叶窗处于室内，则冷却冷凝器的空气来自室内。这对室温降低不利，而且浪费电力。安装时还应注意，若空调器后部有砖墙或其他障碍物，与空调器的后部距离应大于1m，以利于散热。

（3）用角钢或木条做两个三角形支架。支架一左一右安装在墙上，原则上要求水平安装，但为了有利于冷凝水流出室外，可略微向后倾斜。

（4）打开空调器的包装箱，检查主体、附件及备用件。拧下连接机壳和面板的螺钉，取下面板，把空调器底盘和主体向前拉出。将机壳放进安装框里，两侧的进风百叶窗必须露在墙外，并保持良好的通风。壳体四角的空隙，用泡沫塑料、海绵、毛毡类材料封严，然后用螺钉把壳体固定住，把空调器的主体推到固定好的壳体里面。

（5）大多数空调器在其背面的排水口上接排水管，把空调器析出的水引到适当的位置排放。

4.7.3 分体壁挂式空调器的安装

分体壁挂式空调器室内机组挂于壁上，富于装饰性。其室内机组和室外机组连接管如图 4.77 所示。一般随机备好连接管和电线（在 5m 以内），超过标准长度时需自配管件和导线，并按规定追加制冷剂。

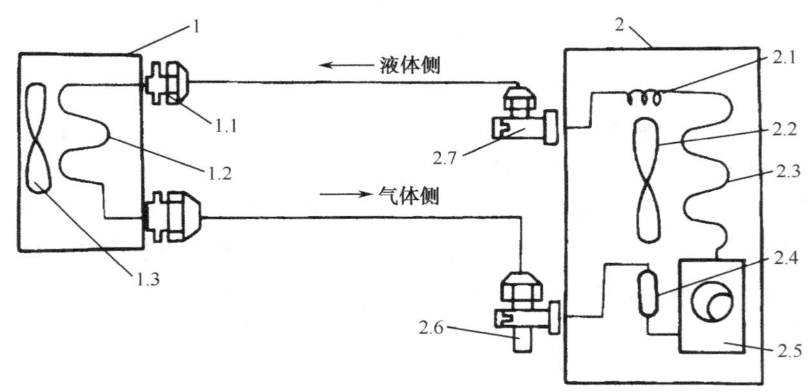

1. 室内机组　2. 室外机组　1.1. 联按螺母　1.2. 蒸发器　1.3. 风扇　2.1. 毛细管
2.2. 风扇　2.3. 冷凝器　2.4. 储液筒　2.5. 压缩机　2.6. 三通阀　2.7. 双向阀（或三通阀）

图 4.77　分体壁挂式空调器的连接

1. 选择室内机组的位置

室内机组悬挂在阳光照射不到的地方，高度以离屋顶 0.1m 处为佳。应安装在坚固的墙面上。在木板墙或石膏板墙上安装时需自配管件和导结，要事先弄清墙内的木龙骨，若木龙骨的间距过大，可在木龙骨间另外加设方木。安装处要能承受装置的重量，并有足够的强度。

安装地点要尽量靠近电源和室外机组，以减少接管和接线的长度。要考虑冷凝析水的方便，要给维修和清洗空气过滤器以一定的空间，如机组前不应有障碍物。空调的位置应使室内形成合理的空气对流，即能使冷气吹到房间的各个角落。机组送风口不要直接向人吹风。在送风口和吸风口周围，不应有妨碍通风的障碍。

2. 选择室外机组的位置

室外机组是空调器的压缩机、风扇等所在处，安装的位置既要牢固、防震，又要通风良好，要放置在阳光不直接照射、远离热源及可燃气体泄漏的地方。安装时其周围要留有一定的空间，空气进出口要有足够的宽度，不妨碍通风。要保证冷凝析水顺利排出。

3. 安装的步骤和方法

当空调器直接安装在墙面上时，要准确找好墙内的支柱和龙骨。若安装在混凝土墙上，需要预埋螺钉，然后利用空调器安装面板上已开好的孔洞进行固定。若为一般砖墙，可按照安装面板上的孔洞位置，在墙上做好标记，然后在墙上用钻钻出孔洞，塞上木塞，最后用木螺钉拧入固定好的面板。在固定好安装面板以后，即可将室内机组悬挂在上面。悬挂时，通过面板的中央孔，绑上线和重锤，用来找水平。

室外机组的固定和室内外机组管的连接方法与分体落地式空调器的安装方法相似。

4. 试机

在全面检查机组制冷系统和电气接线无误后，全部打开粗、细管阀门，启动机组，检查漏点以及有无强烈振动、异常声音。有条件的，应测压力、温度、电流等值是否正常；试验排水是否正常；听一下电磁阀及制冷剂回流声；触摸回气管、排气管、压缩机部件的冷热程度；全部取掉面板和过滤网，可以观察到蒸发器及毛细管的析水挂霜情况。

4.7.4 柜式空调器的安装

1. 选择安装位置

- 室内机组应远离热源，避免阳光直射；
- 室内外机组应尽量靠近；
- 进排风应畅通无阻；
- 要考虑室内、室外机组地脚固定及减振的措施，并注意安全。

2. 安装方法

确定安装位置后，应根据实际情况确定连接管、导线、排水管是从左侧、右侧还是背面走向室外。确定打孔位置，墙孔应向外倾斜，以使排水畅通。室内、室外机组之间的制冷剂管道、排水管、导线捆在一起，注意让排水管在最低位置，以利排水。不应使管道严重变形。室内机组要固定牢靠，机组上部一般有随机配带的安装板，使之与墙固定，机组下方可制作一个支架，利用下部的安装板与机组螺钉固定。

室外机组在选定位置以后，要做好安装底座，可用厚木板或工字钢做底座，用螺钉或射钉枪及膨胀螺栓等固定在机组的底座上。

室内外机组的连接管道和电线需穿墙而过时，必须在墙壁上穿孔。首先在安装板的切口部分，确定墙上的开孔位置。上下位置可以通过切口上面的箭头标记而确定，左右位置可由切口部分的中央位置确定。在确定位置后，可用电钻在墙上打孔，孔洞要有一个由内向外的倾斜坡度，便于冷凝析水排出。

墙洞打好后，可将原机所带的塑料螺纹圆形套筒插入，以保护内部通过的管道和导线、排水管等。若原机没有带穿墙塑料圆形套筒，可选用其他塑料套筒代用。绝不允许不加套筒穿墙安装，因为在没有套筒保护的情况下，室内外机组的连接管道和导线会受到损坏。

连接管道可从背后、左右、下侧等不同方向引出。从背后引出时，先用胶带将制冷剂管路、排水管和电线固定好。排水管一定要放在制冷管的下部。若从左右两侧引出，可先将机壳两侧下部有切口的部分切下，以使管道能从左右两侧弯曲引出，冷凝水管不要放在制冷剂管下部，以防挤压，可并行放置，这点与背后直接引出式不同。

用毛毡包带或泡沫塑料带将管道、排水管牢固地包扎起来。包带缠绕交叠部分的宽度应不少于包扎带宽度的一半。包扎带的末尾端部，要用布带紧紧捆牢。

室内外机组有两支制冷剂管道需现场连接，粗管为低压管（气管），细管为高压管（液管）。接管时，先将原机所带的制冷剂管慢慢展开，要旋转展开而不要反复弯曲、修直，以免将管子压扁、拆裂。用快速连头连接时，一定要准备专用的转矩扳手。转矩扳手的规格要与制冷剂管的管径相匹配。连接时，先去掉接头上的防尘盖，确实将两个接头主体的中心对准，然后进行连接，连接必须一次成功，否则会无法使用。

先从低压管（粗管）连接，连接时要用两只扳手，一只是活扳手或死扳手；一只是转矩扳手。一只手用扳手将管接头卡紧不动；另一只手用转矩扳手操作，不断地均匀用力转动，当听到“咔咔”声时，即表明已紧固完毕。高压管（细管）的接头连接方法与低压管（粗管）的连接方法相同。在接头紧固之后，可用肥皂水涂抹在接头处检漏。若有泄漏，可听到“丝丝”声和看到气泡。表明接头不严，应重新紧固。若接头连接良好，应立即将其保护包扎起来。可用原机所带的隔热材料，也可用泡沫塑料带包扎，然后用胶带绕紧缠牢。排水管一般先用塑料软管，有的则需要安装时自备。为保证排水通畅，必须使之向下倾斜，不允许有存水弯。

为管端扩口。先用管道切割机切割管子，并锉平端面，把连接螺母套进铜管。扩口时，管端离扩口板高度为0.5～1mm，可得到光滑整齐、厚薄均匀的喇叭口。

室内、外机组安装固定后即进行管道连接。管道连接完毕必须通过控制阀门的开闭，利用室外机组的制冷剂来排除室内机组及连接管道中的空气。

运行前，必须把控制阀门的两个阀全部打开，使制冷系统的通道畅通。接通电源，在制冷运转方式下运行，观察室外机组的散热情况。15min 后，再检查室内外机组的排进气温差是否大于 8℃。有条件的，安装完毕时应向蒸发器的凝析水接水盘中注入一些水，观察排水是否通畅。确认安装完成后，用油灰将墙上洞孔缝隙充填好并用夹具将管道固定。

柜式空调器多采用 380W 三相四线制供电。在施工中要注意周围的条件（温度、湿度、阳光、雨水）不要太恶劣；进线的截面积要考虑电压降的因素，应选择较大一些的；接地线要连接到室内及室外机组；要严格按照技术标准施工，相序不得接错。

3. 试机

试机方法及要求与分体壁挂式空调器相似。

4.8 变频空调器

4.8.1 变频方式和控制原理

变频空调器是新一代家用空调产品。目前大多数的家庭空调器，还是以开关方式控制压缩机的启动和运转，也就是说压缩机要么以固定转速运转，要么停止。这种空调器可以称为传统空调，或定频空调、恒速空调。

而变频空调器采用变频调速技术，它与传统空调器相比较，最根本的特点在于它的压缩机转速不是恒定的，而是可以随运行环境的需要而改变，所以空调器的制冷量（或制热量）也会随之变化。为了实现对压缩机转速的调节，变频空调器机组内装有一个变频器 ，用来改变压缩机和风扇电动机的供电频率，控制它们的转速，达到调节制冷量的目的。所以，装有变频器的空调器称为变频空调器，能改变输出电源频率的装置称为变频器。

目前，在变频式空调中变频方式有两种：交流变频方式和直流变频方式。

1. 交流变频

交流变频的原理是把 220V 交流市电转换为直流电源，为变频器提供工作电压，然后再将直流电压“逆变”成脉动交流电，并把它送到功率模块（晶体管开关等组合）。同时，功率模块受电脑芯片送来的指令控制，输出频率可变的交流电压，使压缩机的转速随电压频率的变化而相应改变，这样就实现了电脑芯片对压缩机转速的控制和调节。

采用交流变频方式的空调器压缩机要使用三相感应电动机，才能通过改变压缩机供电的频率，来控制它的转速。交流变频过程的原理框图如图 4.78 所示。

在变频过程中，空调器为了使制冷或制热能力与负荷相适应，它的控制系统将根据从室内机检测到的室温和设定温度的差值，通过电脑芯片运算，产生运转频率指令。这个频率可变的运转指令，通过逆变器产生脉冲状的模拟三相交流电压，加到压缩机的三相感应电动机上，使压缩机的转速发生变化，从而控制压缩机的排量，调节空调器制冷量或制热量。

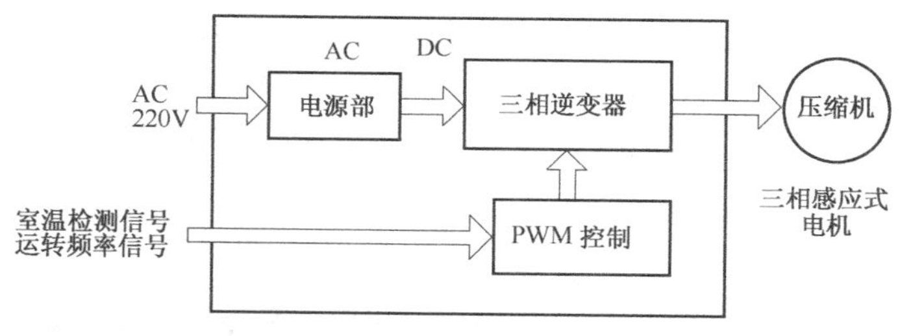

图 4.78 交流变频过程的原理

2. 直流变频

直流变频空调器同样是把交流市电转换为直流电源，并送至功率模块，模块同样受电脑芯片指令的控制，所不同的是模块输出的是电压可变的直流电源，驱动压缩机运行，并控制压缩机排量。

由于压缩机转速是受电压高低的控制，所以要采用直流电动机。直流电动机的定子绕有电磁线圈，采用永久磁铁作转子。当施加在电动机上的电压增高时，转速加快；当电压降低时，转速下降。利用这种原理来实现压缩机转速的变化，通常称为直流变频。实际上，正因为这种空调器压缩机是直流供电，并没有电源频率的变化，所以严格地讲不应该称为“直流变频空调器”，而应该称为“直流变速空调”。

由于压缩机使用了直流电动机，空调器更节电，噪声更小，但这种压缩机的价格要高一些。

3. 变频空调器的控制系统

变频空调器的控制系统采用新型电脑芯片，整个系统电路结构如图 4.79 所示。从图中可以看出，变频空调器的室内机和室外机中，都有独立的电脑芯片控制电路，两个控制电路之间有电源线和信号线连接，完成供电和相互交换信息（室内、室外机组的通信），控制机组正常工作。

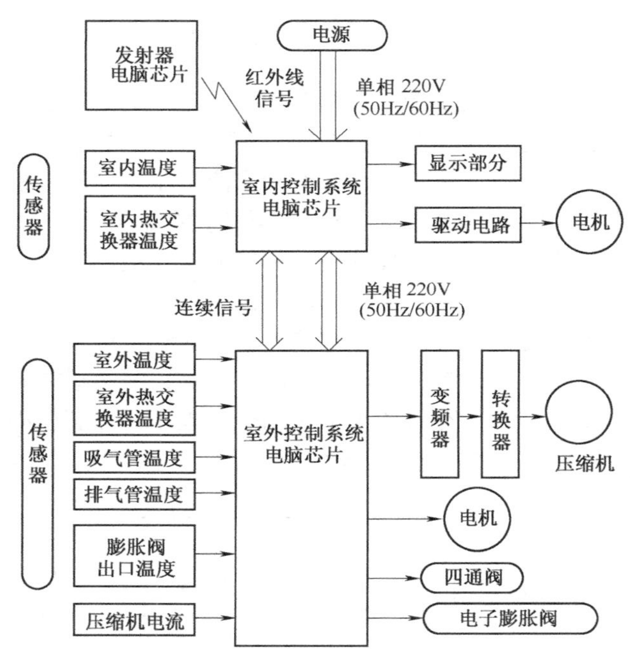

图 4.79　变频空调器的控制系统

变频空调器工作时，室内机组电脑芯片接收各路传感元件送来的检测信号：遥控器指定运转状态的控制信号、室内温度传感器信号、蒸发器温度传感器信号（管温信号）、室内风扇电动机转速的反馈信号等。电脑芯片接收到上述信号后便发出控制指令，其中包括室内风机转速控制信号、压缩机运转频率的控制信号、显示部分的控制信号（主要用于故障诊断）和控制室外机传送信息用的串行信号等。

同时，室外机内电脑芯片从监控元件得到感应信号：来自室内机的串行信号、电流传感器信号、电子膨胀阀温度检测信号、吸气管温度信号、压缩机壳体温度信号、大气温度传感

信号、变频开关散热片温度信号、除霜时冷凝器温度信号 8 种信号。室外电脑芯片根据接收到的上述信号，经运算后发出控制指令，其中包括室外风扇机的转速控制信号、压缩机运转的控制信号、四通电磁阀的切换信号、电子膨胀阀制冷剂流量控制信号、各种安全保护监控信号、用于故障诊断的显示信号、控制室内机除霜的串行信号等。

与传统空调器的控制系统相比较，可以看出变频空调器的传感器、检测信号项目更多，监控也更全面、更准确。因而变频空调器具有独特的运行方式和众多的优点。

4.8.2 变频空调器的特有元器件

1. 功率变频模块

变频空调器要使压缩机转速连续可调，并根据室内空调负荷而成比例变化。当需要急速降温（或急速升温），室内空调负荷加大时，压缩机转速就加快，空调器制冷量（或制热量）就按比例增加；当房间到达设定温度时，压缩机随即处于低速运转，维持室温基本不变。这就向压缩机的供电方式和供电器件提出了新的要求。

目前变频空调器使用最多的是功率晶体管组件，通过 PWM 脉冲控制，实现对压缩机的交流变频供电方式。功率晶体管组件也称功率变频模块，它的外形和电路原理如图 4.80 所示。图中的功率晶体管 PWM 脉冲共同控制各晶体管依次通断。PWM 脉冲是间隔很小的多个脉冲，它和矩形开关脉冲组合，形成良好的正弦波形，用来推动三相感应电动机转动。

功率晶体管组件中有 6 只晶体管，开关脉冲依次控制它们的通断，切换一次后，电动机就转动一周。如果每秒钟切换 90 次，则电动机的转速为 90r/s，也就是 5400r/min。开关脉冲频率越高，电动机转动越快。

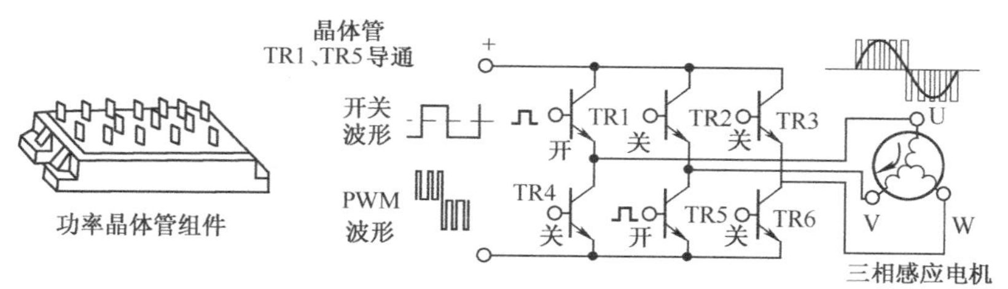

图 4.80　功率晶体管组件工作示意图

2. 变频压缩机

变频式空调器中使用的变频压缩机，其转速是随供电频率而变化的，所以压缩机的制冷量或制热量均与供电频率成比例地变化。这样，压缩机可以在较低的转速下，在较小的启动电流下启动。之后依靠连续运转时转速的变化，使其制冷量或制热量发生变化，以便和房间负荷相适应。因此，变频空调器启动后，能很快地达到所要求的房间温度，之后又能使室内温度变化保持在较小的范围。

变频压缩机和传统空调器的压缩机的结构不同，有专门的生产型号和规格。变频压缩机也采用全封闭结构，设计上能保证在高转速和低转速时都有良好性能。例如日本三菱公司生产的旋转活塞式压缩机，采用圆环形排气阀，通道面积大、阻力损失小。新型的双汽缸压缩机和变频电动机结合使用，能发挥更大的效能。在高转速时，能增大润滑油循环供应量，以适合活塞高速运转摩擦增大的需要，并降低了噪声。压缩机还采用优质材料，以避免长时间高速运动造成的疲劳损耗，同时还要避免低速运转时可能出现的共振现象。变频压缩机的优点如下。

（1）在频率变化时，变频压缩机的制冷量或制热量变化范围大。能很好地适应空调房间因室外气温变化时引起的负荷变化的要求。特别是冬季严寒季节，房间温度低、散热量大的情况下，变频压缩机可以高速运转，使空调器产生较大的制热量，维持舒适的供暖室温。此外，变频压缩机启动后高频运转，可以使房间温度很快升高。

（2）在低频率下运转时，变频压缩机的制冷能效和供暖性能系数显著提高。因此，变频压缩机比传统压缩机开关运转方式能节省电力消耗，根据统计，节能在30%以上。

3. 电子膨胀阀

空调器制冷循环系统中，常用的节流方式有毛细管节流和电子膨胀阀节流两种。毛细管的结构简单、价格低廉，但缺点是当机组的工作状态发生变化时，适应能力较差。变频压缩机的特点是制冷或制热能力会在较大的范围内变化，所以都采用电子膨胀阀控制流量的方式，使变频压缩机的优点得到充分发挥。

电子膨胀阀节流的变频空调器，它的室外电脑芯片根据设在膨胀阀进出口、压缩机吸气管等多处温度传感器收集的信息，来控制阀门的开启度，随时改变制冷剂流量。压缩机的转速与膨胀阀的开启相对应，使压缩机的输送量与通过阀的供液量相适应，蒸发器的能力得到最大限度的发挥，从而实现对制冷系统的最佳控制。

采用电子膨胀阀作为节流元件的另一优点是没有化霜烦恼。利用压缩机排气的热量先向室内供热，余下的热量输送到室外，将换热器翅片上的霜融化。这一先进的“不停机化霜”技术，已在新型变频空调器中采用。

4.8.3 变频空调器的使用

1. 充分发挥省电节能优点

节约电能是变频空调器的突出优点。例如 KFR—28GW/BP 型直流变频空调器一周内每天开机 4h，每月平均用电约 120 度，而相同功率的普通（定速）空调器，在相同使用条件下每月用电量达 270 度左右。变频空调器节电特点体现在以下几个方面。

（1）变频空调器的压缩机只在短时间处于高频、高速、满负荷运行状态，而长时间处于低频、低转速、轻负载状态下工作。在此状态下压缩机的制冷量变得很小，而室内换热器与室外热风热面积并不改变，因此，室内外热交换效率都大大提高。此时空调器制冷/制热能效比极高，达 2.8∶3.3 左右，这与开机时间长，开停频繁的普通定速空调器相比，节电效果十分显著。

根据测定，变频空调器启动最初阶段，压缩机以高出额定功率 16%的高速运转，当室温达到设定温度后，则以只有 50%的小功率运转，不但能维持室温恒定，而且还节约电能。当室温与设定温度之温差较大时，变频器自动地增大压缩机电源的频率（最大可达 120Hz），提高压缩机的转速，在极短的时间内使室温达到设定的温度。

（2）传统空调器由交流电网直接供电，启动电流较大，约为额定电流的 5 倍以上。而变频空调器软启动，压缩机以低速小电流启动，启动功耗小。变频空调器运行中，没有频繁的启停，更降低了压缩机启动期间的冲击电流。

（3）变频空调器在制冷系统中采用了电子膨胀阀节流，可以配合压缩机随时调节供液量，使空调器始终工作在高效运行状态下，提高了制冷或制热量，达到节电目的。

变频空调器的这一特点在冬季供暖时更为明显。在供暖刚开始时，压缩机以最高频率运转，急开式电子膨胀阀的开度也随之变大，一般房间室温从 0℃上升到 18℃只需 18min，而传统空调器冬季供暖时得到同样升温效果却需要 40min。

（4）变频空调器室内风扇电动机采用永磁无刷直流电动机，脉冲宽度调制方式，速度分为 7 级，功率由普通空调的 30W 左右降至 8～15W。

（5）传统空调器除霜方式运转时要中断 5～10min 供暖，因此室温受到干扰会降低 6℃左右，但变频空调器却没有这种缺陷。变频空调器室外换热器采用不间断地运转方式除霜，在室外温度为 0℃以下时，空调器尚能保持较高的供暖能力。

（6）采用直流变频技术的新型空调器没有逆变环节，比交流变频更省电。它采用无刷直流电动机。定子为四极三相结构，转子为四极磁化的永磁体，比交流变频压缩机更省电。

2. 避免长时间高负荷使用

变频空调器在刚开机时 ，机组通常先以 20～30Hz 低频速运转状态启动，然后很快从低速转入高速运转状态，使房间迅速达到设定温度。在随后较长的时间范围内，压缩机处于低运转状态，以维持室温。只有在室温或设定温度发生明显的变化时，压缩机再进入高频高速状态工作。由于机组大部分时间工作在低频低速状态，室内温度恒定，所以比较节能。

要尽量避免变频空调器长时间高负荷运行。因此，在空调器选购时就应注意，如 1 匹的变频空调器，只适合不大于 14m^2 的房间使用，同时不要将温度设置过低。注意不要用变频空调器的最大制冷量做仅限选用标准。因为变频空调器并不能长期工作在最大制冷量状态，它的最大制冷量仅限于在特定面积的房间里短时间运行。如果不注意这些使用特点，房间大而制冷量小（例如 16～18m^2 房间安装 1 匹的变频空调器）或者在制冷时设置的温度过低，可能使压缩机一直处于高负荷下工作，长时间高速运转，它的变频调速优点就不能体现。

另外，使用变频空调器时应注意，如果每次使用时间很短，例如数十分钟，也难以达到理想的节电效果。

3. 尽量设定“自动”挡运行

变频空调器控制系统中，设置了多路环境检测监控功能，有很强的自动调控能力。在使用中，用户应充分利用这一优点，尽量将空调器设定在“自动”挡运行，能得到更完美的使用效果。

4. 利用电网适应能力

变频空调器对电网电压适应性很强。实践证明，变频空调器在供电电压 160～250V 之间都能可靠地工作，这大大超过了国家标准规定的 198～242V 市电电压波动范围，更适合在电网供电品质较差地区使用。这是因为变频空调器没有启动电流对电网的频繁冲击，减少了对电网供电质量的干扰。另外，变频空调器压缩机供电频率是内部控制电路决定的，与供电电源无关。

变频空调器长时间工作在低于额定值的状态，压缩机的机械损耗减小，又避免频繁的大电流冲击，能延长压缩机使用寿命，可靠性也大为提高。

4.8.4 变频空调器的发展

（1）发展。目前市场上供应的变频式空调器的品种和款式较多，同时不断有新产品问世。日本各大公司如日立、松下、三洋、夏普、东芝等空调企业，早在 20 世纪 80 年代初已相继将变频技术应用在家用空调器上，到了 20 世纪 90 年代其占有量已达 95%以上。另外，变频技术已从交流式向直流式方向发展，控制技术由脉冲宽度调制（PWM）发展为脉冲振幅调制（PAM）。根据空调发展趋势，由于 PWM 控制方式的压缩机转速受到上限转速限制，一般不超过 7000r/min，而采用 PAM 控制方式的压缩机转速可提高 1.5 倍左右，这大大提高了制冷和低温下的制热能力，所以采用 PAM 控制方式的变频空调器是今后国内外空调器发展的主流。

（2）产品介绍。各种品牌的变频空调器主要结构与功能大同小异，仅在使用的材质、器件，采用技术与款式上有所区别。近年国产海信牌变频空调器推出一系列新产品，其中的“工薪空调”更是市场畅销。海信变频空调器采用双转子式压缩机，平衡性好、噪声低（低速时 30dB）。工作频率可在 15～150Hz 范围内，压缩机转速可在 850～8500r/min 范围内连续变化，可高速运转，迅速制冷制热，实现智能变频，制冷制热范围大（制冷 400～3800W，制热 300～6500W），能效比可达 2.85∶3.5。表 4.2、表 4.3 中列出的几种变频空调器，占领市场比较早，有较大的社会保有量，厂家生产技术也比较成熟。

表 4.2 国产变频空调器介绍

型 号	规 格	技 术 方 案
上海—夏普 AY—26EX	1HP 冷暖型	
上海—夏普 AY—36FX	1.5HP 冷暖型	
海信 KFRP—35GW	1.5HP 冷暖型	日本三洋电动机
春兰 KFR—70LW/BPD	3HP 冷暖型柜机	
春兰 KFR—65GW/BP3	冷暖、一拖三型	
科龙 KFR—28BP	1.25HP 冷暖型	
海尔 KFR—36GW/BP	2HP 冷暖型	日本三菱电动机
海尔 KFR—28BPA	1.25HP 冷暖型	日本三菱电动机
海尔 KFR—20BP×2	0.7HP×2 冷暖型	日本三菱电动机
美的 KFR—48GW/BPY	2HP 冷暖型	日本东芝
上海—日立 KFR—28GW/BP	直流变频 1.25HP 冷暖型	日本日立

表 4.3 进口变频空调器介绍

型 号	规 格
三菱 SRK—28G2	1HP 冷暖型
东芝 TOSVERT—130GI	

续表

型　号	规　格
大金日本 H 系列	一拖多联系列
三菱 MSZ—J12QV—MVZ—J12QV	
松下 G90	1HP 冷暖型
松下 G120	1.5HP
日立 RAM—103CNM×2	一拖二冷暖型

4.8.5　变频空调器电路分析

1. 海尔分体壁挂式变频空调器

海尔变频分体壁挂式空调器在市场上有多种型号，主要有 KFR—20GW/BP、KFR—28GW/A(BP)、KFR—32GW/BP、KFR—36GW/BP、KFR—40GW/BP 和带有负离子发生器的健康型空调器等。这里以 KFR-36GW/BP 型机为例。

变频空调器的室内机和室外机各有一块控制板，它们不但有独立的电脑芯片构成控制系统，还通过电缆连接。两块控制板之间从通信端口互相发出控制指令，室内机可以控制压缩机的开停，室外机也要向室内机发回信息，反映机组运行状态。这与普通空调器有很大区别。

（1）室内机的控制电路。变频空调器的室内控制电路与普通空调基本相同，区别在于没有对压缩机和室外风扇的控制功能，而增加了与室外机通信回路，以实现内外机组正常联络。

海尔 KFR—36GW/BP 交流变频空调的控制系统，由主控制板、室温传感器、室内热交换传感器、显示板、导风板、步进电动机和晶闸管调速风机组成。控制电路结构如图 4.81 所示，它的电源电路和输入电路与普通空调器完全相同，这里重点介绍它的风扇控制电路和遥控、显示电路。

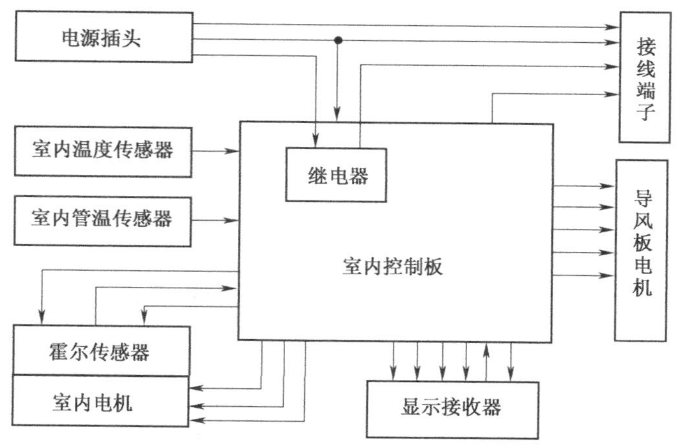

图 4.81　室内控制系统电路结构

① 风扇驱动控制电路。室内风扇控制电路如图 4.82 所示。室内风扇电动机从插件 CN302 接出，C304 为内风机的运行电容，风扇选用交流 220V 晶闸管调速电动机，它的工作由光电耦合器 Q301 控制，驱动信号来自电脑芯片。风扇电动机运转状态由电动机内的霍尔传感器检测，检测到的感应脉冲信号经 R9、C3 整形，送到电脑芯片处理。

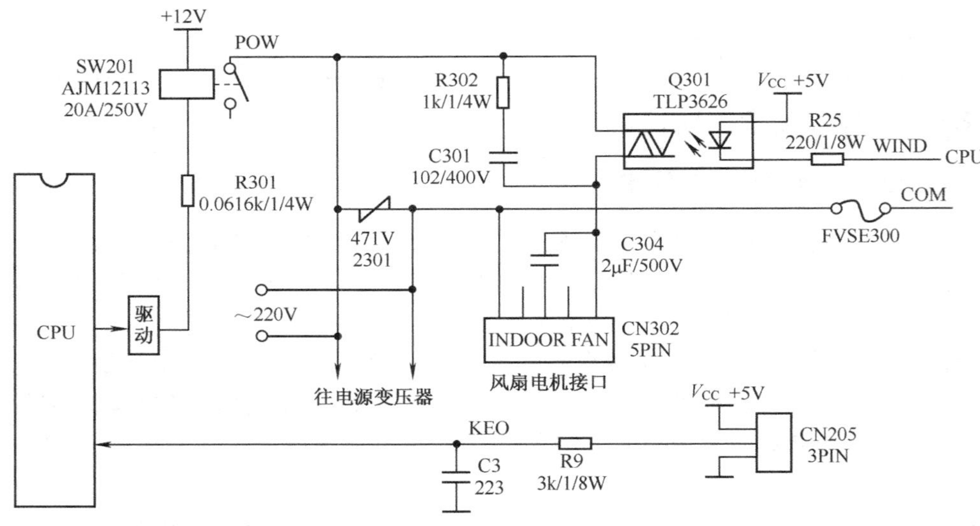

图 4.82 室内风扇控制电路

② 遥控接收及显示电路。这两部分电路由插件 CN1 接入系统，如图 4.83 所示。遥控接收信号经 R114 和 C113 整形滤波，消除干扰杂波后，送往电脑芯片处理。

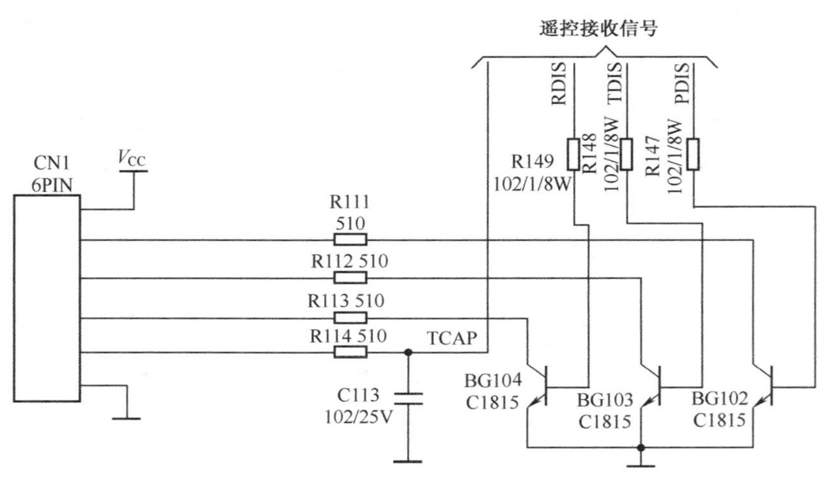

图 4.83 室内遥控及显示电路

空调器室内机有 3 个指示灯。黄绿双色灯是电源接通指示同时作为遥控开机指示，在电源接通时呈黄色，开机后转为绿色。当室内机发生故障时，它开始闪烁，起到故障显示作用。黄色灯为定时开/关指示，也称休眠指示灯，它在室外机发生故障时闪烁，作为故障显

示。绿色灯为运行指示，室外机电源接通后点亮。

3 个指示灯采用 3 只发光二极管，分别由 BG102、BG103、BG104 三只开关管驱动。负离子灯另外由负离子开关电路控制。

海尔 KFR—36GW/BP 变频分体壁挂式空调器室内机控制系统的布线结构如图 4.84 所示。

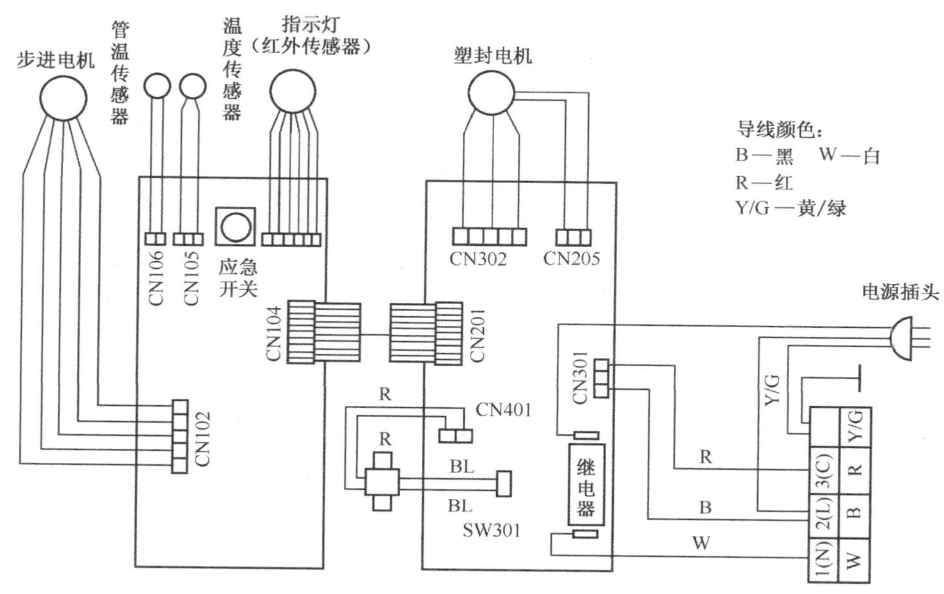

图 4.84 室内机控制系统的实际布线

（2）室外机控制电路。室外机控制系统由软启动电路、整流滤波电路、电抗器及主控制板、功率模块、室外温度传感器、管温传感器、压缩机湿度传感器等部件组成，它的电路结构如图 4.85 所示。

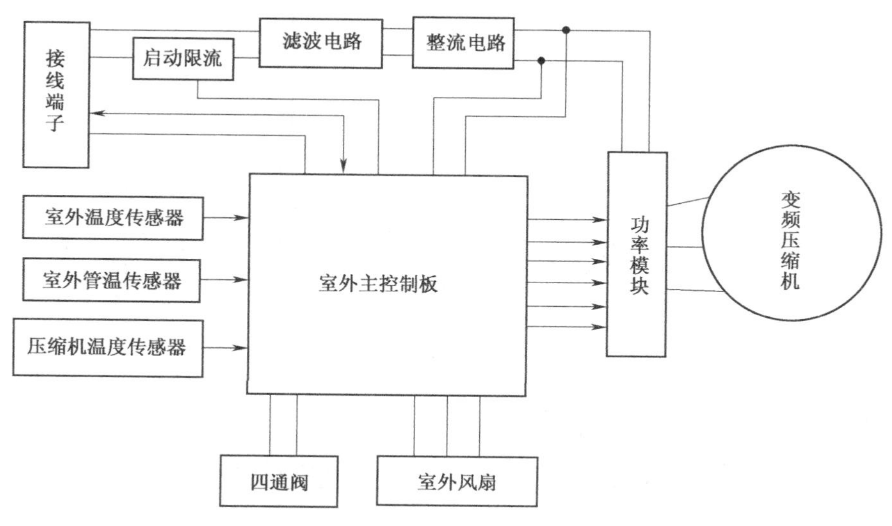

图 4.85 室外机控制系统结构

① 主电源电路。变频空调器的室外机电源与普通空调器差别较大。由于室外机的主电源电路要为变频功率模块供电，因此电路形式与功率模块的型号有关，不同类型的变频空调电源电路也有所不同。变频空调器的功率模块有两种，一种功率块内部带有开关电源，当加上 310V 直流电源后，可输出 5V、12V 电压，多用于变频“一拖二”机；另一种功率模块中不带开关电源的，需要外部另设电源提供多路高低电压。

海尔变频分体壁挂式空调器室外机主电源电路如图 4.86 所示。使用的是第 2 种变频模块，为了保证模块及控制板的供电，不仅在室外机中设有 310V 的主电源，为变频功率模块和开关电源供电，为了保证空调器的正常工作，室外机还设置了软开机电路、功率因数提升电路和过电流检查电路。

1）软开机电路。它由 PTC 和功率继电器等组成，其中 PTC 为正温度系数的热敏电阻，在正常温度下的阻值为 30～50Ω。开机时，由于 PTC 的限流作用，既减小了开机时对电网的冲击，也保护了主整流桥。整流滤波后得到的 310V 直流电源为开关电源供电，开关电源输出 12V 电压为功率继电器供电，使继电器吸合，将 PTC 短路，使主电源电路直接与 220V 市电相通，以保证空调器正常工作。

2）功率因数提升电路。它由电抗器和两只整流二极管组成。其中电抗器的直流电阻小于 1Ω，整流二极管为正向连接，对直流电路基本没有影响，但对交流电来说却减小了电压与电流的相位差，提高了空调器的功率因数。同时，电抗器与滤波电容组成滤波器，使输出的直流电更加平滑。主电源回路中增加功率因数提升电路后，使变频空调器的无功功率较小，减少了不必要的浪费。

3）过电流检测电路。为了防止空调器因工作电流过大而损坏，主电源电路中设置了过电流检测电路，它由电流互感器和整流桥等组成，将检测到的信号送入电脑芯片。由于互感器的输出电压与主电源的电流成正比，当空调器的运行电流超过由 PL1 设定的电流值时，电脑芯片便发出指令，使变频模块停止工作，保护了模块和压缩机。

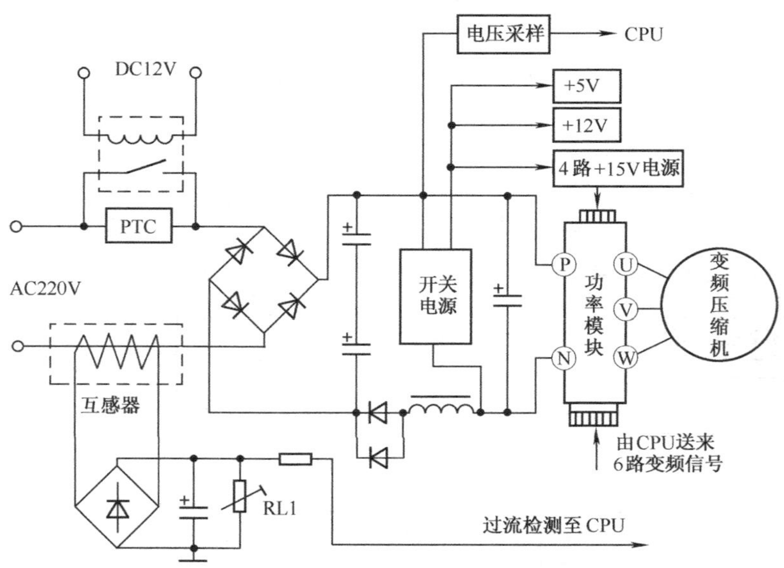

图 4.86　室外机主电源电路

② 开关电源。室外机开关电源电路如图 4.87 所示。CN401 为室外机主电源经整流、滤波后的直流 310V 电源输入口。输入的直流电压经 R1、R2 和 R3 的分压后，再经 R4、C1 滤波，作为电源电压的取样值送往电脑芯片，供过、欠压保护电路参考。

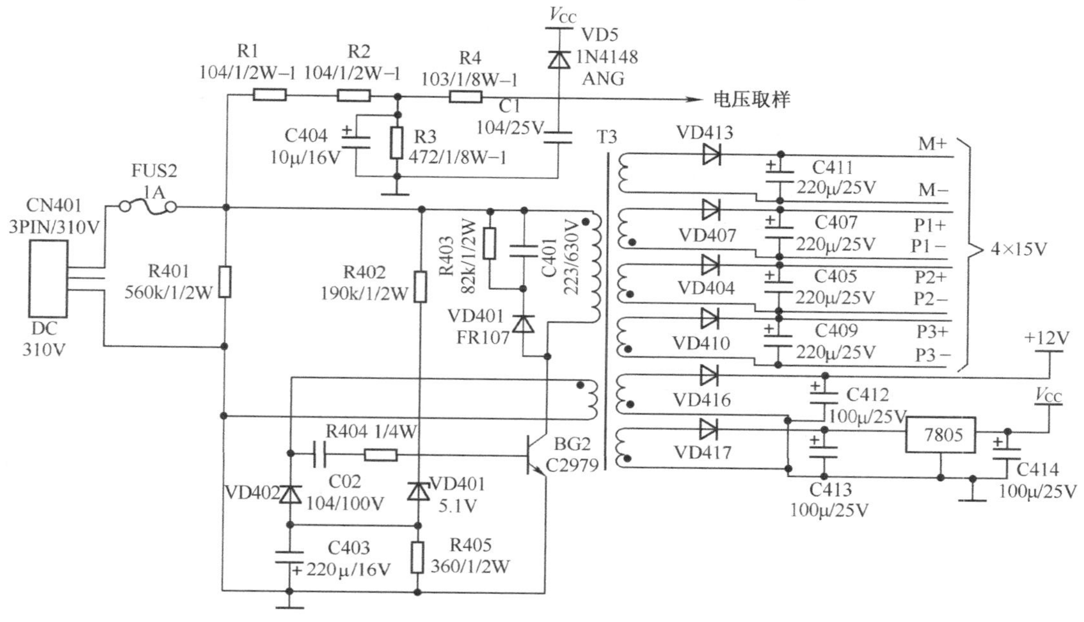

图 4.87 开关电源及电压取样电路

开关电源的主要作用是提供功率模块用的 4 路 15V 直流电源及控制板上继电器和部分 IC 用的 12V 驱动电源，并作为控制板上的电脑芯片和部分 IC 用的 5V 直流电源。为保证电脑芯片可靠地工作，5V 电源由三端稳压器 7805 提供。

开关电源工作时，310V 直流电源通过 R402 向开关管 BG2 基极供电，由于开关变压器 T3 初级线圈的反馈作用，电路频率产生 20kHz 左右的振荡，开关变压器的次级即输出需要的感应电压。稳压管 VD401 可为 BG2 提供基准电压，从而使输出的电压基本稳定。

③ 电脑芯片电路。室外机主控制电路如图 4.88 所示。与室内机一样，电脑芯片也需要有供电、复位和时钟振荡电路提供工作保证。5V 电源从芯片 54 脚输入，而由集成块 D600 向 25 脚送入复位信号，时钟振荡则由 26 脚、27 脚外接元件完成，频率为 4MHz。

室外机控制输入信号包括：3 路温度检测信号、过流保护信号、电源电压取样信号、通信信号。其中 3 路温度检测信号都采用热敏电阻作为传感器，并将检测信号电压加到电脑芯片的 14、16 脚。检测点温度升高时，热敏电阻的阻值减小，传感电压随之降低。

过流保护信号来自电流检测电路，由电脑芯片 18 脚输入；电源电压采样信号来自于分压电路，由 17 脚输入；通信信号由 63 脚输入。这些信号送进电脑芯片后，通过内部运算，由输出电路发出指令，控制相应的电路工作。

输出控制电路包括：控制变频功率模块工作的 6 路变频信号、控制四通阀和外风扇电动机运行的信号、软启动电路的继电器控制信号及通信输出信号等。其中，6 路变频信号由电脑芯片 4、9 脚输出，直接控制压缩机的开停和运转频率；控制四通阀、外风扇电动机、软启动继电器工作。功率因数提升电路由电抗器的 3 路信号，送到 2003 反相驱动器，分别驱动相应的继电器，以实现预定的运行功能。

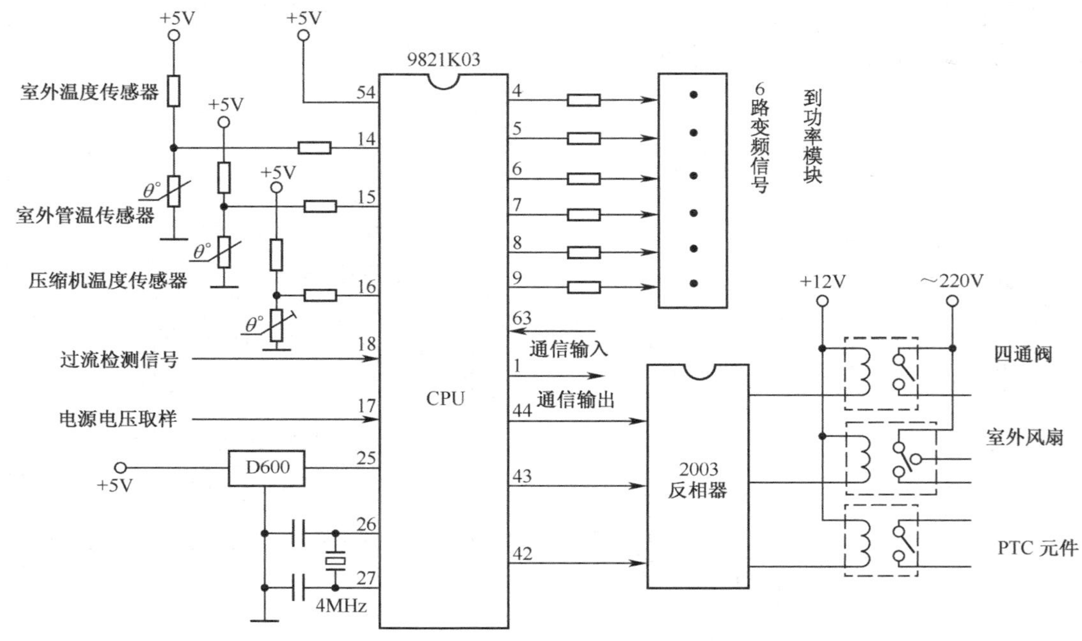

图 4.88　室外机主控制电路图

图 4.89 所示是海尔 KFR—36GW/BP 型变频空调室外机的实际接线图，供维修时参考。

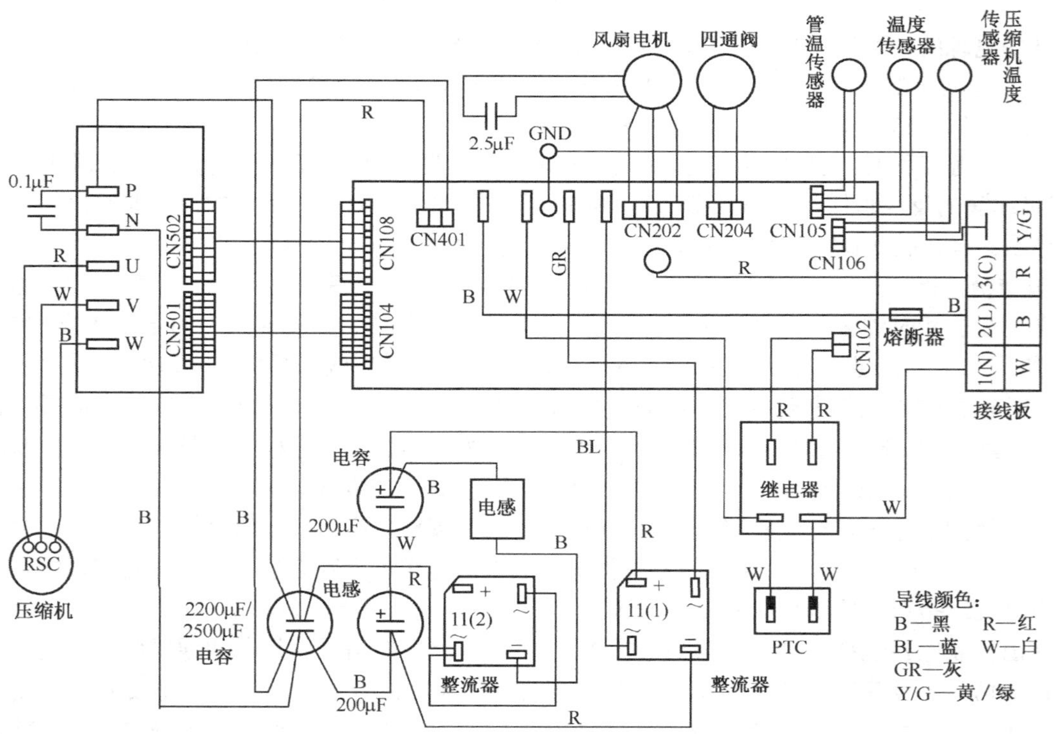

图 4.89　海尔 KFR—36GW/BP 型变频空调室外机的实际接线图

④ 室内、室外机的通信回路。变频空调器室内机与室外机之间的通信，采用的是将信号送加在电源线上的双向串行通信方式。这种通信方式又分为两种，一种是室内机与室外机同时通信；另一种是室内机与室外机分时通信。海尔 KFR—36GW/BP 变频空调器采用分时通信方式。

该机的通信电路如图 4.90 所示。室内机与室外机各有 4 个接线端子，称为 1 号线、2 号线、3 号线和地线。其中 1 号线、2 号线为 220V 电源供电电线，3 号线为通信信号传输线（通信线），地线在图中未画出。

由图可见，空调器室内外机的通信是由各自的电脑芯片通过光电耦合器完成的。IC2 与 IC3 配合完成室内机向室外机发送信号，IC4 与 IC1 配合完成室外机向室内机发送信号。这种电路充分利用交流电的正负半周电流方向不同这个特点，正半周由室外机向室内机发信号，而负半周由室外机向室内机发送信号，这就是分时通信方式。

由于变频空调器的特殊设计，实现了单线双向通信。该通信电路的特点是将小信号叠加在 220V 的交流电上进行，这种方式传输可靠，但存在电路复杂、易受干扰的缺点。

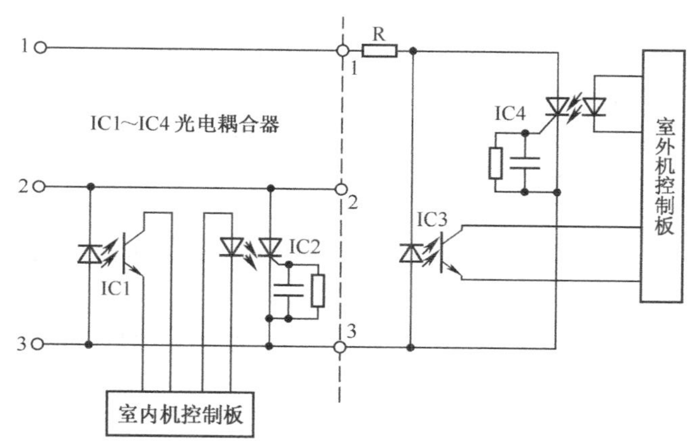

图 4.90 变频空调器通信电路

由于空调器室内机与室外机通信是每时每刻都在进行的，当电路通信正常时，用万用表测量接线端子的 1、3 端之间和 2、3 端之间电压，读数都应在 100V 左右，而且表针有明显的抖动。这是判断控制系统通信是否正常的可靠办法，如果测量时表针不动，或电压读数偏离较大，则可判断空调器通信不良。

由于变频空调器的通信电路较复杂，是故障多发部位，所以设计时分别设置了室内机与室外机通信电路的自检功能。检修时如果怀疑通信电路有问题，可以启动其自检功能，根据自检结果判断故障所在。

室内机通信电路自检方法是，拆下 3 号线，并用导电线将 1 号线与 3 号线短路连接在一起。通电后按下应急开关，如果室内机通信电路正常，室内机的 3 个指示灯应都点亮，室内风扇运转，导风板摆动。这时拆下短路线，按应急开关没有反应；再将 1、3 号线短接一下后断开，按应急开关，内机停止运转。检测时，若不能完成这些操作，说明内机通信电路或其他相应电路有故障。

室外机通信电路自检方法是：拆下 3 号线，用导线将 1 号线、3 号线短路连接。通电后，室外机四通阀吸合，压缩机和风扇电动机运转，处于制热状态；此时将1号线与3号线断开，四通阀失电，电路转入制冷运行。若室外机能完成这些操作，说明室外机通信功能正常，否则表明室外机通信电路或相关部件有故障。

2. 海尔柜式变频空调器

KFR—50LW/BP“金元帅柜机王”是海尔变频柜机的代表机型，它的控制电路和变频原理也用在KFR—25GW/BP×2（F）、KFR—50LW/BPF等机型上，相关电路基本相同。

海尔柜机的室内机和室外机有各自的控制电路，两者通过电缆和通信线相联系。室内机控制电路采用的电脑芯片型号为47C862AN—GC51，室外机则使用C9821K03。

（1）电脑芯片47C862AN—GC51。室内机控制电路采用变频空调专用电脑芯片47C862AN—GC51，该芯片内部除了写入空调器专用程序外，还包含有电脑芯片、程序存储器、数据存储器、输入/输出接口和定时计数器等电路，可对输入的信号进行运算和比较，根据结果发出指令，对室外机、风扇电动机和定时、制冷制热、抽湿等电路的工作状态进行控制。电脑芯片47C862AN—GC51的主要引脚功能如下。

① 35、64脚为电脑芯片供电端，典型的工作电压为5V。

② 32、33、34、39、48、60脚为接地端。

③ 31脚是蜂鸣器接口。芯片每接到一次用户指令，31脚便输出一个高电平，蜂鸣器鸣响一次，以告知用户该项指令已被确认。若整机已处于关机状态，遥控器再输出关机指令，蜂鸣器不响。

④ 36、37、38脚是温度采集口，其中36、37脚为室内机热交换器温度检测输入口，38脚为室内温度检测输入口。

⑤ 复位电路由IC103、R101、D101、C103、C109等元器件构成。复位信号送到芯片20脚，低电平有效。空调器每次上电后，复位电路产生一低电压，使电脑芯片内的程序复位。当空调器正常工作时，20脚为高电平。

⑥ 62脚为开关控制口（多功能口），低电平有效。62脚在低电平时，56脚输出一个高电平，点亮电源指示灯LED1，同时电脑芯片执行上次存储的工作状态。若为初次上电，用户没有输入任何指令性，电路执行自动运行程序，即空调器在室内温度大于27℃时，空调器按抽湿状态运行。按下电源开关，使该脚持续3s以上高电平，蜂鸣器连响两下，空调器即可进入应急运行状态。

⑦ 红外线接收器收到控制信号后，从6脚输入电脑芯片，与温度检测元件采集的数据一起控制空调器的运行状态，完成遥控信号的接收。

⑧ 56、57、58脚是显示接口，高电平有效。56脚为电源指示灯接口，57脚为定时运行指示端口，58脚为运行指示端口。室内机正常运行时，点亮运行指示灯LED3。

⑨ 电脑芯片的时钟频率由6MHz的晶振产生，它通过芯片18脚、19脚内部电路共同产生时钟振荡脉冲。

⑩ 2、4、10、11、12脚为驱动接口，实现空调器各主要功能的驱动，各接口均为高电平有效。其中2脚控制室外机供电继电器SW301；4脚控制步进电动机，带动导风板，实现立体送风；10脚为室内风扇电动机低速挡控制端；11脚为中速挡控制端；12脚为高速挡控制端。

（2）电脑芯片 9821K03 的功能。室外机控制系统采用海尔变频空调器专用的大规模集成电路 9821K03（或 98C029）。这种电脑芯片具有温度采集、过流、过热、防冷冻等保护功能，还可以输出 30～125Hz 的脉冲电压驱动压缩机，使空调器制冷功率从 1HP 升高到 3HP。应急运转时，输出固定 60Hz 驱动信号，使压缩机按这个频率定速运转，这时可以开展压力、电流测量等检修工作。9821K03 电脑芯片的主要引脚功能如图 4.91 所示。

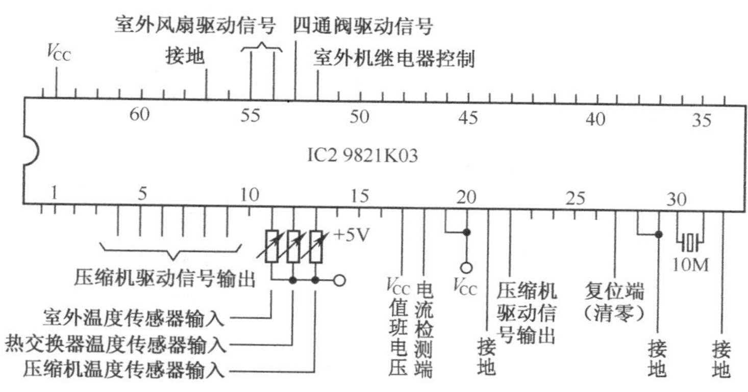

图 4.91　9821K03 的主要引脚功能

9821K03 在室外机控制电路中，收到室内机传送来的制冷、制热、抽湿、压缩机转速等控制信号，经分析处理发出指令，驱动室外风扇电动机、四通阀相应动作，并通过变频器调节压缩机电动机的供电频率和电压，改变压缩机的运转速度，同时也将室外机运行的有关信息反馈给室内机。

（3）室内机控制电路原理。室内机控制电路如图 4.92 所示。整个电路可以分成电源供给、电脑芯片工作保证、检测传感和驱动电路几部分。

空调器工作时，市电网的 220V 交流电压加到室内机的接线端子排座 CN5。电源变压器初级从 CN5 上得到 220V 交流电源，次级输出 13V 的交流电压，经二极管 VD204～VD207 整流，C214 滤波后，得到 12V 的直流电压。

该电压一路给 IC102、微型继电器 SW301～SW30 和蜂鸣器供电，另一路经三端稳压器 V202（7805）和 C106 稳压滤波后，得到 5V 电压，加到电脑芯片 IC1（47C862AN—BG51）的 64 脚，作为工作电源。

电脑芯片的复位电路和时钟振荡电路是其正常工作的保障。复位电路由 IC103（MC34064P5）等组成。电路刚刚接通时，IC103 的 3 脚产生低电压复位信号，此复位信号送入 IC1 的 20 脚复位端，IC1 开始工作。电路正常工作后，IC1 的 20 脚为高电位。

电脑芯片的时钟振荡脉冲由 IC1 的 18、19 脚外接晶振 CR1101 提供，脉冲频率为 6.0MHz。

当红外遥控器发出开机制冷指令后，红外接收器 JR 将遥控信号送入电脑芯片 IC1 的 46 脚，电脑芯片 31 脚输出高电平脉冲，驱动蜂鸣器发出“嘀”的一声，确认信号已经收到。同时，输入机内的遥控器温度设定信号与 38 脚送到的室内温度传感信号进行运算比较，若设定温度高于室温，电脑芯片将不执行制冷指令；若设定温度低于室温，电脑芯片发出指令，空调器开始制冷。

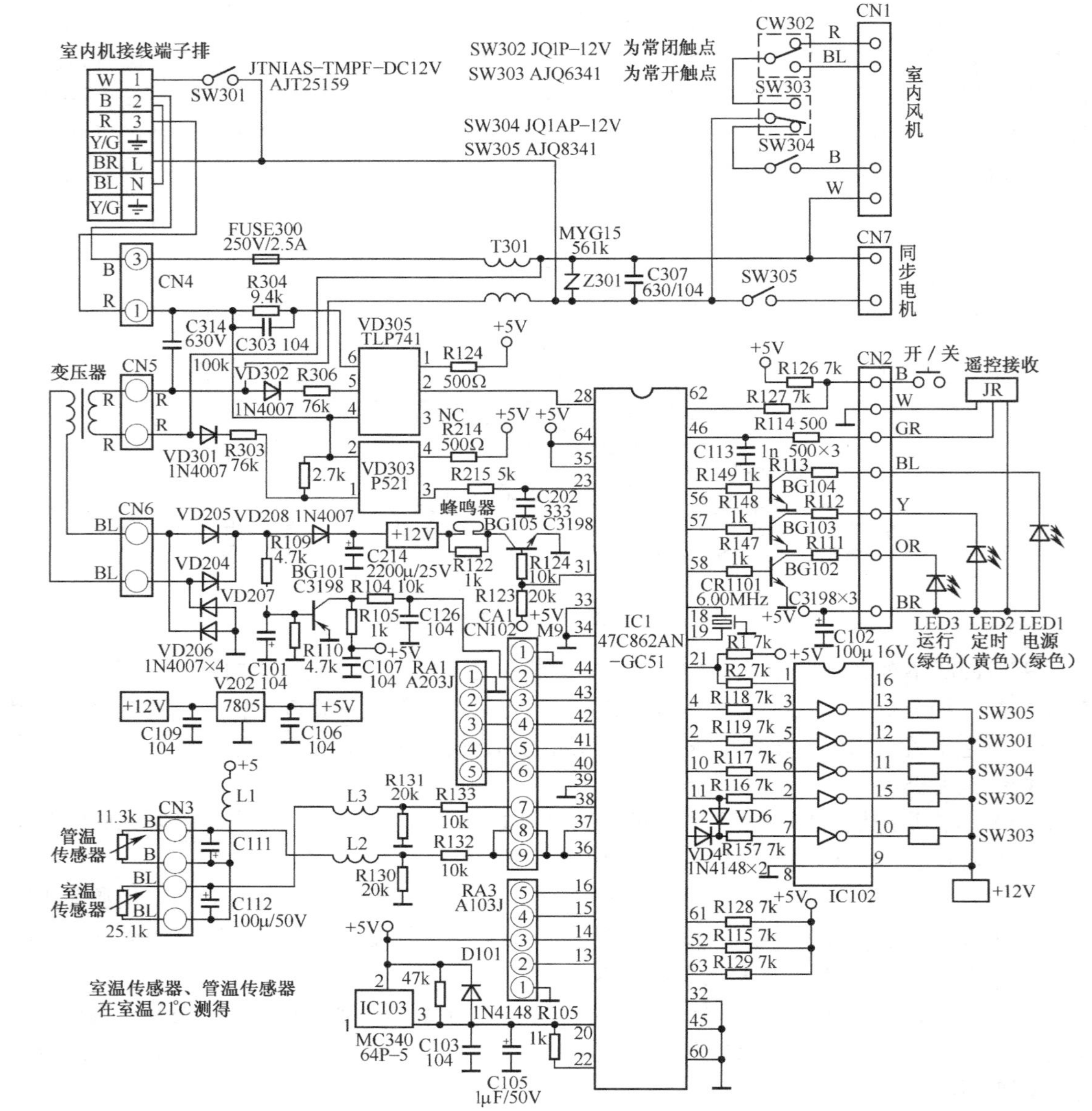

图 4.92 室内机控制电路原理

空调器的室内送风强弱也由电脑芯片控制。风速设定为高速挡时，IC1 的 12 脚输出高电平，加到反相器 IC102 的 7 脚。反相器是继电器 SW301～SW305 的驱动器件，此时从 IC102 的 10 脚输出低电平，SW303 得电吸合，室内风扇即高速运转。与此同时，IC101 的 2 脚输出高电平，送到 IC102 的 5 脚，经反相后从 12 脚输出低电平，SW301 得电吸合，给室外机提供 220V 的交流电源。IC1 还向室外机发出制冷运行信号，IC101 的 52 脚输出高电平，点亮绿色运行指示灯 LED3。设定功能后，IC1 的 4 脚输出高电平，送到 IC102 的 3 脚，信号经过反相从 14 脚输出低电平，SW305 得电吸合，驱动步进电动机运转，实现立体送风。

海尔 KFR—50LW/BP 变频柜机室内机控制板的实际接线如图 4.93 所示。使用时，注意不同部位使用的导线颜色，能很快弄清线路连接走向。

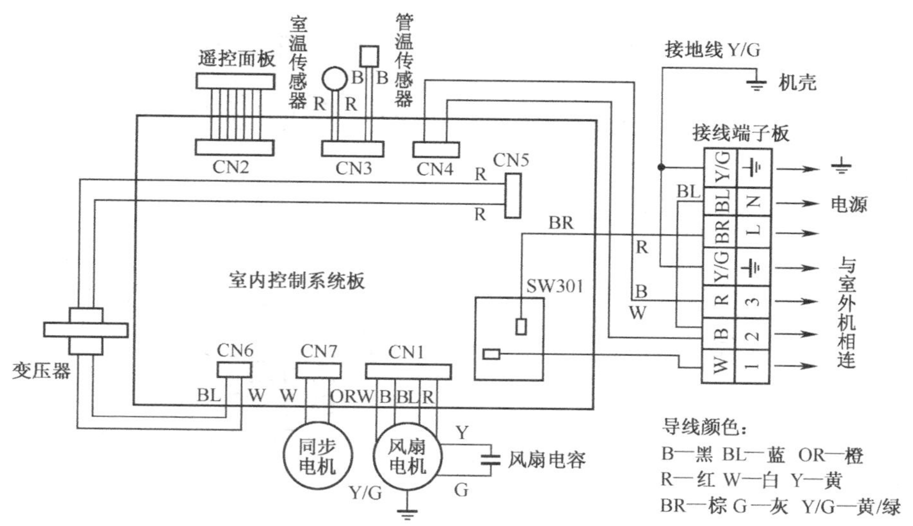

图 4.93 海尔 KFR-50LW/BP 室内机控制板接线

（4）室外机控制电路工作原理。海尔 KFR—50LW/BP 变频柜机室外控制电路如图 4.94 所示。

① 电源电路。室外机电源从接线端子引入，220V 交流电压经过压保护元件 PTC1、整流器 H（1）、H（2）整流滤波后，得到 280V 左右的直流电压。该直流电压经电抗器、电容器滤波后，一路给功率模块提供直流电源，另一路加到插件 CN401 的正端（CN401 负端接地）。从 CN401 正端（见图左下角）又分为 3 路：一路经 R1、R2、C404、R3、L3、R4 降压成约 8V 左右的直流电压（称为电源值班电压），加到电脑芯片 IC2 的 17 脚，使芯片首先得电工作；一路进入开关电源电路，经开关变压器 T1 的 1、2 绕组加到开关管 N2（C3150）的集电极；另一路经 R402，为开关管 N2 的基极提供偏置电流，使它导通，开关管 N2 一旦导通，通过 T1 绕组的反馈作用使电路产生自激振荡，并从 T1 的次级感应出稳定的高频交流电压。

开关电源提供的 4 路 14V 的直流电压经插件 CN108 给功率模块供电。从 T1 的 8 端产生的电压经 VD116、C412 整流滤波成 12V 的直流电压，给微动继电器 SW1～SW4 和反相器 IC1 供电。

② 电脑芯片工作保证电路。电脑芯片 IC2（9821K03）的工作电压来自开关电源。T1 的 6 端感应出的交流电压，经 VD117、C413、三端稳压器 7805、C106 等整流稳压，得到 5V 稳定直流电压，给 IC2 等供电。

IC6（MC330）等组成的复位电路，由它的 1 脚将低电位复位信号送到电脑芯片 IC2 的复位端 27 脚。IC2 开始工作后，27 脚为高电位。IC2 的 30 脚、31 脚外接石英晶体，构成时钟振荡电路。时钟脉冲频率为 10MHz。

③ 检测信号及控制指令电路。控制电路工作时，首先检测室外温度、压缩机温度及室外热交换器温度。如果检测数据不正常。通过串行通信接口向室内机发出异常信息，并显示故障报警。检测正常的话，则接受室内机传来的制冷命令，从 IC2 的 52 脚输出高电平给驱动集成电路反相器 IC1 的 4 脚，IC1 的 13 脚变成低电平，使 SW3 得电吸合，短路电阻元件 PTC1，以给功率模块提供大的工作电流。

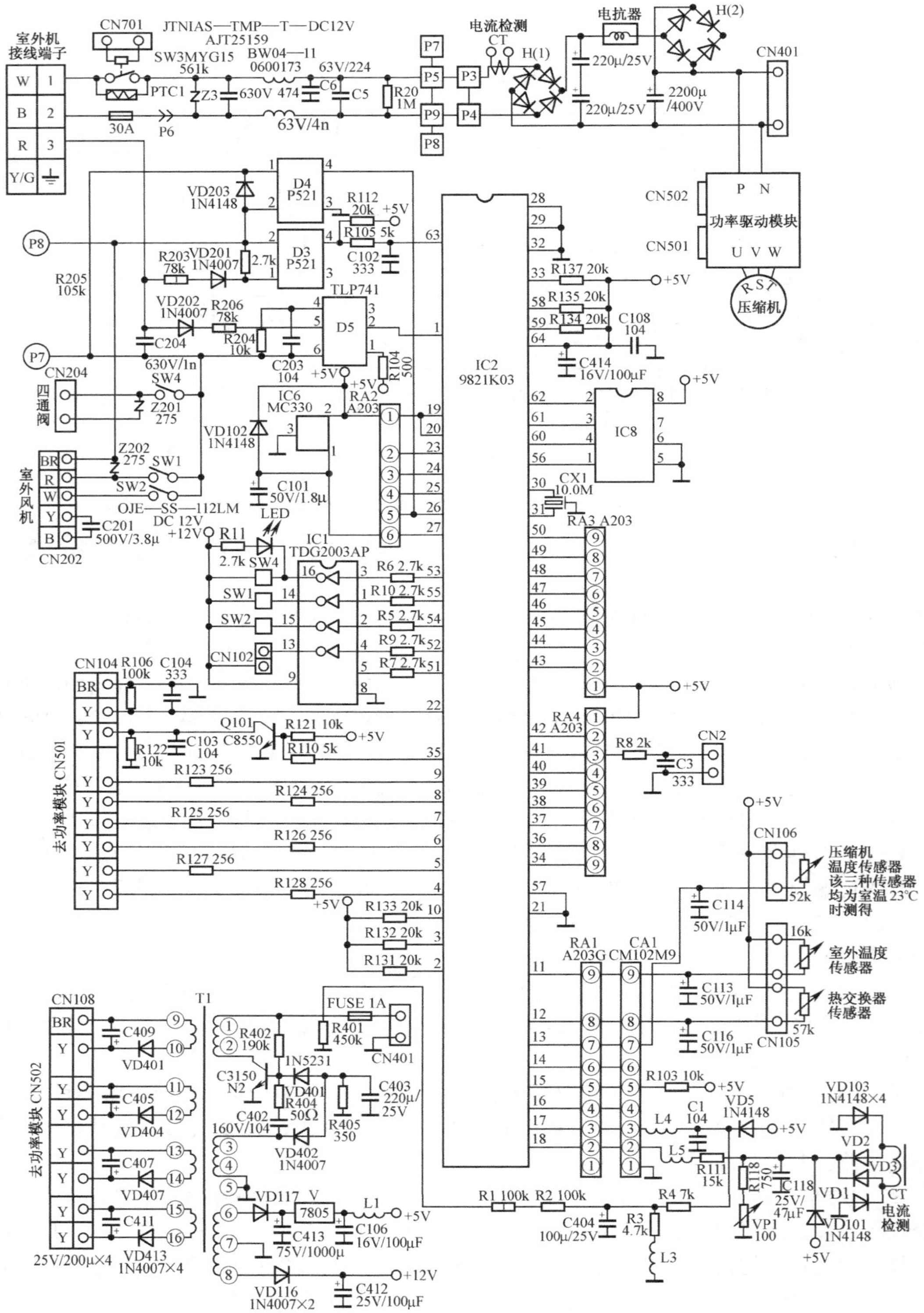

图 4.94　海尔 KFR—50LW/BP 变频柜机室外机控制电路

电路经延时后，IC2 从 55 脚输出高电平，送到 IC1 的 1 脚，反相器 IC1 的 16 脚输出低电平，使SW1 得电吸合，室外风扇电动机得电工作，以低速运转。同时 IC2 从 4 脚、5 脚、6 脚、7 脚、8 脚、9 脚输出 0～125Hz 驱动信号给功率模块，使压缩机工作。

电脑芯片工作时，若设定温度与室内温度相差较大，室内机电脑芯片向各室外机发出满负荷运转信号，空调器压缩机的输出功率即由 1HP 变到 3HP，同时室外风扇电动机自动变换成高速运转。

室内机发出制热指令时，室外机 IC2 则从 53 脚输出高电平给 IC1 的 3 脚，IC1 从 14 脚输出低电平，SW4 吸合，电磁四通阀得电吸合，制冷剂改变流向，空调器以制热方式运行。与此同时，室外机电路板上的 LED 指示灯亮。

空调器工作后，电流检测元件 CT 由压缩机供电线路中取样，检测压缩机运转情况。电流检测信号送入 IC2 的 18 脚。若连续两次出现过流信号，电脑芯片则判断压缩机电流异常，立即关闭市外风扇电动机和压缩机，并发出室外机故障信号到室内机，室内机关闭并显示故障报警。

一般情况下，室外风机与压缩机同时启动，但延迟 30s 关闭。

（5）室内外机组的通信。室外电脑芯片 IC2 的 63 脚为通信信号输入端，1 脚为通信信号输出端。这两个引脚的外接电路组成室外机通信接口，与室内机进行数据交换。

室内机组与室外机组之间采用异步串行通信方式。空调器工作时，以室内机为主机，室外机为从机进行通信联系。控制系统的电脑芯片连续两次收到完全相同的信息，便确认信息传输有效。而连续 2min 不通信或接收信号错误的话，电脑芯片就发出故障报警并关停室外机和室内风扇电动机。

海尔 KFR—50LW/BP 机的室外机控制板接线如图 4.95 所示，可供修理员参考使用。

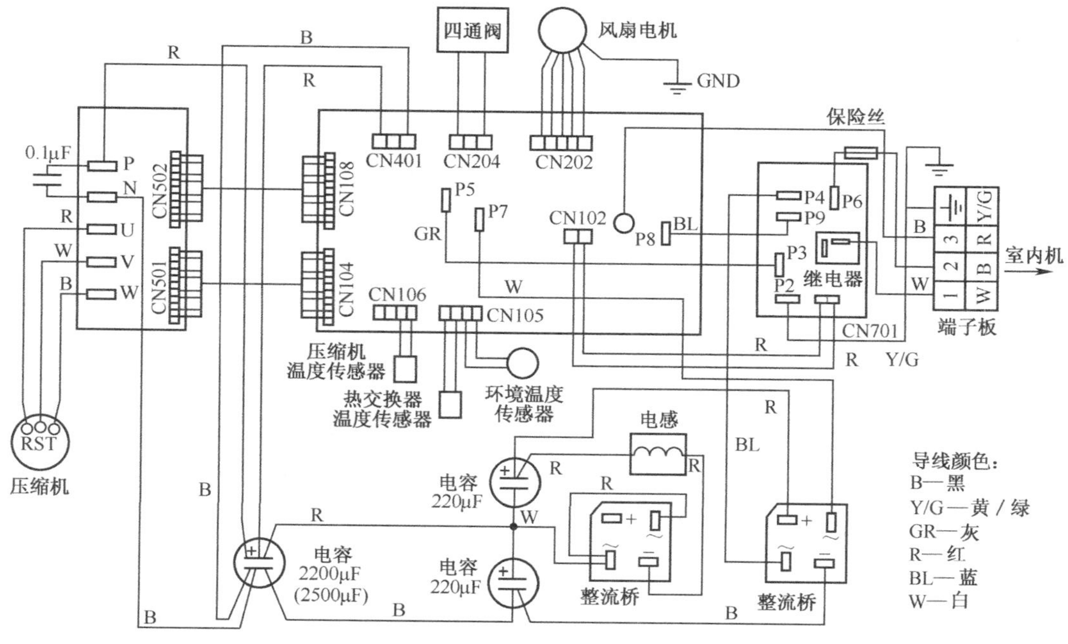

图 4.95　海尔 KFR—50LW/BP 机的室外机控制板接线

习题 4

1. 空调器的含义是什么？它与电冰箱有哪些异同点？
2. 依据不同的分类标准，空调器可以分为哪几类？
3. 空调器制冷系统主要由哪些部件组成？简述其与电冰箱制冷系统的异同。
4. 旋转式压缩机同涡旋式压缩机在工作原理与组成结构上有何区别？
5. 膨胀阀的作用是什么？它可以分为哪几类？
6. 简述空调器的室内空气循环和室外空气循环的工作原理。
7. 空调器电气系统是由哪些元部件组成的？它的作用是什么？
8. 进行空调器的安装时，对电源线和地线有哪些要求？
9. 如何进行分体落地式空调器的安装？
10. 简述变频空调器的特点、工作原理。
11. 简述空调器的发展方向及新技术和新品种。
12. 依据国产空调器型号的表示方法，下列空调器型号的含义是什么？

（1）KFR—28GW/BPA

（2）KCD—30

（3）KFR—75LW/BD

（4）KF—56LW

（5）KFR—26GW

第5章 空调器故障检修

5.1 空调器常见故障及检修方法

5.1.1 空调器常见故障的检查方法

空调器的故障判断是空调器维修的一个重要环节，同样可采用“一看、二摸、三听、四测”的方法来判断发生故障的部位。

1. 看

观察外形是否完好无损，部件有无损坏、松脱，管道有无断裂，接线有无断开以及热交换器结霜、挂霜情况等。若发现制冷管道的接头出现油渍，则该处可能有制冷剂泄漏。有时空调器出现异常现象，并非什么故障，如设定温度等于或超过室温，开机后空调器不制冷，只要将设定的温度调低就可以了；又如正常情况下，空调器的蒸发器盘管及其翅片凝露应是均匀的，如果蒸发器某部分盘管不凝露或凝露少，甚至温度较高，可能是制冷管道阻塞或混入空气；再如，在制冷管道的接头处若出现油渍，则这个地方很可能制冷剂泄漏。

2. 听

听空调器运行中各种声音，区分运行的正常噪声和故障噪声，即振动是否过大，风扇电机有无异常杂音，压缩机运转声音是否正常等。空调器运行中各种声音，区分运行的噪声和故障声是故障诊断的常用方法。如风扇叶片触碰它物，会产生强烈的撞击声；电机通电不转动，会产生尖锐的怪叫声。

3. 摸

摸空调器有关部位，感受其冷热、振颤等情况，有助于判断故障的性质与部位。如正常情况下，干燥过滤器表面温度应比环境温度高一些，若温度很低且出现凝露，则可能是干燥过滤器堵塞，造成制冷剂在受阻处节流降温；又如在运行中压缩机排气管烫手，若不热甚至发凉，可能是制冷剂快漏光了。

4. 测

为了准确判断故障的性质和部位，常用仪器和仪表来检测空调器的性能、参数和状态。如用万用表、兆欧表和钳形表来测量电流、电压、各元器件及电机线圈电阻、运转电流及对地绝缘电阻是否符合要求，用电子检漏仪等检查制冷系统有无泄漏。

看、听、摸、测等检查手段所获得的结果，大多只能反映某种局部状态。空调器各部分之间是彼此联系、互相影响的，一种故障现象可能有多种原因，而一种原因也可能产生多种故障现象。因此，对局部因素要进行综合比较、分析，从而全面、准确地断定故障的性质与部位。如制冷系统发生泄漏或堵塞，都会引起制冷系统压力不正常，造成制冷量下降。但泄漏必然引起制冷剂不足，使高压和低压的压力都降低；而堵塞若发生在高压部分，则会出现高压升高、低压降低的现象。因此，可根据故障现象加以区别，判断是漏还是堵，如表 5.1 所示。

表 5.1　制冷系统泄漏与堵塞的区别

故障情况	泄漏	不完全堵塞	完全堵塞
高压侧	运行电流和输入功率均低于正常值	运行电流和输入功率正常或稍高于正常值	运行电流和输入功率均高于正常值
	压缩机运行噪声低	压缩机运行噪声正常或稍高	压缩机运行噪声高
	排气管温度比正常值偏低	排气管温度接近正常	排气管堵塞时温度上升
	高压低于正常值	高压略微升高	高压升高
低压侧	低压低于正常值	低压略低于正常值	低压低于正常值
	蒸发器结露不完全	蒸发器结露不完全	蒸发器不结露
制冷（或热泵制热）	不良	不良	不制冷（热泵不制热）

5.1.2　空调器常见的假性故障

1. 空调器不运行

（1）电网停电、熔断器熔断、空气自动开关跳闸、漏电保护器动作、本机电源开关未合闸、定时器未进入整机运行位置等，即空调器实际上未接通电源。

（2）电源电压过低，电机启动力矩小，电机转动不起来，过载保护器动作，切断整机电源电路。

（3）遥控开关内的电池电能耗尽或正负极性接反，因而遥控开关不工作，空调器没有接到开机指令。

（4）空调器设定温度不当，如制冷时设定温度高于或等于室温，制热时设定温度低于或等于室温。

（5）正在运行的分体式空调器，若关机后马上开机，则有 3min 延时保护，空调器不会马上启动。

（6）环境温度过高或过低，如制冷时的室外气温超过 43°C，热泵制热时的室外气温低于–5°C，机内保护装置会自动切断本机电源。

2. 空调器制冷（热）量不足

（1）空气过滤器滤网积尘太多，热交换器盘管和翅片污垢未除，进风口或排风口被堵，都会造成热交换气流不畅，使热交换效率大幅度降低，从而造成空调器制冷（热）量不足。

（2）若制冷时设定温度偏高，则压缩机占空比增大，空调器平均制冷量下降；若制热时

设定温度偏低，则压缩机占空比也会增大，从而使空调器的平均制热量下降。

（3）若制冷时室外温度偏高，则空调器能效比降低，其制冷量也随之下降；若制热时室外温度偏低，则空调器的能效比也会下降，其热泵制热量随之降低。

（4）空调器房间密封性能不好，缝隙多或开窗开门频繁，或长时间开启新风门，都会造成室内（热）冷量流失。

（5）空调器房间热负荷过大，如室内有大功率电器或热源，或室内人员过多，室温显然很难降下来。

3. 噪声

空调器内部在运转时会产生一定的噪声，这是空调器的最主要噪声。在通常情况下，这些噪声很有规律，只要其大小在允许的范围内就属正常现象。有时空调器会出现某种异常噪声，其实也不是空调器本身有什么毛病。如窗帘被吸附在空调器风栅上，空调器的运行噪声会马上变样，只要把窗帘拨开，声音又立即恢复正常；又如安装在窗框上的窗式空调器，其运行噪声一般会逐年增大，有时还会发生极强的噪声，这常常是由于窗玻璃松动引起的，只要设法解决好窗玻璃的坚固与消振，噪声就会大大减小。此外，压缩机在启动、停机时，会有轻微的“哗哗”液体流动声，有时还会听到“啪啪”塑料面板热胀冷缩声，这些都是正常现象。

4. 异味

空调器刚开机时，有时会闻到怪味，这可能是食物、化妆品、家具、墙壁等所散发出来的气体吸附在机内的缘故。所以，重新启用空调器前，需做好机内、外的清洁卫生，运行期内也应定时清洗滤网。平时不要在空调器房间内抽烟，不开空调器时应打开门窗通风换气。

5. 压缩机开停频繁

若制冷时设定的温度过高或制热时设定的温度过低，都会使压缩机频繁地停开机。只要将制冷时设定的温度调低一点，或将制热时温度调高一点，压缩机停机的次数就会减少。

5.1.3 空调器的常见故障

1. 不能启动

空调器不能启动的原因有以下几点。

（1）压缩机抱轴或电机绕组烧坏。压缩机机械故障，使压缩机卡住无法转动；电机绕组由于过电流或绝缘老化，使绕组烧毁，都会使压缩机无法启动运行。

（2）启动继电器或启动电容损坏。启动继电器线圈断线，触头氧化严重；启动电容内部断路、短路或容量大幅度下降，都会使压缩机电机不能启动运行，导致过载保护器因过电流而动作，切断电源电路，空调器无法启动。

（3）温控器失效。温控器失效，触点不能闭合，压缩机电路无法接通，故压缩机不启动。

2. 不能制冷

（1）主控开关键接触不良。空调器控制面板上的主控开关若腐蚀，引起接触不良，则空调器不能正常运行。

（2）启动继电器失灵。启动继电器触点不能吸合，压缩机不通电，空调器当然就不制冷了。

（3）过载保护器损坏。过载保护器若经常超载、过热，其双金属片和触点的弹力会不断降低，严重时还可能烧灼变形。

（4）电容损坏。压缩机电机通常都配有启动电容和运行电容。风扇电机只配有运行电容。启动电容损坏，则电机通电后无法启动，并会发出“嗡嗡”的怪声。遇到这种情况时，应立即关闭电源开关，以免烧坏电动机绕组。

（5）温控器损坏。温控器是空调器中的易损器件，用一段导线将温控器上的两个接线柱短路，若压缩机运转则故障出在温控器。

（6）压缩机损坏。压缩机是空调器的“心脏”，压缩机损坏是最严重的故障，压缩机卡缸或抱轴，轴承严重损坏，电机绕组烧毁，都可能引起压缩机不转。

（7）其他原因。如离心风扇轴打滑，回风口、送风口堵塞，设定温度高于室温等，都会造成空调器不制冷。

3. 不能制热

冷热两用空调器能在制冷、制热间转换，若间隔在 5min 以上却不能制热，则可以从以下几个方面进行检查。

（1）温控器制热开关失效。冷热两用型空调器的温控器上均设有控制热运行状态的开关，该开关失效，空调器无法转入制热运行。

（2）电磁四通阀失效。其滑块不能准确移位，热泵型空调器就无法进行冷热切换。

（3）化霜控制器失效。化霜控制器贴装在热泵型空调器室外侧换热器的盘管上，它通过感温包的感温，来接通或切断电磁阀的线圈，使空调器在制冷与制热间切换。所以化霜控制器损坏，空调器不制热。

（4）电热器损坏。电热型空调器电热元件损坏，使空调器不能制热。

4. 风机运转正常但既不能制冷也不能制热

（1）压缩机损坏。

（2）制冷管道堵塞。尤其是毛细管和干燥过滤器，若被杂质污染或混入水分，则会产生脏堵和冰堵。

（3）制冷剂不足。若制冷剂泄漏或充入量严重不足，会严重影响压缩机的制冷和制热运行。

（4）电磁阀失效。

（5）制冷系统中混入过量空气。使制冷剂循环受阻，制冷效率太低。

5. 制冷（热）量不足

（1）风机叶轮打滑。风机叶轮打滑，风量减小，因而空调器的制冷（热）量也随之减小。

（2）运行电容失效。运行电容失效，电路功率因数降低，工作电流增大，电机损耗增

加，转矩变小，转速降低，空调器制冷（热）量也就下降。

（3）温控器失灵。温控器上如果积尘多，使其动作阻力增大，动作迟滞，进而使压缩机不能及时接通电源，于是空调器的制冷（热）量就小了。

（4）压缩机电机绝缘降低。压缩机电机绕组浸在冷冻油中，若其绝缘强度降低，会使冷冻油变质，从而使制冷剂性能恶化，压缩机能效比降低；绝缘强度下降严重，还可能造成电机绕组局部短路，使空调器制冷（热）量下降。

（5）连接管道保温不好。若分体式空调器室内、外机组之间的连接管道外面的保温护层脱落，则冷（热）量散失加剧。

（6）制冷剂轻微泄漏、充入量不足或过多。制冷管道有少许脏堵，毛细管处发生轻微冰堵，都会造成制冷量或制热量不足。

6. 蒸发器表面结霜

（1）制冷工况时蒸发器结霜。制冷工况时的蒸发器位于室内机组内。造成蒸发器结霜的主要原因有：蒸发器通风散热不好，如离心风机损坏，风道受阻、空气过滤器积尘过多等；设定温度过低或温控器失灵，使压缩机在室温低于 20℃时还持续运转制冷；制冷剂量不够，使压缩机吸入口压力过低，蒸发温度过低。

（2）热泵制热工况时蒸发器结霜。热泵制热工况时的蒸发器位于室外机组内。造成蒸发器结霜的主要原因有：化霜控制器失灵，如化霜感温器件错位、触点粘边或接触不良；风机叶轮打滑或风道阻塞；电磁阀或启动继电器失灵，使空调器无法及时转入化霜运行状态。

7. 压缩机“开”、“停”频繁

除电源方面的原因，如供电线路负荷过重，电源电压不稳定，电源插头、插座的接线松动等外，本机故障原因还有以下几点。

（1）过载保护器动作电流偏小。触点跳脱过早，从而造成压缩机非正常性停机。

（2）启动继电器动、静触点接触不正常。若电机转速基本正常后，启动继电器的动、静触点还粘住，则会造成电机过热，从而引起保护性动作。

（3）温控器感温包偏离正常位置。这可造成温控器微动开关非正常“开”、“关”。

（4）电机轴承缺损或缺油，引起电机过热，使得压缩机频繁停机。

（5）压缩机的电机绕组局部短路或制冷系统压力过高，引起压缩机频繁“关”、“开”。

8. 振动大

（1）整机安装不牢固。安装支架不牢固，紧固螺钉松动，紧固件未配置防振垫圈。

（2）机内零部件安装不良。压缩机、风机、冷凝器、蒸发器等到装配时，底座螺钉未旋紧，运行时振动就很大。

（3）压缩机底座设有防振弹簧。为了避免运输过程颠簸摇晃，制造厂常用螺帽将防振弹簧拧紧。用户在安装使用空调器时，宜将底座上防振弹簧帽稍拧松一点。

（4）风机装配不良。风扇叶轮安装时如果与转轴的同心度不一致，风扇转动起来振动就很大，若叶轮松脱、变形或与壳体相碰，则振动就更大了。

9. 噪声大

（1）轴流风扇叶轮顶端间隙过小，风扇运行噪声增大。

（2）制冷剂充入量过多，液态制冷剂进入压缩机产生液击，有较大的液击噪声。

（3）风机内落入异物或毛细管、高压管与低压管安装不牢固，会发生撞击声、摩擦声等。

10. 漏水

（1）室内侧漏水。窗式空调器低盘平面室内侧应比室外侧高 5～10mm；若室外侧比室内侧高或两者一样高，则冷凝水就不能通畅地排出室外，其中一部分就会溢出；分体式空调器室内机组上的排水管不能有积水弯，不能折压，否则冷凝水可能溢出；积水盘龟裂、锈蚀、脱焊造成漏水。

（2）室外侧漏水。窗式空调器积水盘室外部分龟裂，轴流风扇甩水圈不当，排水管破损等，都可能造成部分冷凝水从箱体吸风百叶窗处溅出。分体式空调器室外排水管破漏、排水管末端浸入水内，也可能造成室外侧冷凝水外溢。

11. 漏电

（1）相线碰壳。空调器电源线中相线金属芯与底盘金属箱体相碰，整个金属外壳就会带电。

（2）电机公用点接地。应切断电源，用万用表 R×1 挡，测量电机的公用点对地电阻，若该电阻值为零，则说明公用点接地。

12. 压缩机运转不停

（1）温控器失灵。温控器动作机构卡住、触点粘连等，无法及时切断压缩机电源。此外，若温控器感温包的安装位置离吸风口太远，起不到真正的感温作用，则温控器也不能准确地感温动作。

（2）电磁阀失灵。

（3）风道受阻。进、出风口或风道内部受阻，影响蒸发器表面冷、热空气的交换。

13. 压缩机超温

家用空调器采用全封闭式压缩机，温升不能太高，一般为 70±5℃。若温度超过上限即为超温，其可能原因有以下几点。

（1）电源电压太低，压缩机的电机长时间欠压运行，会因过电流而超温。

（2）过载运行，制冷系统中混入空气，制冷剂充入量过多，造成压缩机过载运行，引起超温。

（3）运行阻力大。制冷系统中混入杂质，造成冷冻油路阻塞，压缩机内转动件润滑不足，摩擦阻力增大，使压缩机超温。

（4）压缩机吸入温度过高或过低，制冷剂充入量太少，会造成压缩机吸入温度过高。若制冷剂充入量太多，使一部分液态制冷剂进入压缩机引起液击，也会使压缩机超温。

（5）电机绕组绝缘降低，若制冷系统中混入水分，就会使压缩机的电机绕组绝缘程度必低。从而产生泄漏电流，甚至引起匝间短路，造成压缩机超温。

5.1.4　空调器常见故障的检修流程

1. 完全不制冷

空调器出现完全不制冷，其故障检修流程如图 5.1 所示。

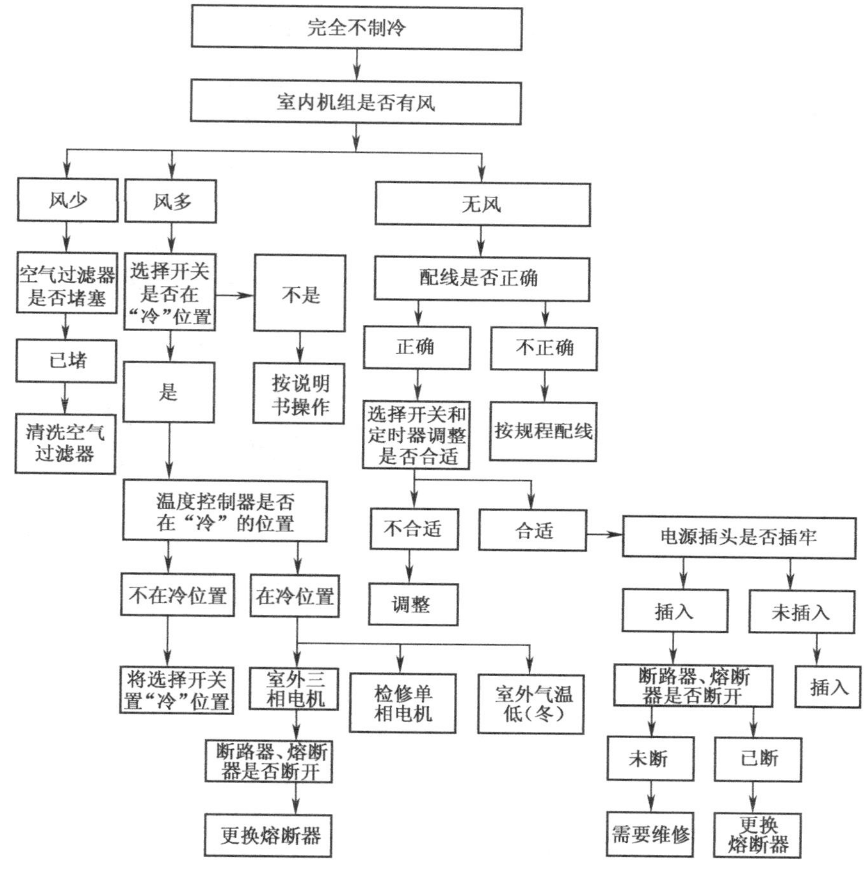

图 5.1　完全不制冷的检修流程

2. 制冷效果差

空调器出现制冷效果差，其故障检修流程如图 5.2 所示。

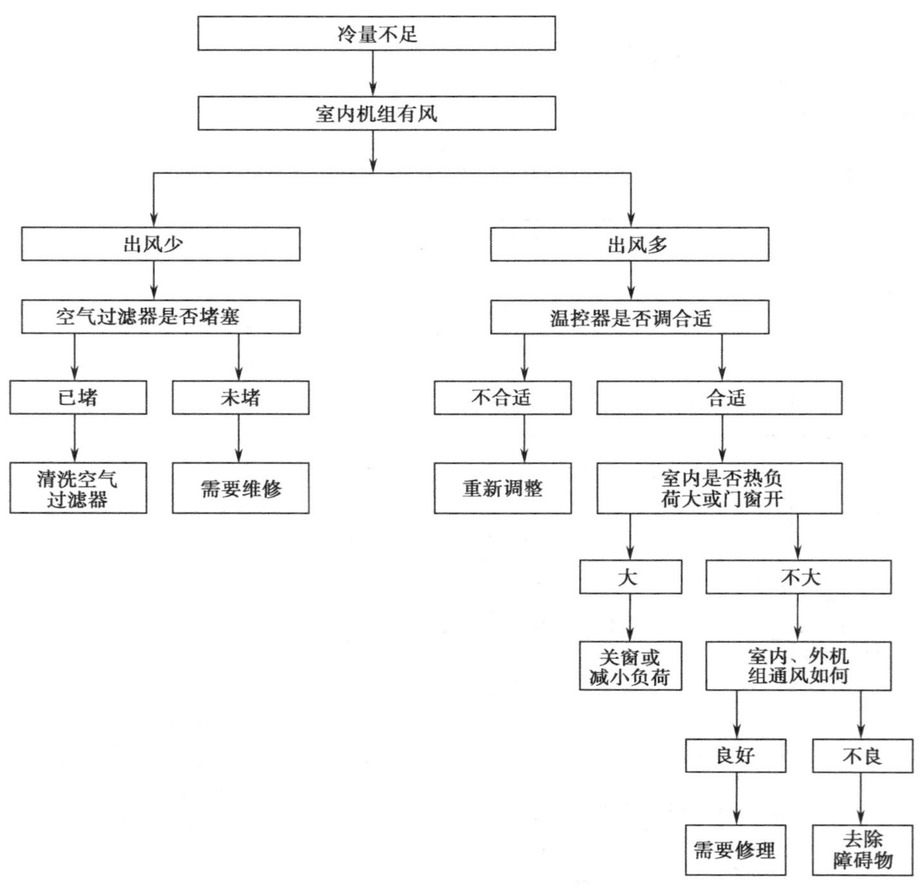

图 5.2　制冷效果差的检修流程

3. 不制热

空调器出现不制热，其故障检修流程如图 5.3 所示。

4. 制热效果差

空调器出现制热效果差，其故障检修流程如图 5.4 所示。

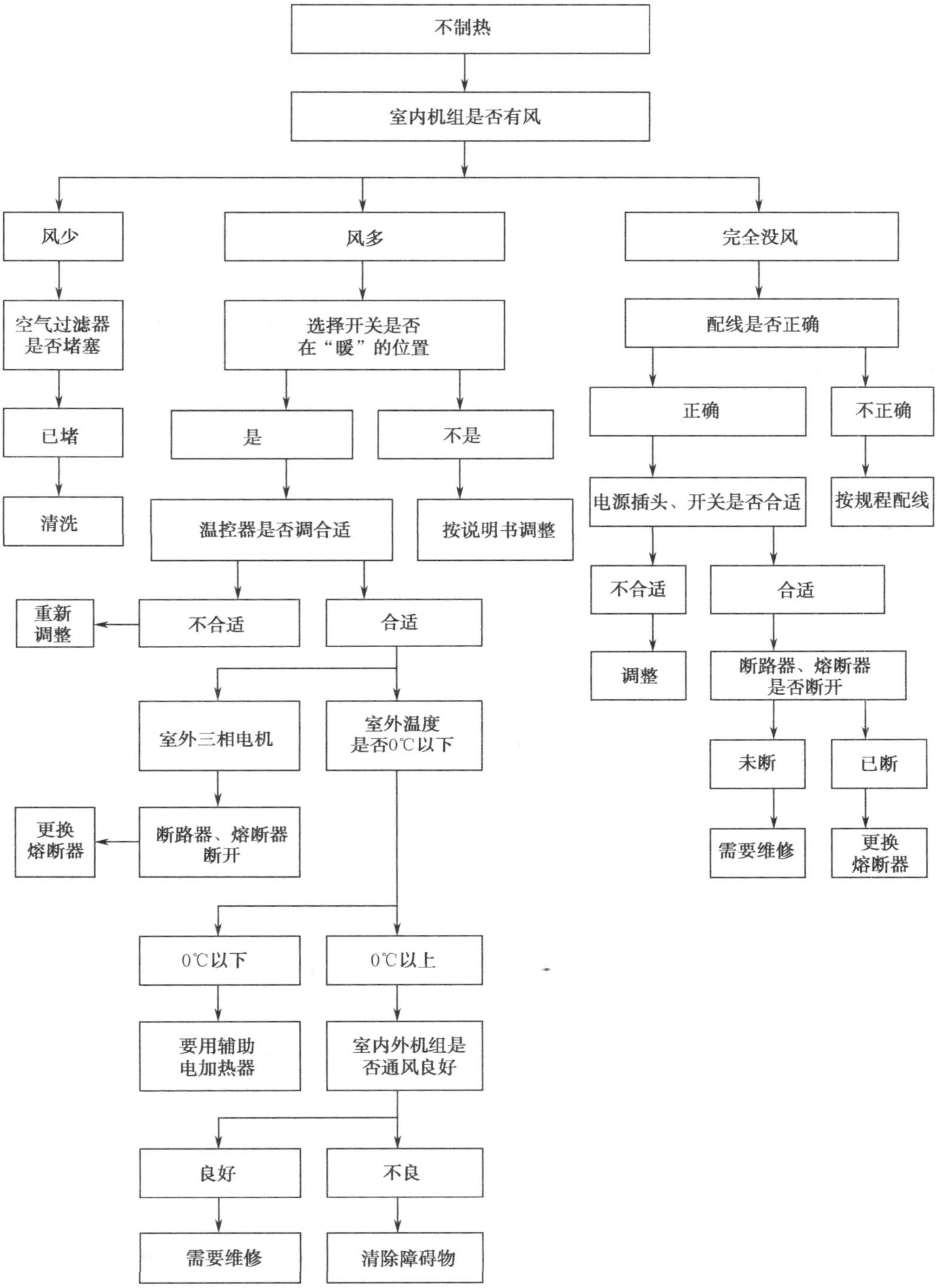

- 不制热
  - 室内机组是否有风
    - 风少
      - 空气过滤器是否堵塞
        - 已堵
          - 清洗
    - 风多
      - 选择开关是否在“暖”的位置
        - 是
          - 温控器是否调合适
            - 不合适 → 重新调整
            - 合适
              - 室外三相电机
                - 断路器、熔断器断开 → 更换熔断器
              - 室外温度是否0℃以下
                - 0℃以下
                  - 要用辅助电加热器
                - 0℃以上
                  - 室内外机组是否通风良好
                    - 良好
                      - 需要维修
                    - 不良
                      - 清除障碍物
        - 不是
          - 按说明书调整
    - 完全没风
      - 配线是否正确
        - 正确
          - 电源插头、开关是否合适
            - 不合适
              - 调整
            - 合适
              - 断路器、熔断器是否断开
                - 未断
                  - 需要维修
                - 已断
                  - 更换熔断器
        - 不正确
          - 按规程配线

图 5.3　不制热的检修流程

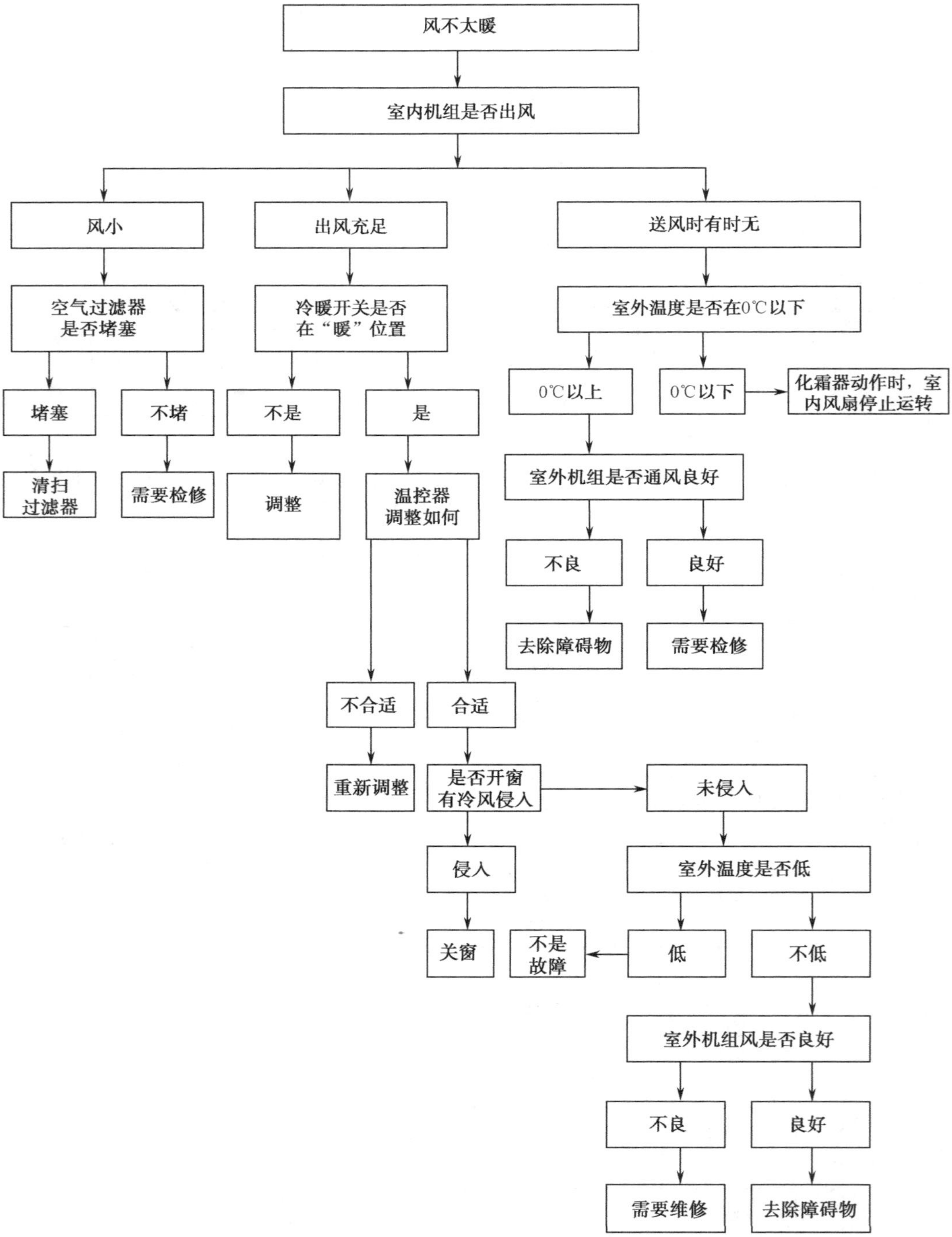

风不太暖

室内机组是否出风

风小

出风充足

送风时有时无

空气过滤器是否堵塞

冷暖开关是否在“暖”位置

室外温度是否在0℃以下

0℃以上

0℃以下

化霜器动作时，室内风扇停止运转

堵塞

不堵

不是

是

清扫过滤器

需要检修

调整

温控器调整如何

室外机组是否通风良好

不良

良好

去除障碍物

需要检修

不合适

合适

重新调整

是否开窗有冷风侵入

未侵入

侵入

室外温度是否低

关窗

不是故障

低

不低

室外机组风是否良好

不良

良好

需要维修

去除障碍物

图 5.4　制热效果差的检修流程

5.2　窗式空调器故障检修

5.2.1　窗式空调器常见故障

故障现象一：空调器不运转。

故障分析与维修：引起空调器不运转的原因及维修方法如下。

（1）熔断器熔断，更换熔断器。

（2）电路接点松断，检查并重新接牢。

（3）电压低于额定值 10%以上，以电压表检查，确认是此原因。

（4）联动开关失灵。修理或更换联动开关。

故障现象二：风扇运转而压缩机不运转。

故障分析与维修：引起风扇运转而压缩机不运转的原因及维修方法如下。

（1）温度控制器失灵。如将温控器旋到常冷位压缩机仍不启动，若短接温控器两个串联接点后压缩机运转，则说明确是温控器失灵，应更换。

（2）电压低。以电压表检查，确认是此原因。

（3）电路接点松断。检查并重新接牢。

（4）过流保护装置触点断开。待双金属触片复原后再试之，如仍不接触，可调整。

故障现象三：压缩机开停频繁。

故障分析与维修：引起压缩机开停频繁的原因及维修方法如下。

（1）电压低。以电压表检查，确认是此原因。

（2）冷凝器通风不畅，影响散热性能。检查轴流风扇并注意冷凝器翅片有无脏物堵塞或落灰太多，及时排除。

（3）温控器的感温包安放位置不对。检查感温包，不应太靠近蒸发器。

（4）过电过热双保护装置失灵。检查、调整或更换。

故障现象四：空调器振动。

故障分析与维修：引起空调器振动的原因及维修方法如下。

（1）压缩机装运垫木或螺钉未拆除。将压缩机外弹簧架上的垫木和螺钉去掉。

（2）排气管或吸气管碰敲金属声。将配管微弯曲一下，使之远离金属件。

（3）风扇叶片弯曲或松动。检查、调整或重新上紧。

故障现象五：空调器冷凝水往室内流。

故障分析与维修：引起空调器冷凝水往室内流的原因及维修方法如下。

（1）空调器水平位置不对。调整水平，一般窗式空调器应向外下方略倾斜。

（2）接水盘、排水盘堵塞或渗漏。清理堵塞物，用防水密封物质堵漏。

故障现象六：风扇噪声大。

故障分析与维修：引起风扇噪声大的原因及维修方法如下。

（1）风扇动平衡不好。查找动平衡或更换合格品。

（2）叶片变形。检查并校正。

（3）风扇与电机轴之间连接松动或间隙过大。检查并重新上紧，如轴与孔间隙过大可用铜箔垫紧或更换。

故障现象七：空调器制冷不良。

故障分析与维修：引起空调器制冷度不够的原因及维修方法如下。

（1）空气滤清器阻塞。清洗滤清器。

（2）新风过量。关小新风栅。

（3）冷凝器有脏物堵塞或蒙尘太多。检查清理。

（4）压缩机或制冷系统的原因。检查有无毛细管堵塞、制冷剂不足、压缩机故障等原因。

故障现象八：蒸发器表面结冰。

故障分析与维修：引起蒸发器表面结冰的原因及维修方法如下。

（1）空气滤清器阻塞。清洗滤清器。

（2）离心风扇故障。检查离心风扇及其电机。

（3）室温过低。当室温低于21°C时进行制冷运行，蒸发器表面会结冰。

5.2.2　窗式空调器故障分析速查

窗式空调器的故障分析速查表如附录3所示。

5.2.3　窗式空调器检修实例

1．一台窗式空调器制冷量不足

故障分析：顾客反映该空调器能开机，但房间温度降不下来，且耗电量比以前增加。经通电试机，发现压缩机、风机工作均正常，出风口温度较低，但工作约30min左右，压缩机停止运转，只有风机在继续工作。而正常的空调器在修理部里试机时，因房间较大，连续运转3h也不会自动停机，故怀疑是温度控制器或过热保护器出现故障。

故障维修：取下前面板，将温度控制器的感温管拔离蒸发器，使其感受的温度高一些，同时把温度控制旋钮拨至高挡。但通电试机后，仍出现上述现象。

在断电后，取下压缩机外壳，露出空调机心。检查时发现，压缩机温升较正常，且过热保护器也没有因温度较高而跳断，因而怀疑是压缩机故障，如图5.5所示。

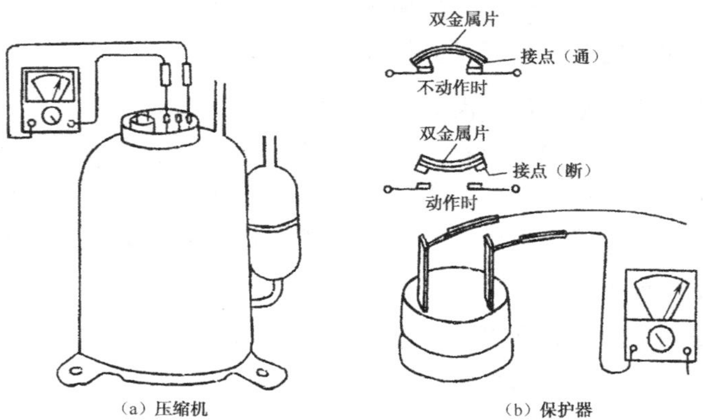

图5.5　检查压缩机和保护器

检查压缩机电机绕组，其阻值基本正常，绝缘电阻也在2MΩ以上。遂再次通电让其启动运转。当其再次停转时，立即拔掉电源，取下压缩机上的3根接线后进行测量，发现公共端与启动端和运行端都不通，而总阻值却依然存在，且与前测值相同。

让压缩机冷却一段时间后，又对其绕组进行测量，发现两绕组阻值恢复。而在通电运行一段时间后，又重复上述现象。由于该压缩机既装有外接的过热保护器，又有内过载保护器（埋入式热保护器），故判定为：由于压缩机绕组温升较快（可能绕组内有局部短路现象存在），从而使内过载保护器动作，致使压缩机停转。该压缩机的内、外过载保护器和分相电容器及其绕组的电路如图5.6所示。

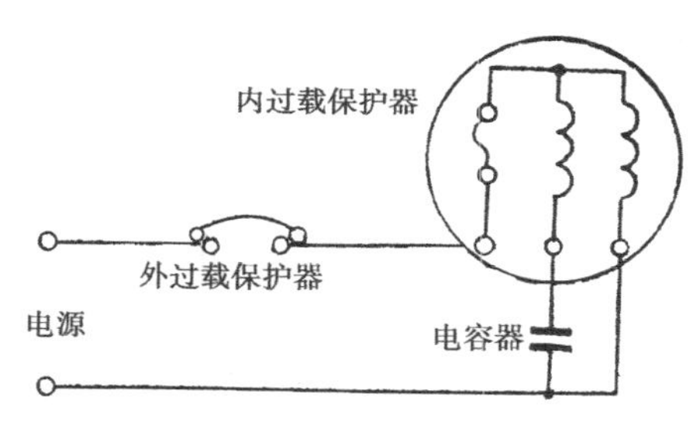

图5.6 过载保护PSC系统

2. 一台KC—20冷风型窗式空调器使用一段时间后压缩机启动频繁

故障分析：在发现这台窗式空调器启动频繁之后，虽然用户将温度控制器旋钮调到强冷位置，但室内温度仍降不下来，经常清洗过滤后也无济于事。

经检查，在空调器运转过程中，过载保护器不动作，在刚启动及运转时，电源进线的保险丝也不熔断，说明电流正常，也说明压缩机内部及其线路部分没有什么问题。但温控器的故障，也会造成压缩机启动频繁。温度控制器的调节除了通过旋钮调节挡位外，还要受到感温管的影响。即感温管的状态不同，压缩机的运行和停机时间也会不同。

故障维修：拆下窗式空调器的前面板和空气过滤网后发现，固定在蒸发器前方下部的感温管头蒙上了一层湿乎乎的积尘，蒸发器的翅片之间也有积尘，使得感温管不能与流动空气直接接触，也就不能随时感受到真实温度变化。感温管感受到的只是覆盖在其上面的积尘的温度，而这些积尘盖在蒸发器上，其本身温度就较低，使自动调节温度开关经常动作，从而导致压缩机频繁启动。

将感温管头附近的积尘用刷子刷干净，蒸发器翅片之间的积尘用吸尘器吸出，或用高压氮气吹净，再把面板和空气过滤网装回，通电试机后，压缩机启动频繁现象消除，空调器运行正常后，室内温度明显下降。通过此例可以看出，为使空调器保持正常状态，在日常维护工作中，感温管处的清洁不容忽视。

3. 一台新乐牌电热型窗式空调器无法制热

故障分析：该机电原理如图5.7所示。检测中，在电源线上测工作电流，置制热挡开机，抽出机心，拆除上罩板，用万用表电阻挡测电加热器阻值，其阻值正常。电热式空调器的制热部分，为安全起见都装有过载和温度保险，以防止温升过高而出现事故。再测过热继电器，性能正常。当测温度保险时，其阻值为无穷大，即已被烧断。当用线将其短路后通电，电热器发热，整机工作电流正常。因而，该机不制热的原因就是温度保险烧断。

故障维修：换上相同规格的温度保险，问题就解决了，但绝不可用铜丝代替。

4. 一台窗式空调器蒸发器泄漏

故障分析：一台国产窗式空调器，压缩机和控制电路均工作正常，但不制冷。将空调器机心从外壳里抽出后，看到蒸发器弯头处有许多油渍，可见制冷剂 R22 已泄漏。向制冷系统充入 1MPa 的氮气后进行检漏，发现漏点在蒸发器翅片之中。故取下蒸发器后，充入氮气再将其置于水中，发现如图 5.8 所示处冒泡，说明该处铜管穿孔泄漏，这可能是铜管本身有缺陷，在装配翅片时的预应力及制冷剂高速冲刷摩擦的综合作用下产生的结果。

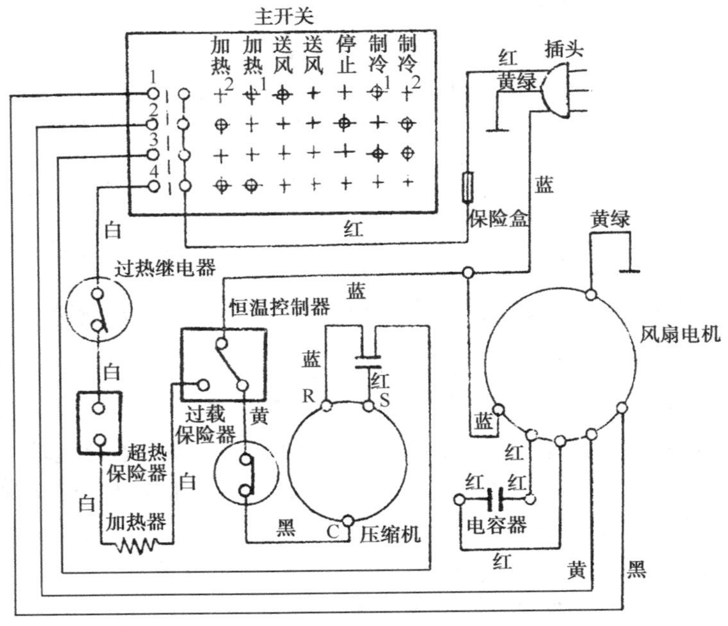

图 5.7　KCD 窗机电原理图

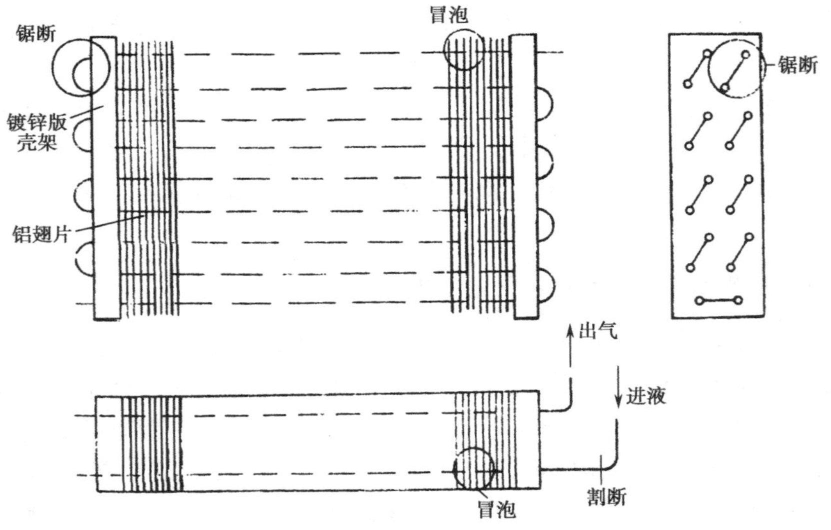

图 5.8　蒸发器泄漏

故障维修：该翅片铜管规格为ϕ10mm×0.75mm，虽然可以将翅片破坏后，露出泄漏点进行补焊，但这样做还要修复被破坏的翅片。这里介绍利用穿管修复的方法，具体过程如下：

（1）将弯头锯断（接孔管的 U 形头的一边可靠近镀锌板锯断，另一边可离开镀锌板一定距离锯断）。

（2）将进液管在 90°弯管处割断，如图 5.9 所示。

（3）用ϕ8mm×0.5mm 的铜管与锯断的 U 形管弯头焊成如图 5.9 所示形状的穿孔管。

（4）将图 7.5 中较长的ϕ8mm 管套入穿孔的ϕ10mm 管内，较短的套入未穿孔的ϕ10mm 管中，即用ϕ8mm 管替代穿孔的整根ϕ10mm 管。

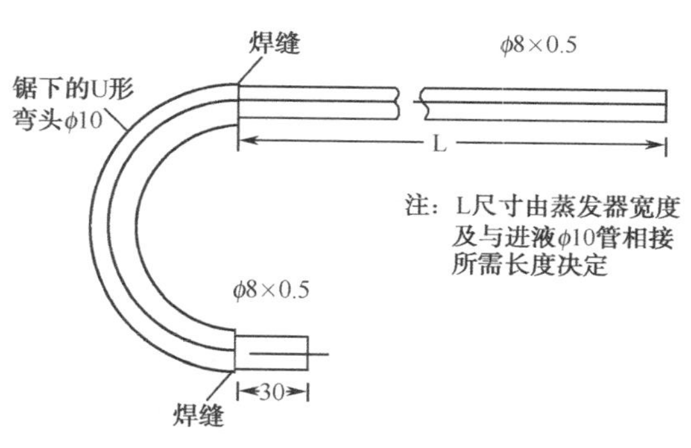

图 5.9　穿孔管形状及尺寸

（5）先将短的ϕ8mm 与ϕ10mm 管焊牢，再将穿过蒸发器的ϕ8mm 管经 90°弯管与空调器上的进液管焊牢，最后将蒸发器的出管与压缩机吸管相接焊牢，并固定好蒸发器。

（6）对整机进行试压、抽真空，并充灌制冷剂，试运转正常，则修复完毕。

5.3　分体壁挂式空调器故障检修

5.3.1　分体式空调器制冷系统故障维修

1. 带有供液阀和吸气阀的分体式空调器

这种空调器，即以扩口技术进行室内外机组连接的分体式空调器，可以在室外机组上找到供液阀（简称液阀，为二通阀）和吸气阀（简称气阀，为三通阀）。阀的结构由表 5.2 所示，利用三通阀修理口 c，实现打压、找漏、抽真空和充灌制冷剂操作。

表 5.2　室外机组阀口结构及调节原理

结构	（b、c、a）	（b、c、a）	（b、c、a）
通断关系	旋至底面，a—b 断 旋离底面，a—b 通	旋至底面，a—b, a—c 断 旋离底面，a—b 通 按 c 顶针，b—c 通	旋至底面，闭 a 旋至上面，闭 c 中间，a—b—c 通
用途	液体侧用	气体侧用	气、液两用
名称	外阀杆二通阀	内阀杆三通阀	外阀杆三通阀

图5.10为外阀杆三通阀维修连接图，若吸气阀为内阀杆三通阀，可参考有快速接头的分体式空调器的连接图。

（1）试压。将吸气阀修理口直接与氮气瓶的减压相连，进行打压（0.19MPa为宜），打压时供液阀不要关闭，不要启动压缩机。

（2）检漏。用肥皂水涂抹各接头处，尤其是两个调节阀及各焊处，以没有微小的气泡为正常。

（3）抽真空。将吸气阀的修理口直接接真空泵，然后同时开启吸气阀和供液阀，再开启真空泵即可进行系统抽真空。单侧抽真空应运转压缩机。

（4）充灌制冷剂。抽真空后顺时针关闭吸气阀，其修理口直接接R22制冷剂瓶，然后逆时针开启吸气阀，再开启制冷剂瓶的旋钮，即可向系统内充灌制冷剂，操作时应先排去加液管中的空气。

2. 有快速接头的分体式空调器

这种空调器在吸气管快速接头的雌接头一端（位于室外机组）留有一充注制冷剂的修理口，其内有小顶针，平时顶针被弹簧顶起，顶针上有一个小盖片，由盖片将修理口接住。修理时先将修理口的螺母拧下来，然后用专用的针阀拧在修理口上。也可用汽车充氟的专用管（内有顶针，拧在修理口即与外接管相通），再与三通修理阀连接起来，如图5.11所示。具有内阀杆三通阀的分体空调器（大多数扩口接的空调器均采用此种吸气阀），也可依照此图进行连接。

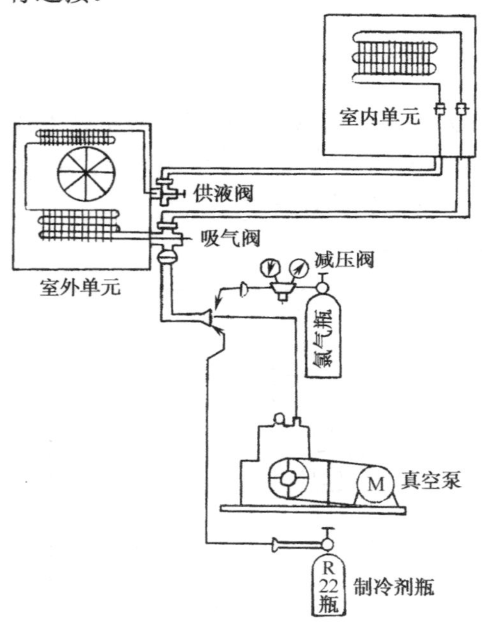

图5.10 打压、找漏、抽真空及充灌制冷剂连接示意图

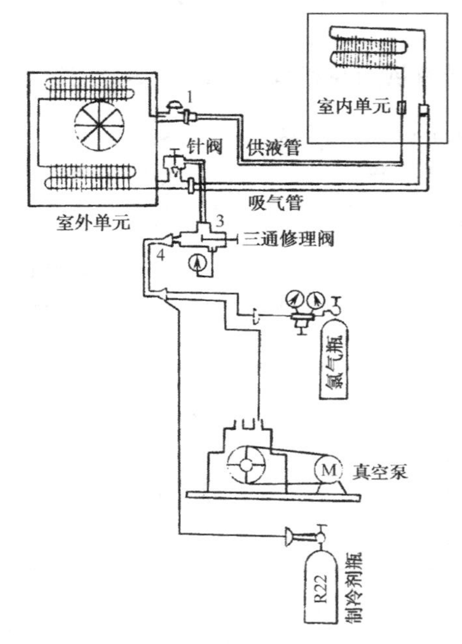

图5.11 从快速头的吸气管打压、找漏、抽真空及充灌制冷剂

（1）试压、检漏。先开启氮气瓶和减压阀（压力0.19MPa），开启修理三通阀，氮气则进入系统内，然后用肥皂水找漏，或保压检漏。因三通阀上接有压力表，所以保压检漏只需关

闭三通阀，24h 后，以表压不明显下降为正常。

（2）抽真空，将修理阀 3 上的连管 4 从修理阀上拧下来，接上真空泵即可对系统进行抽真空。此时应运转压缩机。

（3）充注制冷剂。抽真空后（也可做真空试漏），将修理阀 3 顺时针关闭，然后拆去真空泵的连接管，连接上 R22 制冷剂瓶，先开制冷剂瓶顶出管内空气再与修理阀口拧紧，逆时针开启修理阀，制冷剂 R22 即可充入到系统内。最好采用定量法充注。

3. 分体空调器常见制冷剂泄漏点

分体空调器常见制冷剂泄漏点如图 5.12 所示。

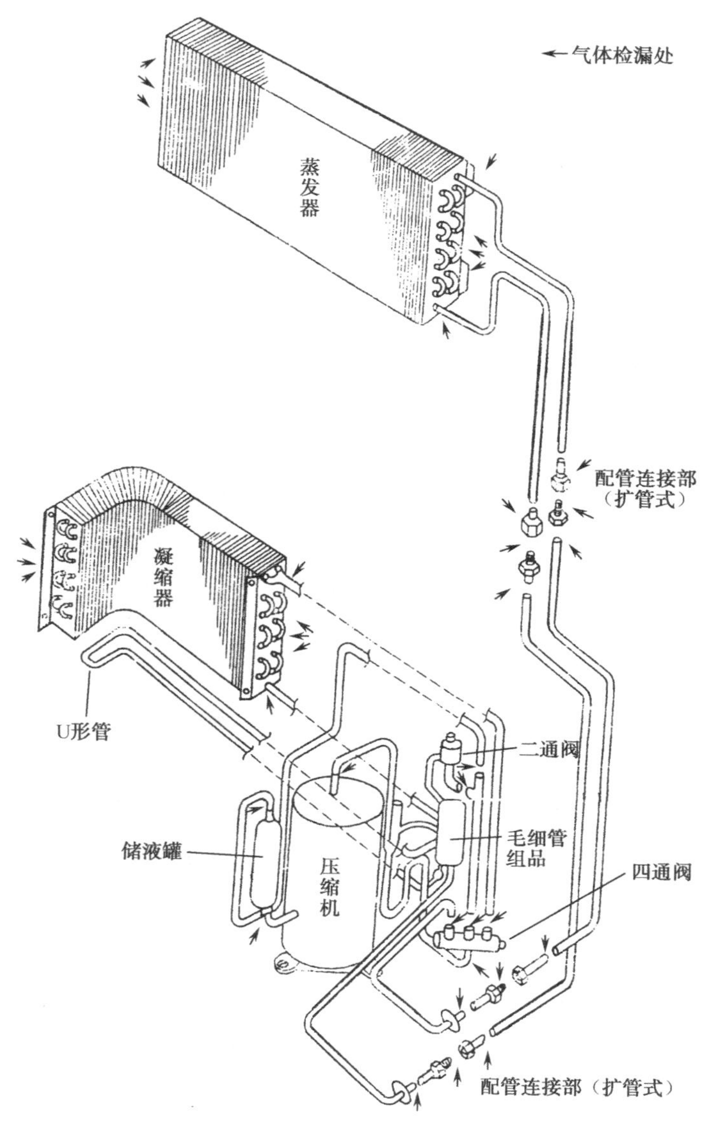

图 5.12　分体式空调器的检漏点

5.3.2 分体式空调器控制系统故障维修

1. 分体壁挂式空调器控制系统故障检修流程

（1）分体壁挂式空调器压缩机不运转故障检修流程见图 5.13。

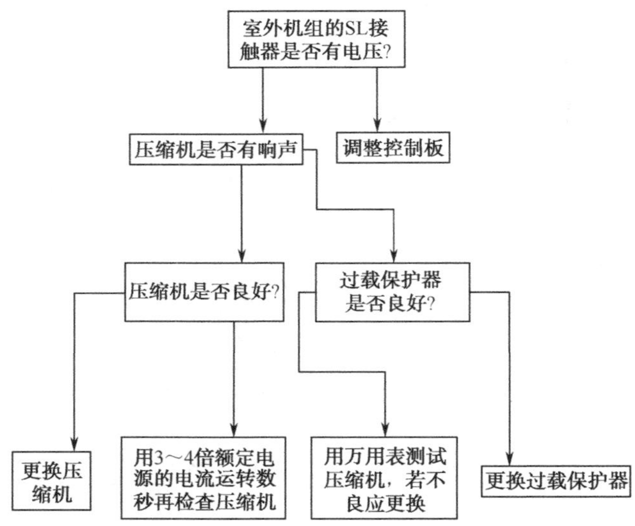

图 5.13 压缩机不运转故障检修流程图

（2）分体壁挂式空调器运转异常故障检修流程见图 5.14。

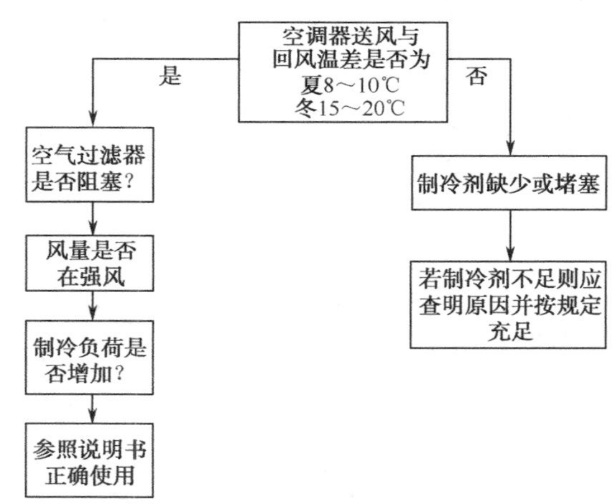

图 5.14 运转异常故障检修流程图

（3）分体壁挂式空调器室外机组开关反复动作故障检修流程见图 5.15。

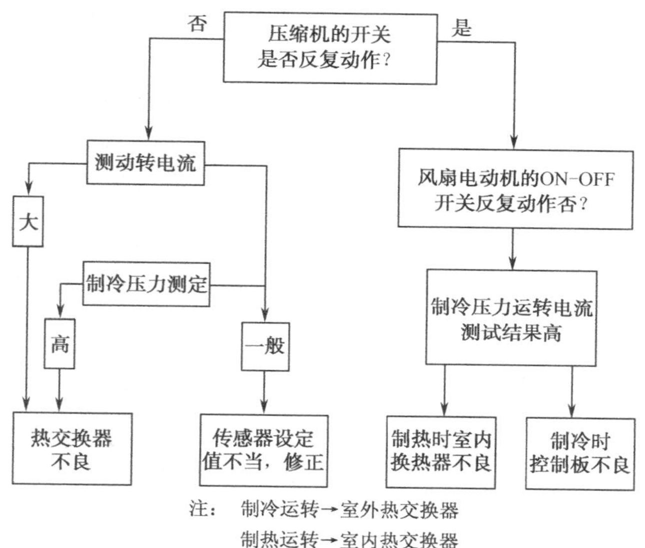

图 5.15 室外机组开关反复动作故障检修流程图

（4）分体式空调器室内风扇不运转故障检修流程见图 5.16。

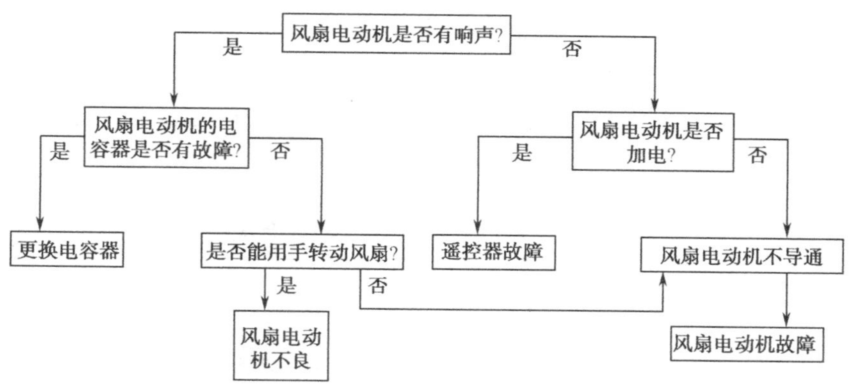

图 5.16 风扇不运转故障检修流程图

（5）分体式空调器室外风扇不运转故障检修流程见图 5.17。

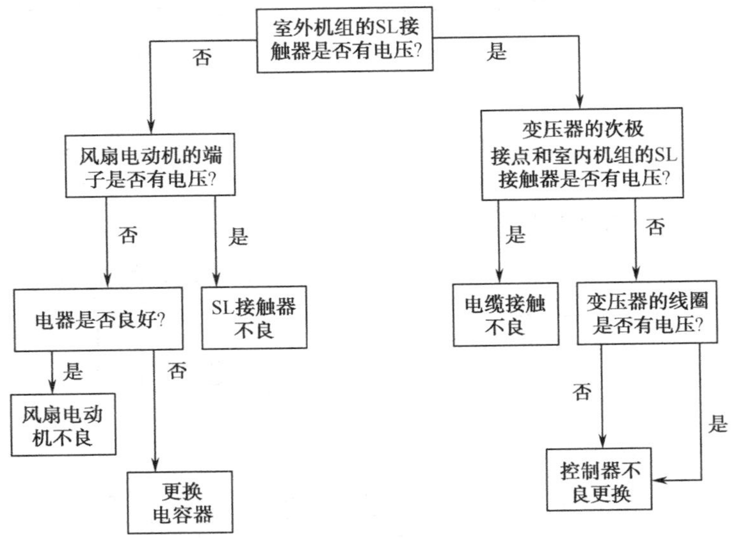

图 5.17　室外风扇不转故障检修流程图

（6）分体式空调器室外风扇转动而压缩机不转检修流程见图 5.18。

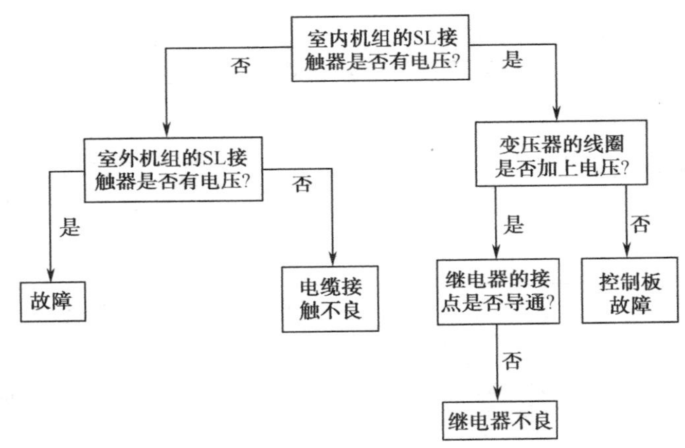

图 5.18　室外风扇转动而压缩机不转检修流程图

2. 分体壁挂式空调器制冷制热故障检修流程

（1）分体壁挂式空调器完全不制冷检修流程见图 5.19。

（2）分体壁挂式空调器冷量不足检修流程见图 5.20。

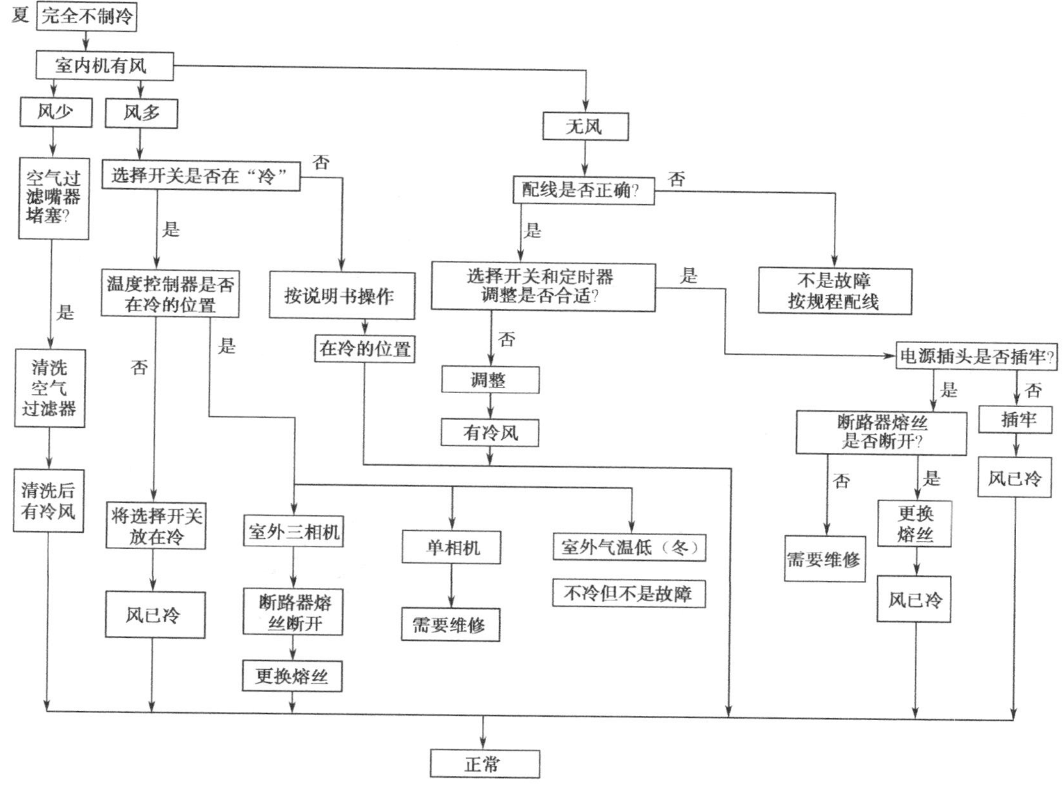

图 5.19　完全不制冷检修流程图

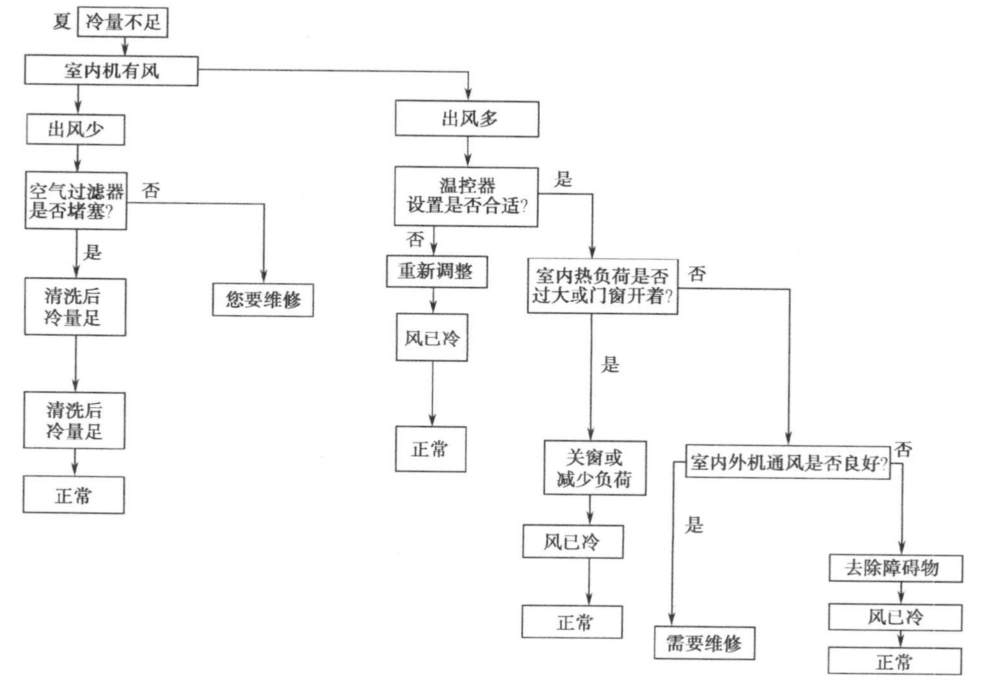

图 5.20　冷量不足检修流程图

（3）分体壁挂式空调器不制热检修流程见图5.21。

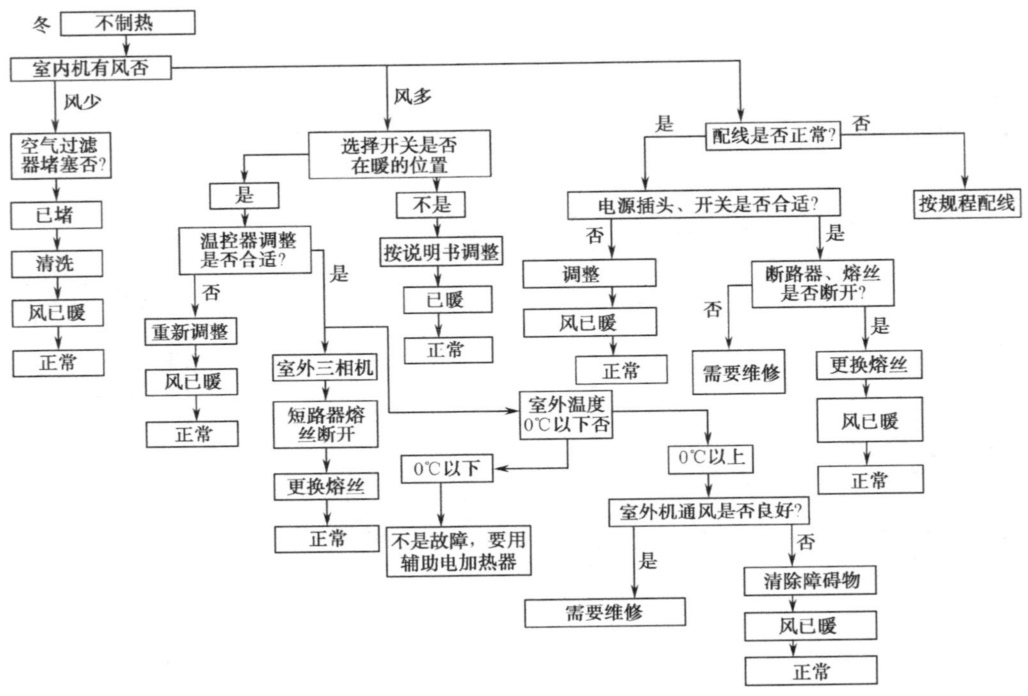

图5.21　不制热检修流程图

（4）分体壁挂式空调器冬天风不太暖检修流程见图5.22。

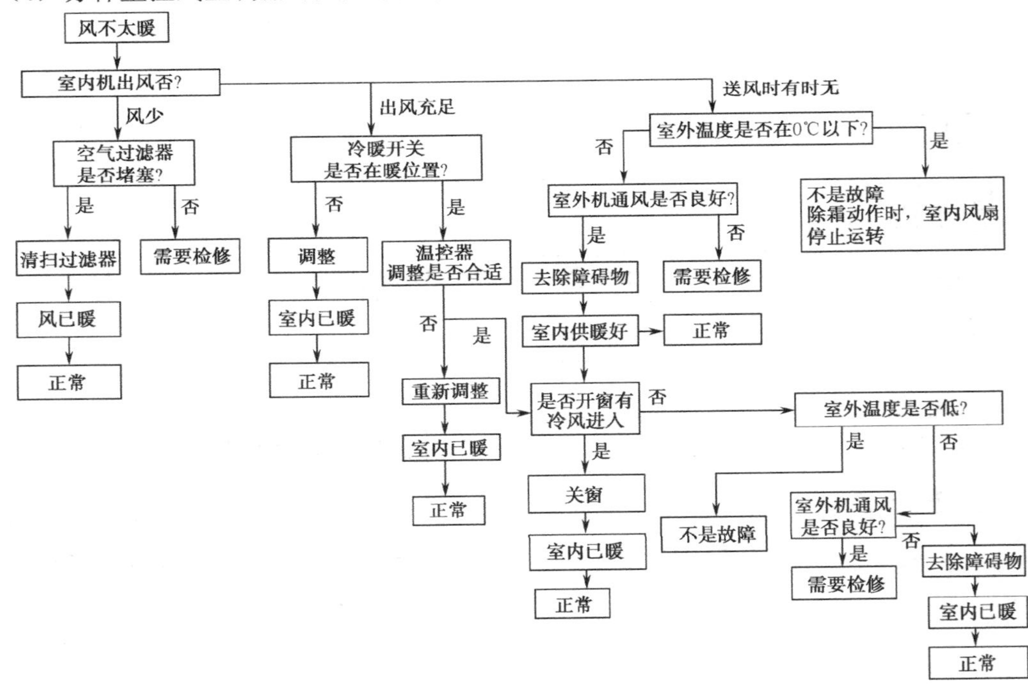

图5.22　风不太暖检修流程图

3. 科龙、华宝分体式空调器控制系统检修表

科龙、华宝分体式空调器控制系统检修表如表 5.3 和表 5.4 所示。

表 5.3　一拖二室内电气特性、检测方法及常见故障现象

项　目	电 气 特 性	检测方法和工具	常见故障现象
系统自检	1. 温度自检 1.1　当 TH1=（252），TH2=（152），运行 LED（绿）、膨胀阀开度指示 LED 排的第 2，4 只应同时点亮 1.2　当 TH1,TH2 任一只超出上述范围时，运行 LED（绿）灭	1. 按住“应急运转”键，插上电控器电源插头，待蜂鸣器“哗”的一声后，松开按键即进入温度自检状态	
	2. 运行自检 2.1　强制制冷：室外风扇及压缩机立即启动，运行 LED（绿）同时点亮 2.2　强制制热：室外风扇、压缩机、四通阀应立即启动，运行 LED（绿）同时点亮 2.3　可用遥控器调节室内转换，可观测高、中、低三挡风速的变化 2.4　可用遥控器起停室内风向板 2.5　电加热：强制制热模式下，连接室外电控板并与之通电后，电辅加热器能立即启动，LED（红）同时点亮	2. 温度自检结束时，按“应急运转”键一次，蜂鸣器“哗”的一声后，即进入运行自检状态 2.1　将遥控器设置为“制冷”模式，设定温度为 23℃，按“开/关”键启动强制制冷 2.2　用遥控器将模式转换成“制热”，即启动“强制制热”模式 2.3　按“风速”键，观察室内风速的变化 2.4　按“风向”键，观察风板的变化 2.5　按“电加热”键，启动电辅加热器	
功能检查	1. 制冷状态下 1.1　温度下降：室内>（设定温度−1℃）时，室内风扇按弱风运行。设定温度>室内温度>（设定温度−3℃）时，室内风扇按中风运行。室内温度<设定温度时，按弱风运行 1.2　温度上升：室内温度<(设定温度−2℃)时，室内风扇按强风运行。(设定温度−2℃)<室温，按中风运行，室温>设定温度，按弱风运行		压缩机不启动、不停机 （1）室内热敏电阻失效 （2）室内热敏电阻电路中磁片电容失效
	2. 防冷风功能 在制热模式下，室内风扇按防冷风运行 2.1　温度下降：室内温度>25℃ 时，按设定风量运行。25℃ >室内温度>18℃ 时，按弱风运行。室内温度<18℃ 时，室内风扇暂停 2.2　温度上升：室内温度<25℃ 时，室内风扇暂停。25℃ <室内温度<30℃ 时，按弱风运行。室内温度>30℃ 时，按设定风量运行	2. 启动用户制热模式，用电阻模拟室内温度的变化，观察室内风扇的转速应符合“电气特性”的要求	

表 5.4　一拖二室外电气特性、检测方法及常见故障现象

项　　目	电 气 特 性	检测方法和工具	常见故障现象
系统检查	1. 双机制冷 A 阀开度 150，B 阀开度 150。压缩机、室外风扇立即启动 2. A 机制冷 A 阀开度 120，B 阀开度 0。压缩机、室外风扇立即启动 3. B 机制热 A 阀开度 0，B 阀开度 150，压缩机、室外风扇立即启动 4. 排气管温保护 排气管温高于 110°C 时，压缩机停机 5. 压力保护 压力开关置于开路状态，压缩机停机 6. 加热带 室外管温低于 7°C 时，加热带开，高于 8°C 时，加热带关	1. 室外机控制器开机前不接室内机并短接通信 A, B 口，开机约 10s 后，进入双机制冷状态。观察膨胀阀开度、压缩机室外风扇运行情况 2. 如 1 条，短接通信口 A，即进入 A 机制冷状态 3. 如 1 条，短接通信口 B，即进入 B 机制热状态 4. 用 390Ω 电阻热敏电阻（110°C），压缩机应停机。用 450Ω电阻热敏电阻，压缩机应启动 5. 短接压力开关连线，压缩机应能启动。断开压力开关连线，压缩机应停机 6. 用 37kΩ电阻室外管温，加热带应关闭	1. 室外风机停转、自转，晶闸管失效 2. 室外机不受控 （1）熔丝断 （2）压缩机故障 （3）通信线接插件接触不良 3. 压缩机不启动 压缩机继电器故障

5.3.3　分体式空调常见故障检修实例

1. 一台三菱 SRK325 分体式空调器制冷量和制热量逐年下降

观察该机外观良好，热交换器无积尘，内外机组连接管道也无积尘。拆开接头处的保护层观察，也完全没有油迹。因此，估计是制冷剂轻微泄漏，可用仪器来检漏。常用检漏仪器有卤素检漏灯和电子检漏仪。

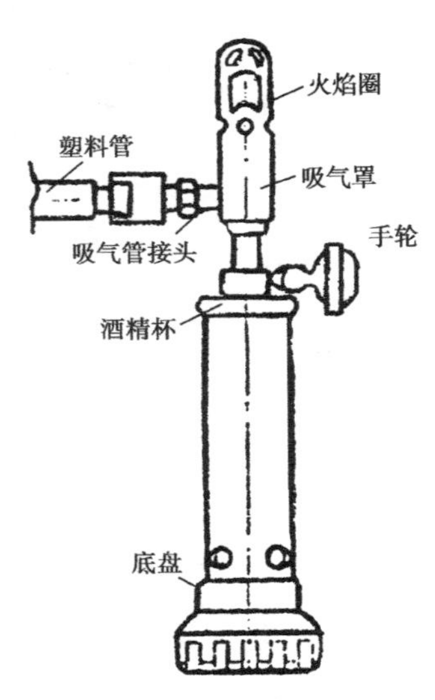

图 5.23　卤素检漏灯

图 5.23 为卤素检漏灯的结构，实际上它是一种酒精喷灯，当氟利昂与喷灯火焰相遇时，就会被分解为氟、氯气体，而氯气与灯内烧红的铜皮帽接触，便化合成氯化铜气体，使火焰的颜色变为蓝色或绿色。

卤素检漏灯的操作方法为：将底盖旋下来，加满酒精，盖上底盖并旋紧。将灯竖直放置，向酒精盆内加入酒精，点燃，以加热灯体和喷嘴，使酒精气化，压力升高。待盆内酒精快烧完时，稍微打开阀杆，让酒精蒸汽从喷嘴喷出而持续燃烧。喷嘴的上面有一个旁通孔，空气从旁通孔吸入，于是旁通孔就成为有吸气能力的吸气口。在吸气口处装上一段塑料软管，将软管口靠近检漏部位，就会使泄漏部位的氟利昂泄漏量增多，火焰颜色的变化顺序为微绿、浅绿、黄绿。阀门不能关得太紧，以免因阀体冷却收缩而使阀门开裂。

微量氟利昂泄漏很难用卤素检漏灯查出来，而电子检漏仪

灵敏度极高，可查出每年仅 1g 左右的微量氟利昂泄漏。电子检漏仪的构造原理如图 5.24 所示。其阳极和阴极之间形成一个直流电场，炽热灯丝会发射电子，仪器探头（吸管）借助风扇作用将探测处的空气吸入并通过电场。若空气中含有氟利昂，则它与炽热的铂阴极接触，使卤素分解，从而电场中的离子数剧增，该离子整电流经过放大，在电流表上显示出来，并使蜂鸣器发出音响。

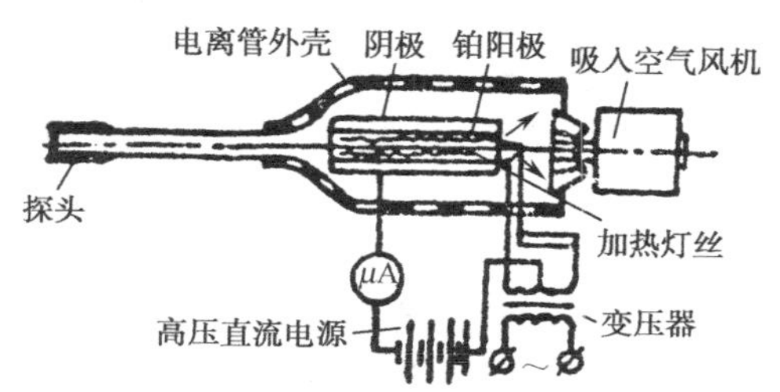

图 5.24 电子检漏仪

检查结果，该机确实发生轻微泄漏，修复漏点后，补充适量的 R22。其常用充灌方法有气体充入法和加压充入法。气体充入法就是将 R22 在充注阀钢瓶中直立放置，并浸在 40°C 的温水中，R22 因升温而增压，加快充灌速度。但水温切勿超过 40°C，以免压力过高而发生意外。

在抽真空后接着充灌 R22 极为简单，因为这时压缩机的工艺管仍接在修理阀的中间接口上，而真空泵还接在修理阀的左边接口，因此充满时只要把 R22 的钢瓶通过软管接在修理阀右边接口即可。然后开启修理阀的高压阀旋钮，逐渐旋开 R22 的钢瓶阀，R22 就会被吸入压缩机。不过，制冷剂软管应先与 R22 钢瓶连接，而后微开钢瓶的角阀，用 R22 将软管内的空气赶净，然后才把软管的另一端接在修理阀上，为了增加制冷系统内的干燥效果，在 R22 钢瓶与修理阀之间，最好加设干燥过滤器。在充灌制冷剂过程中，必须注意观察各种现象，判断并适时控制正确的充灌量，其掌握原则是宁少勿多。因为充灌量少，补充较容易；而充灌量过多，排放却比较麻烦。判断、控制充灌量的方法很多，譬如：

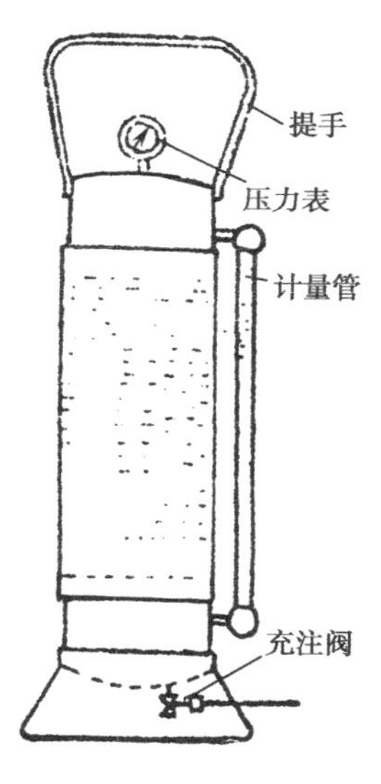

图 5.25 便携式充注器

（1）称质量。将 R22 小钢瓶放在台秤上，观察台秤指针的下降值，就可掌握 R22 的充灌量。

（2）看刻度。如图 5.25 所示，便携式 R22 充注器是一个可充灌 1～2kg R22 的金属筒，筒径 8～10mm，其玻璃计量管上刻印上有不同温度下的重量刻度，根据液面的位置，就可以知道 R22 的充灌量。

（3）测压力。用修理阀上的压力表，测量充灌过程的压力变化，就可掌握 R22 充灌量是否合适。如对于 R22 来说，蒸发温度为 7.2℃的空调器，其低压表的表压应为 0.55MPa。

2. 一台裕年 TGC—012 分体式空调器使用不久，因制冷剂泄漏修复后，发现压缩机运行 40min 自动关机，停 1h 后才能开机，开机运行时间一次比一次短

自动停机后，打开室外压缩机和风机箱体盖板，检查发现控制压缩机的交流接触器接线端子和螺钉烧黑，靠接线端子的胶木壳烧焦（换新）。压缩机外壳温度过高，手不能触及。用万用表检查压缩机过载保护器，已断路。启动压缩机，用电流表测启动电流，高达 25A，比额定电流 17A 高许多。综合上述现象，自动关机的主要原因是压缩机电机电流过大，烧坏了接触器，过载保护器动作。引起压缩机电流大的原因有：电源电压过高、压缩机电机绕组短

路或接地、R22 过量等。

检查电源电压正常，压缩机电机绕组电阻符合标定值，绕组也不接地，判定 R22 过量。启动机组，慢慢松动膨胀阀一端螺母，缓缓放出 R22，同时观察电流表变化，到接近额定电流 17A 时，拧紧螺母停止，压缩机温度降低，自动关闭故障消除，空调器正常运行。

3. 一台华宝 KFR—35GW 热泵型壁挂空调器制冷量不足

该机热泵制热运行时基本正常，仅是制冷运行时制冷量不足，这说明压缩机、过滤器、换向阀等器件都没有什么问题。由于该机设置单向阀以防止制冷剂逆向流动，因此，应首先考虑是否是单向阀出故障。打开室外机组外壳，通过试运行时发现，压缩机温升偏高，单向阀两边管路温差较大，换上新的单向阀后，故障排除。

4. 一台华宝 KFR—35GW 壁挂空调器制热不正常，并且不时停机，噪声大，工作几分钟后还出现尖叫声

检查室外机组，气管截止阀压力达 2.0MPa，且温度过高。压缩机工作电流大（6.5A），液管截止阀端温度较高，初步判断为管道内过压力。造成过压力的原因有：R22 充入过量、室外机组通风不良及压缩机电机故障等。本例无通风散热不良情况，应先从调整系统压力开始。边排 R22 边观察，发现随压力下降，噪声减小，尖叫声消失，运行电流下降。将压力调至 1.5MPa 时，室内机组出风口仍有较强的热风，观察 30min，机器工作正常。

5.4 空调器的控制电路原理与维修实例

5.4.1 海尔小分体空调器的电脑控制电路检修

海尔分体式空调器的内机电脑板电路基本相同，这里以海尔 KFR—25GW 挂机为例介绍该机的电脑控制原理及常见故障检修，海尔 KFR—25～KFR—35 等多款空调器的电脑控制板采用 CM93C—0057 等引脚、功能相同的系列芯片，控制电路原理图如图 5.26 所示。

1. 电脑板的电源电路

AC220V 市电经变压器 T 降压，VD4～VD1 整流和 C2 滤波后得到约+12V 的直流电压。该电压分为两路输出，一路为继电器、反向器供电，另一路为 7805 三端稳压器输出+5V 的稳压电源为 CPU 供电。

2. CPU 的基本电路

（1）+5V 供电。由 7805 三端稳压器输出的+5V 直流稳定电源送至 CPU 的 64 脚，使 CPU 有正常的供电。

（2）复位电路。CPU 的复位电压由 20 脚输入，复位电压由集成专用复位块 T600D 产生，当+5V 电压低于 4.5V 瞬间，T600D 输出低电平。当+5V 电压高于 4.5V 时，T600D 输出高电平。由于+5V 建立有个过程，使得复位端的供电比+5V 有一延时，从而使 CPU 完成了延时复位。

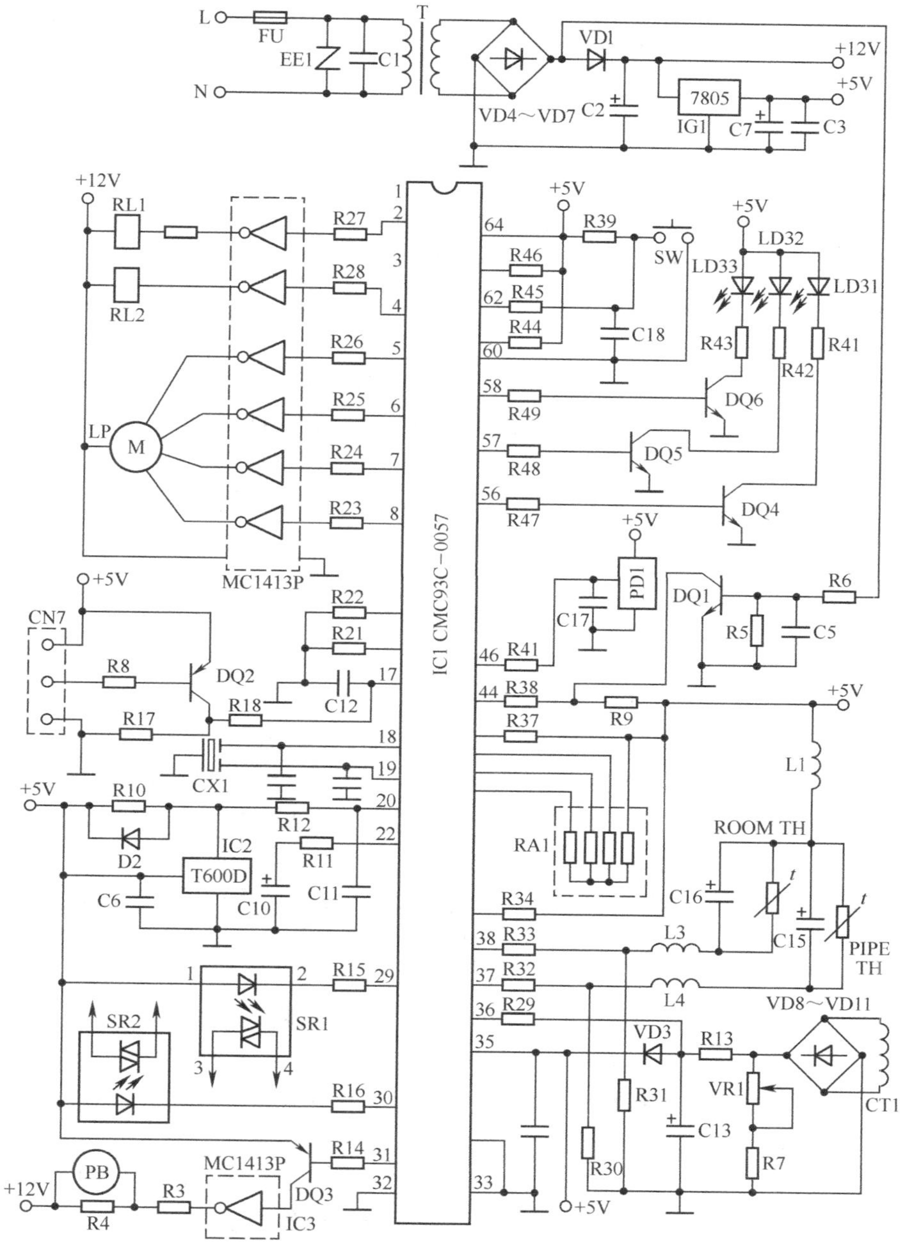

图 5.26　海尔 KFR—25GW 空调器控制电路原理图

（3）时钟振荡。由 CPU 和 18 脚、19 脚外接的晶体振荡器构成，振荡频率为 6.0MHz，为 CPU 提供准确的时钟信号。

3. CPU 的信号输入回路

该电脑控制板有如下 7 路输入信号。

（1）遥控信号输入端。由遥控接收点接收并将信号处理后送至 CPU 的 16 脚。

（2）应急运行控制输入端。由应急按键 SW 和 R45 组成，SW 的一端接地，另一端通过 R45 接 CPU 的 62 脚，当按动该键时，62 脚便输入一个低电平，空调器执行应急运转功能。

（3）室温传感器。室温传感器 ROOM TH 一端接+5V 电源，另一端接 R31，经过这两只电阻分压后的室温信号电压由 CPU 的 38 脚输入。

（4）室内管温度传感器输入端。室内管温度传感器 PIPE TH 与电阻 R30 分压后，由 CPU 的 37 脚输入，该电压信号反映了内机盘管的温度。

（5）交流过零检测信号输入端。为了防止晶闸管损坏，在控制时必须让其在交流电的零点附近导通，CPU 必须输入一体现交流电零点的信号。该信号由 DQ1 和 VD1 产生，从 CPU 的 44 脚输入。

（6）压缩机过流信号输入端。为了防止交流电因过流而损坏，该电路设有过流保护电路，由互感器 CT1 等电路组成，检测的压机电流信号由 CPU 的 35 脚输入。

（7）内风机速度检测信号。为了精确控制内风机转速，风机必须给 CPU 反馈一个运转速度信号。该信号由内风机的霍尔元件产生，从 CN7 输入，经晶体管 DQ2 放大后从 CPU 的 17 脚输入。

4. CPU 的输出控制电路

（1）指示灯控制电路。它是由 DQ4～DQ6 等电路组成，分别由 CPU 的 56、57、58 脚控制。其中 56 脚控制的是电源灯 LD31，为绿色；57 脚控制的是定时灯 LD32，为黄色；58 脚控制的是压缩机运行指示灯 LD33，为绿色。当 CPU 输出高电平时，相应的指示灯发光。

（2）蜂鸣器控制电路。蜂鸣器 PB 与 R3、R4、IC3、DQ3 及 IC1 的 31 脚构成蜂鸣器驱动电路。在开机和主芯片接收到有效控制信号后，输出各种命令的同时，31 脚输出低电平，经 DQ3 和 IC3 反相器两次反相后，使 PB 发出蜂鸣叫声，提示操作信号已被接收。

（3）压缩机控制电路。IC1 的 2 脚为压缩机工作控制信号输出端，该脚输出高电平，经 R27 输入 IC3，经反相后输出低电平，使 RL1 继电器线圈通电，触点吸合，压缩机得电工作；反之压缩机不工作。

（4）内外风机控制电路。IC1 的 29、30 脚分别为内风机和外风机控制端，当 29、30 脚按设定输出低电平控制信号时，光耦可控硅的发光管发出脉冲信号，光耦可控硅即按 CPU 的信号控制内外风机的运转。IC1 的 17 脚为内风机转速检测端，由霍尔元件检测到的转速信号经 DQ2 输入 IC1 的 17 脚，从而使 CPU 能控制内风机的运转速度。

（5）四通阀控制电路。IC1 的 4 脚为四通阀控制脚，制冷模式时，该脚输出低电平，经 IC3 反相，输出高电平，RL2 中线圈无电流，四通阀不动作；制热工作时，与上述控制过程相反，4 脚输出高电平，继电器 RL2 吸合，四通阀因得电而换向。

（6）导风板控制电路由 IC1 的 5、6、7、8 脚控制导风板的摇摆。遥控设定导风板处于摇摆状态时，5、6、7、8 脚依次输出高电平，经 IC3 反相，依次输出低电平，从而使摇摆电机 LP 的四个线圈绕组依次得电工作，反之则不工作。

5. 保护电路

该机的保护电路有三个，分别为 CT1 等组成的过流保护电路及压缩机顶部安装的过载保护器等。

6. 常见故障检修

故障现象一：空调器整机不运转。

故障分析与维修：首先，判断是遥控信号接收部分有故障，还是主板有故障。按应急开关，若空调器运转正常，则说明故障点在遥控器或遥控器接收头 PD1；若仍不工作，则应检查 IC2 的 20 脚电压，正常时开机瞬间为低电平，后转变为+5V 高电平；若无此变化电压，则应检查 IC2、R10、VD2、C10、C6 等是否损坏，若正常，再检查晶振 CX1 及两只电容是否损坏，如果都正常，则是 IC1 损坏。

故障现象二：开机后运转灯即灭，机器不工作。

故障分析与维修：首先，测电源电压若大于 198V，应检查是否过流保护。断开压缩机工作电源线，开机若正常，则大多数为压缩机启动电容、压缩机绕组不良，压缩机卡缸；若仍不工作，再检查是否是 CT1、VD3、VR1 损坏，使过流保护值减小。此外热敏电阻 PIPE/HT 的阻值变小等，也是原因之一。

故障现象三：内风机运转不正常。

故障分析与维修：主要检查 CPU17 脚的运转脉冲是否正常，一般为 CN7 未插好，风机霍尔元件损坏等。

故障现象四：空调不制热。

故障分析与维修：首先检查遥控器的设定是否正确，若设定温度偏高，不制热是正常的；若设定正常，首先检查内机是否发出了制热运行指令，再查外机是否收到这个运行指令；若外机已收到指令而不运转，主要查压缩机及运行电容；若内机未发出指令或发出了外机未收到，则检查继电器 RL1 和反向器 IC3 及压缩机运行控制端 2。

若室外机运转而机器不制热，应检查四通阀是否换向，重点检查 CPU 的 4 脚和 RL2，检测四通阀线圈是否有 220V 电压，线圈阻值是否正常（25、27 型为 1.3kΩ，32、35 型为 1.1kΩ）。此外，室外内机管温度与室温相近或略高于室温，则可能是机器少氟、压缩机排气不良或四通阀串气等。先检测机器内平衡压力值（正常情况下，0℃时约为 0.4MPa，10℃时约为 0.6MPa，30℃时约为 0.8MPa），压力值偏小，则是机器少氟，应先检漏，再充氟。待平衡压力正常时，再测工作压力（正常制热时为 1.6～2.0MPa），工作压力偏低时，也可能存在缺氟，或单向阀关闭不严、四通阀串气、压缩机排气不良等；工作压力过高，则可能为氟多、管路堵塞、室内机通风不良等原因造成。

5.4.2 海尔 2 匹柜机控制电路检修

海尔 2 匹柜机电控部分主要由三块电脑板组成，如图 5.27 所示。这三块电脑板为控制面板、内机电脑板和遥控器控制板。

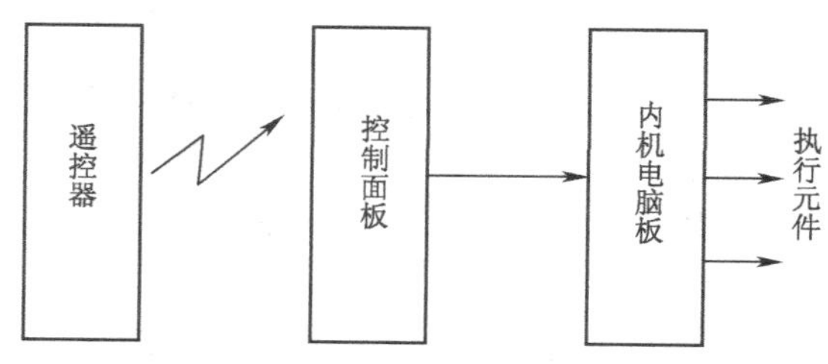

图 5.27 海尔 2 匹柜机的电控框图

1. 控制面板

控制面板系采用NEC753106单片机作为核心控制单元。其功能是将所期望的信息发送到执行控制单元，即空调机内的电脑板，采用LCD显示，显示内容为发送出去的运行信息，并表示空调机的运行状态。信息发送传递形式是采用有线传送。发送的信息可以是用遥控器遥控，也可通过面板上的开关按键进行控制。

（1）基本工作电路。包括电源、复位电路、时钟电路（振荡电路），如图5.28所示。

① 电源：采用+5V稳压电源供电，由64脚输入。

② 复位电路：由600D完成复位电压，由18脚输入。

③ 时钟振荡电路：该CPU有两个时钟电路，主晶振为4.19MHz，为CPU提供基准时钟，子晶振频率为32.768MHz，供液晶显示电路用。

（2）辅助电路如图5.29所示。

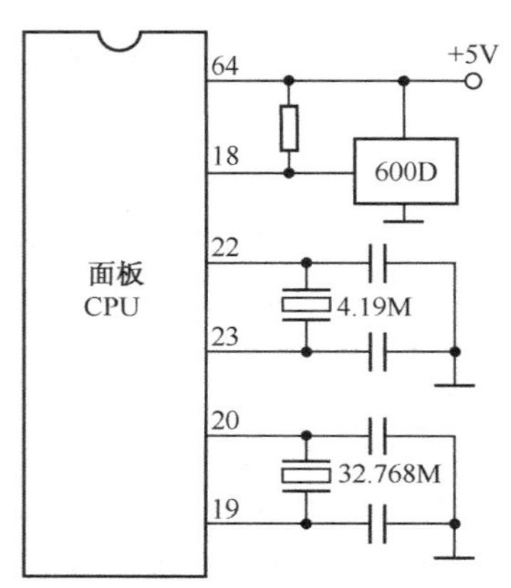

图5.28　面板CPU的基本电路

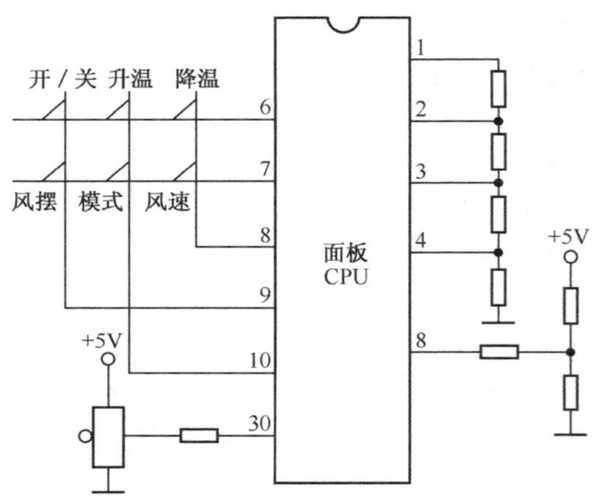

图5.29　面板CPU的辅助电路

① 液晶分压电路：提供液晶显示分段电压，调整液晶显示各部分的亮度，有CPU1～4脚外接电阻组成。

② 功能设定电路：当CPU的8脚设定为高电平时，空调为单冷机，当8脚设定为低电平时，为冷暖双制式。

③ 键扫描电路：由面板CPU的输入电路交叉矩阵输入，每个交叉点都有一个运行功能，当按动该键时，空调器便执行该功能。

④ 遥控信号接收电路：从接收头送来的信号自CPU的30脚输入。

（3）面板的信号驱动电路如图5.30所示。

① 信号驱动电路：将CPU输入的各种信号进行处理后由35脚输出，经Q2放大后送给内机电脑板的46脚，以完成控制功能。

② 液晶显示电路：采用CPU内置的LCD驱动电路，由37～64脚输出信号驱动信号，直接驱动LCD液晶显示器。

③ 电热指示灯驱动电路：面板上有一只电热指示灯，该指示灯不是由内面板控制，而是由内电脑板59脚控制，通过面板上的Q1进行驱动。

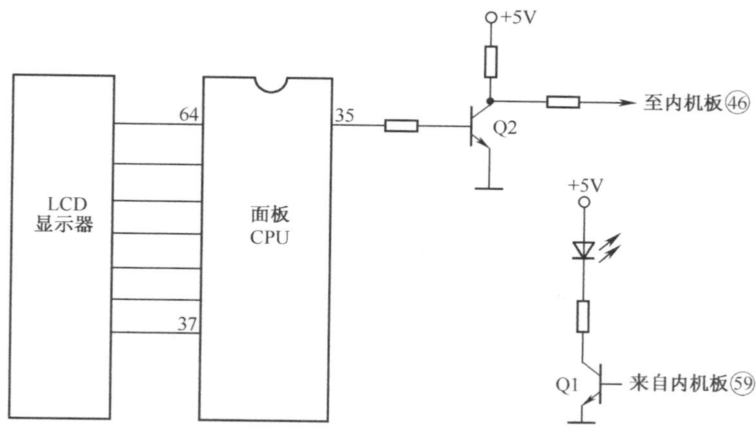

图 5.30　面板信号驱动电路

2. 内机电脑板电路

该电路采用了东芝的 47P862 芯片作为 CPU 控制系统。其功能是根据面板发送过来的信号和自身系统的信息综合运算分析后对各执行电路进行开关控制，并在特定的条件下执行电路保护程序。图 5.31 为电路原理图，表 5.5 为 CPU 各引脚功能。

表 5.5　内机 CPU 各引脚功能

引 脚 号	功　能	引 脚 号	功　能
1	压缩机加热带控制	37	热交传感器输入
2	压缩机控制	38	室温传感器输入
3	四通阀控制	40～43	输入口（10kΩ接地）
4	摆风控制	44	电源频率检测
9	加热管控制	46	信号接收
10	内风机低速控制	48	接地
11	内风机中速控制	56	运转灯控制
12	内风机高速控制	57	定时灯控制
13～14	输入口（10kΩ接地）	58	电源灯控制
15	单冷/热泵选择	59	电辅灯控制
16	输入口（10kΩ接地）	60	接地
18～19	晶振接口	61	机型选择；柜机接地
20	复位	62	应急开关选择
22	看门狗	63	快测选择；接地检测
30	外风机控制	64	电源
31	蜂鸣器控制		
32～34	电源地、接地端		
35	电源		
36	过电流检测		

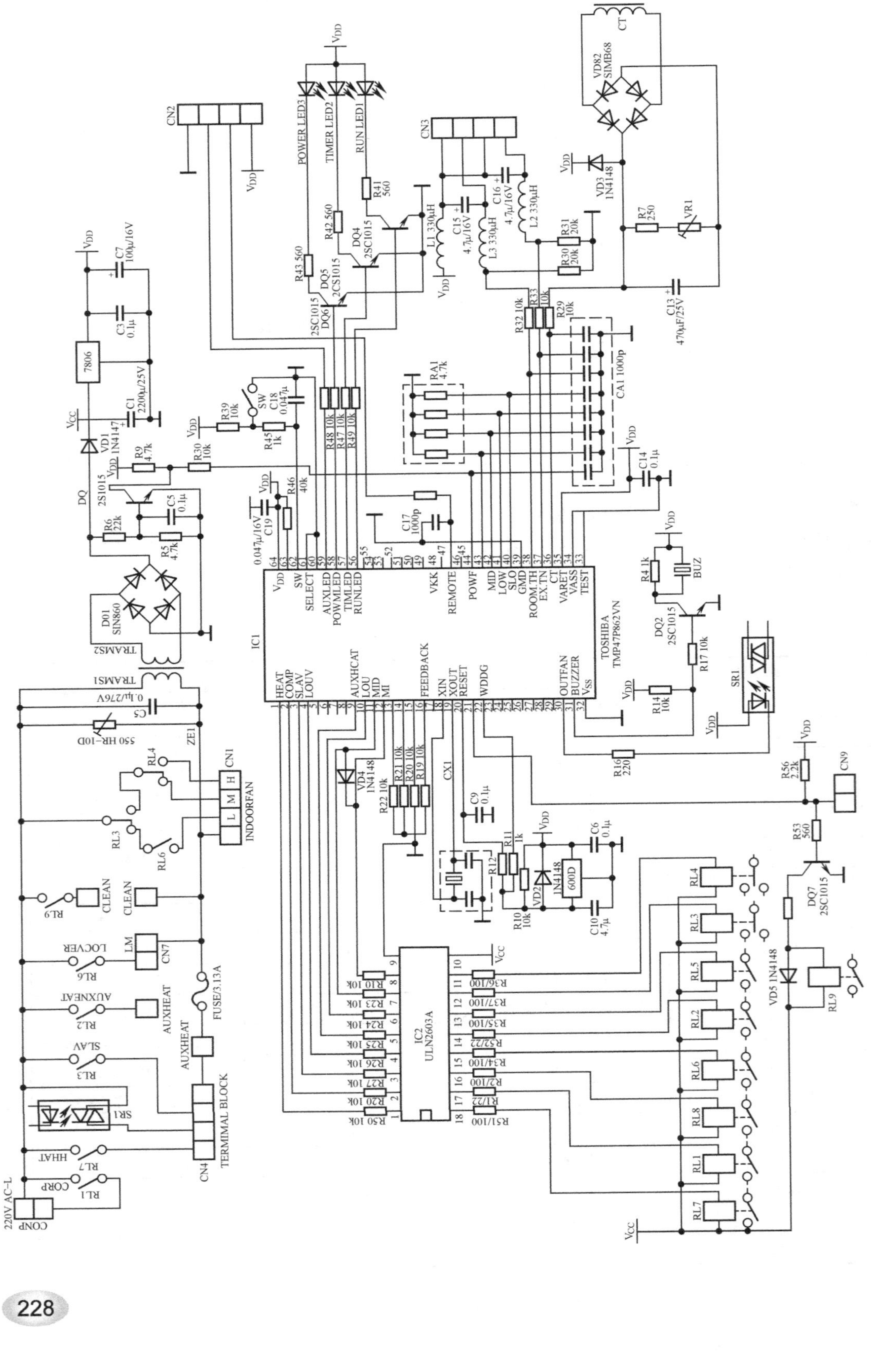

图 5.31 海尔 KFR—502GW 柜机内机电脑板图

（1）CPU 的供电电路。供电电路与普通分体式空调器的电源电路相同，除了输出+12V、+5V 电压外，还输出过零检测信号，在 AC 220V 的输入端还设有过压保护电路（ZE1 和熔丝 B 组成），如图 5.32 所示。

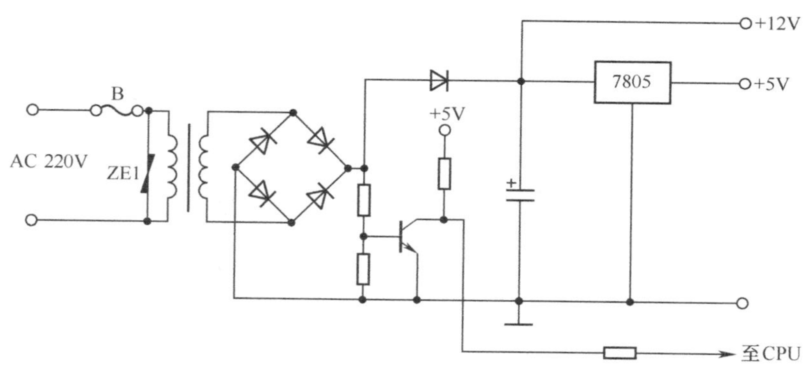

图 5.32 CPU 的供电电路

（2）CPU 的基本电路。内机 CPU 的基本电路如图 5.33 所示。CPU 的+5V 供电由 64 脚输入，复位电压由 600D 产生，自 20 脚输入，时钟振荡电路接在 18、19 脚，外接晶振频率 6.0MHz。

（3）电脑板 CPU 的输入电路。电脑板 CPU 的输入电路如图 5.34 所示。

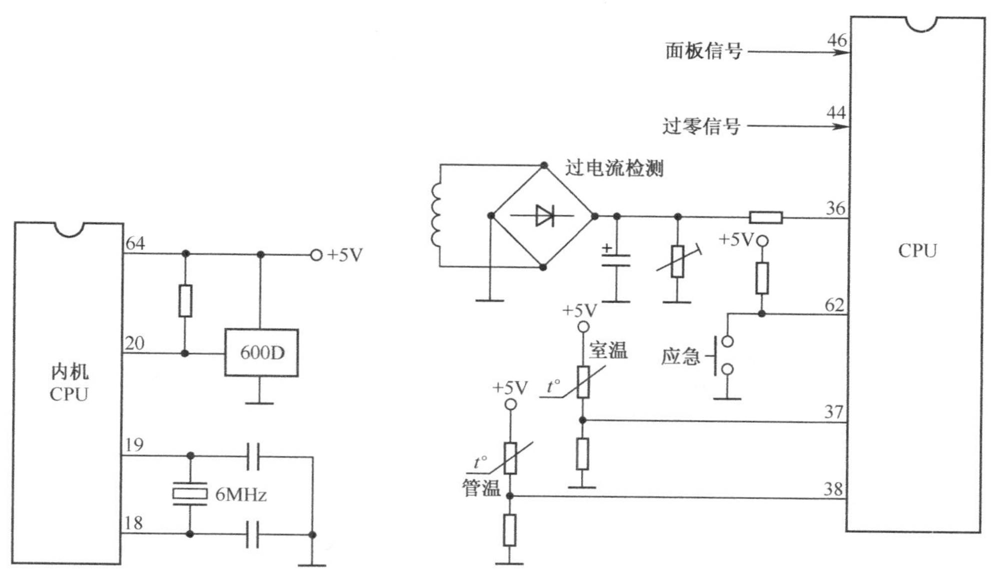

图 5.33 内机 CPU 的基本电路

图 5.34 电脑板 CPU 的输入电路

① 面板控制信号输入电路，自面板送来的控制信号自 CPU 的 46 脚输入。

② 交流电过零检测信号自 CPU 的 44 脚输入。

③ 压缩机运行电流检测信号自 CPU 的 36 脚输入。

④ 应急运行信号自 CPU 的 62 脚输入。

⑤ 两路传感器自 CPU 的 37、38 脚输入。

（4）内机板 CPU 的输出电路。

① 指示灯、蜂鸣器、外风机控制电路：如图 5.35 所示，59 脚为电辅加热指示灯控制端，58 脚为电源指示灯控制端，57 脚为定时灯控制端，56 脚为压缩机运行控制端。当 CPU 输出为高电平时，相应的指示灯发光。当空调通电或收到一个有效输入指令时，31 脚输出一个持续 0.5s 的高电平，使蜂鸣器发声。外风机的控制端为 30 脚，当该脚输出低电平时，光耦可控硅 SR1 导通，使外风机运转。

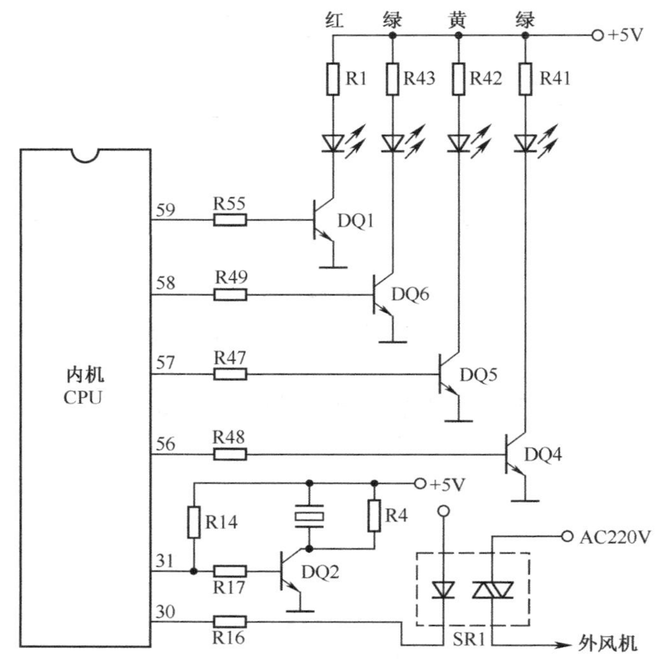

图 5.35　内机 CPU 的指示灯、蜂鸣器、外风机控制电路

② 反相器输出控制电路：该机采用了 8 路反相器 2803，分别控制 8 路继电器，如图 5.36 所示。当 CPU 的控制端输出高电平时，经过 ULN2803 反相器驱动，相应的继电器便吸合，执行 CPU 输出的运行指令。加热带的作用是冬天防止压缩机因粘度过大而难以启动，一般在气温低于 5C 时，CPU 发出指令，使 RL7 吸合，为压缩机加热。

3. 遥控器电路

该遥控器采用日本 NEC 公司的 753106 芯片作为遥控器的核心控制单元（与面板所采用的芯片相同）。其功能一是将设置的空调器运转信息通过红外线发送到空调器，使空调器执行所设定的运转功能，二是显示空调器的运转信息，显示器采用 LCD 液晶显示。

由于与面板控制电路采用的芯片相同，所以，大部分电路与面板相同。由于遥控器的供电为两节 1.5V 的干电池，信号采用无线发射，只有 CPU 的复位电路和信号输出电路与控制面板有差别。

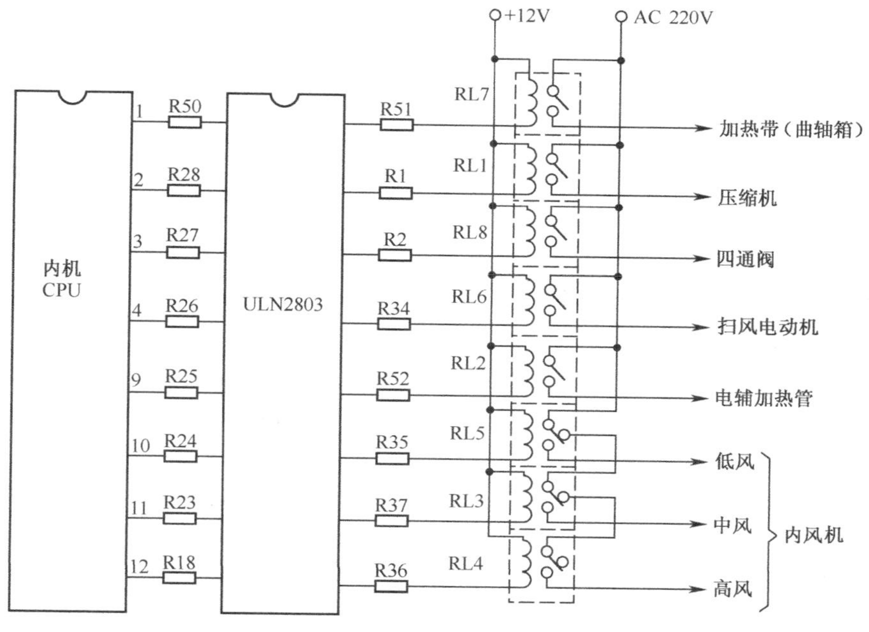

图 5.36　内机板的反向器控制输出电路

（1）复位电路。如图 5.37 所示，复位电路由 Q3 和 Q4 组成。当电池通电的一瞬间，R16 给 C8 充电，Q3 截止，Q4 导通，使 CPU 完成低电平复位；当 C8 充电结束时，Q3 导通、Q4 截止，使复位端有+3V 的电压输入。

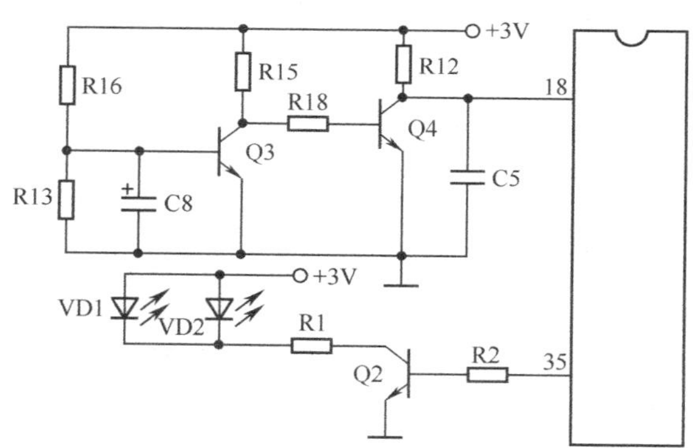

图 5.37　遥控器的复位和发射电路

（2）红外信号发射电路。由 CPU35 脚输出的信号经 Q2 放大后，推动红外二极管 VD1、VD2，使红外二极管发出的信号受 35 脚的信号调制，从而将遥控器所设置的信号发射出去。

4. 常见故障检修

（1）遥控器常见故障检修。

故障现象一： 显示不全。

故障分析与维修： 这种故障可能由于固定螺钉未上紧或漏上；芯片引脚虚焊；芯片引脚

锅渣短路；斑马条、印制板、LCD 引线处脏污； LCD 损坏；分压电路等故障引起。修复或更换即可。

故障现象二：不发射。

故障分析与维修：这种故障可能由于 Q2 三极管损坏（引脚损坏、三极管烧坏）；芯片引脚虚焊（第 10 脚）；帖片电阻虚焊或损坏等故障引起。修复或更换即可。

故障现象三：按键不灵。

故障分析与维修：这种故障可能由于按键下碳膜脱落或脏污；芯片引脚虚焊；芯片引脚短路（螺渣造成）；卡键。修复或更换即可。

故障现象四：不工作。

故障分析与维修：这种故障可能由于复位端电平不对（第 18 脚应为高电平）。原因主要是 C5 漏电；子晶振或主晶振损坏；电池正极弹簧处印制线路板断裂。修复或更换即可。

故障现象五：不接收。

故障分析与维修：这种故障可能由于接收头损坏；芯片脚虚焊或短路（30 脚）。修复或更换即可。

（2）内机电脑板常见故障排除。

故障现象一：不工作。

故障分析与维修：这种故障可能由于复位端电平偏低；变压器故障；V_{CC} 端电压不对；晶振损坏。查找基本电路各点电压有无不对。修复或更换即可。

故障现象二：执行元件不工作。

故障分析与维修：这种故障可能由于继电器或固态继电器失效； 2803 损坏。在输入状态正确的情况下，执行元件对应 CPU 输出电平是否正确，并逐渐查到执行元件控制元件（继电器或固态继电器）的线圈两端有无电压，无电压时，查芯片输出和 2803 输出。

故障现象三：指示灯不亮。

故障分析与维修：这种故障可能由于灯损坏；驱动管损坏；芯片引脚无输出。测 CPU 引脚及输出控制电路各点电压。

故障现象四：指示灯闪烁，整机不工作。

故障分析与维修：这种故障可能由于传感器短路或开路。测 CPU 输入端电压。

故障现象五：蜂鸣器不响。

故障分析与维修：这种故障可能由于蜂鸣器坏（通常是“脱帽”）；驱动管损坏； MCU 输出。测 MCU 输出变化和各点电压变化。

故障现象六：外机不工作。

故障分析与维修：这种故障可能由于内外机连线错误；外机运行电容坏；室内热敏电阻变值。如图 5.38 所示，按照图中的要求连接好内外机的所有接插线，并查各执行元件是否工作，相关器件是否损坏。

5.4.3 格力空调器控制电路检修

1. 格力空调器控制系统

这里主要介绍格力 KFR—25GW/35GW 空调器控制电路原理与检修。其整机电控原理图

如图 5.39 所示，主要由电源、单片机、信号输入电路和继电器驱动电路等组成。

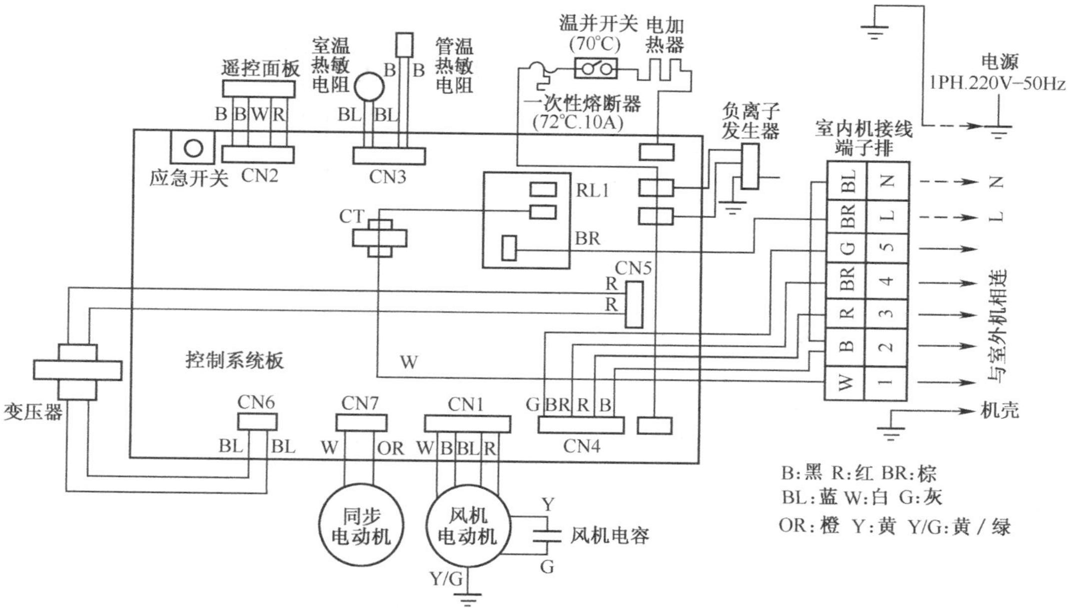

(a) 室内机接线图

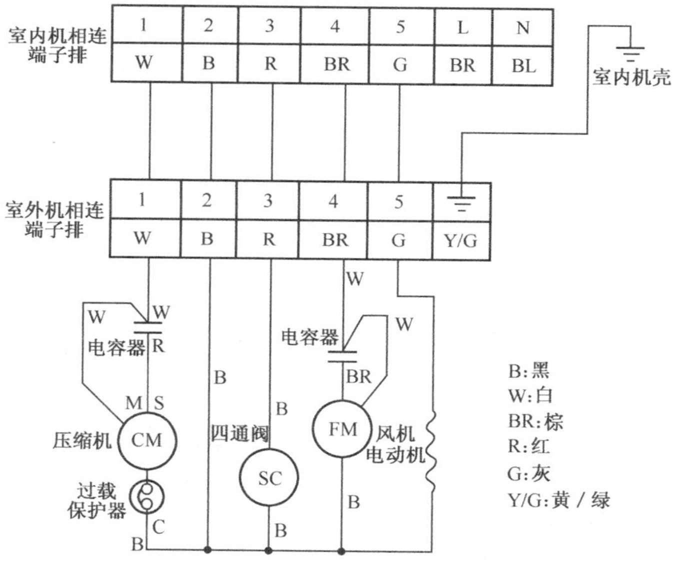

(b) 室外机接线图

图 5.38　海尔 2 匹柜机的实际接线图

（1）电源电路。稳压集成电路 IC1（7812）向 IC4、IC5（2003）、继电器线圈和蜂鸣器电路供电，稳压集成电路 IC2（7805）向 IC3、IC6 和 IC7 等电路供电。VR201 为压敏电阻，起过压保护作用。

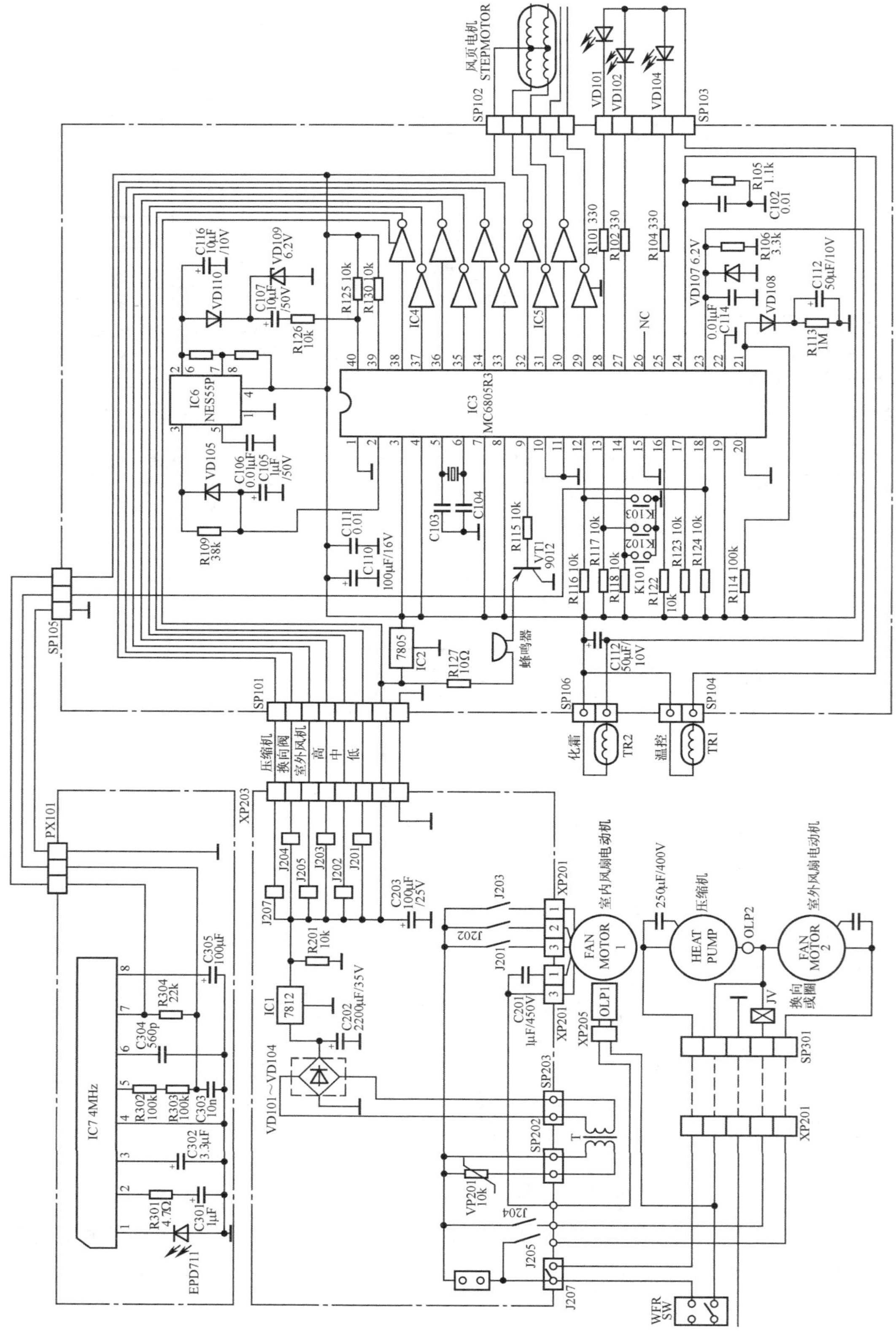

图 5.39　格力 KFR—25GW/35GW 空调器整机电控原理图

（2）芯片引脚功能。图 5.40 是 IC3（MC6805R3）的引脚功能。RESET 为复位输入，低电平有效，只要开机时加在此端的低电平保持 0.2s 的时间，就能使 CPU 复位，正常工作时此端电压恢复高电平。EXTAL 和 XTAL 为时钟输入端。B4~B7 为输出端口，用于驱动步进电机。AN0～AN3 为 A/D 输入口，接收温度信号。A0～A5 为输出端口，A6 为检测输出端。B0～B3 为 LED 显示输出端，用于驱动继电器。V_{RL} 为模拟参考电压 VL 端，本电路接地。V_{RH} 为模拟参考电压 VH 端，用来接收遥控信号。

（3）晶体振荡电路。4MHz 晶振、电容 C103、C104 和 IC3 的 5、6 脚组成晶体振荡电路，为单片机工作提供稳定的基准时钟。

（4）复位电路。复位电路由集成块 IC6（NE555P）及其外围电路组成多谐振荡电路，输出的波形经 RC 滤波后，给单片机提供复位信号。IC6 的 2 脚电压为 1.3V，3 脚为 4.2V，C105 对地为 3.2V。

MC6805R3

引脚名	脚号	电压	电压	脚号	引脚名
V_{SS}	1	0		40	A7
$\overline{RESET}$	2	3.2		39	A6
$\overline{INT}$	3	5		38	A5
V_{CC}	4	5		37	A4
EXTAL	5	1.1		36	A3
XTAL	6	0.4		35	A2
NC	7	5		34	A1
TIMER	8	5		33	A0
C0	9			32	B7
C1	10	0		31	B6
C2	11	0		30	B5
C3	12			29	B4
C4	13			28	B3
C5	14			27	B2
C6	15	0		26	B1
C7	16	4.5		25	B0
D7	17	4.5		24	AN0
$\overline{INT2}$	18	4.5		23	AN1
V_{RH}	19			22	AN2
V_{RL}	20	0		21	AN3

图 5.40　MC6805R3 芯片的引脚功能

（5）红外遥控输入电路。IC7（CX20106A）1 脚为输入端，接收遥控器发出来的编码信号。2 脚外接的 R301、C301 为反馈网络。3 脚外接的 C302 为检波电容。5 脚为幅频曲线调整端。6 脚外接的 C302 为积分电容。遥控信号经 IC7 前置放大、限幅放大、带通滤波器、检波和比较、积分、波形整形后，由 5 脚输出至 CPU 的 18 脚。

（6）手动强制控制电路。该机除遥控器外，也可用强制方式实现开机。K101 按一次为强制制冷，再按一次停机；K102 按一次为强制制热，再按一次停机。

（7）自动温控电路。室内温度传感器 TR1 和 R105 分压后，送到单片机的 24 脚。当室内温度变化时，TR1 阻值随之变化，将温度变化转变为电压变化，输入单片机以进行自动温控。

（8）化霜电路。室外温度传感器 TR2 和 R106 分压后，送到单片机的 23 脚。当室外温度降到–6℃时，23 脚升为高电平，化霜电路开始工作。当室外温度高于+6℃时，TR2 阻值增大，23 脚转为低电平，化霜电路停止工作。

（9）显示电路。绿色 LED 作为开机指示（常亮），橙色 LED 作为睡眠指示（常亮）和除霜指示（闪烁），黄色 LED 为定时指示（常亮）。单片机输出低电平（0.3V）时，发光二极管负极为 3V，发光二极管发光；单片机输出高电平（4.8V）时，发光二极管不发光。

（10）蜂鸣器驱动电路。蜂鸣器由单片机 IC3 的 9 脚通过三极管 VT1 来驱动，当开机或接到有效指令时，单片机 9 脚输出频率为 2048Hz 的方波，持续 1s，驱动蜂鸣器发出声音。平时单片机 9 脚为低电平，输出电压为 0V，当有输出时为高电平 2.5V。

（11）风叶驱动电路（步进电动机驱动电路）。单片机 29～32 脚输出脉冲电压，通过反向器 IC5（2003）驱动，使风叶电动机转动。反之，风叶电动机不转动。

（12）继电器驱动电路。单片机 33 脚、34 脚和 35 脚分别为压缩机继电器 J207、室外风机继电器 J205 和四通换向阀继电器 J204 提供驱动信号。单片机 36 脚、37 脚、38 脚分别为室内风机的高速运转、中速运转和低速运转提供驱动信号。单片机输出高电平（3.2V）时，反向器驱动电路输出低电平（0.7V），继电器动作；单片机输出低电平（0V）时，反向驱动器电路输出 12V，继电器不动作。

（13）过载保护和欠压保护。OLP1 和 OLP2 分别为室内风机和压缩机过载保护元件。单片机 21 脚为欠压保护检测点，当此点电压低于 4.5V 时，单片机停止工作，整个电气控制系统随之停止工作。

（14）遥控发射电路。遥控器电路如图 5.41 所示，晶振 Z201 和 Z202 为芯片 N201 提供主时钟频率和子时钟频率。复位开关管 VT203 截止时，芯片 N201 完成复位。按各键时 CPU 便输出发射指令，使 VT202 驱动红外发射管 VD201。LCD 为液晶显示器。

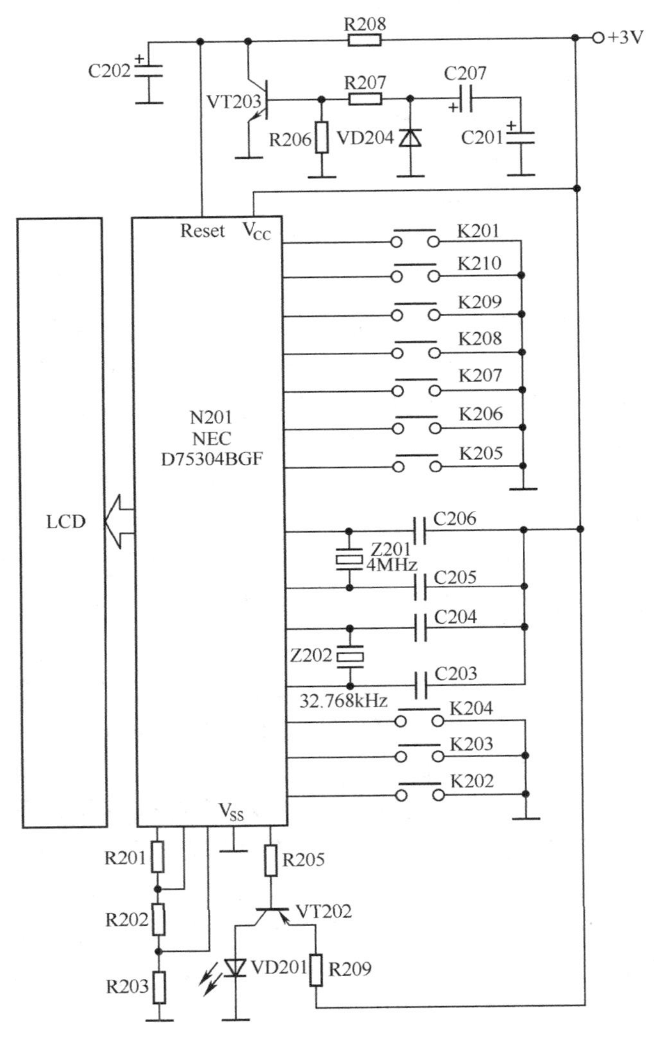

图 5.41 遥控器电路

2. 常见故障检修

在维修空调器电气控制系统时，先要弄清单片机的组成、输入信号和输出信号，然后根据故障现象进行分析，并对单片机外围部件进行检测。若外围部件（指传感器、风机和换向阀等）正常，而空调器工作不正常，则应检查电源及单片机主控板。

（1）电路不能启动。接通电源，按遥控器 POWER ON 键和空调器的应急键，蜂鸣器无声，风机均无反应，发光二极管不发光，先查电源，特别是单片机的 5V 电源，然后再查晶振和复位电路。检查电脑控制系统的基本方法是：首先测 7805 输出电压是否正常，测单片机 2 脚复位电压是否正常，晶振是否工作。

（2）连烧保险丝。采取逐一拔去有关接插件的方法分段检查。产生故障的原因有：压敏电阻过压击穿、变压器初级或次级有匝间短路、电容 C202 短路、室内风机匝间短路或其电容损坏。

（3）遥控失灵，但手动制热或制冷正常。这说明单片机和各执行电路正常。检查接收电路各脚静态电压正常后，再检查遥控电路。检查电池是否高于 2.4V，查晶振是否正常（正常时主晶振频率为 4MHz，子晶振为 32.768kHz）。查复位电路是否正常，重点检查三极管 V203 是否损坏，这些故障都将使液晶不显示，无发射信号输出。查驱动或红外发光二极管是否正常，这部分有故障时虽然液晶有显示，但无发射功能。

（4）压缩机不启动。检查继电器 J207 能否吸合，压缩机接线端内热保护器 OLP2 是否闭合，压缩机线圈电阻值是否正常。

（5）能制冷但不能制热。先检查室内温度传感器 TR1 是否失效。将传感器的探头浸在水中，测其电阻值，如果阻值逐渐下降，则说明传感器性能良好。再检查电容 C102 是否短路，换向阀是否开路，或继电器 J204 是否能吸合。

（6）冬天制热效果差，无化霜功能。室外温度传感器 TR2 失效，R106 变值或 C114 短路。

（7）制热一会儿，自动停机，过一段时间后能重新开机，但仍重复上述故障。当外电压过低或加入制冷剂过量时，压缩机工作电流会超过额定值，引起热保护动作。当室内机风机堵转时，风机会发热，其热保护 OPL1 动作，切断主控板电源。

（8）风扇电动机不转，其他能正常控制。查运行电容是否击穿、查接插件 SP102 接触是否良好、检查风机绕组是否开路、风叶是否被卡住。

5.5 变频空调器的检修

5.5.1 变频空调器的检修方法

变频空调器的电路及运行方式与普通定速空调有本质上的区别，因此检修时不能完全套用旧有的思路，而应当结合变频空调器的特点及具体电路来进行检修。

1. 变频空调器的基本特点

（1）变频空调器的运行频率是可变的，工作电流和管路工作压力也是变化的，因此检修时不能以随意测量的电流、压力数据来判断故障，而应当以强制定频运行状态下测量结果为依据。

（2）变频空调器对系统制冷剂充注量要求准确，不能过多也不能过少。因此最好采用定量设备充注制冷剂，如果没有定量充注设备，则应在强制定频制冷状态下充注。

（3）变频空调器断电后一段时间内，室外机主工作电源整流后的 310V 直流电压还存在于滤波电容上。检修时，正确的操作方法是首先将电容储存的电荷短路放掉，既能防止触电，又能避免电容放电损坏其他部件。

（4）变频空调器室内外机组采用单线串行双向通信方式，当机组通信不良时，空调器室内机、室外机都不工作。这与检修普通空调器有较大差别，应特别注意。

（5）检修时，在利用故障代码进行故障判断的同时，也应考虑到故障代码的局限性，因为电脑芯片发出的故障代码不一定完全准确。

2. 基本检修方法

（1）了解故障出现前后基本情况。变频器的电路复杂，检修也比较困难，因此在确认故障部位之前，不要盲目动手拆卸调整，而应当首先了解用户的使用情况、故障发生过程，以及用户的电源、安装位置等基本情况，仔细观察故障现象，以及相关运行情况，如噪声、开停机的声音等，首先确定故障是在室外机还是在室内机。

（2）充分利用故障自检显示功能。变频空调器检修的重点和难点在室外机。室外机有主电源供电、变频模块和电脑芯片板及其附属电路，维修难度远大于普通空调器。因此，在判断故障时，应尽量利用故障自检功能。

若室内机有故障代码显示，检修时可根据故障代码进行故障判断和检修。要注意的是除故障代码提示的部位外，其相关电路也属于故障检查范围。例如，故障显示为传感器不良时，那么传感器的相关电路，如分压电阻、并联的电容及接插件等都属于故障范围。

（3）确认室内外通信良好。变频空调器有许多奇特的故障现象，通常是由于通信电路不良造成的，所以通信电路是变频空调器检修重点，确认通信良好是排除故障的前提。

一般情况下，只要内外机组通信正常即接线端子的 1、3 端，2、3 端间有抖动电压，可基本确定内外机的电脑芯片工作正常。

（4）室内机故障排除。变频空调器室内机检修与普通空调器基本相同。首先检查电源供电电压正常，再检查电脑芯片基本电路，看是否满足正常工作条件（电源、复位和时钟振荡）。

室内机故障主要发生在电脑芯片的输入回路，这些故障都会有故障代码显示，可以据此进行判断。室内机输出电路会影响室外机的工作，若控制系统不向室外机发出通电指令，室外机电源的控制继电器就不会吸合，压缩机也不工作。由此，在室外机不运行时，应通过检查室内机的输出指令和继电器驱动器的输出电平高低，来进行故障判断。

（5）室外机的故障排除。首先检查直流 310V 的主电源电压是否正常。由于该电压受电网供电电压高低的影响较大，在工作时，只要满足该电压值等于 1.2～1.4 倍的交流输入电压即可认为正常。一般情况下，直流主电源电压应在 250V 以上，否则整流滤波电路有故障。

其次检查室外机电脑芯片供电是否正常。室外机电脑板所需的 5V、12V 供电和变频功率模块所需的 4 路 15V 供电均由开关稳压电源提供，当这几路电压工作不正常时，应当检查开

关电源的工作情况。一般情况下，电源开关管和开关电源的熔丝是易损元件。

再由于室外机有软启动电路，当软启动电路的 PTC 开路时，室外机无供电，整机不工作。当软启动电路的功率继电器损坏或不工作时，室外机一开即停，此时由于交流 220V 电压全加在 PTC 上，会导致 PTC 发烫。

最后检查室外机供电正常，电脑芯片工作条件满足要求，而开机后变频模块无输出时，可检查控制板 6 路变频输出是否正常。方法是测量 6 路变频输出所串接的电阻上是否有电压降，如果有电压降，说明输出的变频信号正常，故障出在功率模块；否则，故障出在电脑芯片。

压缩机变频功率模块是易损元件。模块工作时，它的 U、V、W 端两两之间应当有 50～160V 交流电压为变频压缩机供电，功率模块的好坏，可用万用表的电阻挡进行初步判断。

5.5.2 变频空调器常见故障分析

1. 开机后空调器无反应

（1）观察有没有显示故障代码，若有便按故障代码指出的思路检修。

（2）没有故障代码显示时，按下应急开关，使空调器强制启动。若能启动，故障在遥控器及红外接收电路。

（3）按应急开关不能启动，检查 220V 电网供电是否正常，室内控制电路是否正常。

（4）检查室内外机组通信连接线。测量 1、3 脚间与 1、2 脚间电压，万用表表针应有抖动。如有抖动电压，证明通信正常，故障在室外机，否则要检查室内机控制板和通信电路。

2. 室外机无交流供电

（1）变频空调器室外机电源是由室内机提供的，所以首先要检查室内机端子供电是否正常，以及室内外机电源连接线。

（2）检查室内机中，控制室外机电源供电的继电器是否吸合，如有故障检查继电器本身和相关连线。

（3）检查室内机电脑芯片输出端，是否有控制继电器吸合的高电平。

（4）检查室内机电脑芯片工作条件。

3. 室内机不工作

（1）开机后室内机无任何反应，应首先查有无 5V 电源电压，然后依次检查电脑芯片复位电路、时钟振荡电路等，确保电脑芯片能正常工作。其故障可能是外接晶振和复位集成电路（D600）等损坏。

（2）检查 12V 直流电压是否正常，通常 12V 与 5V 供电的三端稳压器是易损元件。

（3）12V 直流电压不正常的原因是在整流滤波电路和电源变压器，电源输入端的压敏电阻也是易损元件。

（4）如果电源熔丝烧断，应查明原因后再更换同规格新熔丝。

4. 室外机不工作

（1）室外机 220V 供电正常，但不能自检运行，应首先检查通信是否正常，判断故障在室内机还是在室外机。

（2）若确认故障在室外机，测量主电源输出电压，正常为 250V 以上，再查开关电源各路输出电压。

（3）开关电源输出正常则检查外控制板电脑芯片工作保证电路，确认电脑芯片和相关电路正常，否则要检修开关电源。

（4）主电源电压失常的原因多是 PTC 元件损坏，否则应检查功率模块和整流滤波电路。

5. 室外机一启动就停机

（1）这是室外机功率继电器不能吸合，或压缩机过流造成保护性停机故障的典型表现，故障原因多在主、副电源及功率模块。如果测量主电源电压在 250V 以上，不能开机故障多为功率模块损坏。

（2）检查功率模块 U、V、W 三个输出端之间有无 40～160V 的交流电压，如果模块测量正常再检查压缩机有无短路、卡缸故障。

（3）主电源电压在 100V 以下，故障原因多为功率继电器不能吸合，或它的触点、插线有故障，也可能是整流滤波电路或继电器控制电路不良。

6. 开关电源损坏

开关电源是室外机上的易损部件，发生故障后控制系统完全不能工作。开关电源常见故障是开关管损坏，检查电源板保险丝正常后，可试换开关管。

另外，开关电路中任何元件虚焊，电路不能起振，都会造成故障，应仔细检查更换。

5.5.3 变频空调器检修实例

1. 制冷系统故障

故障现象一：使用 3 个月后，制热效果变差。

故障分析与检修：上门后查用户电源正常，上电开机制热，室内外机工作正常，但室内机出风不热，手摸室外机接头处的粗管有温热感，不烫手。试将空调器置制冷运行，测工作压力为 4.5kg/cm^2。考虑到变频空调采用电子膨胀阀节流，仅以工作压力判断故障不太准确，所以再测量室外工作电流，测量发现工作电流只有 10.5A，比额定值小得多，确定故障为“亏氟”。

加氟首先要找出制冷剂泄漏部位。试开机制热，用洗涤灵液涂在各接头处检漏，查出室内机接头没拧紧，是制冷剂泄漏原因。紧固后再次检漏，确保管路完好，然后为系统充注制冷剂。

变频空调器最好使用“定流充注法”。为了保证制冷剂充注量的准确，先把排气管温度传感器悬空。开机后，用电流表测室外电源线上的电流，随着制冷剂补充量增加，电流会逐渐变大，当达到额定电流值到 12A 时（70 式变频柜机为 16A），制冷剂充注量合适。这种方法常在上门维修时采用。

如果空调大修后或泄漏处过大，长期暴露于空气中，系统内制冷剂已经漏光，可采用定量法充注制冷剂。首先对系统进行排空，采用抽真空或利用外气排空的方法均可。然后按标准对系统充注制冷剂，若为外气排空的，应比标准量稍少一点，且在冷机状态下进行。春兰变频 50 式柜机的标准制冷剂充注量为 2.1kg；70 式柜机的标准充注量为 2.35kg。

故障现象二：制热效果差。

故障分析与检修：这是刚刚安装 3 个月的新机，因而制冷剂泄漏造成故障的可能性较大，但查各接口无漏氟形成的油迹。试加氟后，工作电流超过 18A，熔丝熔断，说明机器并不缺氟。检查管路时发现有大量的剩余铜管被一圈一圈地盘在室外机背后，怀疑此外有堵塞。拆下管路检查，果然有大量的冷冻机油排出。

用四氟化碳和氮气冲洗系统管路后，把多余的管子割去，重新加氟后，出风口温度达到 44℃，制热正常。

此机故障原因是冷冻机油过多地积蓄在管子里，造成制冷剂流动不畅，使制冷（热）效率降低。因此，如果用户同意，在装空调时把多余的管子割下，效果会更好些。当然，要向用户说明，这样做会影响以后移机的需要。

故障现象三：制热效果不好。

故障分析与检修：检测压缩机在最高频率工作时，管路高压侧压力正常。故障特征：在设定温度为 30℃的情况下，用钳形电流表测量室外机运转电流为 13A。空调器运行 5min 后，进入降频运转，电流下降到 6A，制热效果比较差，这表明制冷系统内制冷剂不足。检查管路没有发现泄漏情况，试为空调器补充制冷剂后，制热功能恢复正常。

故障现象四：运行 3 个月后即需补充制冷剂。

故障分析与检修：新装一台空调器制冷效果逐渐变差，3 个月后需补充制冷剂，以后每 3～4 个月就要补充一次，才能维持较好的制冷效果。

按住应急开关 5s 以上，使空调器定速运行。这时测量运行压力都偏小，结合对故障现象的分析，判断管路有泄漏点。实际检查时，只在室外机粗管接头螺帽上看到很少一点油渍，而用洗涤灵液涂在管道所有接口处，却始终看不到有冒气泡的地方。

回收制冷剂后，拧开粗管螺帽，发现管端喇叭口上有细微裂纹。重新扩管安装后，试机正常。经几个月的运行考验，故障排除。

注意：这种故障是安装时不使用扭力扳手，没有按扭力标准拧螺帽，而是用活扳手野蛮安装，用力过大造成的。由于变频式空调器检查电流与压力必须在定速状态进行，对极细微的泄漏点，洗涤灵液不一定能检查出来，一定要先仔细观察，确认漏点。否则，泄漏点的少量油渍甚至会被洗涤灵液洗掉，失去查找漏点的线索。

2. 控制系统故障检修

故障现象一：电源指示灯不亮。

故障分析与检修：由于电源指示灯不亮，初步判断故障在电源电路。

开机检查主机电源继电器能正常吸合。检查电源基板 AC-1 和 AC-3 插脚，发现 AC-3 插脚无电压。沿电路检查插座 3P-1 和滤波磁环，发现滤波磁环已损坏开路。更换滤波磁环后，电源指示灯点亮，试机，故障排除。

故障现象二：开机后室外机不工作，压缩机不转。

故障分析与检修： 开机后面板上的 3 个指示灯都闪烁，显示故障出在变频数据处理上。测量功率模块 P、N 端之间有 310V 直流电压，而模块输出端都没有输出电压。取下压缩机功率模块，用万用表测量各端子之间的直流电阻，发现其 P 端与其他引脚间正、反向电阻值均为无穷大，说明引脚内部开路，模块已损坏。正常时，P 端与 W、V、U 输出端正反向电阻应符合二极管特性。更换模块后，故障排除。

故障现象三： 开机运行情况下，其他正常，但压缩机不启动。

故障分析与检修： 正常情况下，功率模块 U、V、W 输出端两两之间应有 60～150V 的交流电压。现在用万用表的交流电压挡测量，三端之间没有电压输出，而测量模块的输入端 310V 电压正常，表明模块已经损坏。为确认功率模块是否损坏，在拆下所有引线后，再通过测量其各端子间电阻，做进一步判断。测量时，万用表置 R×100 挡，功率模块正常时各引脚间阻值如表 5.6 所列。

表 5.6　功率模块各引脚正常阻值

表笔位置	测 量 端 子											
红笔（+）	输入 P			输入 N			U	V	W	U	V	W
黑笔（−）	U	V	W	U	V	W	输入 P			输入 N		
正常阻值/Ω	500～1000			∞			∞			500～1000		

故障现象四： 开机运行情况下，其他正常，但压缩机不启动。

故障分析与检修： 正常情况下，功率模块 U、V、W 输出端两两之间应有 60～150V 的交流电压。现在用万表的交流电压挡测量，三端之间没有电压输出，而测量模块的输入端 310V 电压正常表明模块已经损坏。为确认功率模块是滞损坏，在拆下所有引线后，再通过测量其各端子间电阻，作进一步判断。测量时，万用表置 R×100 挡，功率模块正常时各引脚间阻值如表 5.7 所列。

表 5.7　功率模块各引脚间正常阻值

表笔位置	测 量 端 子											
红笔（+）	输入 P			输入 N			U	V	W	U	V	W
黑笔（−）	U	V	W	U	V	W	输入 P			输入 N		
正常阻值/Ω	500～1000			∞			∞			500～1000		

故障现象五： 室内机工作正常，但室外机开停频繁。

故障分析与检修： 开机后，自诊断显示为通信故障，但检查内外机组间连接正常。拆开外壳，测室外机电源电路整流后的 310V 直流电压正常，功率模块 U、V、W 三个输出端电压正常，且每 3min 有一次电压变化，说明变频控制良好。检查室外机控制板，没有发现异常情况。

查室内机时发现有一个继电器闭合频繁，测量它的前级有 12V 电压，但驱动器 U2003 控制继电器的引脚下没有控制信号。更换此驱动器后，一切恢复正常。

故障现象六： 一会儿制冷，一会儿制热。

故障分析与检修： 这台空调器在制冷时停电，来电后不重新开机，空调器也会自制热运

行。关机后过一会再开机，又能正常制冷。由于用户地区经常停电，这种故障反复出现，可以认定不是偶然现象。

变频空调器室外机工作信号是由室内机发出的，所以故障原因可能是输入指令错误或通信不良。经仔细观察，发现连接管和连接均被加长，而加长线连接处正好在洗手间里，怀疑连接线接头防潮绝缘不好。打开包扎带，发现接头处只用普通胶布绝缘，而且两条线的接头并列，没有相互错开。重新按标准将线头相互错开连接，做好防潮绝缘后，故障排除。

故障现象七：设置制冷功能时，实际制热运行。

故障分析与检修：试机时室内机自检正常，内外机组连接线接线正确。空调器制冷还是制热，是由四通阀状态决定的，所以检修重点在四通阀自身和相关指令传输电路。

在制冷模式下，测量四通阀线圈有电，这是不正常的。断开室内外机组连接线，用万用表 R×10k 挡测试信号线与地线之间阻值小于 250MΩ，取出连接线，发现连接线加长，接头用黑胶布包扎，长时间胶布受潮导致故障。处理后试机正常。

故障现象八：海尔 KFR—50LW/BP 变频柜机新装机不能启动，键控和遥控均无反应。

故障分析与检修：通电后，空调器电源灯不亮。查接线无误，电源、变压器、保险管、12V 和 5V 供电均正常，测主板显示板的插座各电压正常。测量显示板插头电压，各脚均为5V，说明通向显示板的接地线开路。顺着地线检查果然发现该线的外皮未剥净，就被卡进接线槽内。剥去塑料外皮重新卡线后，整机工作正常。这种故障是厂家装配失误造成的，修变频空调器时如能弄懂电路原理，排除这类“小毛病”，可免往返换机，费时费力。

故障现象九：海信 KFR—40GW/BP 变频柜机工作 1h 左右，整机保护。

故障分析与检修：测室内机各路输出电源均正常。拆开室外机，发现机内结满了霜，风扇的扇叶已被折断，测管温传感器只有几十欧的变化范围。更换一只管温传感器后，机器工作正常。变频空调传感器较易损坏，检修时，应首先对其进行检查。一旦损坏 ，应更换同型号的热敏电阻，不能随便代换，否则会造成系统工作紊乱。

故障现象十：海信 KFR—35GW/BP 室外机不工作。

故障分析与检修：接通电源，只有电源指示灯闪烁，定时、运行指示灯均不亮。这种空调器采用直流变频双转子压缩机。在工作时，变频器的电子传感器测得的数据，送至电脑芯片后，经分析处理后发出指令，控制压缩机在 15～150Hz 范围内运行。若压缩机或功率驱动模块及传感器有故障，则室外机不工作。经检查压缩机及 HIC 模块电阻值均在正常范围，判断故障原因在室内机温度传感器 DTN—7KS106E。拆下传感器，常温（25℃）用万用表测量这只热敏电阻的阻值为无穷大，而正常应为 58kΩ。更换这只作为传感器的热敏电阻后，故障排除。

故障现象十一：海信 KFR—35GW/BP 型室内机不送风。

故障分析与检修：空调工作时面板的电源指示灯亮，但没有冷风送出。将室内机电源开关置于“OFF”位置，5s 后蜂鸣器响 3 声，面板指示灯增色亮。从自检结果得知，故障出在室内风扇电机上。检查风扇电动机各绕组间的直流电阻值，发现红、蓝引线间的电阻为无穷大（正常应为 6.18kΩ），说明风扇电动机已烧坏。取下风扇电动机，修复后装机。将电源开关拨到“DEMO”位置，清除自诊断显示。再将电源开关置于“ON”与“DEMO”的临界位置，面板上运行指示灯无反应，说明诊断内容已清除。试开机运转，故障排除。

习题5

1. 一台窗式空调器启动后，保护器出现保护性断路。试分析故障产生的原因及可能涉及的范围。

2. 一台窗式空调器启动、运行顺利，但不出冷风。试分析此故障具体的原因，并说明具体的检修方案。

3. 一台冷暖分体壁挂空调，制冷效果不佳。试分析故障涉及范围，并列出检查程序。

4. 一台冷暖型分体壁挂空调，无论调到制冷挡还是制热挡均出冷风。试分析此故障具体的原因和涉及的器件。

5. 一台分体空调冷量不足，低压表反映压力正常，试判断此空调器是否发生制冷剂泄漏，试具体分析原因及是否还有其他方面因素导致该故障产生。

6. 一台分体壁挂式空调的压缩机、风扇均不运转，列出故障所在范围。

7. 一台分体壁挂式空调室内机组漏水，如何处置？

8. 一台分体柜机制冷完好，噪声大，该如何处理？

9. 一台分体柜机运行时，突然停电，通电后室外机不起转，试分析故障产生原因及涉及的范围。

10. 一台分体柜机制冷良好，但冬季制热效果差，如何排除此故障？

11. 一台分体柜机压缩机启动频繁，经查电气控制系统正常，低压压力很低，高压压力很高，试判断故障原因及排除办法。

12. 一台分体冷暖柜机，制冷效果差，经查制冷剂没有发生泄漏，但室内换热器表面温度不均匀，盘管霜水一段有一段无，此故障产生原因是什么？如何维修？

第6章　制冷系统维修基本操作

6.1　焊接技术

焊接的方法主要有钎焊、交流氩弧焊、自动锡钎焊和闪光对焊等。若连接管件均是铝件时，一般采用交流氩弧焊或铝焊；连接管件是铜、铝接头焊点时，直接焊接十分困难，可换铜铝接头后再焊接；连接管件均是铜件时，一般采用氧气－乙炔气钎焊。电冰箱、空调器的全封闭制冷系统管路均是焊接而成的。在维修过程中，管道的连接和修补多采用焊接的方法，而焊接质量的好坏直接影响着电冰箱、空调器的性能。因此，焊接技术是电冰箱、空调器维修人员必须掌握的一项基本技能。

6.1.1　钎焊焊条、焊剂的选用

1．钎焊的概述

电冰箱、空调器制冷系统的管道连接一般采用钎焊焊接。钎焊的方法是利用熔点比所焊接管件金属熔点低的焊料，通过可燃气体和助燃气体在焊枪中混合燃烧时产生的高温火焰加热管件，并使焊料熔化后添加在管道的结合部位，使其与管件金属发生粘润现象，从而使管件得以连接，而又不至于使管件金属熔化。

2．钎焊焊条的选用

钎焊常用的焊条有银铜焊条、铜磷焊条、铜锌焊条等。为提高焊接质量，在焊接制冷系统管道时，要根据不同的焊件材料选用合适的焊条。如铜管与铜管之间的焊接可以选用铜磷焊条，而且可以不用焊剂。铜管与钢管或者钢管与钢管之间的焊接，可选用银铜焊条或者铜锌焊条。银铜焊条具有良好的焊接性能，铜锌焊条次之，但在焊接时需用焊剂。

3．钎焊焊剂的选用

（1）焊剂的分类。焊剂又称焊粉、焊药、熔剂，它分为非腐蚀性焊剂和活性化焊剂。非腐蚀性焊剂有硼砂、硼酸、硅酸等；活性化焊剂是在非腐蚀性焊剂中加入一定量的氟化钾、氯化钾、氟化钠和氯化钠等化合物。活性化焊剂比非腐蚀性焊剂具有更强的清除焊件上的金属氧化物和杂质的能力，但它对金属焊件有腐蚀性，焊接完毕后，焊接处残留的焊剂和熔渣要清除干净。

（2）焊剂的作用。焊剂能在钎焊过程中使焊件上的金属氧化物或非金属杂质生成熔渣。同时，钎焊生成的熔渣覆盖在焊接处的表面，使焊接处与空气隔绝，防止焊件在高温下继续氧化。钎焊若不使用焊剂，焊件上的氧化物便会夹杂在焊缝中，使焊接处的强度降低，如果

焊件是管道，焊接处可能产生泄漏。

（3）焊剂的选用。焊剂对焊件的焊接质量有很大的影响，因此钎焊时要根据焊件材料、焊条选用不同的焊剂。例如，铜管与铜管的焊接，使用铜磷焊条可不用焊剂；若用银铜焊条或铜锌焊条，要选用非腐蚀性的焊剂，如硼砂、硼酸或硼砂与硼酸的混合焊剂。铜管与钢管或钢管与钢管焊接，用银铜焊条或者铜锌焊条，焊剂要选用活性化焊剂。

4．助燃气体和可燃气体的选用

（1）可燃气体。氧气本身不能燃烧，但却有很强的助燃作用，钎焊焊接中的可燃气体一般选用氧气。高压氧气在常温下能和油脂类物质发生化学反应，易引起自燃或爆炸。因此，在使用中要注意这一点，即不要让氧气瓶嘴、氧气表、焊炬及连接胶管沾污油脂类物质。

（2）可燃气体。乙炔气在氧气的助燃下，火焰的最高温度可达 3500℃左右，是一种理想的可燃气体。但乙炔气在低压下剧烈振动、撞击或加热时有爆炸的危险，同时在高温或196kPa 的气压下，有自燃、爆炸的危险。液化石油气体也是一种理想的可燃气体，并且由于它的使用安全、方便，常常被制冷维修部门采用。但它需要的氧气量更多，而且火焰温度只有 2500℃左右。

6.1.2 氧气—乙炔气焊接

1．氧气－乙炔气焊接的使用方法

电冰箱、空调器管道的连接和修补主要采用的是氧气－乙炔气焊接方法，氧气－乙炔气的焊接使用操作方法可按以下步骤进行。氧气－乙炔气的焊接设备如图 6.1 所示。

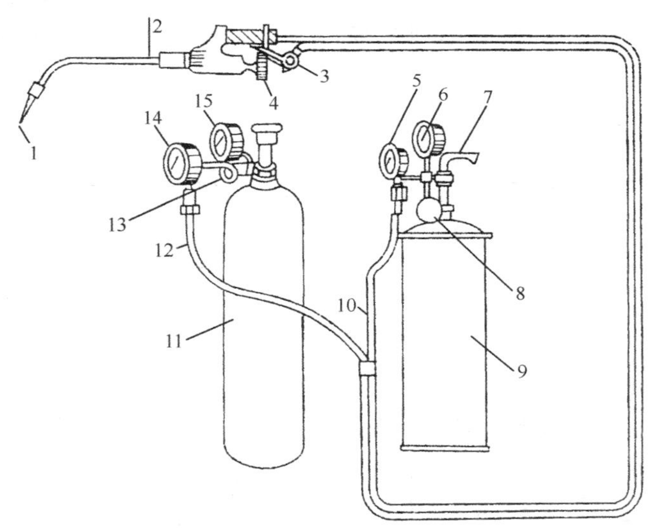

1．焊枪喷火嘴　2．焊枪　3．乙炔气调节阀　4．氧气调节阀　5．乙炔气低压表
6．乙炔气高压表　7．乙炔气钢瓶阀扳手　8．乙炔气压力调节阀　9．乙炔气钢瓶
10．乙炔气输气胶管　11．氧气钢瓶　12．氧气输气胶管　13．氧气压力调节阀
14．氧气低压表　15．氧气高压表

图 6.1　氧气－乙炔气的焊接设备

（1）首先在氧气－乙炔气钢瓶上配置合适的压力调节阀，满足焊接所需要的是低压氧气和低压乙炔气。压力阀的技术参数如表 6.1 所示。

表 6.1　氧气－乙炔气压力阀技术参数表

名　称	进气口最高压力/MPa	最高工作压力/MPa	压力调整范围/MPa	安全阀泄气压力/MPa
氧气减压阀	15	2.5	0.1～2.5	2.7～2.9
乙炔气减压阀	2	0.15	0.01～0.15	>0.18

（2）用不同颜色的输气管道连接焊枪和氧气－乙炔气的减压阀，然后关闭焊枪上的调节阀门。

（3）分别打开氧气－乙炔气钢瓶上的阀门，调节减压阀，使氧气输出压力为 0.5MPa 左右，乙炔气输出压力为 0.05MPa 左右。

（4）钎焊时，首先打开焊枪上乙炔气的调节阀，使焊枪的喷火嘴中有少量乙炔气喷出，然后在焊枪嘴左下端 3cm 左右点火。当喷火嘴出现火苗时，缓慢地打开焊枪上的氧气调节阀门，使焊枪喷出火焰。并按需要调节氧气与乙炔气的进气量，形成所需的火焰，即可进行焊接。

（5）钎焊完毕后，应先关闭焊枪上的氧气调节阀门，再关闭乙炔气调节阀门。若先关闭乙炔气的调节阀门，后关闭氧气调节阀门，焊枪的喷火嘴会发出爆炸声。

2．焊接火焰的调节

使用气焊焊接管道时，要根据不同材料的焊件选用不同的气焊火焰。氧气－乙炔气的火焰可分为 3 类，即碳化焰、中性焰和氧化焰。如图 6.2 所示。

（1）碳化焰。氧气与乙炔气的体积之比小于 1 时，其火焰为碳化焰，如图 6.2（a）所示。碳化焰的火焰分为 3 层，焰心的轮廓不清，白色，但焰心的外围带呈蓝色；内焰为淡白色；外焰特别长，呈橙黄色。碳化焰的温度为 2700℃左右，适于钎焊铜管与钢管。由于碳化焰中有过剩的乙炔，它可以分解为碳和氢，在焊接时会使焊件金属渗碳，从而改变金属的机械性能，使其强度增高，塑性降低。

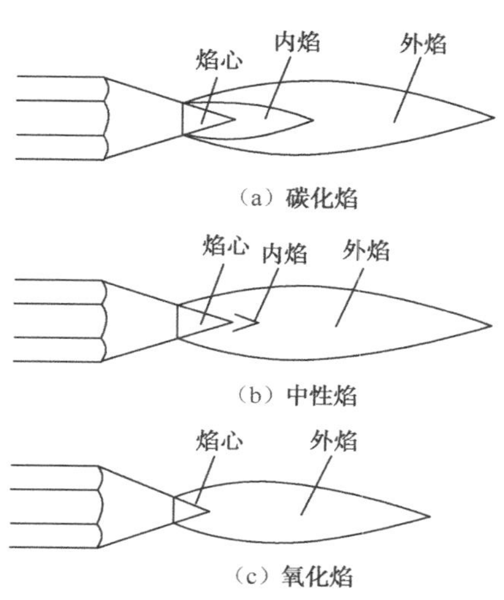

图 6.2　氧气－乙炔气气焊火焰

（2）中性焰。氧气与乙炔气的体积之比为 1:1.2 时，其火焰为中性焰，如图 6.2（b）所示。中性焰的火焰也分为 3 层，焰心呈尖锥形，色白而明亮；内焰为蓝白色；外焰由里向外逐渐由淡紫色变为橙黄色。中性焰的温度为 3100℃左右，适宜钎焊铜管与铜管、钢管与钢管。中性焰是气焊的标准火焰，在对冰箱、空调的管路进行焊接时，火焰的整体长度一般为 20～30cm，但对毛细管进行焊接时需将火焰调小，火焰的整体长度一般为 10～15cm。

（3）氧化焰。氧气与乙炔气的体积之比大于 1.2

时，其火焰为氧化焰，如图 6.2（c）所示。焰心短而尖，呈青白色；内焰几乎看不到；外焰也较短，呈蓝色，燃烧时有噪声。氧化焰的温度 3500℃左右。氧化焰由于氧气的含量较多，氧化性很强，容易造成焊件熔化，钎焊处会产生气孔。因此，氧化焰适用于厚型材料的焊接。

对于不同材质的铜管进行焊接时，放入焊条的时机是不同的。否则当焊接温度过高时，容易造成焊接部位的氧化或将铜管焊漏；当焊接温度不足时，容易造成焊接部位出现焊渣或疙瘩。磷铜材质一般在 600℃左右时放入焊条，黄铜材质一般在 1300℃左右时放入焊条。焊接铜管处的温度，可以大致依据其外表呈现的颜色判断，如表 6.2 所示。

表 6.2　焊接铜管处的温度与呈现的颜色对照表

颜 色	暗 红	鲜 红	浅 红	橙 色	黄 色	浅黄色	白 色	白而有光
温度（℃）	600	725	830	900	1000	1080	1180	1300

6.1.3　焊接工艺及焊接安全操作

1．焊接工艺

在电冰箱、空调器管道的焊接过程中，应注意以下几个问题：

（1）清洁焊接的管道、管件的金属表面，以免水分、油污和灰尘等影响焊接的质量。

（2）根据焊件材料选用合适的焊条和焊剂。焊剂的使用对焊接的质量有很大影响，一般选用焊剂的温度比焊条温度低 50℃为宜。

（3）电冰箱、空调器中的管道焊接一般都采用套管焊接法。即将毛细管伸入粗管中，如图 6.3 所示。或者是将焊管做成杯形口，再将另一个管插入杯形口内，如图 6.4 所示。无论何种插入焊接法，对插入深度和间隙都有一定的要求。如果插入太短，不但影响强度和密封性，而且焊料容易注入管道口，造成堵塞；如果间隙过小，焊料不能流入，只能焊附在接口外面，强度差，很容易开裂而造成泄漏；如果间隙过大，不仅浪费焊料，而且焊料极易流入管内而造成堵塞。

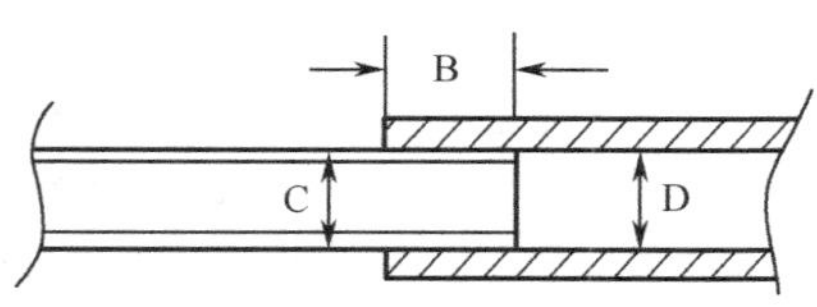

图 6.3　直管插入焊接

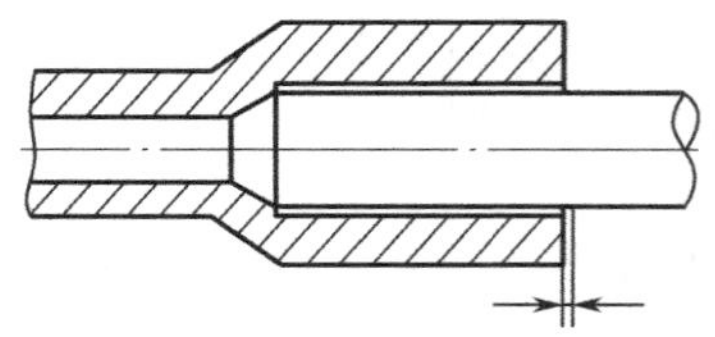

图 6.4　杯形口插入焊接

（4）焊接部件必须固定牢靠，而且焊接管道最好采用平焊。如需立焊，管道扩管的管口必须朝下，以免焊接时熔化的焊料进入管道而造成堵塞。

（5）在焊接时，必须对被焊件进行预热。预热时，可通过改变焰心末梢与焊件之间的距离，使被预热件获得不同的温度。对同一种材料管道，要先加热插入的管道，然后加热扩口管道。焊接处要加热均匀，加热时间不宜过长，以免管道内壁产生氧化层，造成制冷系统毛细管、干燥过滤器堵塞。

（6）毛细管与干燥过滤器的焊接安装位置如图 6.5 所示。毛细管插入过滤器约 15mm，

深度要合适。若插入过深，会触及过滤器内的滤网，易造成堵塞。插入过浅，焊接时焊料易堵塞在毛细管口，杂质可能会直接进入毛细管造成脏堵。焊接时，必须掌握火焰对毛细管和干燥过滤器的加热比例，以防止毛细管加热过度而变形或熔化。

总之，焊接时最好采用强火焰快速焊接，尽量缩短焊接时间，以防止管路内生成过多的氧化物。氧化物会随制冷剂的流动而导致制冷系统脏堵，严重时还可能使压缩机发生故障。

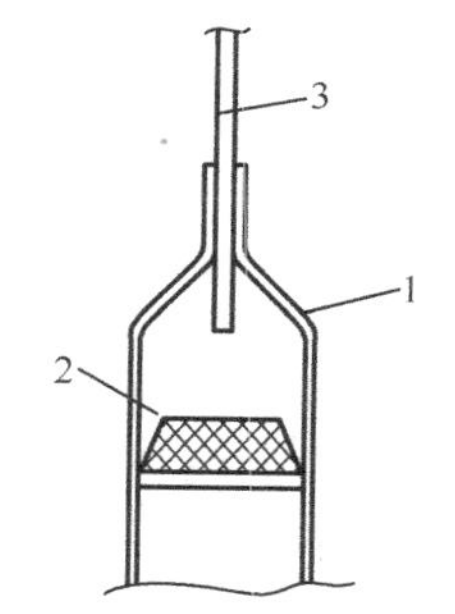

1. 壳体　2. 过滤网　3. 毛细管

图6.5　毛细管与过滤器的焊接安装位置

2. 焊接的安全操作

焊接的安全操作，是确保自身安全和他人安全的重要一环，因而必须注意下面几点：

（1）焊接前一定要检查设备是否完好。操作人员必须戴上护目镜和手套。

（2）乙炔气钢瓶不得卧放。开启乙炔气针阀时，动作要轻、缓。

（3）开启氧气针阀时也要轻、缓，不得同时开启乙炔气和氧气针阀，以免发生爆炸。

（4）点火时要取正确方向，以防止火焰吹向气瓶和气管。点燃乙炔气后有黑烟出现时，应将氧气阀慢慢开大，直至火焰合适为止。

（5）若发现火焰有双道，则应清理焊枪口。焊枪口的清理必须用专用的清理针进行，不能随意用物体擦拭。

（6）不准在未关闭压力调节阀的情况下清理焊枪口；不准用带油的布、棉纱擦拭气瓶及压力调节阀。不准在未关闭气阀和未熄火的情况下离开现场。焊枪及火嘴不应放在有泥沙的地上，以免堵塞。

（7）易燃易爆物品应远离焊接现场，以免发生意外。

（8）气瓶不得靠近热源，也不能置于日光下曝晒，应放在阴凉的地方。

（9）氧气与燃气的连接管道要足够长，至少在2m以上。

（10）连接管的多余部分要甩在身后，不要环绕在身体四周。

（11）在使用气焊设备时，如果某一部分出现了故障，不要带故障继续操作，或在不了解其内部结构的情况下盲目拆卸，应请专业维修人员进行修理。

6.2　管道加工技术

电冰箱、空调器维修常需进行管道加工，管道加工主要包括切管、扩口和弯管等。

6.2.1　切管

1. 管子割刀切管

（1）优点。使用管子割刀切割管道后管口整齐光洁，适宜扩口，比用手工锯割出的管口要好得多。用手工锯割管道往往会因操作不当而将铜管夹扁变形，而且容易使锯屑落入管内，增加清洗管道的麻烦。

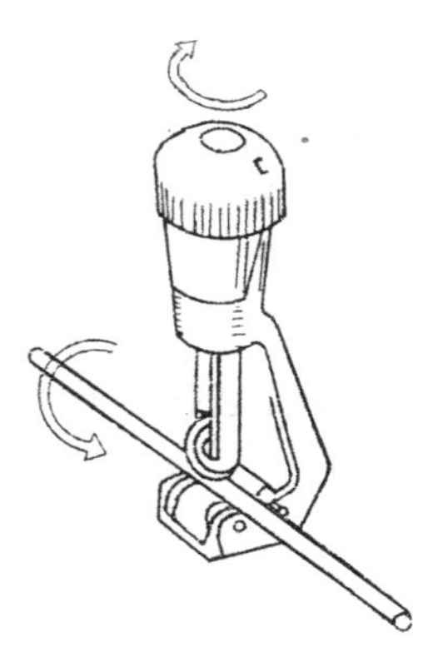
图 6.6　管子割刀切割管道

（2）切管的方法。用管子割刀切割管道的方法如图 6.6 所示。首先将管子展直。铜管若有弯曲，则不能正确地将铜管切断，或者是断面倾斜，或者是断口不平，给加工带来麻烦。然后将欲切断的管子放在管子割刀的导向槽内，夹在刀片与滚轮之间，并使割刀与管子垂直，再旋紧手柄，让割刀刀片接触铜管。然后将割刀旋转，在旋转割刀的同时旋转手柄进刀，大约每旋转两周进刀一次，而且每次进刀不宜过深。过分用力进刀会增加毛刺，或将铜管压扁。故在进刀时，进刀速度要慢，用力要小；同时注意整个过程保持滚轮与刀片应垂直压向铜管，不能侧向扭动。

2．切割毛细管

由于毛细管管径小，可以用锉刀锉出槽子后将其折断，也可用刃口较利的剪刀夹住毛细管来回转动，划出刀痕，然后用手轻轻折断即可。

3．切管的要求

无论用何种方法切割铜管，当管子切断后都要用绞刀或管子割刀后面配置的尖铁，将管子内缘的毛刺刮净。打毛刺时，应尽可能将毛刺刮净，直到它的端面厚度与壁厚相同。刮毕后用毛刷刷净端面，并清除管内碎屑。

6.2.2　管口的扩口

管子的焊接、全接头连接和半接头连接都需要对管口进行扩口，管子的扩口加工包括冲扩杯形口和扩喇叭口两种。

1．扩喇叭口

（1）扩口器。扩管器是铜管扩喇叭口的专用工具。它的结构如图 6.7（a）所示。

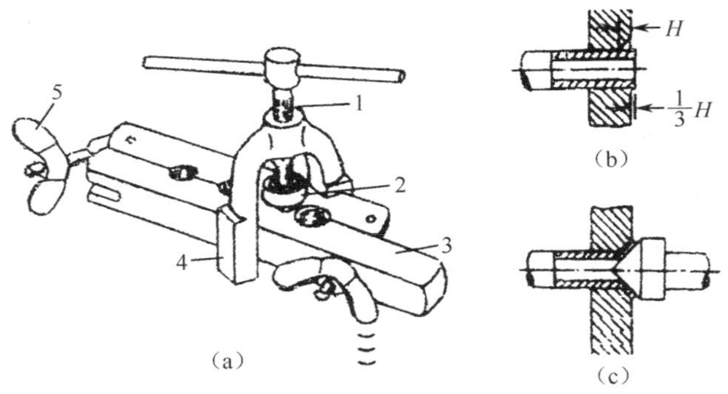

1．螺杆　2．锥形支头　3．扩口夹具　4．弓架　5．元宝螺帽

图 6.7　扩口器结构示意图

（2）扩口的方法。在空调器的安装中，需要现场加工时多采用此工具。扩口时，将已退火且割平的管口去掉毛刺，放入与管径相同孔径的孔中，管口朝向喇叭面，铜管露出喇叭口

斜面高度 1/3，如图 6.7（b）所示。将两个元宝螺帽旋紧，把铜管紧固。再将顶压器的锥形支头压中管口上，其弓架脚卡在扩口夹具内，再慢慢地旋动螺杆，管口就能挤出喇叭口形，如图 6.7（c）所示。

（3）扩口的要求。扩出的喇叭口应当光滑，无裂纹和卷边，扩口无伤疵。扩成后的喇叭口既不能小，也不能大，以压紧螺母能灵活转动而不致卡住为宜。如图 6.8 所示的都是不合格的喇叭口形状。在操作中若遇到这些形状的喇叭口，都应割掉后重新加工，以保证喇叭口连接质量。

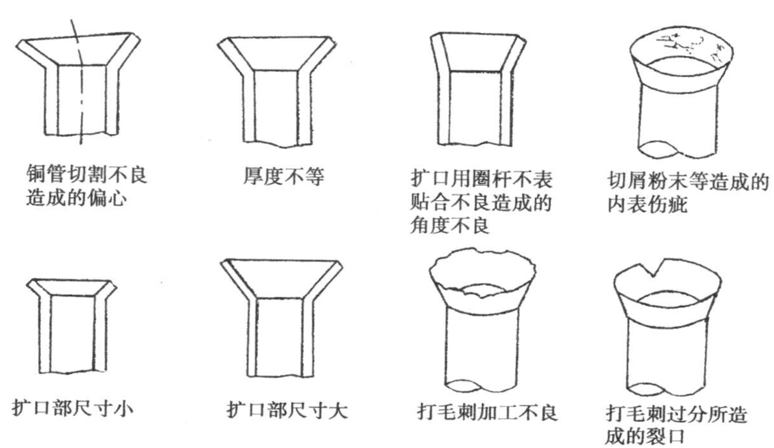

图 6.8　不合格的喇叭口

2．冲扩杯形口

管道的杯形口主要用来进行管道的焊接连接。其加工方法有两种。

（1）采用扩口器把管子夹在扩口器上，铜管露出夹具的长度稍长，只是把扩喇叭口的锥头，换成扩杯形口的冲头。图 6.9 所示为扩杯形口的夹具及冲头。

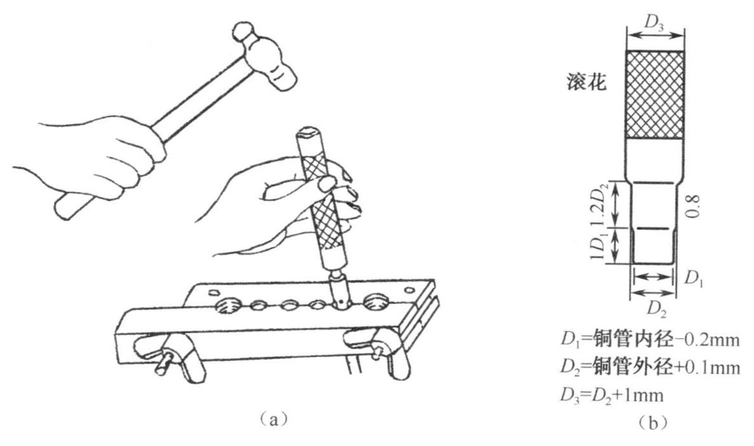

图 6.9　扩杯形口的夹具及冲头

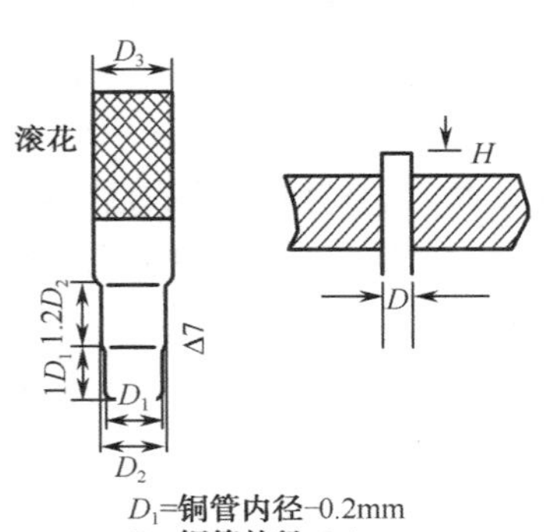

图 6.10　扩管冲头结构及扩管操作

（2）采用扩管冲头，它是冲胀铜管杯形口的专用工具，结构如图 6.10 所示。扩管冲胀杯形口时，应先将铜管夹于与扩口工具相同直径的孔内，铜管露出的高度为 H（稍大于管径 D 约为 1～2mm）。然后选用扩口内径等于 D+（0.1～0.2mm）规格的扩管冲头，并涂上一层润滑油，再插入铜管内，用手锤敲击扩管冲头。敲击时用力不要过猛，每次敲击后，须轻轻地转动扩管冲头，否则冲头不容易取出来。

6.2.3　弯管

电冰箱、空调器制冷系统的管道经常需要弯成特定的形状，而且要求弯曲部分和管道内腔不变形。弯曲铜管的加工有两种方法，即用弯管器弯管和直接用手弯管。

1. 用弯管器弯管

（1）弯管器。弯管器是用来弯管的专用工具。弯管时注意铜管的弯曲半径不小于铜管直径的 3 倍。否则，会因弯曲半径过小，使铜管的弯曲部位压扁变形。

弯管时，先将铜管的弯曲部位退火，把铜管插入滚轮和导轮之间的槽内，并用紧固螺钉将铜管固定。然后将活动杠杆按顺时针方向转动。所用的弯管器规格应与铜管直径相符，在弯管过程中应注意不要将管子压扁。如果铜管两端需要扩喇叭口时，应在弯管后再进行。用弯管器弯管如图 6.11 所示。

（2）弹簧弯管器。弯管器有各种不同的形式，用粗细不同的钢丝，绕制成不同内径和不同长度的弹簧，就成为一组弹簧弯管器。弯管径较大的弹簧弯管器钢丝较粗，内径也较大，而绕成的弹簧也较长。

对于直径小于 10mm 的较细的铜管可以采用弹簧弯管器弯管，如图 6.12 所示。这种方法是将铜管弯成环形或任意角度，但弯曲半径不能过小，否则弹簧弯管器不易抽出。操作时，将铜管套入弹簧弯管器内，轻轻弯曲，如果弯管时速度过快、用力过猛都会使铜管损坏。也不要用管径不相匹配或过粗的弹簧弯管器。如不加以选择而随意乱用，也会把铜管弯扁。

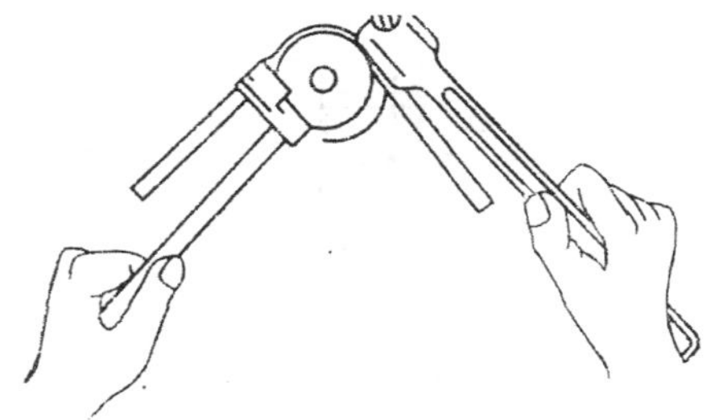
图 6.11　弯管器弯管

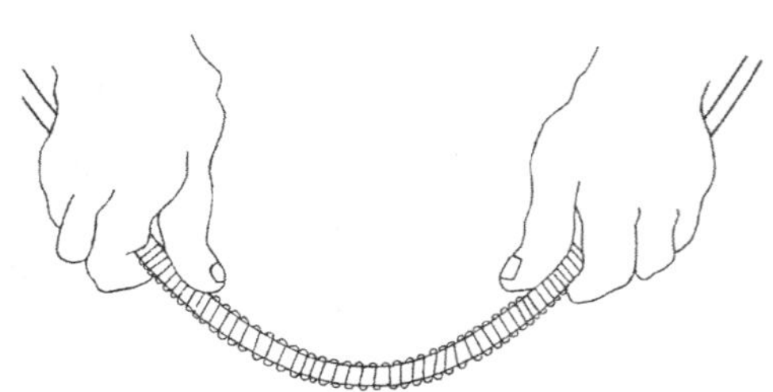
图 6.12　弹簧弯管器弯管

2. 直接用手弯管

对于一些管径较细的铜管和分体式空调器的排列连接管，也可以直接用手弯管。

（1）直接用手弯曲铜管的方法。双手握住铜管，距离不能太大，用拇指的指肚从弯曲的内侧撑住，一只手紧握，另一只手一边滑动，一边慢慢地将铜管弯曲，如图 6.13 所示。

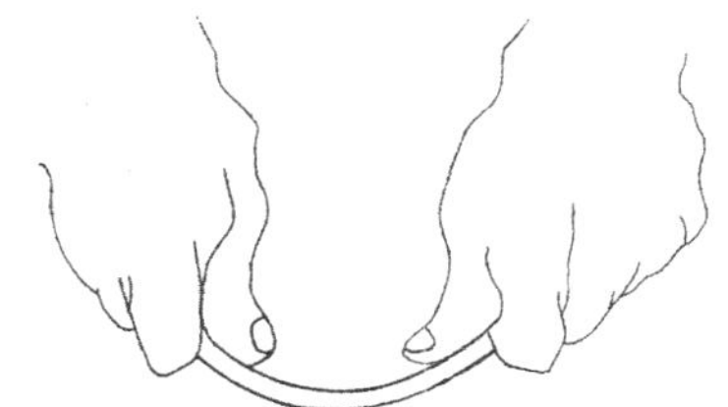

图 6.13　直接用手弯管

（2）直接用手弯曲铜管时注意事项。若铜管较粗，弯曲起来则比较困难；管壁较薄时，用力不能过猛，过猛则容易使铜管压扁或损坏。同时，用手弯曲铜管时弯曲的程度不能过大，若弯曲程度过大，也会压坏铜管。

6.3　压缩机的性能判定

压缩机是电冰箱、空调器制冷系统的心脏，通过压缩机的运转来实现制冷剂的循环或流动，一旦压缩机停止运转，电冰箱、空调器就停止制冷。压缩机的性能判定包括压缩机阻值的测量、压缩机的启动与压缩机吸排气性能判定和压缩机冷冻润滑油的充注方法等。

6.3.1　全封闭压缩机阻值的测量

全封闭压缩机阻值的测量包括电动机绕组阻值的测量和绝缘电阻的测量。

1. 全封闭压缩机电动机绕组阻值的测量

（1）测量原理。全封闭压缩机包括压缩机和电动机，而电动机是压缩机的动力，只有电动机正常启动运转，才能带动压缩机运行，促使制冷剂在制冷系统中流动，实现制冷的目的。如果电动机出现故障，就不能带动压缩机启动运行，当然就谈不上制冷了。而测定电动机的好坏，可通过测量电动机绕组的直流电阻值来判断。

对于使用单相交流电源的压缩机中的电动机，常采用单相电阻分相式或电容分相式单相异步电动机。这类电动机的绕组有两个，即运行绕组和启动绕组。运行绕组使用的导线截面积较大，绕制的圈数多，其直流电阻值一般较小；启动绕组使用导线截面积较小，绕制的圈数较少，其直流电阻值一般较大。如某种电冰箱使用的全封闭压缩机，其电动机的运行绕组导线直径为 0.64mm，匝数为 2×376 匝，直流电阻为 12Ω；启动绕组导线直径为 0.35mm，匝数为 2×328 匝，其直流电阻为 33Ω。

（2）测量方法。电动机绕组的引线通过内插头接到机壳上的 3 个接线引柱上。常用 C（R）表示电动机运行绕组与启动绕组的公共端，用 M(SP)表示运行绕组的引出线端，用 S(JP)表示启动绕组的引出线端。对于具体绕组接线端子的判断，按以下步骤进行。

a. 拆卸

压缩机接线盒分解图如图 6.14 所示。卸下压缩机的接线盒后，拆下热保护器和启动继电器，然后用万用表的 R×1 挡在机壳上的 3 个接线引柱上测量电动机绕组的直流电阻值。

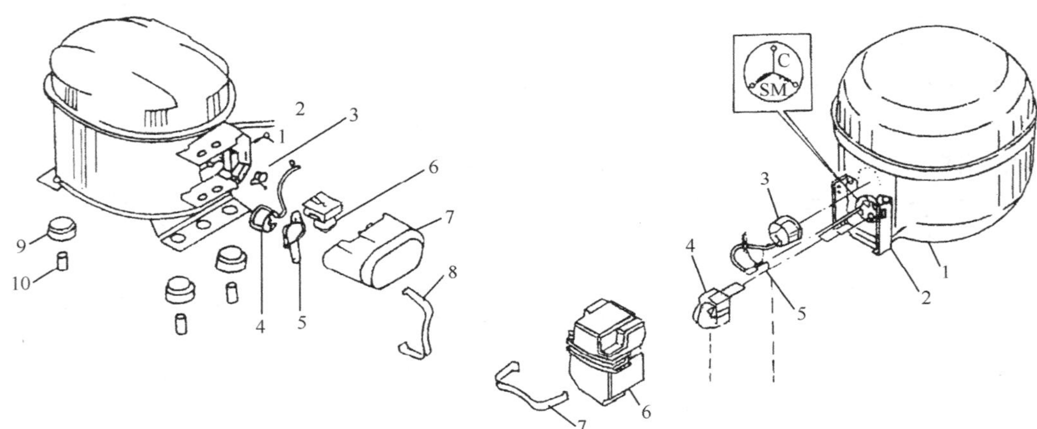

1．地线螺钉 2．线夹螺钉 3．线夹螺钉 4．热保护器
5．热保护器压簧片 6．启动器 7．盒盖 8．盒盖片簧
9．防震胶垫 10．胶垫套管

（a）压缩机接线盒分解图（重力式启动器）

1．压缩机 2．盒座 3．热保护器 4．PTC 启动器
5．热保护器卡簧 6．盒盖 7．盒盖卡簧

（b）压缩机接线盒分解图（PTC 启动器）

图 6.14 压缩机接线盒分解图

b．测量

在测量之前先分别在每根线柱附近标上 1,2,3 的记号，然后用万用表测量 1 与 2,2 与 3,3 与 1 三组线柱之间的电阻，测量得到的电阻值如图 6.15 所示。

c．判别

如图 6.15 可知，2 与 3 之间的阻值最大为 45Ω，是运行绕组和启动绕组的电阻值之和，说明另一线柱 1 为运行绕组与启动绕组的公共接头。1 与 3 之间的电阻值是 33Ω，为次大电阻，应是启动绕组的电阻值；1 与 2 之间的电阻值是 12Ω，为最小电阻，应是运行绕组的电阻值。因此，可以判断引线柱 1 为公共接头，引线柱 2 是运行绕组接头，引线柱 3 是启动绕组接头。对于压缩机电动机绕组阻值的测量，单相电动机在 3 个引线上测得的阻值，应满足如下关系：

总阻值=运行绕组阻值+启动绕组阻值

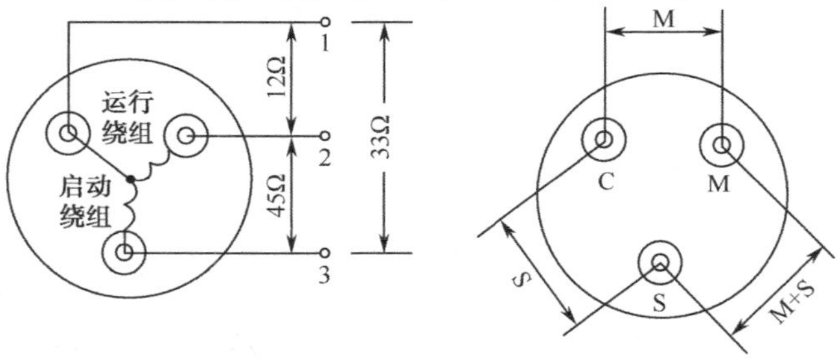

图 6.15 压缩机接线端子的判断

而对于三相电动机来说，3 个引线柱之间都有电阻，而且 3 组的电阻值相等。

在测量绕组电阻时，若测得绕组电阻无穷大，即说明绕组断路。电动机绕组断路时，电动机不能启动运转。如果只有一个绕组断路，电动机也无法启动运转，而且电流很大。绕组的埋入式热保护继电器的触点跳开后不能闭合或者触点被烧坏，以及由于电动机运转时产生

的振动，导致电动机内引线的折断、烧断或内插头脱落，也都表现为绕组断路。

在测量绕组电阻时，若测得的阻值比规定的小得多，即说明绕组内部短路。若两绕组的总阻值小于规定的两绕组的阻值之和，则说明两绕组之间存在着短路。电动机绕组出现短路时，依短路的程度不同而现象各异。压缩机电动机出现短路后，不论能否启动运转，其通电后的电流都较大，而且压缩机的温升很快。全封闭压缩机电动机的引线柱是焊在机壳上的，内部与电动机的绕组引出线相连接，外部与电源线相连接。若通电后电动机的短路电流过大，可能会使此密封引线柱发生损坏而失去密封作用。大功率的全封闭压缩机更容易出现此类故障。密封引线柱被损坏后不能修复，应该更换同一规格、型号的全封闭压缩机。

（3）常见的电冰箱用压缩机的接线端子。常见的电冰箱用压缩机的接线端子可通过图 6.16 所示方法来进行识别。观察位置为面对压缩机外接线端子。

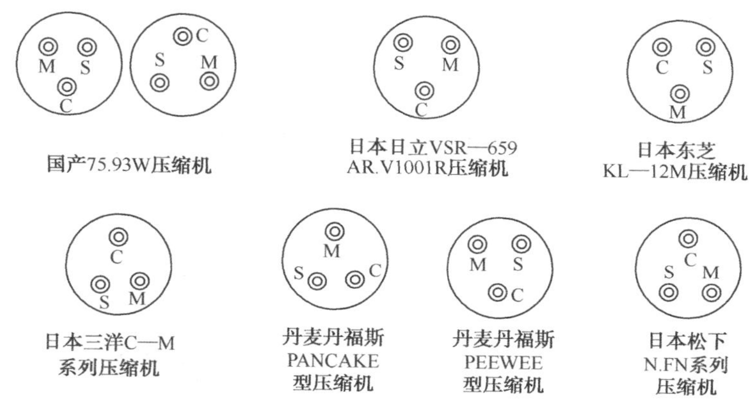

图 6.16 常见电冰箱压缩机接线端子

东芝 KL—12M 型压缩机接线端子上测得的直流电阻值的大小，不同于一般压缩机电动机绕组电阻值大小的规律，即运行绕组的电阻小，启动绕组的电阻大。其特点是启动绕组接在运行绕组的中点上，如图 6.17 所示。这样接线的目的，是为了改善压缩机电动机的启动性能。

同时，应该指出，电动机绕组的电阻值与其温度有关。温度越高，电阻值越大。如表 6.3 所示。因此，电阻值的测量应在压缩机停止运行 4h 后进行，以保证测量值的准确性。

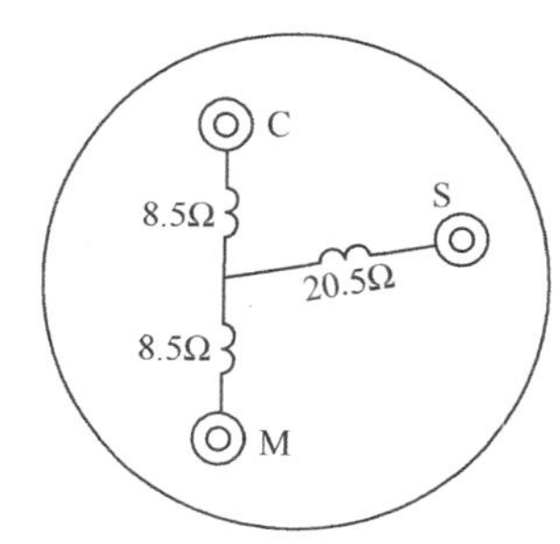

图 6.17 东芝 KL—12M 压缩机接线端子图

表 6.3 日立空调器压缩机电动机绕组阻值

型　号	温　度	启动绕组电阻/Ω	运行绕组电阻/Ω
NK6003A	20℃	3.17	0.78
	75℃	3.86	0.95

（4）常见电动机绕组的阻值　小功率的压缩机用电动机绕组的电阻值如表 6.4 所示。

表 6.4　小功率电动机绕组阻值

电动机功率/kW	启动绕组电阻/Ω	运行绕组电阻/Ω
0.09	18	4.7
0.12	17	2.7
0.15	14	2.3
0.18	17	1.7

2．压缩机电动机绝缘电阻的测量

（1）测量方法。在测量全封闭压缩机电动机绕组直流电阻值的同时，还必须测量压缩机电动机绕组的绝缘电阻。其测量方法是：将兆欧表的两根测量线接于压缩机的引线柱和外壳之间，用 500V 兆欧表进行测量时，其绝缘电阻值应不低于 2MΩ。若测得的绝缘电阻低于 2MΩ，则表示压缩机的电动机绕组与铁心之间发生漏电，不能继续使用。用兆欧表测压缩机绝缘电阻的测量方法如图 6.18 所示。

若无兆欧表，也可用万用表电阻挡的 R×10k 挡来进行测量和判断。在测量时，不能让手指碰到万用表的表笔上，以免出现错误的读数。

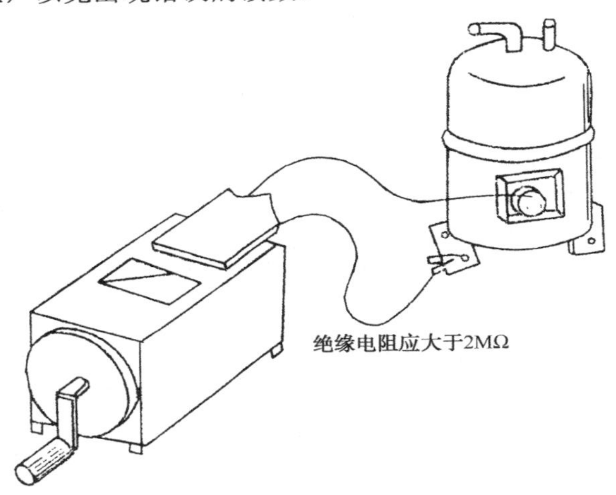

图 6.18　用兆欧表测量压缩机的绝缘电阻

（2）绝缘不良的原因。造成压缩机电动机绝缘不良有以下几种原因。若出现绝缘不良，最好更换相同规格、型号的压缩机。

a．电动机绕组绝缘层破损，造成绕组与铁心局部短路；

b．组装或检修压缩机时因装配不慎，致使电线绝缘受到摩擦或碰撞，又经冷冻油和制冷剂的侵蚀，导线绝缘性能下降；

c．因绕组温升过高，致使绝缘材料变质、绝缘性能下降等。

6.3.2　全封闭压缩机的启动与吸、排气性能的判定

1．全封闭压缩机的启动

全封闭压缩机是由压缩机和电动机两部分组成的。若电动机绕组的阻值正常，可按以下

方法对压缩机的启动进行检查。

（1）要进行压缩机的启动，可将压缩机从电冰箱或空调器的制冷系统中断开或者取下后进行。因为制冷系统出现严重堵塞，可能导致压缩机无法启动。

（2）要在启动压缩机前注意检查启动继电器和热保护器的好坏。对于空调器压缩机，还要检查运行电容器的好坏。确认这些元器件无故障后，再进行通电试验，看压缩机是否能正常启动运转。

（3）在压缩机的启动中，有时会因为控制系统的故障而影响压缩机的正常启动。这时，为了防止控制系统对压缩机启动的影响，我们可以自制一副一头焊有夹子而另一头接有电源插头的电源线，如图 6.19 所示。为了既适用于电冰箱的检修，也适用于空调器的检修，这副电源线可采用较粗的导线。

图 6.19　自制的带夹电源线

启动压缩机时，去掉接在压缩机的启动继电器和热保护器上的引线，用自制的电源线的两个夹子分别夹在原引线的接点上，将电源线的电源插头插入电源插座，看压缩机能否正常启动运转，并监测电流。此时，压缩机应能正常启动和运转，且启动电流和工作电流亦应符合指标。

（4）压缩机通电后若无法启动，且电流值接近或等于该压缩机的堵转电流值，则该压缩机的机械部分被卡死，应及时断电。若压缩机通电后虽然能启动运转，但电流值超过该压缩机的空载运转电流值较多，则该压缩机的故障部位仍在机械部分。只有在压缩机通电后既能正常运转，且电流值与该压缩机的空载电流值相符，才说明该压缩机的运转部分正常，然后就应检查压缩机的吸、排气性能了。

2．压缩机吸、排气性能检查

压缩机壳体上有 3 根管路，一根是排气管，被压缩后高温高压蒸汽就是从这根管子排出，送往冷凝器，因此这根管子也叫“高压管”；还有一根较粗的管子是压缩机的回气管，在蒸发器里热交换后的干饱和制冷剂蒸汽就是从这根管子回到压缩机中，以利于下一次循环；另外还有一根较细的管子叫工艺管，一般是密封的，只有在检修时才会使用。

（1）方法。压缩机吸、排气性能的检查方法是先焊开压缩机上的吸、排气管，然后接通电源让压缩机启动运转。再用手指使劲堵住压缩机的排气口，若手指堵不住压缩机的排气口，则说明压缩机的排气性能良好。放开排气口后，用手指轻轻堵住压缩机的吸气口，若堵住吸气口的手指很快就有被内吸的感觉，而且此时压缩机运转噪声降低，则说明压缩机的吸、排气性能正常，如图 6.20 所示。若不是上述结果，则应判定该压缩机的吸、排气性能不良。

图 6.20　压缩机的吸、排气性能检查

（2）原因。导致压缩机吸、排气性能不良的主要原因有压缩机内排气导管断裂、高压密封垫被击穿、阀口结炭及阀片破裂等。

压缩机的内排气管由于管径很细，而且是悬装在压缩机壳内的，因而压缩机在启动和运行时要产生抖动和高频振颤。如果内排气管的材质处理不好，或者本身有缺陷，或者产生“共振”现象，就很可能使其断裂，使高、低压气体串通。而密封垫被击穿多是由于紧固螺栓的紧固力较小或螺栓松动，或者是在压缩机工作中偶然出现非正常高压等原因所致。压缩机过热，会使润滑油变质，会在阀口处结炭，致使排气压力下降。而阀片破裂是由于加工不良或者是材质有缺陷，或者是压缩机运行中发生“液击”现象所致。

如电冰箱、空调器在低温环境中置放时间过长时，制冷剂将会大量溶于润滑油中，若此时开机，制冷剂就可能从润滑油中逸出而形成泡沫沸腾状态。制冷剂和润滑油的混合物可能被吸入汽缸而造成“液击”，使阀片受到破坏。对于吸、排气性能不良的压缩机，只有进行剖壳修理才能使其恢复正常，否则应更换。

6.3.3 压缩机冷冻润滑油的充注

压缩机内灌注的冷冻油除担负润滑、清洁和冷却作用外，还需具有不腐蚀线圈、绝缘层和密封垫片等有机材料，能与制冷剂溶解、耐热等特性。

由于生产厂家的不同、结构形式不同、采用的供油方式不同，压缩机内冷冻油的灌注量也不相同。生产厂家在压缩机出厂时，已经按该压缩机的润滑油规定灌注量注入了润滑油。只要不在运输途中倾倒溢出或在维修中更换润滑油，可不必添加润滑油。否则，应检查润滑油量是否达到厂家的规定量。若油量过少，应适当增加油量以保证润滑；若油量过多，易产生管道堵塞或蒸发器积油而降低制冷效果。各种压缩机注入的润滑油的量可参照表6.5。

表6.5 冷冻机油充灌量参考值

压缩机功率/kW	0.12	0.19	0.37	0.57	0.74	1.14	1.53	2.29
注油量/L	0.35	0.50	1.00	1.00	1.50	2.10	2.10	2.50

全封闭压缩机从结构上分主要有往复活塞式和旋转式两种。结构不同，冷冻油的灌注方法也不同。

1. 往复式压缩机冷冻油的充注

对于小型往复式全封闭压缩机，充灌冷冻油最简单的方法是：用干净的量杯和漏斗，将规定量的冷冻油从压缩机的工艺管口注入。如图6.21所示可启动压缩机后自动将冷冻油吸入。具体操作方法如下：

（1）将冷冻油倒入一个清洁而干燥的量杯中，且使盛油的量杯略高于压缩机的吸气管位置。

（2）将一根内部充满冷冻油，清洁、干燥的软管接在压缩机的吸气管上，再将软管的另一头插入油桶中，从吸气管注入冷冻油。

（3）也可以用手堵死工艺管后启动压缩机，将冷冻油从吸气管吸入，至规定量时停止即可。启动压缩机吸入的冷冻油时，若充灌过程中高压管口喷出雾状油滴时，可将高压管插入

事先准备好的杯子中，防止油雾乱喷。

2. 旋转式压缩机润滑油的充注

小型旋转式压缩机充灌冷冻油的方法如图6.22所示。

（1）将冷冻油倒入清洁、干燥的量杯中。

（2）将压缩机与油桶相接。

（3）在旋转式压缩机的高压管上接一个复合式压力表和真空泵。

（4）接上电源，启动真空泵，将旋转式压缩机的高压部分抽成真空。

（5）将高压阀关上后再切断电源，关闭真空泵。

（6）开启低压阀，量杯中的冷冻油被大气压入真空的压缩机中，充灌至规定量。

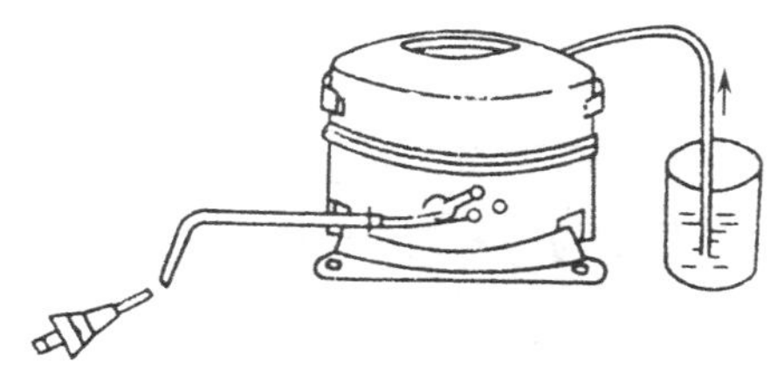

图6.21 往复式压缩机灌冷冻油

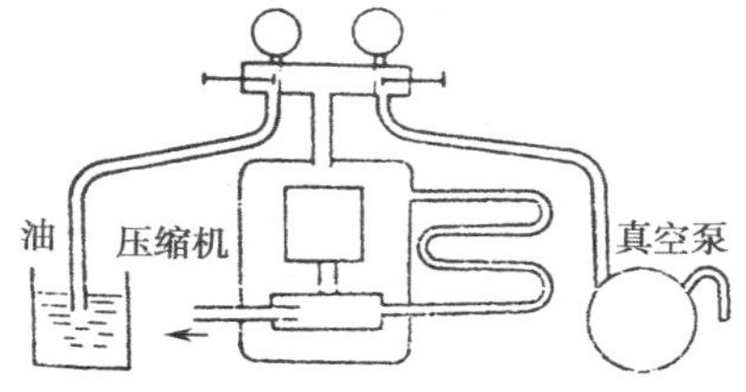

图6.22 旋转式压缩机灌冷冻油

6.4 检漏技术

电冰箱、空调器的制冷系统，都是由压缩机、冷凝器、干燥过滤器、毛细管和蒸发器等部件，用管道串联成的一个全封闭系统。一旦焊接不良或制冷管道被腐蚀，或搬运、使用不当等都可能造成制冷系统中循环流动的制冷剂泄漏。制冷系统泄漏是电冰箱、空调器等制冷设备最常见的故障。因此，必须掌握制冷系统的检漏技术。

6.4.1 检漏的方法

检查制冷系统是否存在泄漏，常见的有观察油渍检漏、卤素灯检漏、电子检漏仪检漏、肥皂水检漏和水中检漏等几种方法。

1. 观察油渍检漏

制冷系统泄漏时，一定会伴有冷冻油渗出。利用这一特性，可用目测法观察整个制冷系统的外壁，特别是各焊口部位及蒸发器表面有无油渍存在。若怀疑泄漏处油渍不明显，可放上干净的白布，用手轻轻按压，若白布上有油渍，说明该处有泄漏。

2. 卤素灯检漏

卤素检漏灯是以工业酒精为燃料的喷灯，靠鉴别其火焰颜色变化来判断制冷剂泄漏量的大小。其作用原理是利用氟里昂气体与喷灯火焰接触即分解成氟、氯元素气体，氯气与灯内炽热的铜接触，便产生氯化铜，火焰颜色即变为绿色或紫绿色。但这种方法不能满足家用电冰箱、空调器检漏的要求，只能用于设有储液器的大型冰箱或冷库的粗检漏。

3. 电子卤素检漏仪检漏

电子卤素检漏仪是一个精密的检漏仪器，主要用于精检，灵敏度可达每年 14～1000g，但不能进行定量检测。

电子卤素检漏仪的构造如图 6.23 所示。由于电子卤素检漏仪的灵敏度很高，所以不能在有烟雾污染的环境中使用。作精检漏时，须在空气新鲜的场合进行。检漏仪的灵敏度一般是可调的，由粗检到精检分为数挡。在有一定污染的环境中检漏，可选择适当的挡位进行。在使用中严防大量的制冷剂吸入检漏仪。过量的制冷剂会污染电极，会使检测灵敏度降低。检测过程中，探头与被测部位之间的距离应保持在 3～5mm。探头移动速度应低于 50mm/s。

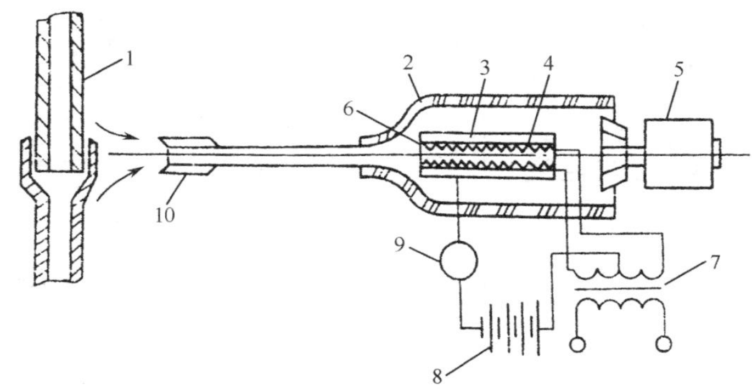

1. 测漏处　2. 电子管外壳　3. 外筒（白金阴极）　4. 内筒（白金阳极）　5. 风扇
6. 加热丝　7. 变压器　8. 阴极电源　9. 微安表　10. 探嘴

图 6.23　电子卤素检漏仪的构造

4. 肥皂水检漏

肥皂水检漏就是用小毛刷蘸上事先准备好的肥皂水，涂于需要检查的部位，并仔细观察。如果被检测部位有泡沫或有不断增大的气泡，则说明此处有泄漏。

肥皂水的制备：可用 1/4 块肥皂切成薄片，浸在 500g 左右的热水中，不断搅拌使其溶化，冷却后肥皂水即凝结成稠厚状、浅黄色的溶液。若未制备好肥皂水而需要时，则可用小毛刷沾较多的水后，在肥皂上涂搅成泡沫状，待泡沫消失后再用。

用肥皂水检漏，方法简便易行。这种检漏方法可用于制冷系统充注制冷剂前的气密性试验，也可用于已充注制冷剂或在工作中的制冷系统。在还没有用其他方法进行检漏，或虽经卤素检漏仪、卤素灯等已检出有泄漏，但不能确定其具体部位时，使用肥皂水检漏，均可获得良好的检测结果。所以，一般维修中常用肥皂水检漏。

5. 水中检漏

水中检漏是一种比较简单而且应用广泛的检漏方法。常用于蒸发器、冷凝器、压缩机等零部件的检漏。其方法是在被测件内充入 0.8～1.2MPa 压力的氮气，将被测件放入 50℃的温水中，仔细观察有无气泡产生。若有气泡产生，则说明有泄漏。

6.4.2　制冷系统的高低压检漏和真空检漏

1．制冷系统的高、低压检漏

制冷系统被压缩机和毛细管分成高压部分和低压部分。其中高压部分包括冷凝器和压缩机，低压部分包括蒸发器、毛细管和回气管。

（1）高压检漏。高压检漏如图 6.24 所示。从干燥过滤器与毛细管的连接处将管路分开，并将分开的两管各自封死。把回气管从压缩机上取下，并将压缩机上接回气管的管口堵死。这时可从工艺管上所接的三通检修阀上充注 1.0～1.2MPa 的氮气，对高压部分进行检漏。对电冰箱来说，若有外露焊头，还可以继续将主冷凝器、副冷凝器以及防露加热管各自分开进行检漏，以确定泄漏发生于哪一部分。再根据不同的情况，采取补焊、更换零件或各自加装部分冷凝器以及丢掉部分管道等办法加以解决。而空调器管道外露可拆下进行水中检漏，找出漏点进行补焊即可。

（2）低压检漏。对于电冰箱来说，可从三通检修阀充入 0.4～0.8MPa 压力的氮气进行低压部分检漏。因蒸发器多为铝板吹胀式蒸发器，若试压时压力过高，则易造成蒸发器的胀裂损坏。而对于空调器来说，由于都是紫铜管，故其检漏压力亦可与冷凝器相等。若在低压部分有泄漏，则对于空调器和单门电冰箱，均可将蒸发器卸下浸入水中进行试压检漏。而对双门电冰箱，因蒸发器无法卸下，故可采用开背修理方法或其他方法进行处理，直到无泄漏为止。

2．制冷系统的真空检漏

检查制冷系统有无泄漏，也可采用真空试漏的方法。具体的操作方法是：在压缩机的工艺管上接上带真空的三通阀，三通修理阀接头的耐压胶管与真空泵连接。对制冷系统抽真空 1～2h 后，在真空泵的出气口接上胶管，将胶管口放入盛有水的容器中，边抽真空，边观察胶管口有无气体排出。若对制冷系统抽真空 1～2h 后仍有气体排出，则说明制冷系统有泄漏孔。也可以对制冷系统抽真空到制冷系统内的压力为 133.3Pa 时，关闭三通修理阀门，静置 12h 后，观察真空表上的压力值有无升高。若压力升高，则说明制冷系统有泄漏点存在。然后再用其他方法找到泄漏孔，进行补漏，直到排除泄漏。

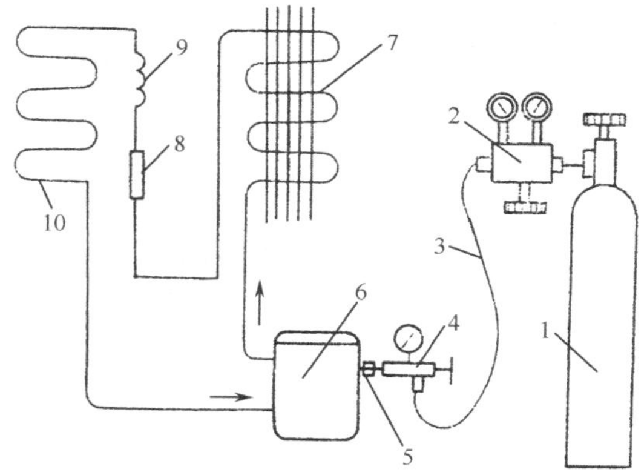

1．氮气钢瓶　2．氮气减压调节阀　3．耐压连接胶管　4．带压力表的三通修理阀　5．快速接头

6．压缩机　7．冷凝器　8．干燥过滤器　9．毛细管　10．蒸发器

图 6.24　电冰箱制冷系统高压检漏示意图

3．制冷系统检漏的要求

对制冷系统进行高压检漏时，充入氮气的压力不能太高，否则会造成蒸发器管道胀裂损坏。电冰箱制冷系统高压检漏充注氮气的压力较低；对于空调器，管道均由紫铜管制成，耐压性能较好，因而要充注较高压力的氮气。空调器进行制冷系统高压检漏的操作与电冰箱大同小异，操作方法相同，只是充注的氮气压力值不同，如图 6.25 所示。

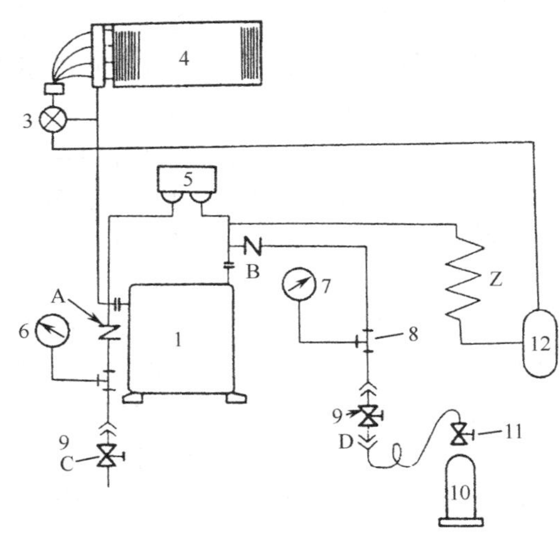

1．压缩机　2．冷凝器　3．膨胀阀（毛细管）　4．蒸发器　5．高低压开关　6．低压表　7．高压表

8．三通阀　9．阀　10．氮气瓶　11．减压阀　12．储液器

图 6.25　充氮加压检测

6.5　排堵技术

电冰箱制冷系统的堵塞有脏堵、油堵和冰堵 3 种情况。下面仅介绍一下排除脏堵的操作过程，油堵和冰堵的排除方法与之类似。

脏堵一般出现在毛细管或干燥过滤器中，维修时可利用焊炬烘焊口并拔下低压回气管，降温后从该管口充入 0.6MPa 的高压氮气，观察毛细管口是否有氮气排出，若无，则证明毛细管确实出现了脏堵。排除脏堵的方法有以下 3 种。

1．抽空清洗方法

抽空清洗的方法就是将清洗剂用真空泵（或旧压缩机）吸入到被污染洗涤的管路和部件中进行除污。它既适应高、低压侧系统清洗，又可适应分段、单件单独清洗。抽空清洗可按图 6.26 所示的方法进行操作。

准备两个容积同样为 5000mL 的玻璃瓶，洗涤瓶内装入 2/3 清洗剂，开启真空泵，液体清洗剂便经洗涤瓶→冷凝器→门防露管进入吸液瓶内积存，即完成高压侧清洗。如果转换接头，洗涤瓶内清洗剂便经冷凝室蒸发器→冷冻室蒸发器→冷冻室背部蒸发器而进入吸液空瓶内，完成低压侧的清洗。因吸液瓶内吸气口高于液面，故洗涤剂不会被吸入到真空泵内。清洗后的系统，可以采用打压清洗方法把残余物吹出，并及时安装以免进入湿气。

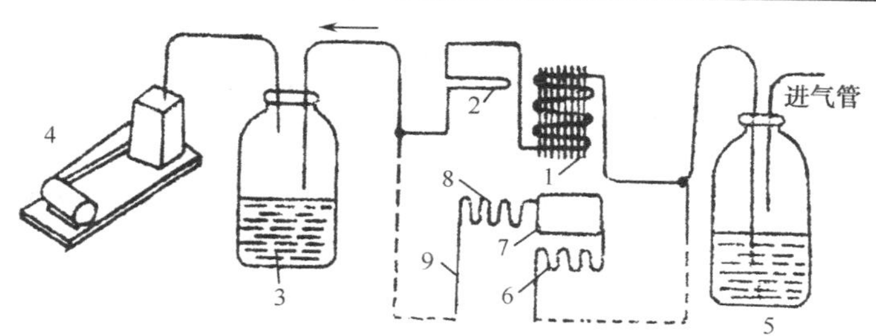

1. 冷凝器　2. 门防露管　3. 吸液瓶　4. 真空泵　5. 洗涤剂瓶　6. 冷藏室蒸发器
7. 冷冻室蒸发器　8. 冷冻室背部蒸发器　9. 回气管

图 6.26　抽真空清洗

2. 打压清洗法

打压清洗法就是将气体充入被污染的管路和部件后再吹出，达到吹堵、吹脏的目的，如图 6.27 所示。

先开氮气瓶阀门，调节减压器，高压侧调至 1.3MPa，低压调至 0.6～0.8MPa。这时，高压侧的气体流程是气瓶→冷凝器→门防露管→由干燥过滤器喷出，若无气体喷出，则可能是干燥过滤器脏堵，也可取下过滤器进行吹脏、吹堵验证。低压侧的气体流程是气瓶→转换开头→压缩机→回气管→冷冻室背部蒸发器→冷冻室蒸发器→冷藏室蒸发器→从毛细管吹出。若无气体喷出，则可能属于毛细管脏堵。由于毛细管的进端多与蒸发器连接，对吹胀式蒸发器可增压到 0.9MPa；铝盘管式蒸发器可增压到 1.1MPa 进行吹堵验证。一旦吹堵保持数分钟无效，只有打开箱体焊下毛细管再做验证，这样也有利于蒸发器吹油、吹脏或吹堵。吹洗后的制冷系统不可久放，最好更换过滤器后及时恢复。

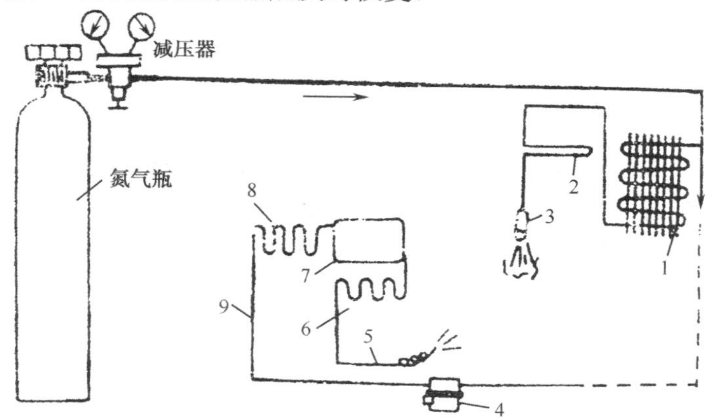

1. 冷凝器　2. 门防露管　3. 干燥过滤器　4. 压缩机　5. 毛细管　6. 冷藏室蒸发器
7. 冷冻室蒸发器　8. 冷冻室背部蒸发器　9. 回气管

图 6.27　打压清洗

3. 退火清洗法

退火清洗法就是将质硬、皮厚、径粗的紫铜管（或铜管）用氧气火焰均匀烤红（俗称退火），然后将氧化皮清除。退火后的管材，既可适应弯曲和扩口的需要，又可防止因压力集中而发生裂口损坏。对氧化皮的清洗，除用气体粗略吹出外，通常还采用拉洗和酸洗处理。

（1）拉洗法。用纱头扎在铁丝上，浸入汽油后将铁丝插入管口内，使纱头紧紧通过管壁拉出，每拉一次均要用汽油清洗，最后净化纱头，清洗即成。

（2）酸洗法。用浓度为 98%的硝酸与水 3∶7 混合，将管体浸入在酸溶液内数分钟，取出放入碱水中和，再用清水多次清洗，然后烘干、吹脏即成。

6.6 抽真空及充灌技术

6.6.1 制冷系统的抽真空

在检修电冰箱、空调器制冷系统时，必然会有一定量的空气进入系统中，空气中含有一定量的水蒸汽，这会对制冷系统造成膨胀阀冰堵、冷凝压力升高、系统零部件被腐蚀等影响。由此可见，对系统检修后，在未加入制冷剂前，对系统抽真空是十分重要的。而抽真空的彻底与否，将会影响系统正常运转。

1．低压单侧抽真空

低压单侧抽真空是利用压缩机上的工艺管进行的，而且可利用试压检漏时焊接在工艺管上的三通修理阀进行。低压单侧抽真空操作简便，焊接点少，减少泄漏孔。缺点是制冷系统的高压侧中的空气须经过毛细管抽出，由于毛细管的流阻很大，当低压侧中的残留空气的绝对压力已达到 133Pa 以下时，高压侧残留空气绝对压力仍会在 1000Pa 以上。虽然反复多次使制冷系统内的残留空气减少，却很难使制冷系统的真空度达到低于 133Pa 的要求。单侧抽真空示意图如图 6.28 所示。

2．高、低压双侧抽真空

高、低压双侧真空，能使制冷系统内的绝对压力在 133Pa 以下。对提高制冷系统的制冷性能有利，故近年来被广泛采用。高、低压双侧抽真空方法示意图如图 6.29 所示。高、低压双侧抽真空是在干燥过滤器的进口处加一工艺管，与压缩机上的工艺管用二台真空泵或并联在一台真空泵上同时进行抽真空。这种抽真空的方法克服了毛细管的流阻对高压侧真空度的不利影响，能使制冷系统在较短的时间内获得较高的真空度。但要增加一个焊接点，操作工艺较为复杂。

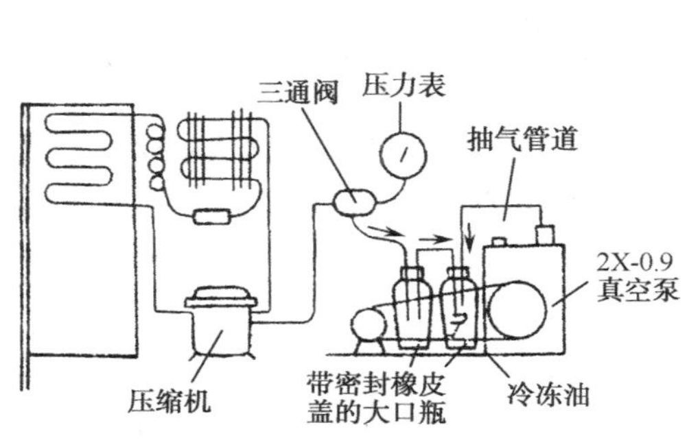

图 6.28 低压单侧抽真空示意图

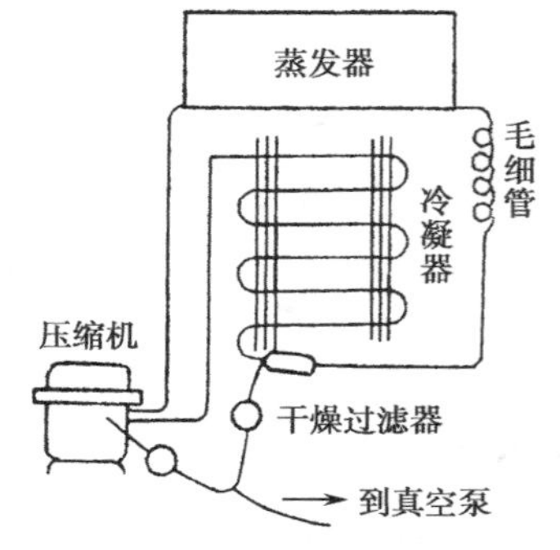

图 6.29 高、低压双侧抽真空示意图

3. 二次抽真空

二次抽真空的工作原理是先将制冷系统抽空到一定的真空度后，充入制冷剂，使系统内的压力恢复到大气压力或更高一些。这时，启动压缩机，使制冷系统内的气体成为制冷剂蒸汽与残存空气的混合气。停机后，第二次再抽真空至一定的真空度，系统内此时残留的气体为混合气体，其中绝大部分为制冷剂蒸汽，残留空气所占比例很小，从而达到残留空气减少的目的。但是，二次抽真空的方法会增加制冷剂的消耗。

在修理电冰箱时，如果现场没有真空泵，则可利用多次充、放制冷剂的方法来驱除制冷系统中的残留空气。一般充、放 3 至 4 次，即可使系统内的真空度达到要求，但要多消耗制冷剂。对于空调器，由于充注的制冷剂较多，所以一般不采用此种方法。

在抽真空时还应合理地选用连接工艺管与三通检修阀之间的连接管的管径。若管径选得过小，则流阻太大，从而使制冷系统的实际真空度同气压表上所指的真空度相差较大。若管径选得过大，则最后封口时就比较困难，通常选用$\phi 4$～$\phi 6$mm 的无氧铜管作为连接管比较合适。

6.6.2　制冷剂的充注

电冰箱和空调器在抽真空结束后，都应尽快地充注制冷剂。最好控制在抽真空结束之后的 10min 内进行，这样就可以防止三通检修阀阀门漏气而影响制冷系统的真空度。准确地充注制冷剂和判断制冷剂充注量是否准确的方法有定量充注法和综合观察法。

1. 充注要求

无论电冰箱或空调器，制冷剂的注入量都应满足其铭牌上的要求。如果制冷剂充注量过多，就会导致蒸发器温度增高，冷凝压力增高，使功率增大，压缩机运转率提高；还可能出现冷凝器积液过多，自动停机时，液态制冷剂在冷凝器末端和过滤器中的蒸发吸热，造成热能损耗。这些因素将使电冰箱或空调器性能下降，耗电量增加。若制冷剂充注量过小，则会造成蒸发器末端的过热度提高，甚至蒸发器上结霜不满，也会使空调器的运转率提高，耗电量增大。制冷剂的充注量与制冷量有着密切的关系，其关系如图 6.30 所示。因此，制冷剂的充注量一定要力求准确、误差不能超过规定充注量的 5%。

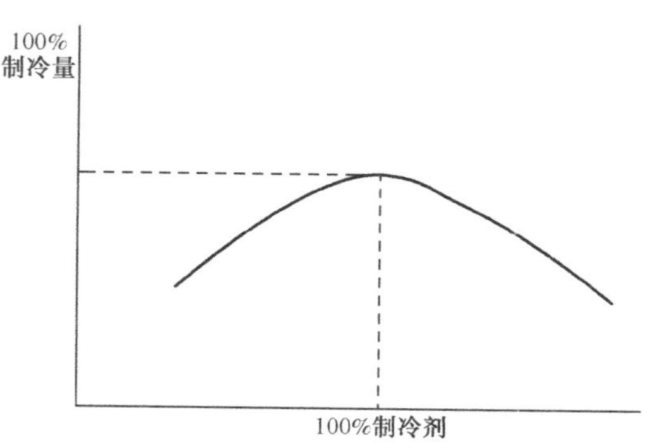

图 6.30　制冷剂充注量与制冷量的关系

2. 定量充注法

定量充注法就是利用专用的制冷剂加液器按电冰箱或空调器铭牌上规定的制冷剂注入量充注制冷剂。如图 6.31 所示将管道连接好，连接处不得有泄漏现象。先将阀 D 关闭，打开阀 E，让制冷剂钢瓶中的制冷剂液体进入量筒中。量筒的外筒为不同制冷剂在不同压力下的重量刻度。选择合适的刻度，使制冷剂液面上升到铭牌规定数值的刻度，然后关闭阀 E。

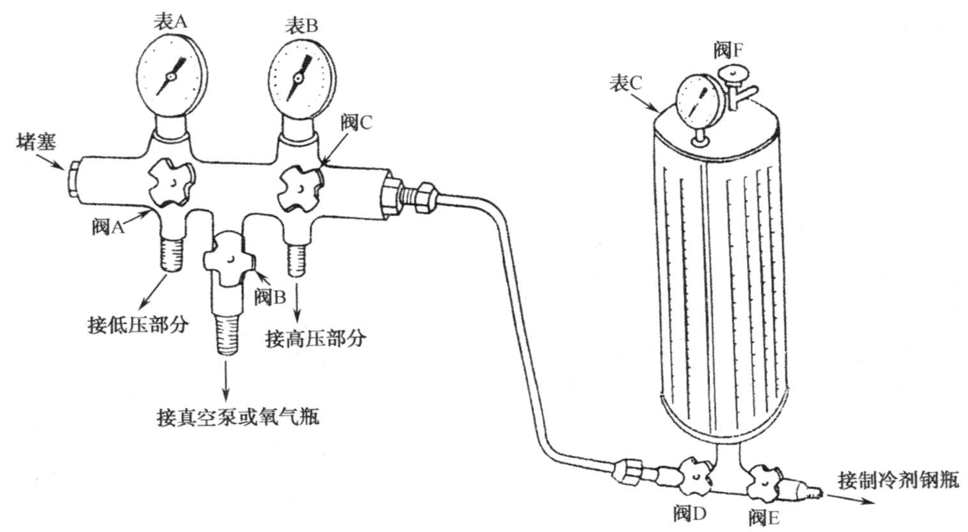

图 6.31　复式检修阀与定量充注器的连接

若量筒中有过量的气体致使液面无法上升到规定刻度时，可打开量筒上的阀 F，将气体排出，使液面上升。再启动真空泵进行抽真空，使电冰箱或空调器的制冷系统和连接管道中的残存气体排出，达到要求后关闭阀 B 和阀 C。然后打开阀 D，量筒中的制冷剂便通过连接管道，经过阀 A 而进入已进行抽真空的制冷系统中。若设备要求充注的制冷剂量较大，而量筒刻度无法满足时，可以分二次或三次充入，只要充入的总量与铭牌上的要求注入量相符即可。

3. 综合观察法

在维修中常采用综合观察法。它是在没有制冷剂定量的情况下，充注一定量的制冷剂后，结合观察三通修理阀上气压表指示的压力值，以及电冰箱或空调器的工作电流和电冰箱、空调器的结霜情况来判定制冷剂充注量是否适量。

（1）电冰箱综合观察法。由于一般修理部使用的都是钳形电流表，且量程较大，而电冰箱的空载电流与额定工作电流相差不大。因此，观察其电流时不易看出变化。一般只要不超过额定工作电流即视为正常，进而观察其他项目的情况。

制冷系统低压压力的高低由制冷剂充注量的多少来决定。制冷剂充注量多，低压压力就高，蒸发温度就高。制冷剂充注量少，低压压力就低，蒸发温度就低。而低压压力的高低还要受环境温度变化的影响。夏天气温高，低压压力一般可控制在 0.05～0.07MPa 之间；冬天气温低，低压压力可控制在 0.02～0.04MPa 之间；春、秋天气温适中，低压压力一般控制在 0.03～0.05MPa 之间。

控制低压压力虽然能判别制冷系统制冷剂充注的多少，但由于影响制冷系统低压压力的因素较多，制冷剂充注量的误差也较大，因而还应通过观察制冷系统主要部件的温度及其变化，才能确定制冷剂充注量的准确性。

a．观察电冰箱上、下蒸发器的结霜情况

制冷剂充注量准确时，上、下蒸发器表面结霜均匀，霜薄而光滑，用湿手接触蒸发器表

面有粘手感。若制冷剂充注量不足时，则蒸发器上结霜不匀，甚至只有部分结霜。对于制冷剂先进入下蒸发器然后到上蒸发器循环的电冰箱，会出现冷藏室温度低，而冷冻室温度降不下来的现象。若制冷剂充注量过多时，则蒸发器上结浮霜，冷冻室内的温度达不到设计的温度要求。

b．摸冷凝器上的温度

制冷剂充注量准确，冷凝器上部管道发热烫手，整个冷凝器从上到下散热均匀。若充注量过多，则冷凝器上的大部分管道发烫。若充注量不足，则冷凝器管道上部只有温热，而下部管道不发热。

c．摸干燥过滤器和毛细管上的温度

制冷剂充注量准确，干燥过滤器有热感。若干燥过滤器上温度较高，则说明制冷剂充注量过多。若干燥过滤器上不热，说明充注量不足。毛细管进口处管道上的温度应高于干燥过滤器上的温度。

d．摸低压回气管上的温度

制冷剂充注量准确时，回气管上有凉感；若回气管上没有凉感，则为制冷剂充注量不足；若回气管上结霜，则说明制冷剂充注量过多。

（2）空调器综合观察法。空调器在充注制冷剂时不宜过猛，以防止压力变化过快。同时，还应用钳形电流表监测其工作电流，不可让其超过额定工作电流值。

在充注制冷剂后，必须让空调器工作较长时间，检查其高低压力和冷凝器、蒸发器，进排气温度是否合乎要求。空调器以制冷方式运转时，各部位的压力和温度如图 6.32 所示。空调器以制热方式运转时，各部位的压力和温度如图 6.33 所示。空调器低压压力、电流和消耗的功率都与外界环境温度有关，随着环境温度变化，其值也随之变化，这是修理空调器时应牢记的一点。

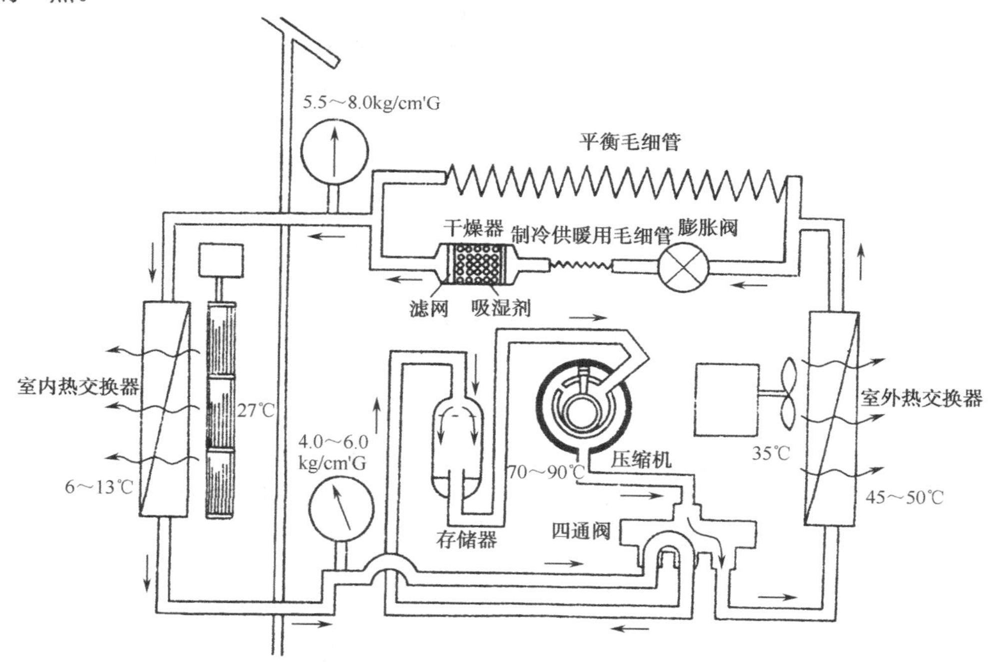

图 6.32　制冷运转各部位压力和温度

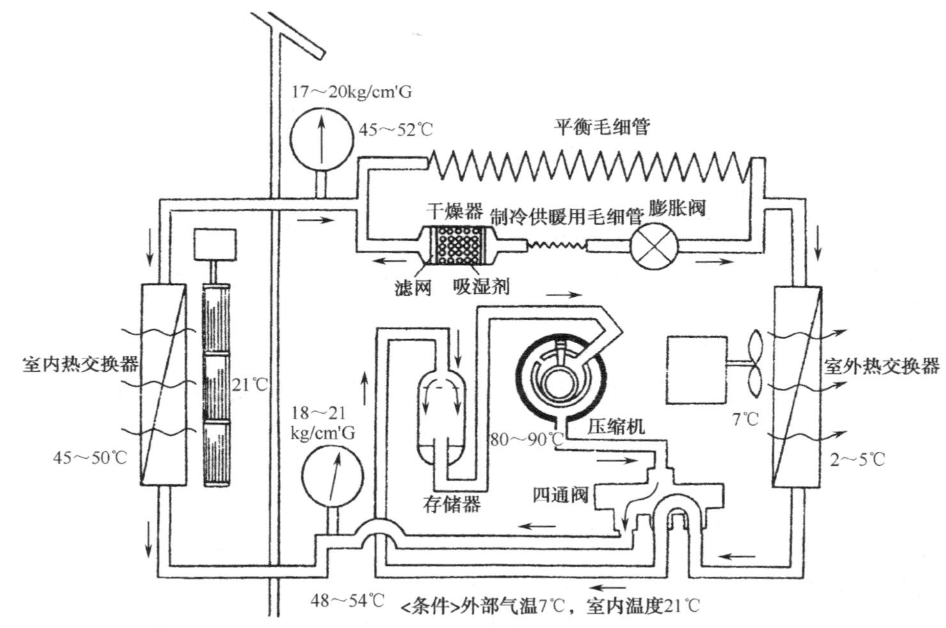

图 6.33　制热运转各部位压力和温度

a．观察结霜情况

在制冷剂充注量正确的情况下，空调器的蒸发器工作时不结霜，只有在制冷剂充注量不足的情况下才会出现蒸发器结霜的现象。但空调器的蒸发器的表面温度要比环境温度低，当其表面温度低于环境空气的露点温度时，蒸发器上会因结露而成冷凝水。

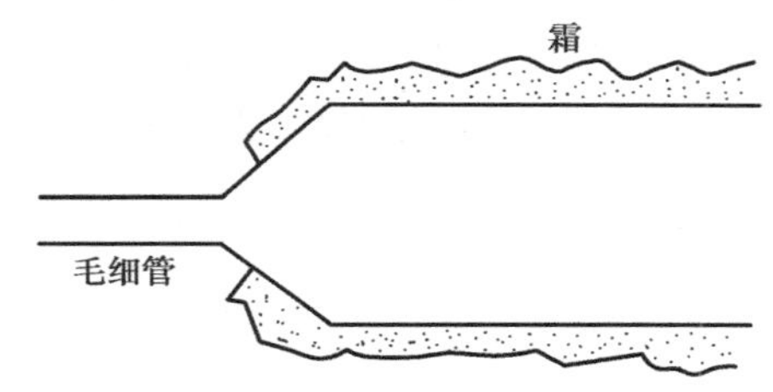

图 6.34　化霜完即表示制冷剂充足

在充注制冷剂开始时，空调器的蒸发器与毛细管连接处会出现结霜现象，继续充注制冷剂，当此处结霜化完时，即表示制冷剂已充注够，可停止充注，如图 6.34 所示。继续让压缩机运转，蒸发器上的结露应满。

b．观察压力值

制冷剂饱和蒸汽压力的温度与压力是一一对应的。所以，当所测空调器制冷系统的高压压力和低压压力值符合所规定的压力值时，即表明制冷剂充注量合适。

6.6.3　封口

封口是电冰箱、空调器制冷系统维修的最后一步。分体式空调器或厨房冷柜都设有检修接口，检修阀等都是用连接管道与其螺纹连接的。封口时，只需卸下阀口连接螺母，再用封口螺母将其堵上，保证此处不泄漏。

1．封口的要求

电冰箱和窗式空调器没有检修口，是全封闭的。检修阀通过连接管道焊接在压缩机工艺管上或者焊接在低压管道上。既要取下三通阀和连接铜管，又必须保证制冷系统不会发生泄

漏，这就是对封口的基本要求。

2．封口的方法

（1）让电冰箱和空调器正常工作，在离压缩机工艺管或与低压管道焊接处 15～20mm 远的三通阀连接铜管口处，用气焊将其烧得暗红，并立即用封口钳将连接铜管夹扁。为了保证不泄漏，可相距 1cm 处再夹扁一次，可夹 2 至 3 次。

（2）在距离最外一个夹扁处 30～50mm 的地方，用钢丝钳将连接铜管切断，取下三通阀和剩余的连接铜管。

（3）用气焊将留在电冰箱或空调器上的连接管道端部焊死。可用气焊将连接铜管烧化后自熔堵死，也可用银焊将端头封死。然后将其浸入水中检查是否封堵良好，以保证不发生泄漏。

（4）将残留端整形。

6.7　制冷系统的清洗

6.7.1　制冷系统的清洗过程

电冰箱、空调器制冷系统的故障，可能是由于压缩机电机绝缘击穿、绕组匝间短路或烧毁等。而电机绕组烧坏后要产生大量的酸性氧化物，使制冷系统受到不同程度的污染。因此，排除这类故障时，不但要更换压缩机，还必须同时更换干燥过滤器，并且要将整个制冷系统管道进行彻底的清洗，才能保证修理质量。如果只是更换压缩机和干燥过滤器，则由于酸性物质的逐渐腐蚀，在使用 1 至 2 年后，压缩机电机又会受到损坏。

1．污染程度的鉴别

压缩机电机损坏程度不同，对制冷系统造成的污染程度也不同，因此，要根据污染程度的不同采取不同的清洗方法。其污染程度的鉴别如表 6.6 所示。

表 6.6　制冷系统污染程度鉴别

	气 味 鉴 别	润滑油颜色鉴别	润滑油的酸度检查
严重污染	打开压缩机的工艺管时可嗅到一股焦油味	倒出润滑油，其颜色变黑，且混浊	用石蕊试纸浸入润滑油中 5min，试纸颜色变为红色或淡红色
轻度污染	打开压缩机的工艺管时，无焦油味	润滑油清洁，颜色无明显变化	用石蕊试纸浸入润滑油中 5min，试纸颜色呈柠檬黄色

2．清洗方法

（1）受到严重污染的制冷系统的清洗。首先将压缩机和干燥过滤器从系统中拆下。对于蒸发器易于卸下和移出的系统，可将毛细管从蒸发器上拆下，以耐压软管代替毛细管，将蒸发器和冷凝器连接起来，而对于蒸发器无法拆卸或不便卸下的制冷系统，可以采取对冷凝器和蒸发器分别清洗的方法进行，由于毛细管的流阻很大，流量很小，不易将污物洗净，因此，需要采用液、气交替清洗的方法进行。

a．开放漏斗截止阀，从漏斗注入200mL左右的R113，将截止阀关闭。

b．开放制冷剂气瓶，依靠制冷剂的饱和压力来将R113吹出，排入容器中。按以上的程序重复进行，直到喷出的R113达到洁净，无酸性反应为止。

一般的修理部无法使用R113，也不愿用掉过多的制冷剂，故通常用四氯化碳作为清洗剂，以代替R113。用氮气代替制冷剂来吹四氯化碳，这样清洗的效果也不错。只不过在清洗后，应让氮气把四氯化碳吹净，以防它残留在制冷系统中。

（2）受轻度污染的制冷系统的清洗。对于轻度污染的制冷系统，只需拆下压缩机和干燥过滤器，直接用制冷剂气体吹洗不少于30s；或者直接用氮气在0.8MPa压力下对管道吹洗2min。

不论采用什么方法清洗，应及时装上压缩机和更换干燥过滤器，并尽快地组装好、封焊好。

6.7.2 制冷系统的排油

制冷剂能与润滑油相互溶解，且润滑油会伴随制冷剂流动。但制冷剂的溶解度随润滑油的种类和温度的不同而有所变化。在温度较高的地方两者充分溶解，不易在管壁形成油膜而影响传热。但在温度较低的蒸发器中，由于制冷剂中溶解有油，会使蒸发温度有所提高，还会出现分层现象。当蒸发器中有足够的空间时，润滑油可能随着制冷剂的蒸发而在蒸发器管道中积存。这样，一方面影响管道传热，另一方面由于积存在蒸发器管道中的润滑油占据了部分空间，致使制冷剂蒸发量减小而影响制冷，导致电冰箱或空调器制冷不良。因此，在维修电冰箱或空调器时，若发现蒸发器中积油或制冷不良时，应该进行排油。

1．利用压缩气体排油

（1）放掉制冷剂的同时在工艺管上焊上三通阀，并将压缩机回气管处的焊头焊开，把压缩机的吸气管口堵死。

（2）通过三通阀向制冷系统充入0.8MPa压力的氮气，因回气管已被焊开，故应使压力表一直保持此压力值。

（3）用手指堵住回气管口，当感觉到手指有压力时，突然放开，此时系统中的氮气喷出，同时把蒸发器中的积油也带出来了。反复进行多次，直到把积油排尽为止。

2．利用压缩机产生的高压气排油

把回气管焊开后，不用堵死压缩机的回气口。启动压缩机后，用手指先堵住回气管口，当手指压不住时突然放开，气体喷出时把积油带出。这样就不需氮气，而是利用压缩机产生的高压气进行排油。

为了更好地将低压部分的积油排净，可以采用受轻度污染的制冷系统的清洗方法。对蒸发器注入一定量的四氯化碳后，从毛细管吹入高压氮气。仍用手指堵回气管口，当感觉到压力时突然放开，将积油与四氮化碳与氮气一同排出。反复多次，直到将积油与四氯化碳吹净为止。对冷凝器部分，则没有必要进行排油处理。

6.8　制冷剂的收集

制冷系统发生故障，要求将制冷剂从制冷系统中排入备用的制冷剂容器中，避免泄放于大气中造成污染和浪费。而分体式空调器搬迁时，也需要将制冷剂收集起来再进行拆卸和重新安装，以避免浪费和保护环境。

6.8.1　截止阀

制冷设备的制冷系统管道中，一般都有截止阀，以手动方式控制制冷剂在管道中的“通过→截止”。常用的截止阀有直接式和隔膜间隔式截止阀，如图 6.35 和图 6.36 所示。

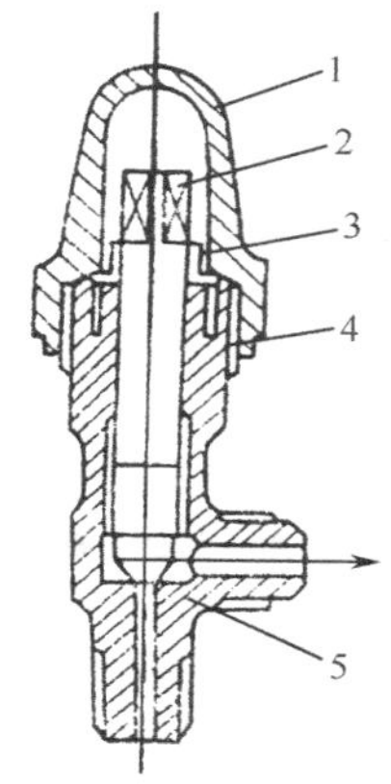

1．阀杆封帽　2．阀杆　3．压紧螺钉　4．填料　5．阀孔座

图 6.35　直接式截止阀

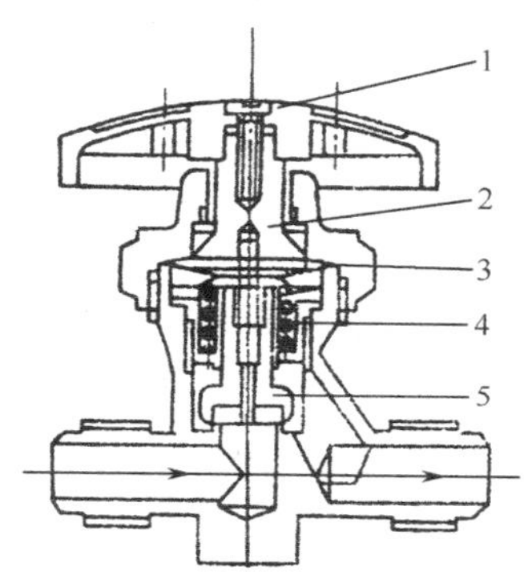

1．手轮　2．阀杆　3．隔热　4．弹簧　5．阀心

图 6.36　隔膜间隔式截止阀

6.8.2　制冷剂的收集过程

1．开启式制冷系统制冷剂排入储液器内的方法

开启式制冷系统制冷剂排入截止阀，开启压缩机高压端和低压端的三通阀。其操作方法按如下步骤进行。如图 6.37 所示。

（1）关闭储液器的出液截止阀，开启压缩机高压端和低压端三通阀。

（2）启动压缩机、蒸发器、膨胀阀及其连接管道中的制冷剂被压缩机吸回并压缩，经冷凝器冷却后排入储液器中。

操作中要注意低压表压力，不能低于 0.01MPa。低于时要停机，待蒸发器等管道内的制冷剂升温气化后再开机，一直抽吸到低压表的压力始终维持在 0.01MPa 后。关闭压缩机高压端三通阀，制冷剂便全部储存于

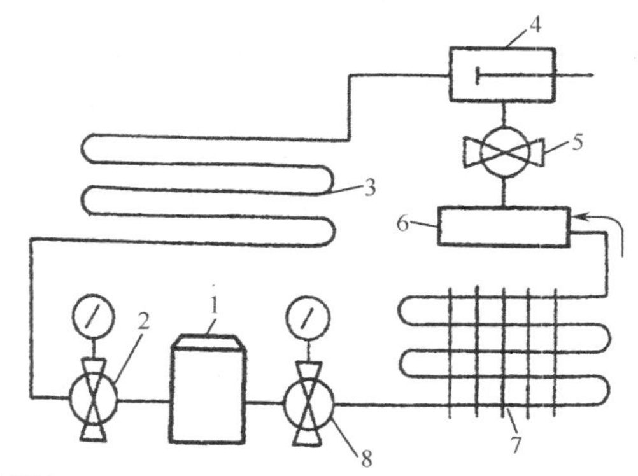

1．压缩机　2．带压力、真空表的三通阀　3．蒸发器　4．膨胀阀　5．截止阀　6．储液器　7．冷凝器　8．带压力表的三通阀

图 6.37　制冷剂排入储液器示意图

冷凝器至储液器中。之后，就可对膨胀阀、蒸发器、压缩机及连接它们的管道进行拆修了。

2．开启式制冷系统制冷剂排入制冷剂容器中的方法

制冷剂排入制冷容器中的装置的操作可按如下步骤进行。如图 6.38 所示。

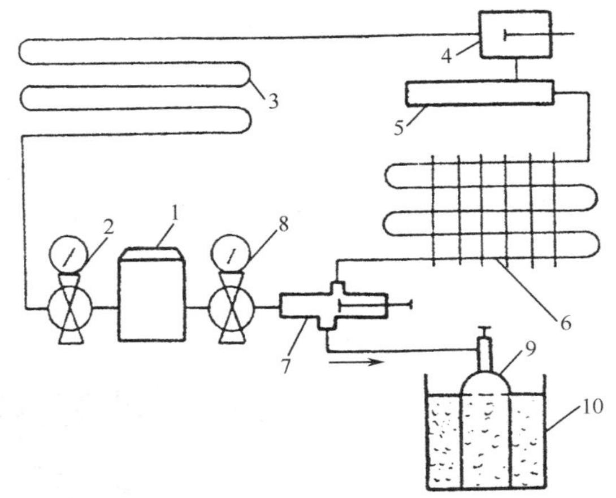

1．压缩机　2．带压力、真空表的三通阀　3．蒸发器　4．膨胀阀　5．储液器　6．冷凝器　7．三通阀　8．带压力表的三通阀　9．盛装制冷剂的容器　10．装有水和冰块的容器

图 6.38　制冷剂排入制冷剂容器装置示意图

（1）首先将盛装制冷剂的容器抽成真空。

（2）关闭压缩机高压端三通阀 8 和三通阀 7 的阀门。

（3）用耐压胶管将三通阀 7 的接口与盛装制冷剂的容器相连，盛装制冷剂的容器上的接口暂不拧紧。

（4）缓慢地打开三通阀 7 的阀门，利用制冷剂排去胶管中的空气后，及时拧紧盛装制冷剂容器上的胶管接口螺母。

（5）关闭三通阀 7 的阀门，开启高压三通阀 8 的阀门和容器门。启动压缩机，这时可以听到制冷剂被压入制冷容器中的流水声。制冷剂的盛装容器应放在盛有水和冰块的容器中，以便降低其温度，加速制冷剂蒸汽的液化。

操作中要注意高压表的压力不得超过 1MPa，如果超过 1MPa，应立即停机，待制冷剂冷却液化，压力下降后再开机。同时，要注意压缩机低压端压力表的压力值，其表压力不得低于 0.01MPa，若低于此值也应停机，等待压力回升后再开机，操作中要特别注意压缩机高压排气的压力和对制冷剂容器的冷却，要防止因压力过高而发生爆炸事故。同时制冷剂的盛装也要有足够的空间，不能太小。

3．电冰箱、空调器等全封闭式压缩机制冷系统抽出制冷剂的方法

全封闭压缩机制冷系统，大多数无储液装置和三通阀，检修过程中需将制冷剂排入制冷剂盛装容器中时，可按照下面的操作方法进行。

（1）在压缩机的高压排气管上加一个专用管修理阀。专用管修理阀由阀体和检修阀组成。如图 6.39 所示，其中（a）为专用管修理阀的阀体在管道上的连接状态；（b）为阀体的

内部结构；(c) 为专用管修理阀的阀体与检修阀的装配图。

专用管修理阀的使用方法是将阀体上的阀帽拧下，用螺丝刀反时针方向拧松尖顶阀针，卸下阀体上的 4 个紧固螺钉，阀体被分为上下两部分，扣合在准备连接阀的管道上，将 4 个紧固螺钉拧紧。在阀体上部装上检修阀，并使检修阀阀杆上的刀口与阀体小顶螺休上的槽口相吻合，旋紧检修阀上的螺帽。检修阀接口装上压力表或带压力表三通阀。使用时，顺时针方向旋动检修阀的手轮，使尖顶阀针旋下，管壁将被顶压出一个锥形圆孔，再反时针方向旋动手轮，制冷剂即从开孔中经检修阀的接口喷出。

(a) 阀体连接状态

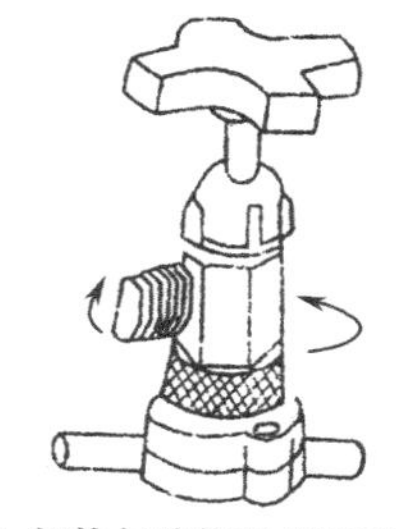

(c) 阀体与检修阀的装配图

(b) 阀体的内部结构

1. 紧固螺钉　2. 尖顶阀针　3. 密封垫　4. 阀帽

图 6.39　专用管修理阀

对制冷系统的抽真空和充注制冷剂也可以使用专用修理阀操作，并不需钎焊。操作完毕之后，只需顺时针旋动手轮，使尖顶阀针关闭所开之孔，然后卸下检修阀，将阀体上的阀帽拧紧，阀体可永久性留在管道上，这样就能方便现场维修。

(2) 将外接压缩机的吸气口用耐压胶管接专用管修理阀的接口，排气口接已抽空的制冷剂盛装容器，容器上的胶管暂不拧紧。

(3) 开动外接压缩机，开启专用管修理阀，当容器上的胶管管帽处有制冷剂喷出时，拧紧管帽，同时打开容器阀门。边抽边观察压力表所示压力。如果超压，就应停机，待压力下降后再开机，直至制冷系统的制冷剂全部排入盛装容器中为止。操作中要用冷水冷却制冷剂盛装容器，以便较快地将制冷剂排入容器。全封闭式压缩机制冷系统抽出制冷剂的装置如图 6.40 所示。

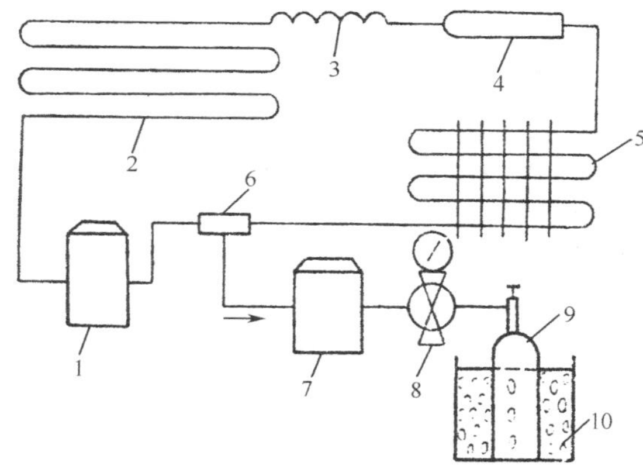

1. 压缩机　2. 蒸发器　3. 毛细管　4. 过滤器　5. 冷凝器　6. 专用管修理阀　7. 外接压缩机
8. 带压力表的三通阀　9. 制冷剂盛装容器　10. 装有水和冰块的容器

图 6.40　全封闭式压缩机制冷系统抽出制冷剂装置示意图

4．分体空调器制冷剂的收集

制冷剂的收集主要是指分体式空调器在一个地方安装使用后，因种种原因要拆装到另一个地方，需要将空调器中的制冷剂收集到室外机组中，以减少制冷剂的损失，同时也可减少对大气环境的污染。这种方法也俗称为收气，它也是空调器维修和安装人员必须掌握的基本技能之一。

当需要进行收气时，分体空调器应处于制冷工作状态，并且压缩机启动运转，然后按下面步骤进行操作。

（1）将分体空调器室外机组的液管的阀门关闭，让压缩机继续工作。

（2）当室外机组的液管阀门关闭，且压缩机继续工作 20min 左右以后，此时室内机组及连接管道中的制冷剂已几乎被回收完毕，关闭室外机组上气管上的阀门即可。

（3）当气管上的阀门也被关闭后，即可关闭电源，让压缩机停止工作。此时，就可以进行分体式空调器的连接管道和连接线的拆卸工作。

值得注意的是这种收气方式不可能将室内机组和连接管道中的制冷剂全部回收干净，总会有一些残存的制冷剂，因此，在拆卸管道时应慢慢松开管道的紧固螺母，待残存的制冷剂蒸汽全部跑掉后，再将紧固螺母全部松开。操作过程中切不可让制冷剂溅到手上，尤其不能让制冷剂溅入眼中。

习题 6

1．什么是钎焊？钎焊的焊剂、焊条的选用有什么要求？

2．如何判别氧气—乙炔气气焊火焰？焊接时要注意哪些环节才能确保自身安全和他人安全？

3．电冰箱、空调器的管道加工包括哪些内容？如何正确进行管道加工？

4．全封闭压缩机性能判定包括哪些方面？如何进行正确的判别？

5．压缩机的吸、排气性能检查方法是什么？

6．简述制冷系统的检漏方法。

7．电冰箱制冷系统的堵塞有哪几种？什么是退火清洗法？

8．在制冷剂的充注时，如何判断电冰箱制冷剂的充注适量？

9．在充注制冷剂时，如何判断空调器制冷剂的充注适量？

10．如何利用压缩机产生的高压气排油？

11．采用 R134a 制冷剂的电冰箱的检修需注意哪些方面的问题？

实　　训

实训 1　管件加工技能训练

一、实训目的

（1）掌握切割管件技能。

（2）掌握扩、涨管件技能。

（3）掌握弯管加工技能。

二、实训器材

（1）加工工具：割刀、扩管器、扩管冲头、弯管机、氧焊设备、榔头、钳、钢丝钳等。

（2）加工器件：多种规格钢管若干、毛细管。

三、实训步骤

1. 割管

（1）将铜管展直，然后将待切割的管子放在割刀的导向槽内刀片与轮之间，并使割刀与钢管垂直。

（2）旋紧割刀手柄，让刀片接触钢管，然后将割刀旋松，在旋转割刀同时，旋转手柄进刀，大约每旋转两周进刀一次即可。

（3）对于毛细管的切割，应用剪刀夹住毛细管来回转动划出刀痕，然后用手折断即可，如实训图 1 所示。

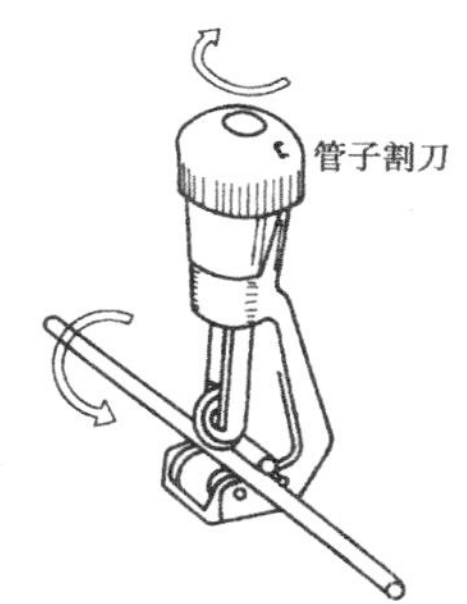

实训图 1　用管子割刀切割管道

2. 扩管

（1）扩喇叭口

① 将已退火且割平管口的铜管去掉毛刺，插入与管径相同的孔中。

② 管口朝向喇叭面，铜管露出喇叭斜面高度 1/3。

③ 将两个元宝螺帽旋紧，把铜管紧固。

④ 将顶压器的锥形支头压中管口上，其工架脚卡在扩口夹具内。

⑤ 缓慢旋动螺杆，管口就能挤出喇叭口线，如实训图 2 所示。

（2）冲扩杯形口

① 采用扩口管把管子夹在扩口器上，铜管露出夹具的长度稍长，只是把扩喇叭口的锥头

换成扩杯形口的冲头即可。

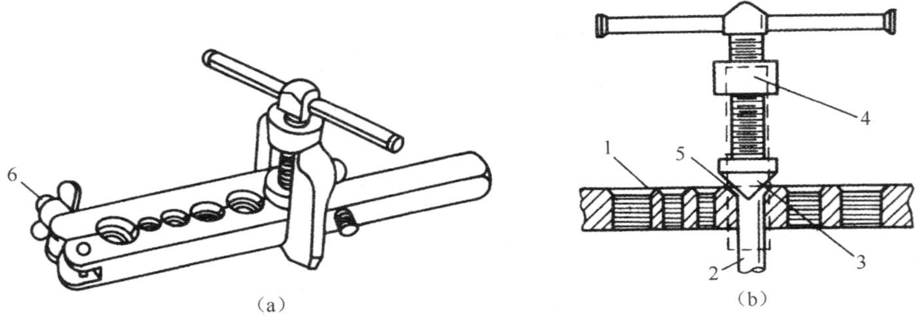

（a） （b）

1．扩管器夹具　2．铜管　3．扩管锥头　4．扩管器的顶压装置

5．铜管的扩口　6．扩管器夹具紧固螺钉

实训图2　扩口器及扩喇叭口

② 采用扩管冲头，应先将铜管夹于与扩口工具相同直径的孔内，铜管露出的高度为 H（稍大于管径 1～2mm）。然后选用扩口内径为 0.1～0.2mm 规格的扩管冲头；并涂上一层润滑油，再插入铜管内，用榔头敲击扩管冲头。敲击时用力不要过猛，每次敲击后，需轻轻地转动扩管冲头，否则冲头不容易拿出来。如实训图 3 所示。

3．弯管

（1）弯管器弯管

① 先将铜管需弯曲的部分用氧焊退火。

② 铜管插入滚轮与导轮之间的槽内，然后用紧固螺钉将铜管固定好。

③ 将活动的杠杆按顺时针方向转动（所用的弯管器规格应与铜管直径相符）即可。如实训图 4 所示。

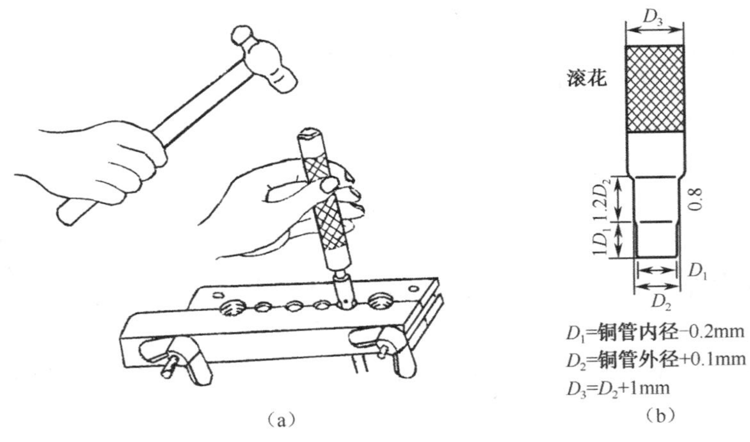

（a） （b）

实训图3　冲头及冲杯形口

（2）弹簧弯管器弯管

将铜管套入弹簧弯管器中轻轻弯曲即可。如实训图 5 所示。

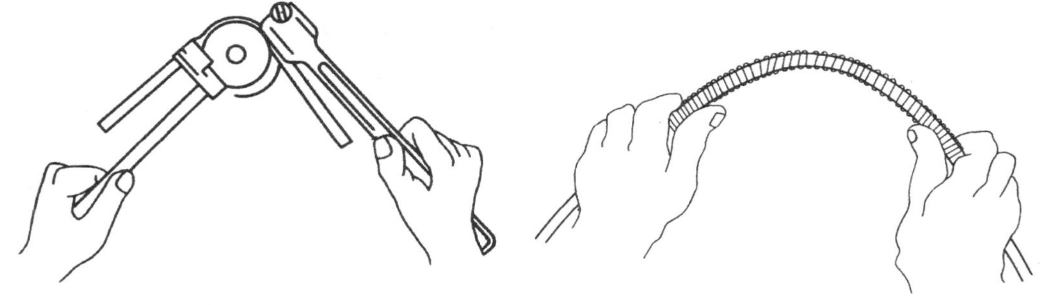

实训图 4　弯管器弯管　　　　实训图 5　弹簧弯管器弯管

四、注意事项

（1）割管时每次进刀不宜过深，用力不宜过猛，否则会增加毛刺或将铜管压扁。

（2）扩管时扩成的喇叭口既不能小也不能大，以压紧螺母能灵活转动而不卡住为宜。

（3）用弯管式弯管时，铜管的弯曲半径不小于铜管直径的 3 倍。

（4）用弹簧弯管器弯管时，注意速度不宜过快，用力不宜过猛，且管径与弹簧弯管器应匹配。

五、思考题

（1）为什么毛细管的切角不用割刀，而用剪刀？

（2）扩管时应注意哪些细节？

（3）为什么在弯管时需将对要弯曲的部分进行加热？

实训 2　氧焊技能训练

一、实训目的

（1）掌握氧焊的操作步骤。

（2）掌握氧焊 3 种火焰特性及调节方法。

（3）掌握铜合金、银合金 2 种焊料的焊接方法。

二、实训器材

（1）氧焊设备：焊具、氧气瓶、减压阀、乙炔瓶（或丁烷瓶）、连接软管。

（2）焊料：铜合金、银合金焊条及助焊剂（硼砂）。

（3）焊接器件：铜管、钢管若干。

（4）辅助工具：钢丝钳等。

三、实训步骤

（1）开启氧气瓶阀门，调节减压阀至 1.8MPa，开启乙炔瓶（或丁烷瓶）阀门。

（2）先打开焊具上的乙炔（或丁烷）阀，点火后逐渐调大火焰，再缓慢轻微开启焊具上的氧气阀，将火焰调成中性焰。

（3）将 2 根铜管对接好后，火焰对准被焊处加热至暗红色时加银焊条，待银焊料完全熔化将被焊处间隙完全包裹后，移开火焰。

（4）将一根钢管和一根铜管对接后，将火焰调为碳性焰，并在被焊处加助焊剂硼砂，再对被焊处加热至暗红色时，加入铜焊条，待铜焊料完全熔化将被焊处间隙完全包裹后，移开火焰。

（5）焊接完毕，先关焊具上的氧阀，再关乙炔（或丁烷）阀，最后将氧气瓶、减压瓶、乙炔（或丁烷）瓶各自阀门关闭，如实训图 6 所示。

四、注意事项

（1）焊接前将被焊管件焊接部分毛刺、油污处理干净。

（2）焊具及氧气瓶、减压阀严禁油污。

（3）调节火焰时动作不要过猛。

（4）焊接钢管时温度应比焊接铜管时略高，火焰不要触及助焊剂，焊料一般选用铜合金焊条。

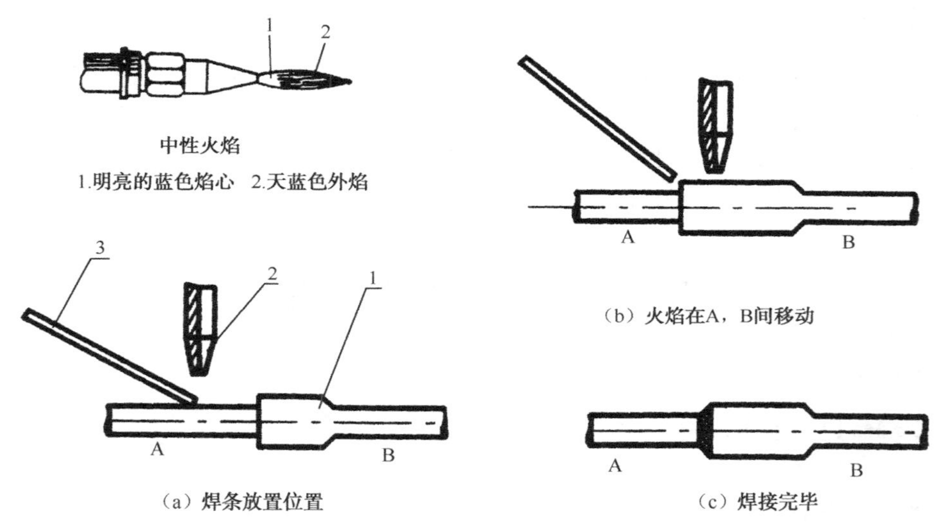

实训图 6　铜管和铜管的焊接

五、思考题

（1）为什么氧焊具在点火时应先开乙炔阀再开氧阀，而在关火时应先关氧阀再关乙炔阀？

（2）为什么在焊接钢管时火焰要调成碳化焰并使用铜焊条？

实训 3　制冷系统清洗技能训练

一、实训目的

（1）掌握用氮气清洗制冷管系的方法及操作步骤。

（2）掌握用四氯化碳清洗制冷管系的方法及操作步骤。

二、实训器材

（1）三通阀、氮气瓶、减压阀、钢丝钳、软管、电冰箱、窗式空调、分体式空调。

（2）清洗泵、四氯化碳、R22 气瓶。

三、实训步骤

1．氮气打气法清洗电冰箱制冷管系

（1）如实训图 7 所示将所有器材连接好。

（2）先开启氮气瓶阀门，调节减压阀，高压侧调至 1.3MPa，低压侧调至 0.6～0.8MPa，再打开三通阀，此时干燥过滤器及毛细管均应有气体排出，保持数分钟即可关闭氮气瓶及三通阀。

（3）对吹涨式蒸发器压力应为 0.9MPa，对翅片盘管式蒸发器压力应为 1.1MPa。如实训图 7 所示。

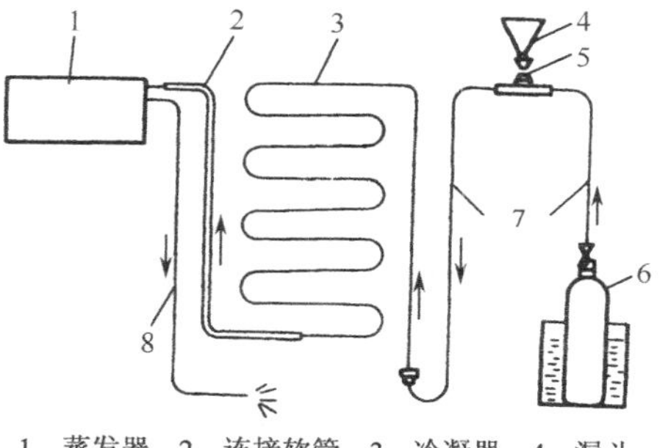

1．蒸发器　2．连接软管　3．冷凝器　4．漏斗
5．截止阀　6．R12 气瓶　7．软管　8．吸气管

实训图 7　氮气加压清洗法

2．四氯化碳清洗空调器制冷管系

（1）在取出压缩机后的高压排气管侧装置接头，在低压排气管侧装置接头。

（2）在各接头处接上管。

（3）真空泵（或压缩机）与管的接头。排出侧→低压管（吸入），回流侧→高压管（排出）。

（4）向真空泵注入约 5000mL 四氯化碳。

（5）将真空泵电源打开，运转 20min 以上，再关掉，将排出管与回流管连接，再清洗 10min。

（6）再将汽缸与排出管相连接，注入密封 100g 以上液态氟利昂（R22）。使其与残品的清洗气体相融合，过 5min 后放出，如实训图 8 所示。

四、注意事项

（1）打压清洗时，对于不同的蒸发器，其充注的氮气压力应有所不同。

（2）用四氯化碳清洗管系时应注意四氯化碳不要触及操作者的皮肤。

五、思考题

（1）打压清洗法适用于哪些部分有故障的制冷系统？

（2）四氯化碳清洗适用于有哪种故障的制冷系统？

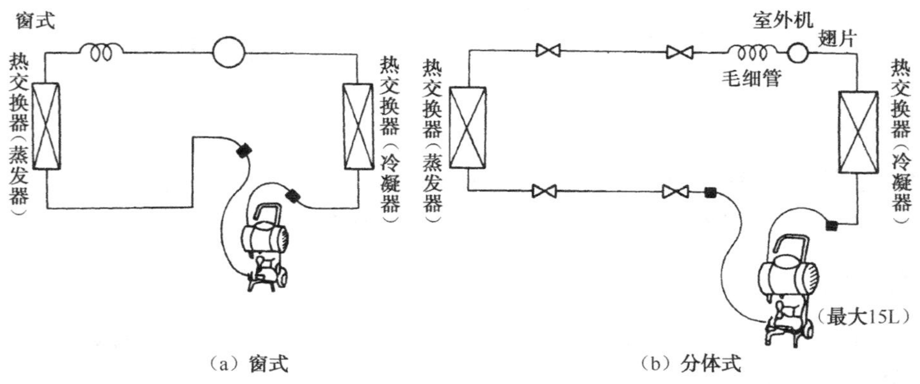

实训图 8　管道的清洗

实训 4　抽真空技能训练

一、实训目的

（1）掌握真空泵抽真空的方法及步骤。
（2）掌握分体式空调自排空方法及步骤。

二、实训器材

（1）抽空设备：真空泵、三通阀、低压表、毛细管、连接软管。
（2）冰箱、窗式空调、分体式空调。
（3）辅助设备：氧焊设备一套、钢丝钳、六角扳手等。

三、实训步骤

1. 真空泵抽真空

（1）割开冰箱或窗式空调输液管，将三通阀上的毛细管插入其中焊好，三通阀另一端用软管与真空泵吸气端连接好。

（2）开启三通阀手柄，开启真空泵电源抽真空。在抽真空同时，可用焊具对管系来回均匀加热，使管系中的残留水分蒸发为水蒸气排出管系外。

（3）当三通阀上的低压表压力降为 133.3Pa 时，先关闭三通阀再关掉真空泵电源即可，如实训图 9 所示。

2. 分体式空调自排空

（1）将分体式空调室外高压侧三通阀服务口螺帽用六角扳手拧下，用软管外接一只带低压表的三通阀。

（2）开启分体式空调电源，使压缩机通电运转，同时，开启室外低高压侧三通阀及外接三通阀，此时管系中残留空气排出。

（3）待低压表压力降为 133.3Pa 时，先将三通阀关闭，再拆下外加三通阀及软管，并用六角扳手将服务口螺帽拧紧，最后断开分体式空调电源即可。

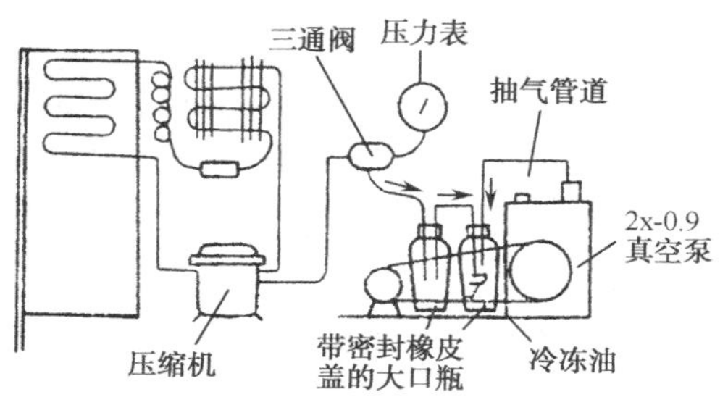

实训图 9　低压单侧抽真空示意图

四、注意事项

（1）各连接处要拧紧检查，以免发生串气现象，影响抽真空质量。

（2）抽真空结束时，应先关闭三通阀，再断真空泵或分体式空调电源，以防止空气回流。

五、思考题

若没有真空泵，电冰箱能否排空？怎样进行排空？

实训 5　充注制冷剂技能训练

一、实训目的

（1）掌握电冰箱充注 R12 制冷剂的方法及操作步骤。

（2）掌握空调器充注 R22 制冷剂的方法及操作步骤。

二、实训器材

三通阀、压力表、R12 及 R22 气瓶、软管、六角扳手、钳形电流表、钢丝钳、封口钳、氧焊设备。

三、实训步骤

（1）电冰箱充注 R12 制冷剂。

① 照图将各种器材连接好，抽真空至压力降至 133.3Pa 时关闭三通阀，将软管从真空泵吸气口上拆下，接在 R12 气瓶上，松开接在三通阀上的软管。

② 将 R12 气瓶上的手柄轻微开启，当 R12 制冷剂从松开的软管口处喷出时迅速将松开的软管紧固在三通阀上（此举是为清除这段软管中的残留空气）。

③ 将 R12 气瓶倒置，电冰箱压缩机通电，电源线中放入钳形电流表。开启三通阀手柄，让压缩机吸入一部分 R12 制冷剂后迅速关闭。观察压力表压力及钳形电流表，带压力，电流均降低后再开启三通阀手柄，充注一部分 R12 制冷剂后又迅速关闭三通阀手柄。如此重复几次。

④ 综合观察：压力表压力稳定在 0.03～0.05MPa（冬季为 0.02～0.04MPa，夏季为 0.05～0.07 MPa）。钳形电流表运行电流稳定在 0.6～0.8A 之间时，冷凝器散热均匀，干燥过滤器温度略高于环境温度。蒸发器表面均匀结霜，有黏手的感觉。此时说明制冷剂的充注量恰当，即可用封口钳将毛细管压扁，再用钢丝钳将毛细管夹断，断口处用氧焊焊牢。

⑤ 将焊接处用肥皂水进行检漏。

（2）窗式空调器充注 R22 制冷剂（选用 KC—25 机型）的基本方法和操作步骤与电冰箱充注 R12 制冷剂相似，不同之处：

① 制冷剂为 R22。

② 综合观察时，低压的压力应为 0.4MPa；运行电流应为 1.5～2A；蒸发器表面应均匀挂霜水。

四、注意事项

（1）本实训应与实训 4 配合进行。

（2）在充注制冷剂的过程中应由三通阀手柄控制制冷剂的充注量，每次不宜过多，同时观察压力及运行电流的变化。

五、思考题

（1）为什么要用综合观察法来衡量制冷剂的充注量是否恰当？

（2）空调器充注 R22 制冷剂时应注意哪些细节？为什么其蒸发器表面不结霜而是挂霜水？

实训 6　制冷系统检漏技能训练

一、实训目的

（1）掌握制冷系统高、低压分段检漏方法及操作步骤。

（2）掌握制冷系统真空检漏方法及操作步骤。

二、实训器材

三通阀若干、氮气瓶两个（带减压阀）、真空泵、软管、六角扳手、割刀、氧焊设备、肥皂水、盛有水的容器、制冷系统有漏点的电冰箱、空调器。

三、实训步骤

1. 高、低压分段检漏

① 用氧焊方法将毛细管从干燥过滤器中退出，用割刀将压缩机上的吸、排气管割开。

② 毛细管与低压表连接，吸气管与接有氮气瓶的三通阀连接成低压侧；干燥过滤器与高压表连接，排气管与另一只接有氮气瓶的三通阀连接成高压侧。如实训图 10 所示。

③ 先将 2 个氮气瓶开启，调节各自减压阀，低压侧调节至 0.4～0.8MPa，高压侧调节至

1.8MPa，再将三通阀开启分别向高、低侧注入氮气。

④ 用肥皂水检漏，低压侧蒸发器部分可放入盛有水的容器中检漏，如实训图 11 所示。

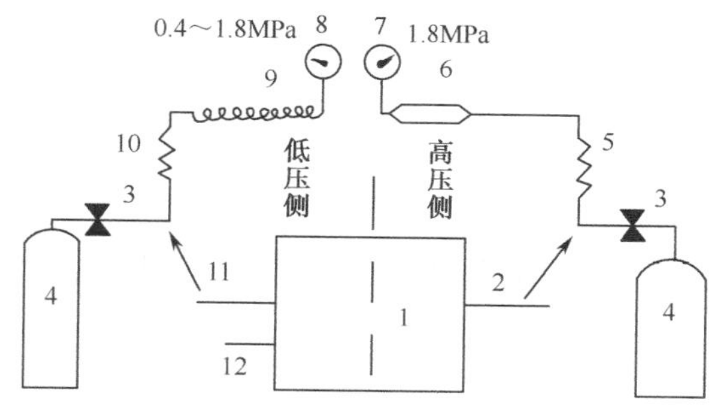

实训图 10　高低压分段检漏

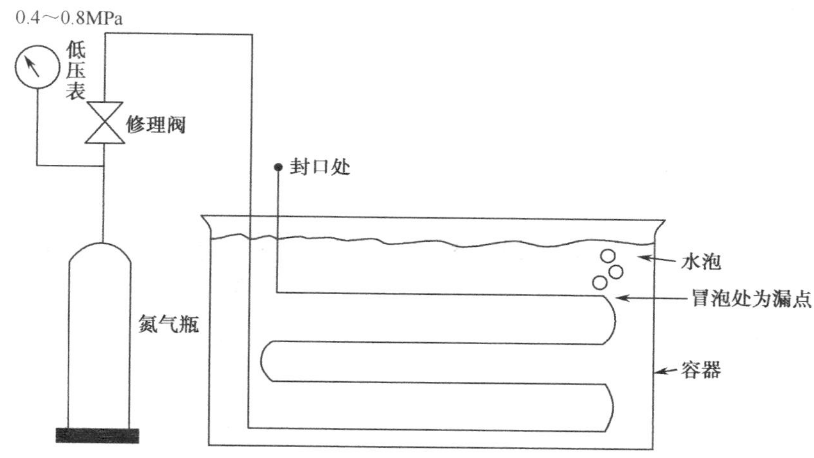

实训图 11　水中检漏

2. 真空检漏法

① 空调器压缩机工艺管上接带低压表的三通阀，三通阀的另一端用软管接在真空泵的吸气口上。

② 开启真空泵电源抽真空，观察低压表压力降至 133.3Pa 后关闭三通阀阀门，再关掉真空泵电源，12h 后再观察压力是否升高。若压力升高则说明制冷系统有漏点。

③ 若连续抽真空 1～2h 后，压力始终降不到 133.3Pa（真空泵排气口仍有气体排出），也说明有漏点。

四、注意事项

（1）低压侧检漏时必须先注入氮气后才能放入盛水的容器中检漏。

（2）真空泵检漏时应注意各连接部分的密封性，杜绝由串气现象引起的真空度不够造成的误判。另外，当压力达到 133.3Pa 时应先关紧三通阀阀门，再断开真空泵电源防止空气回流，以致造成误判。

五、思考题

（1）高、低压分段检漏法有什么优点？操作中应注意哪些细节？

（2）抽真空检漏时，为什么要在抽真空后 12h 才能判断是否有漏点？冬季和夏季压力上升的幅度是否有所不同，为什么？

实训7　窗式空调器的安装技能训练

一、实训目的

（1）掌握窗式空调器正确的安装位置。

（2）掌握窗式空调器的正确安装步骤和方法。

二、实训器材

冲击钻、扳手、膨胀螺栓、底座、遮蓬、角铁支架、木块支架、绳子、安全带及窗式空调器一台。

三、实训内容及步骤

1. 安装位置的选择

（1）窗式空调器的安装位置。可根据房屋的结构、朝向、室内陈设等决定，可以安装在窗口，也可以采用穿墙的办法。安装方向以无阳光直射的位置为最佳。

（2）遮阳板的位置。既要遮住直射阳光，又不能挡住空调器排出的热气流，使之畅通无阻地把热量散发到大气中去。国内有许多用户，出于保护空调器的目的，把空调器后部也盖住了，这是绝不允许的，它会使冷凝器热量散发不出去，致使空调器不能正常工作。

（3）空调器的安装高度。以 1.5～2m 为宜，这样便于操作和维护，过高或过低还会影响冷、热气流的对流。

2. 安装步骤和方法

安装时应备有支架，以便于固定。室外部分应有遮阳防雨板，该板至少伸出空调器 20cm 左右。可按以下步骤进行安装。

（1）做一个尺寸比空调器外形稍大的木模型，木框选用结实的木料。为防止振动和噪声，在木框与空调器接触部位衬以橡皮、海绵、泡沫塑料、毛毡类缓冲垫。

（2）在窗或墙上开稍大于木框外形尺寸的孔。在墙上打孔时先从四角开始，以免墙壁受伤，特别要保护室内的完整。砂浆外敷的硬墙可用金刚石削刀切割。若墙的厚度大于 30cm，必须将遮住吸风百叶窗的砖墙削去以保证吸风通畅。

对混凝土钢窗结构的楼房，不宜将空调器放在室内窗台上，这样做，冷却冷凝器的热气流可全部排至窗外，但两侧吸风百叶窗处于室内，则冷却冷凝器的空气来自室内，这对室温降低不利，而且浪费电力。安装时还应注意，若空调器后部有砖墙或其他障碍物，与空调器的后部距离应大于 1m，以利于散热。

（3）用角钢或木条做两个三角形支架，支架一左一右安装在墙上，原则上要求水平安

装，但为了有利于冷凝水流出室外，可略微向后倾斜。

（4）打开空调器的包装箱，检查主体、附件及备用件。拧下连接机壳和面板的螺钉，取下面板，把空调器底盘和主体向前拉出。将机壳放进安装框里，两侧的进风百叶窗必须露在墙外，并保持良好的通风。壳体四角的空隙用泡沫塑料、海绵、毛毡类材料封严，然后用螺钉把壳体固定住，把空调器的主体推到固定好的壳体里面。

（5）大多数空调器在其背面的排水口接排水管，把空调器析出的水引到适当的位置排放。

3. 试机和调试

窗式空调器试机和调试分两步进行。试机是在未安装前验证空调器运转是否正常，以防装好后发现问题造成返工浪费。调试则是装机后调节各个控制旋钮，验证空调器的功能。

（1）安装前的试机。试机的主要目的是侧重检查空调器能不能运转，并注意其噪声的大小，以判断运转是否正常。将空调器接通电源后，让其运转十几分钟，一般先开风机后开压缩机，如果运转噪声属于正常范围，即可进行安装。

（2）安装后的调试。窗式空调器安装完毕后，应对安装全过程进行必要的复查，确认无误后，方可通电运转调试。

① 对单冷型空调器，应按顺序旋转选择开关，分别指向低冷、高冷、送风、停机或停机3min再开机等，检查各项功能是否符合要求，检查开关转动是否灵活可靠。

② 对热泵型空调器，旋动冷热开关到制热方向，这时可听到换向阀和换向气流声。将选择开关分别指向低热、高热挡，试验空调器制热功能。空调器在制热高挡位时，距室内出风口1～2m内应明显感觉到有热风吹出。

最后，用手拨动出风栅格，得到满意的出风角度，则空调器调试完毕。

四、注意事项

（1）试机时，如果发现空调器震动声很大，并有异常的杂音（如撞击、擦刮声），则应由厂家或保修点检修员处理或调整，以免造成不必要的损失。

（2）试验窗机制冷是否正常，不但要看它有没有冷风吹出，更要考查它的自动温度控制功能。

五、思考题

（1）阐述窗式空调器的正确安装步骤和方法。

（2）如何判断窗机制冷是否正常？

实训8　分体壁挂式空调器的安装技能训练

一、实训目的

（1）掌握分体壁挂式空调器室内、外机正确的安装位置。

（2）掌握制冷管道和排水管的安装及穿墙套管的安装。

（3）掌握室内、外机组的安装方法。

二、实训器材

冲击钻、扳手、膨胀螺栓、底座、遮蓬、角铁支架、木块支架、绳子和安全带、分体壁挂式空调器一台。

三、实训内容及步骤

分体壁挂式空调器是最常见的一种家用空调器，与整体空调器的安装要求相比较，分体式空调器需要在现场做接管、抽真空、开启阀门等一些专业性工作，工艺要求高，技术要点多，劳动强度大。

1. 安装前的准备

安装前必须对室内、外机进行检查。这样可以将空调器的故障在安装前予以解决，以提高安装的合格率，避免重复安装和换机的损失。

2. 安装位置的选择

空调器室内机应安装在房间坚固墙面上。选择室内机的安装位置，除了必须尊重用户意见外，还要使它吹出的冷气能送到房间的每个角落，在室内能形成合理的空气对流。室内机安装位置附近不能有热源，与门窗距离应大于 0.6m，以免冷气损失过大。室外机安装位置要求如实训图 12 所示。室内机组的安装高度应大于 1.7m，低于 2.2m。室内机安装板的固定如实训图 13 所示。注意出水口侧要低 0.2～0.5cm，利于冷凝水顺利流出。

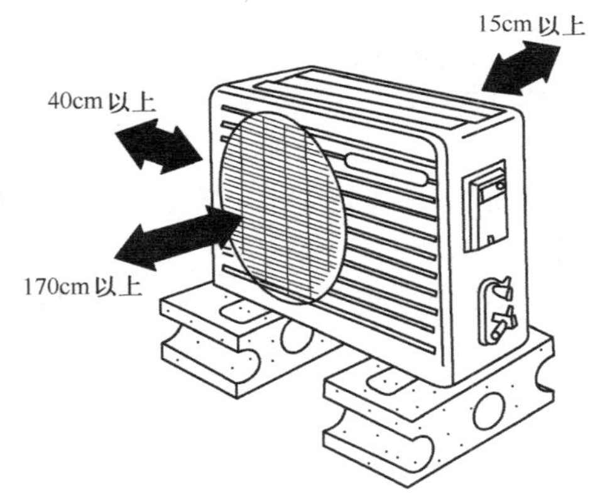

实训图 12　室外机安装位置的要求

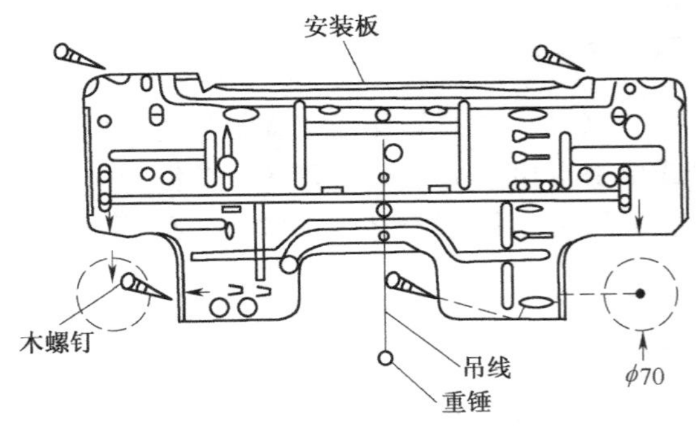

实训图 13　室内机安装板的固定方法

3. 钻过墙孔的方法

打孔前，要观察了解墙壁打孔位置内是否有暗埋的电线，是否有钢筋构件，免得造成事故或进钻困难。从室内向室外打孔时，水钻要抬高一些，打好的过墙孔里高外低，便于冷凝水流出，下雨时流水也不能流进室内。用水钻打孔要掌握好冷却水的注水量，注水量过大，水会沿墙壁飞溅，周围家具被砖灰浆弄脏后很难擦净；注水量过小，则发热严重容易烧坏钻头。合适的情况是注进钻头的水，正好被钻头产生的热量蒸发和墙体吸收，这要在实践中逐渐掌握。打孔时进钻速度宁慢勿快，如果钻头抖动剧烈，双手把握不住，说明要夹钻头了，应立即停止。钻过墙孔配套管的方法如实训图 14 所示。

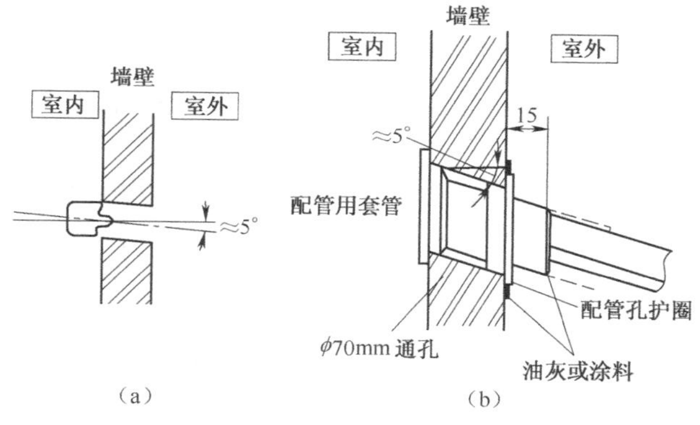

实训图 14　钻过墙孔配套管的方法

墙孔打好后，一定要装一段白色塑料管，作为空调器制冷配管的套管。安装套管既可以防止制冷配管穿墙时的磨损，更能防止老鼠、壁虎等小动物从这里钻进室内，造成危害。

4. 室外机支架的固定

分体空调器室外机安装在专用支架上。先组装好支架，量出室外机底两个安装孔横向距离。在选好的位置上将膨胀螺栓打入墙体。支架用 4 颗直径 8mm 以上的膨胀螺栓紧固在承重墙上，螺栓上紧螺母后，要再拧上一个“紧母”，不得有松动或滑扣现象，如实训图 15 所示。

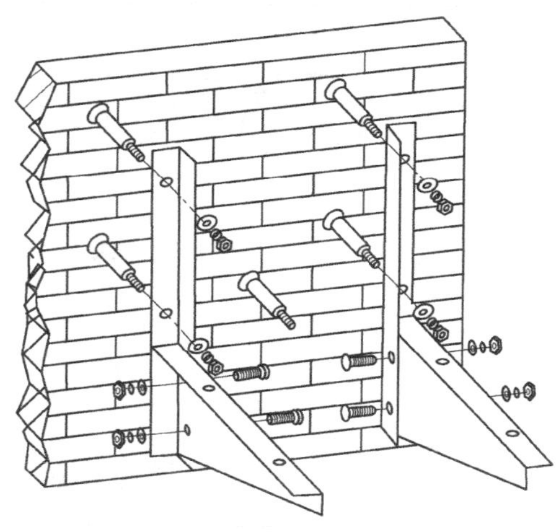

实训图 15　安装室外机支架方法

检查支架是否平正、牢靠后，把室外机系上安全绳，将它搬出就位。室外机搬动时倾斜角不应大于 45℃，并注意不要碰坏机上突出的截止阀。在没有就位之前，不要拧下截止阀保护帽，否则尘土杂物进入管路，会造成制冷系统故障。

室外机在三楼以上安装时，安装人员一定要系好安全带，并注意室外机下面不能有人通行、滞留。安装人员使用的工具（如扳手）上最好系上安全绳或腕套，避免不慎坠落，造成事故。

5. **室内、外机管路的连接**

在管路连接过程中，必须按下列要求进行：

（1）展开连接管时需先平直，注意在同一个方向弯折不能超过 3 次，否则将会使管道硬化、裂损而造成泄漏。

（2）连接室内机。连接室内机的方法如实训图 16 所示。用扳手旋紧以确保不漏气。

（3）室外机管路的连接方法。室外机管路连接的方法如实训图 17 和实训图 18 所示。注意使用的扳手应规范。

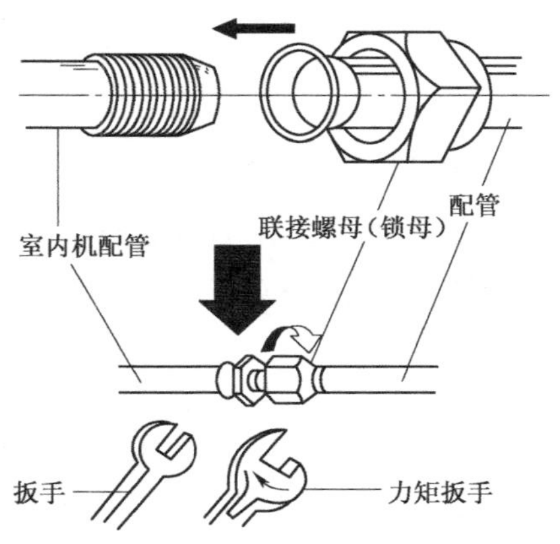

实训图 16　室内机配管连接方法

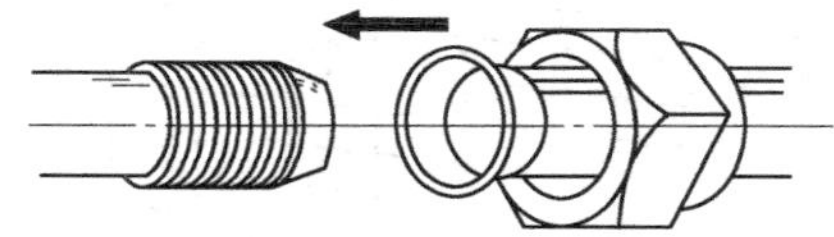

实训图 17　室外机管路连接方法

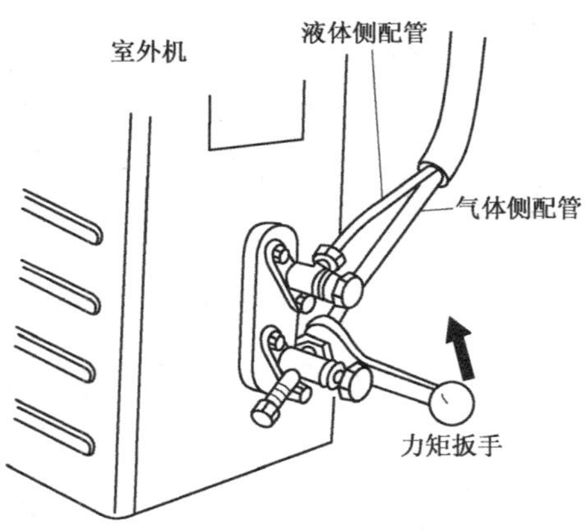

实训图 18　连接室外机低压气体管示意图

6. **排除室内机管路空气及室内、外机控制线的连接**

空调器的室内、室外机连接好后，要排除系统管道中的空气，才能制冷。家用空调器不

采用抽真空的办法处理制冷系统管道，而是用室外机组里的制冷剂来排除室内机组的空气，具体操作方法如实训图 19 所示。

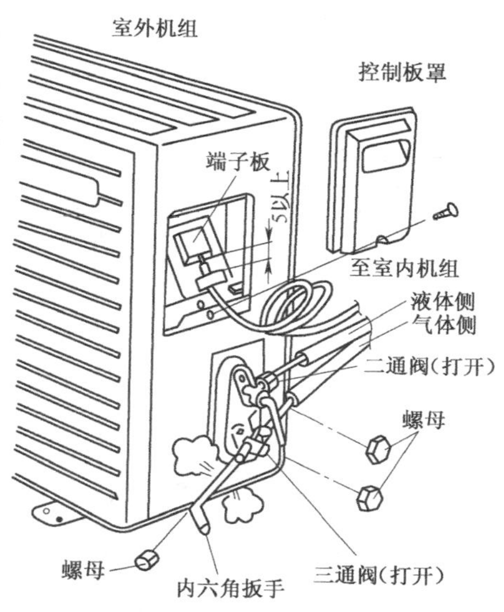

实训图 19　排除空气的方法（单位：mm）

（1）先把室外机组的液管连接螺母拧紧。

（2）将暂时拧上的低压气管连接螺母松开半圈。

（3）拧下两个低压截止阀外的保护螺帽。用六角形扳手将液体阀打开半圈，当听到汽化的制冷剂发出"嗞"声后，过 5～10s 立即关闭截止阀。这时应有气体从已松开的气管螺母处排出，等"嗞"声渐渐消失后，重新将液体截止阀打开半圈，排气几秒后关上。这样重复 2～3 次，即可将室内机和管路内的空气排净，排气时间的长短和重复操作次数要依据空调器制冷量的大小和管路长短而定。参照实训图 19，按照机上贴的电路图连接室内外机的接线。

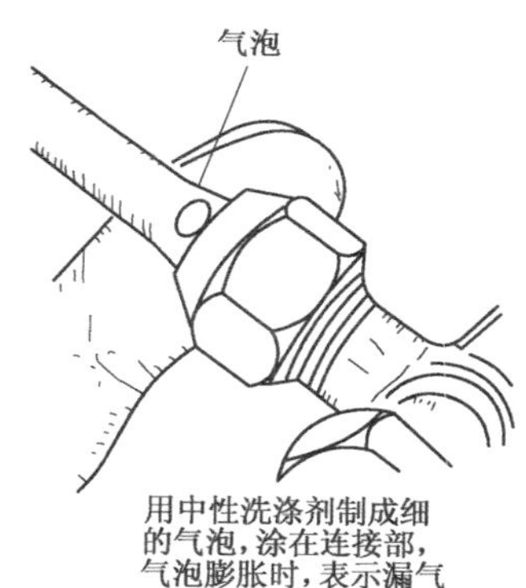

实训图 20　检测接头泄漏

7. 检漏及排水

参照实训图 20 和实训图 21 进行即可。

8. 整理管道

整理管道参照实训图 22，注意将配管的过墙孔用密封胶泥填满，以免雨水、风及老鼠进入。

9. 分体壁挂式空调器的试运转

用遥控器开机，并将空调器设置在"制冷"状态下运行。运行时，室内、室外机都不应有异常的噪声。空调器运转 10min 后，室内机即有冷气吹出，室外出水管会有冷凝水流出，气管截止阀处会有结露。用温度计测量室内机进风口的温度，两处温差应在 8℃以上。

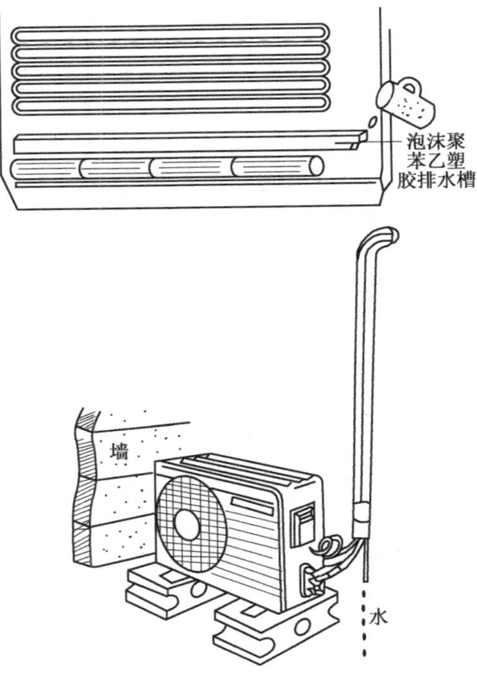

实训图21　检查排水系统的方法

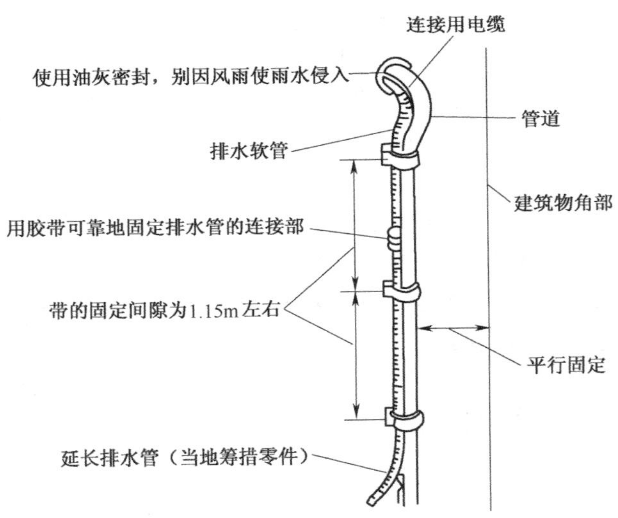

实训图22　固定室外管路的方法

如果在冬季装机，还要试验热泵功能。将冷热开关拨向热端，空调器启动 2～3min 后，应有热风吹出。一般情况下，压缩机能正常制冷的话，制热也不会有问题。分体壁挂式空调器安装如实训图23所示。

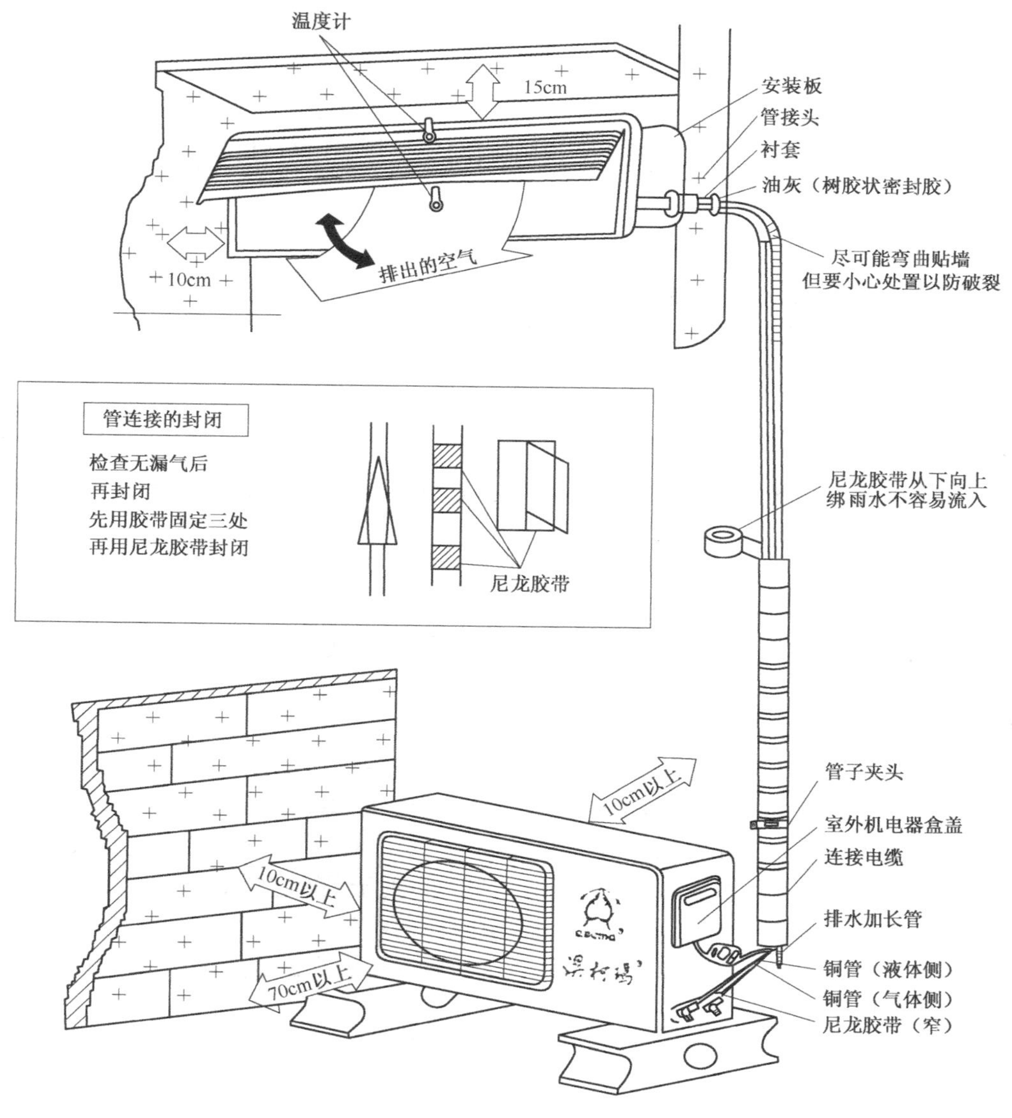

实训图 23　分体式空调器安装整体

四、注意事项

（1）使用旋转式压缩机的电源相位不能接反。

（2）空调器电源端子接线必须牢靠。

（3）充注制冷剂时，要将制冷剂钢瓶直立充进气体，钢瓶内制冷剂已空时，切不可再充注。

五、思考题

（1）关于管路的安装操作中应注意哪些细节？

（2）阐述分体壁挂式空调器正确的安装步骤。

实训9　柜式空调器的安装技能训练

一、实训目的

（1）掌握柜机室内、外机正确的安装位置。

（2）掌握制冷管道和排水管的安装及穿墙套管的安装。

（3）掌握室内、外机组的安装方法。

二、实训器材

冲击钻、扳手、膨胀螺栓、底座、遮蓬、角铁支架、木块支架、绳子和安全带、柜式空调器一台。

三、实训内容及步骤

柜式空调器的安装方法，原则上与壁挂式空调器相同。这里着重讲一讲安装柜式空调器的一些特殊要求。

1. 安装位置的选择

（1）室内机的安装位置不但要保证有良好的通风，能发挥空调器最大的制冷或制热效能，还要顾及室内环境的美观。通常柜机室内机安装位置要选择受外部空气影响最小的地方，而且空调器的进出气流不会被家具、墙角挡住，吹出的冷（或热）风可以到达室内各角落。当然，室内机组也要尽可能离室外机组近一些，以便于制冷管道的连接。

另外，柜机安装时还应在它周围留出足够的维修和保养空间。一般至少保留 0.5m，前面至少保留 1m，以便于空气过滤网和风扇的清扫、维护。柜式空调器的排水管位置较低，为了保证冷凝水排放畅通，更要注意排水管走向。

（2）室外机的安装位置。对室外机安装位置的具体要求如实训图 24 所示。

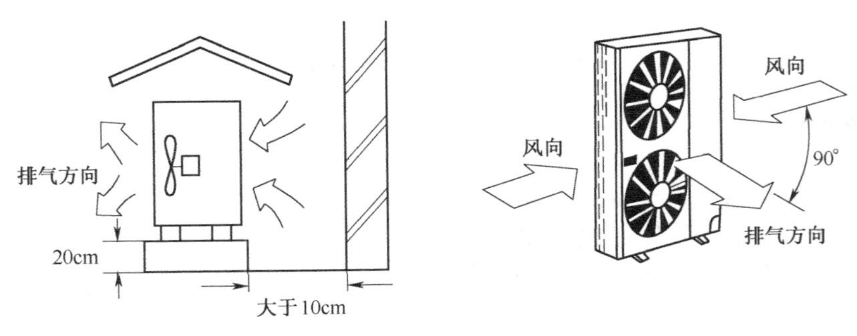

实训图 24　柜机室外机的安装位置

2. 室内机的安装

室内机安装方法可参照实训图 25。如果所购的柜机没有固定夹具，更要注意把它放在平

整的地面上，并防止因行走刮碰或儿童游戏等将它碰倒，造成意外。

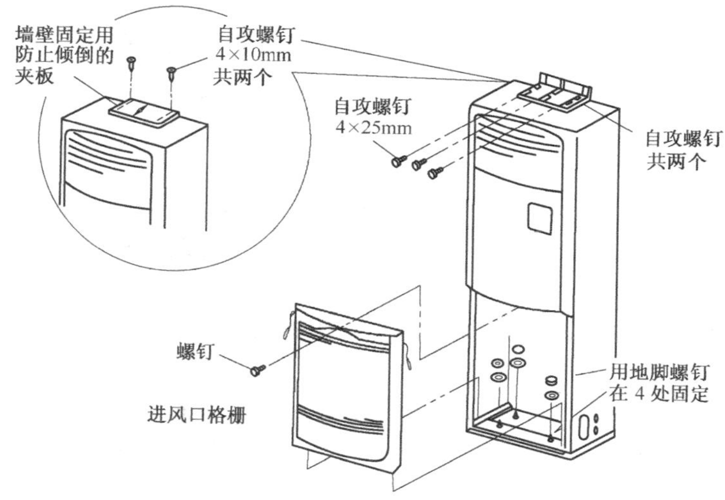

实训图 25　室内机的固定方法

3. 穿墙套管的安装

根据室内机组与室外机组的连接要求，在合适的位置用冲击钻（水钻）在墙壁上钻一个直径 80mm 的通孔，作为空调器配管的穿墙孔。穿墙孔要向外倾斜，避免雨水流进来，如实训图 26 所示。

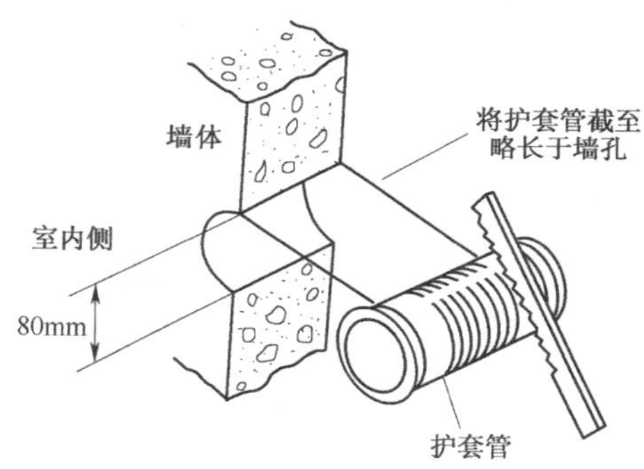

实训图 26　穿墙护套管的安装

4. 室外机组的安装

柜机的室外机组安装方法与壁挂式空调器完全相同。安装功率较大的柜机时，如果场地许可，尽量将室外机安装在地平台上。室外机组要用 4 个 ϕ12mm 膨胀螺栓固定，螺栓露出台面长度应在 20mm 以上，并保持底座稳固、水平。

5. 制冷管道和排水管的安装

首先安装室内机的制冷管道。取下室内机组的进气格栅、空气过滤网、前挡板及连接管盖板。根据室内机组和室外机组的安装位置，预先将制冷管道弯制好。管道弯制方法如实训图 27 所示。弯制时管道的弯曲半径应尽可能大一些，以免将铜管压扁，增大制冷剂的流动阻力而影响制冷效果。

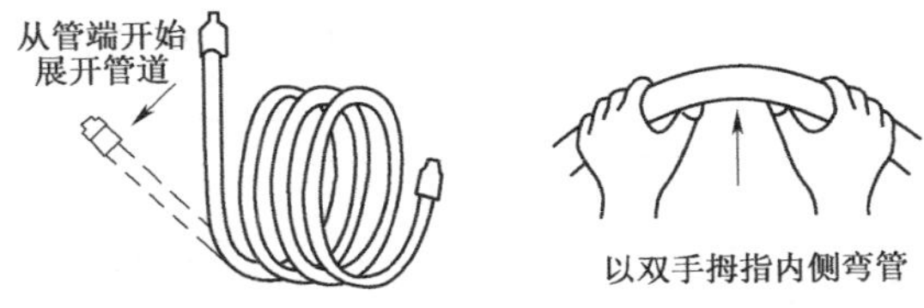

实训图27　空调器配管的弯制

然后，将室内机组大、小连接嘴的防护螺帽拧下，此时应能听到管路内有正常的排气声。再在连接嘴螺纹处及连接管喇叭口处涂些冷冻油，将连接管喇叭口对准连接嘴，用手将螺帽拧上，然后用扳手拧紧。

将排水管软管接在室内机组承水盘的出水连接嘴上，再与制冷管道一起穿过墙壁孔护套管，引至室外机组。

按照安装室内机组连接管的方法，将制冷管道分别连接到室外机组的低压截止阀和高压截止阀上，但暂时不要拧紧低压连接管的螺帽。然后，用扳手将阀芯螺母卸下，拧开低压截止阀一圈，这时能听到螺帽处有"嗞嗞"的冒气声，管内的空气随着气态的制冷剂一齐排出。约5～10s后制冷系统内空气已排放干净，此时立即拧紧低压截止阀上的螺帽。再将低压截止阀和高压截止阀的阀芯全部打开，盖上螺帽并拧紧，室外机管路连接方法如实训图28所示。

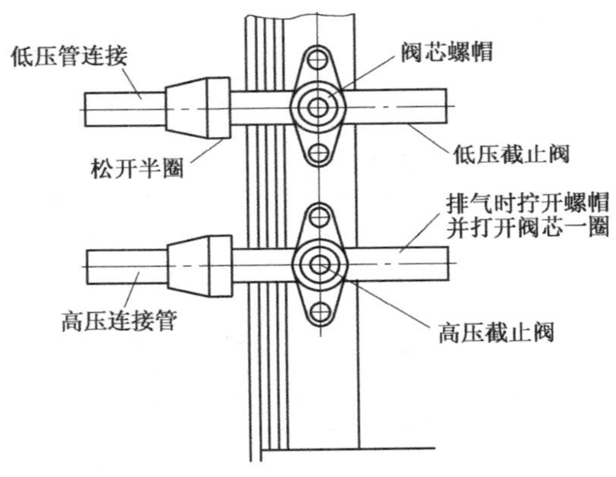

实训图28　柜机室外机管路连接方法

四、注意事项

（1）选择正确的安装位置。

（2）穿墙孔要注意向外倾斜。

五、思考题

（1）如何进行制冷管道和排水管的安装，操作中应注意哪些细节？

（2）柜式空调器应如何选择安装位置，为什么？

实训 10 空调器的移装技能训练

一、实训目的

（1）掌握抽取、补充制冷剂的方法。
（2）掌握拆卸机组、重新安装的方法及要领。

二、实训器材

冲击钻、扳手、膨胀螺栓、底座、遮蓬、角铁支架、木块支架、绳子和安全带、空调器一台。

三、实训内容及步骤

家庭中，空调器装好后不能轻易移动，尤其对分体式空调器来说，因为要涉及墙壁钻孔、管道拆改、电源线敷设等一系列问题，困难更大些。但是，遇到住房搬迁或房屋整修改建等情况，空调器必须移机挪位，只要正确操作，认真做好制冷管道和控制电路拆装，有经验的空调器装修人员是能够很好地完成任务的。空调器搬迁的时间最好选在春秋季节，这一段时间里，空调器使用较少，环境温度适宜，空气湿度较小，对拆卸制冷管路比较有利。

1. 抽取制冷剂

为充分利用原机内的制冷剂，避免在拆开配管时泄漏流失，在拆前要将全部制冷剂都抽到室外机组中保存，以备空调器重新安装后再用，如实训图 29 所示。

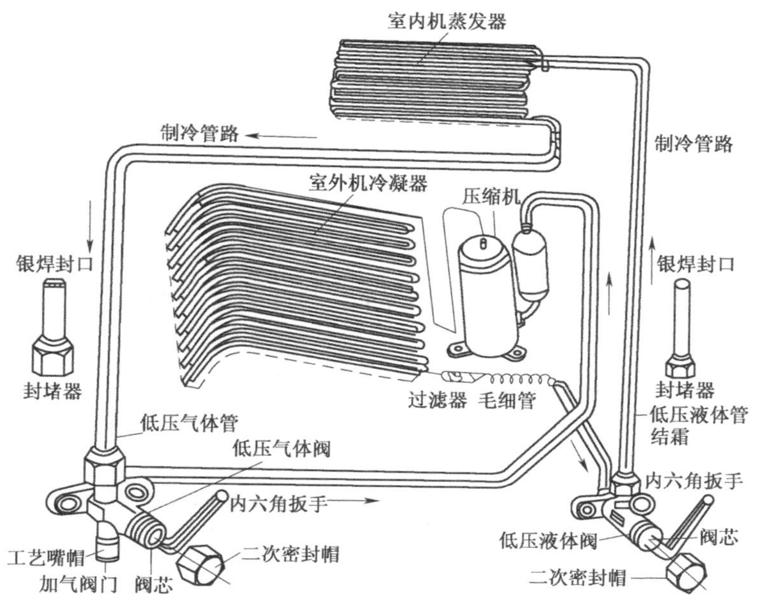

实训图 29 制冷剂回收方法

（1）先用扳手旋开室外机的气管（粗管）和液管（细管）上的截流阀。各种品牌的空调器截流阀的安装方式不同，所以开启（关闭）的操作方法也不相同。

（2）液管上的液体阀关闭后，室内机组的制冷剂在继续蒸发过程中，从粗管被压缩机吸入并排到室外机组的冷凝器中冷却，整个系统进行回抽制冷剂。

（3）普通家用壁挂式空调器抽制冷剂时间一般掌握在 2min 左右。结束抽取制冷剂时，应先关闭室外机粗管上的截流阀，然后再关闭空调器的运行开关，停止压缩机转动。

2. 拆卸机组

（1）首先切断空调器的交流电源，拆除电源输入接线和内外机组间的控制电缆。

（2）拆开配管接头一定要用两把扳手，先用一把扳手固定在机组接头螺口上，再用另一把扳手旋开配管上的固定螺母。配管接头拆下后，要及时将喇叭口用铜帽或塑料帽封闭旋紧。如果原配封帽找不到，也可用多层塑料袋将喇叭口扎紧密封，以防灰尘和潮气进入铜管内。铜管从穿墙孔中拉出时要小心，严禁强拉硬折。需要将配管弯曲的地方拉直时，应用毛巾衬垫后适度用力压直，再从穿墙孔中顺势拆出。

（3）拆除室内外机架的固定螺钉，将室外机组用绳索绑牢后小心吊放到地面或搬入室内。拆下的空调器若搬迁距离较远或暂时不安装，则须把机组设备用原包装或其他防护物包装好。

3. 重新安装

空调器在新位置上的安装，可参阅随机说明书进行管路和电路系统连接，这与安装新机相同。不过，由于铜管上的喇叭口在安装和拆卸过程中有可能变形或损伤，有的经压接后管壁变薄，甚至产生裂缝，安装前应仔细检查。如果发现损坏或可疑的地方，必须重新扩喇叭口。

4. 补充制冷剂

补充制冷剂采用低压侧气体加注法较为方便安全。把制冷剂钢瓶竖放，出口朝上。拧下室外机气管三通截止阀维修口的的螺帽，用软管将维修口与钢瓶出口连接。先稍微开启钢瓶阀门，用流出的制冷剂排尽软管中的空气，然后启动空调器在制冷状态下运行，压缩机运转后，打开三通截止阀维修口阀门，再缓慢开启钢瓶阀门。这时，流出的制冷剂气体从粗管到压缩机的吸气口，进入到系统中。

四、注意事项

（1）重新加工的喇叭口斜面要光滑匀称、无伤痕、无毛刺，更不可有裂缝，以保证管路系统密封连接的可靠。

（2）制冷剂不足与过量，都会影响制冷效果，甚至造成压缩机故障。对加长配管的空调器，应及时补加适量的制冷剂。

（3）真空泵检漏时应注意各连接部分的密封性，杜绝由于串气现象引起的真空度不够造成的误判。另外当压力达到 133.3Pa 时，应先关紧三通阀阀门，再断开真空泵电源，防止空气回流，造成误判。

（4）高层楼房住户移机，一定要有足够的人手，通常需要 4 人配合操作。

五、思考题

（1）操作中，应如何判断制冷剂是否已经被抽干净？

（2）空调器在移机后是否需补加制冷剂？

附录 1　部分国产电冰箱技术参数

1. 容声牌电冰箱

容声全无氟节能冰箱系列主要技术参数

型　号	BCD—103	BCD—165	BCD—203	BCD—193	BCD—216	BCD—186	BCD—208	BCD—228
气候类型	N 16～32℃	N 16～32℃	N 16～32℃	N 16～32℃	N 16～32℃	N 16～32℃	N 16～32℃	N 16～32℃
防触电保护类别	I	I	I	I	I	I	I	I
总有效容积 /L	103	165	203	193	216	186	208	228
冷冻室容积 /L	32	40	61	58	81	75	97	88
冷冻能力/（kg /24h）	≥2	≥2.5	≥3.5	≥3.0	≥4.0	≥4.0	≥6.0	≥6.0
额定电压 /V	～220	～220	～220	～220	～220	～220	～220	～220
额定频率 /Hz	50	50	50	50	50	50	50	50
额定输入功率 /W	95	100	120	120	125	120	120	135
耗电量/（kW・h/24h）	0.9	0.95	1.0	0.95	1.0	1.05	1.1	1.15
制冷剂及注入量 /g	R600a 32	R600a 36	R600a 48	R600a 43	R600a 48	R600a 44	R600a 48	R600a 50
重量 /kg	38	52	55	54	56	53	58	65
外形尺寸（宽×深×高）/mm	445×520 ×1152	490×575 ×1322	520×576 ×1483	520×609 ×1401	520×609 ×1534	540×565 ×1454	540×565 ×1554	590×610 ×1565

容声牌抽屉式系列电冰箱主要技术参数

型　号	BCD—186	BCD—208	BCD—228
气候类型	N 16～32℃	N 16～32℃	N 16～32℃
防触电保护类别	I	I	I
总有效容积 /L	186	208	228
冷冻室容积 /L	75	97	88
冷冻能力 /（kg/24h）	≥4.0	≥6.0	≥6.0
额定电压 /V	～220	～220	～220
额定频率 /Hz	50	50	50
额定输入功率 /W	155	155	155
耗电量 /（kW・h/24h）	1.28	1.30	1.35

续表

型　　号	BCD—186	BCD—208	BCD—228
制冷剂及注入量 /g	R12 125	R12 135	R12 140
重量 /kg	53	58	65
外形尺寸（宽×深×高）/mm	540×565×1454	540×565×1554	590×610×1565

容声系列电冰箱主要技术参数

型　　号	BCD—103D	BCD—165F	BCD—203A	BCD—186	BCD—193	BCD—202	BCD—216	BCD—228	BCD—190W	BCD—210W
气候类型	N 16～32℃	N 16～32℃	N 16～32℃	N 16～32℃	N 16～32℃	N 16～32℃	N 16～32℃	N 16～32℃	N 18～38℃	N 18～38℃
防触电保护类　别	I	I	I	I	I	I	I	I	I	I
总有效容积 /L	103	165	203	186	193	202	216	228	190	210
冷冻室容积 /L	32	40	61	75	58	91	81	88	55	55
冷冻能力 /（kg/24h）	≥2.0	≥2.5	≥3.5	≥4.0	≥3.0	≥6.0	≥4.0	≥6.0	≥3.0	≥3.0
额定电压 /V	～220	～220	～220	～220	～220	～220	～220	～220	～220	～220
额定频率 /Hz	50	50	50	50	50	50	50	50	50	50
额定输入功率 /W	120	125	145	155	145	155	145	155	140	140
耗电量 /（kW·h/24h）	1.1	1.20	1.35	1.28	1.1	1.30	1.2	1.36	≤1.3	≤1.4
制冷剂及注入量 /g	R12 100	R12 110	R12 140	R12 130	R12 120	R12 140	R12 140	R12 150	R12 130	R12 135
除霜功率 /W	—	—	—	—	—	—	—	—	130	130
重量 /kg	38	52	55	53	54	58	58	65	55	57
外形尺寸（宽×深×高）/mm	445×520×1152	490×575×1322	520×576×1483	540×565×1454	520×609×1401	540×565×1554	520×609×1534	590×610×1565	545×586.5×1465	540×586.5×1565

2. 新飞牌电冰箱

技术参数表

型号 / 名称	BCD—301W	BCD—231	BCD—245D	BCD—212G	BCD—206	BCD—201A	BCD—188	BCD—165	BCD—400	BCD—340	BCD—328	BCD—238	BCD—186	BCD—388	BCD—150D	BCD—248	BCD—146	BCD—100
总容积 /L	301	231	245	212	206	201	188	165	400	340	328	238	186	388	150	248	146	100
冷冻室容积 /L	176	105	105	90	65	85	88	65	400	340	328	238	186	388	150	248	146	100
冷藏室容积 /L	125	126	140	122	141	116	100	100										
输入功率 /W	125 100	125 100	147	147	147	160	147	125	280	185	220	185	140	280	130	160	120	100
耗电量 /（kW·h/24h）	1.6	1.1～1.6	1.35	1.1	1.1	1.25	1.27	1	1.65	1.5	2.5	1.65	1.1	2.95	1.2	0.88	1	0.9
颜　色	白色	白色	白色	白色	白色	白色	白色	白色	白色	白色	白色	白色	白色	白色	白色	白色	白色	白色
冷冻星级	四星	四星	四星	四星	四星	四星	四星	四星	四星	四星	三星	三星	四星	三星	四星	四星	四星	四星
冷冻能力 /（kg/24h）	12	5	5	4.5	3	4	4	3	20	16			9		8	12	7	5
外形尺寸 /mm	698×726×1856	613×722×960	556×615×1587	592×550×1396	575×680×1575	613×722×1496	575×680×1585	550×515×1249	660×880×1548	600×880×1355	660×843×1355	660×843×1040	511×875×860	660×843×1548	613×722×1320	660×880×1040	511×735×860	511×735×810
门体类别	圆弧门	圆弧门	圆弧门	圆弧门	圆弧门	圆弧门	圆弧门	圆弧门	圆角门	圆角门	玻璃门	玻璃门	圆角门	玻璃门	圆角门	圆角门	圆角门	圆角门
噪声 /dB	<40dB	<42dB	<42dB	<40dB	<40dB	<40dB	<40dB	<40dB	A 级	A 级	A 级	<40dB	<40dB	<A 级	<40dB	<40dB	<40dB	<40dB
额定电压 /V	220	220	220	220	220	220	220	220	220	220	220	220	220	220	220	220	220	220
主要特点	两套制冷系统	组合式	内置储冷器	环保型冰箱	无焊口耐腐蚀	左右开门	新颖的活门托盘结构	同类型号产品中冷冻室最大	风冷式	风冷式冷凝器	保温性能好	内藏式冷凝器	冷藏冷冻可相互转换	内藏式冷凝器	抽屉式冷冻室	内藏式冷凝器	冷藏冷冻可互相转换	冷凝器为强制对流式

3．美菱牌电冰箱

额 定 电 源	V/Hz	220/50
额定输入功率	W	115
耗电量	kW·h/24h	1.15
制冷剂	R12/R134a	
气候类型	ST	
冷冻能力	kg/24h	3
外形尺寸	深×宽×高	610×490×1272
装运尺寸	$D\times W\times H$（mm）	690×560×1330
毛　　重	kg	53
净　　重	kg	46

4．海尔电冰箱

海尔云梦 BCD—225D、BCD—248 电冰箱

规　　格	BCD—225D	BCD—248
气候类型	N	N
总有效容积 /L	225	248
冷藏室有效容积 /L	142	140
冷冻室有效容积 /L	83	108
冷冻能力 /（kg/24h）	15	20
制 冷 剂	R12	R12
电　　源	220V/50Hz	220V/50Hz
耗电量 /（kWh/24h）	1.4	1.4
输入功率 /W	140	140
净重 /毛重 /kg	70/83	75/80
深 /mm	600	600
宽 /mm	550	550
高 /mm	1499	1648

海尔小王子系列电冰箱

规　　格	BCD—161B/C/E	BCD—181A/B/C	BCD—191	BCD—201	BCD—203
总有效容积 /L	161	181	191	201	203
冷藏室有效容积 /L	109	109	121	121	123
冷冻室有效容积 /L	52	72	70	80	80
净　重 /kg	53	62	63	60	65
深×宽×高 /mm	560×500×1478	560×500×1641	600×500×1561	600×500×1641	600×500×1627

附录 2　部分空调器技术参数

1. Haier 海尔空调

国际型 1 拖 2 系列

KF—21GW×2　KFR—25GW×2

工作类别	性能参数											外观尺寸	
	电源	制冷量	功率	电流	除湿量	风量	能效比	噪声		质量		室内机	室外机
								室内机	室外机	室内机	室外机	长×高×深	长×高×深
单机运行	1PH.AC. 220V50Hz	3200W	1200W	5.8A	1.8×$10^{-3}m^3$/h	500m^3/h	2.67W/W	40dB（A）	48dB（A）	7.6kg	48kg	795×290×160mm	830×630×305mm
双机运行		4200W	1300W	6.4A			3.23W/W						

小海风系列

KFR—25GW　KFR—27GW

KFR—32GW　KFR—35GWD

项目 / 型号	制冷运行			制热运行			噪声		质量		风量	电源	除湿量	外观尺寸	
	制冷量	功率	电流	制热量	功率	电流	室内机	室外机	室内机	室外机				室内机 长×高×深	室外机 长×高×深
KFR—25GW KFR—25GWA	2500W	875W	4.05A	3000W	998W	4.7A	39dB（A）	43dB（A）	7.6kg	34kg	500 m^3/h	1PH.AC. 220V.50Hz	1.3×$10^{-3}m^3$/h	795×290 ×160mm	780×540 ×268mm
KFR—32GW	3200W	1130W	5.4A	3600W	1180W	5.6A	42dB（A）	48dB（A）	9.2kg	39kg	600 m^3/h	1PH.AC. 220V.50Hz	1.6×$10^{-3}m^3$/h	880×295 ×160mm	845×540 ×286mm
KFR—27GW KFR—27GWA	2700W	1050W	5.2A	3200W	1100W	5.6A	40dB（A）	45dB（A）	7.6kg	34kg	500 m^3/h	1PH.AC. 220V.50Hz	1.5×$10^{-3}m^3$/h	795×290 ×160mm	780×540 ×268mm
KFR—35GWD	3500W	1160W	5.6A	3800W	1200W	5.8A	42dB（A）	48dB（A）	9.2kg	39kg	600 m^3/h	1PH.AC. 220V.50Hz	1.7×$10^{-3}m^3$/h	880×295 ×160mm	845×540 ×286mm

柜式空调机系列

RF—71W　RF—13W

项目 \ 机型			单制冷型 LF—71W [FDF305EN]	热泵型 RF—71W [FDF305HEN]	辅助电加热型 RFD—71W [FDF305HENE]	单制冷型 LF—13W [FDF505ES]	热泵型 RF—13W [FDF505HES]	辅助电加热型 RFD—13W [FDF505HESE]
电源			1Ph・220V・50Hz（1Ph・220V・50Hz）			1Ph・220V・50Hz（3Ph・4线式380V・50Hz）		
制冷能力		W	7100			12600		
加热能力		W	—	8500	11100	—	15000	18000
外形尺寸（高×宽×深）		mm	1850×600×250（844×950×340）			1850×600×320（1250×950×340）		
重量		kg	47（67）			55（105）		
风扇电机额定输出功率		W	90×1.3速（55×1.3速）			150×1.3速（50+60.1+2速）		
输入功率	制冷	kW	3.32			5.42		
	加热		—	3.34	6.04	—	5.43	8.43
运转电流	制冷	A	15.3			10.7		
	加热		—	15.7	27.5	—	11.0	20.1
启动电流	制冷	A	88			82		
	加热							
噪声		dB（A）	H=47，L=40（H=53）			H=50，L=43（H=56）		
室内室外机组连接			液管=ϕ9.52Flare，气管=ϕ15.88Flare			液管=ϕ9.52Flare，气管=ϕ19.05Flare		

2. 科龙空调

科龙系列空调器主要技术参数

型号	KF—22GW		KF—25GWA		KFR—25GW		KF—30GW		KFR—30GW		KF—35GW		KFR—35GWA		KFR—45GW		KF—70LW		KFR—70LW		KF—70LWA	
	室内机	室外机	室内机	室外机	室内机	室外机	室内机	室外机	室内机	室外机	室内机	室外机	室内机	室外机	室内机	室外机	室内机	室外机	室内机	室外机	室内机	室外机
电源	~220V 50Hz		~220V 50Hz		~220V 50Hz		~220V 50Hz		~220V 50Hz		~220V 50Hz		~220V 50Hz		~220V 50Hz		~220V 50Hz		~220V 50Hz		~220V 50Hz	
制冷量 /W	2200		2500		2600		3000		3000		3500		3500		4500		7000		7000		7000	
制热量 /W	—		—		2800		—		3500		—		4000		4500		—		8000		—	
输入功率 /W	730		750		制冷 850 制热 815		1000		制冷 1000 制热 1000		1250		制冷 1170 制热 1100		制冷 1600 制热 1550		3000		制冷 3000 制热 2800		2700	
额定电流 /A	3.3		3.5		制冷 4.0 制热 3.8		4.2		制冷 4.2 制热 4.2		5.7		制冷 5.6 制热 5.3		制冷 7.4 制热 7.1		13.8		制冷 13.8 制热 12.8		13.5	
循环风量 /（m/h）	480		480		480		480		480		660		660		700		1200		1200		1200	
R22 充灌量 /g	710		720		1000		800		800		780		1140		1300		2450		2600		2250	
净量 /kg	10	29	10	29	10	34.4	10	42.5	10	42.5	14	41	14	42.5	14	52	48	66	48	70	48	66
噪声 /dB（A）	40	47	40	47	40	90	40	52	40	52	45	52	45	52	47	54	50	62	50	62	50	60
外形尺寸 高×宽×深 /mm	897 ×297 ×179	720 ×538 ×228	897 ×297 ×179	720 ×538 ×228	897 ×297 ×179	720 ×538 ×228	897 ×297 ×179	800 ×535 ×268	897 ×297 ×179	800 ×535 ×268	1045 ×330 ×200	800 ×535 ×268	1045 ×330 ×200	800 ×535 ×268	1045 ×330 ×200	800 ×637 ×260	600 ×1760 ×262	950 ×782 ×340	600 ×1760 ×262	950 ×782 ×340	600 ×1760 ×262	950 ×782 ×340

科龙系列空调器主要技术参数

型　号	KFR—70LWA		KF—70LWA3		KFR—70LWA3		KF—100LW		KFR—100LW		KC—25		KC—25A		KC—28		KC—28A		KC—35X KC—35Y		KCR—33X KCR—33Y	
	室内机	室外机	室内机	室外机	室内机	室外机	室内机	室外机	室内机	室外机	室内机	室外机	室内机	室外机	室内机	室外机	室内机	室外机	室内机	室外机	室内机	室外机
电　源	～220V 50Hz		～380V 50Hz		～380V 50Hz		～380V 50Hz		～380V 50Hz		～220V 50Hz		～220V 50Hz		～220V 50Hz		～220V 50Hz		～220V 50Hz		～220V 50Hz	
制冷量 /W	7000		7000		7000		10500		10500		2500		2500		2800		2800		3500		3300	
制热量 /W	7500		—		7500		—		11400		—		—		—		—		—		3350	
输入功率 /W	制冷 2700 制热 2500		2700		制冷 2700 制热 2500		3850		3850		830		830		900		900		1320		制冷 1320 制热 1200	
额定电流 /A	制冷 13.5 制热 12.5		13.5		制冷 13.5 制热 12.5		8.4		制冷 8.4 制热 8.7		3.8		3.8		4		4		6.3		制冷 6.3 制热 6.0	
循环风量 /（m/h）	1200		1200		1200		1700		1700		330		330		330		330		480		480	
R22 充灌量 /g	2250		2250		2250		3700		3700		650		650		700		700		950		950	
净重 /kg	48	70	48	66	48	70	54	100	54	105	37		37		37		37		56		62	
噪声 /dB（A）	50	60	50	62	50	62	57	65	57	65	52	60	52	60	52	60	52	60	52	55	52	55
外形尺寸 宽×高×深 /mm	600 ×1760 ×262	950 ×782 ×340	600 ×1760 ×262	950 ×782 ×340	600 ×1760 ×262	950 ×782 ×340	600 ×1760 ×322	950 ×1247 ×340	300 ×1760 ×322	950 ×1247 ×340	520 ×375 ×584		520 ×375 ×584		520 ×375 ×584		520 ×375 ×584		580 ×400 ×710		580 ×400 ×710	

3．美的空调器

C 系列窗式空调器

型　号		KC—20C	KC—25C	KCR—25C	KC—35C	KCR—35C	KC—50C	KCR—50C
制冷量 /W		2000 7000	2500 9000	2500 9000	3500 12000	3500 12000	5000 18000	5000 18000
适用电源		1Φ220V 50Hz	1Φ220V 50Hz	1Φ220V 50Hz	1Φ220V 50Hz	1Φ220V 50Hz	1Φ220V 50Hz	1Φ220V 50Hz
制热量 /W		—	2500 9000	2500 9000	—	3500 12000	—	5000 18000
电流 /A	制冷	4.2	4.7	4.7	6.9	6.9	10	10
	制热	—	4.7	4.7	—	6.6	—	9.6
输入功率 /W	制冷	840	980	980	1440	1440	2000	2000
	制热	—	980	980	—	1340	—	1895
能效比 /（W/W） /（BTU/Wh）	制冷	2.38	2.55	2.55	2.43	2.43	2.5	2.5
	制热	—	2.55	2.55	—	2.61	—	2.64
抽湿量		0.9	1.6	1.6	2.0	2.0	3.0	3.0
空气循环量 /（m^3/h）		400	400	400	600	600	800	800
机身体积 /mm	高	342	342	342	400	400	434	434
	宽	540	540	540	560	560	660	660
	深	520	520	520	630	630	630	630
包装尺寸 /mm	高	450	450	450	500	500	535	535
	宽	600	600	600	630	630	730	730
	深	585	585	585	690	690	690	690
净重 /kg		34	35	35	46	46	57	57
毛重 /kg		36	37	37	48	48	59	59

注：定时和遥控空调器均具有 0～14h 范围的定时。

B 系列窗式空调器

型　号		KC—25B	KCR—25B
功　能		制　冷	制冷/制热
冷气能力 /W		2500	2500
供暖能力 /W			2500
空气循环量 /（m^3/h）		360	360
抽湿能力 /（L/h）		1.6	1.6
适用电源		1φ50Hz220V	—
运转电流 /A	冷　气	4.7	4.7
	暖　气		4.45
输入功率 /W	冷　气	980	980
	暖　气		930
能效比 /（W/W）	冷　气	2.55	2.55
	暖　气		2.69
外型尺寸 /mm	高×宽×深	340×525×535	
包装尺寸 /mm	高×宽×深	450×610×565	
净　重		34kg	
毛　重		36kg	

C_1型窗式空调器

型　　号		KC—20C_1	KC—25C_1	KCR—25C_1	KC—35C_1	KCR—35C_1	KCR—46C_1	KC—46C_1
制冷量 /W		2000	2500	2500	3500	3500	4600	4600
制热量 /W		—	—	2500	—	3500	4600	—
适用电源		50Hz220V						
电流 /A	制冷	4.2	4.8	4.8	6.9	6.9	8.4	8.4
	制热	—	—	4.8	—	6.6	8.4	—
输入功率 /W	制冷	840	980	980	1440	1440	1840	1840
	制热	—	—	980	—	1340	1840	—
能效比 /（W/W）	制冷	2.38	2.55	2.55	2.43	2.43	2.5	2.5
	制热	—	—	2.55	—	2.61	2.5	—
抽湿量 /（L/h）		0.9	1.6	1.6	2.0	2.0	2.7	2.7
空气循环量 /（m^3/h）		400	400	400	600	600	700	700
机身体积 /mm	高	342	342	342	400	400	434	434
	宽	520	520	520	560	560	660	660
	深	540	540	540	630	630	630	630
包装尺寸 /mm	高	425	425	425	510	510	546	546
	宽	585	585	585	644	644	744	744
	深	649	649	649	748	748	748	748
净　重 /kg		34	36	36	47	47	56	57
适用面积 /m^3		8～12	10～14	10～14	15～22	15～22	23～30	23～30

分体空调器

型　　号		KFC—23GWY		KFR—23GWY
结构形式		分体壁挂式		分体壁挂式
功　　能		制冷、抽湿		制冷、制热、抽湿
控制方式		有线、无线遥控		无线遥控
能　　力	制冷	2300W （8000BTU/h）		2300W（8000BTU/h）
	制热			2300W（8000BTU/h）
抽湿量 /（L/h）		1.5		1.5
适用电源			单机 50Hz 220V	220V • 50Hz
运转电流 /A		制冷	3.5	3.8
输入功率 /A		制冷	740	3.7
能效比	制冷 /（W/W）/（BTU/h • W）	3.1W/W　11（BTU/W）		2.74（9）
	制冷 /（W/W）/（BTU/h • W）			2.8（9）
噪声 / dB（A）		室内机	<40	≤40
		室外机	<52	≤52
外形尺寸（宽×高×深）/mm		室内机	790×265×155	790×265×155
		室外机	830×530×200	850×335×225
包装尺寸（宽×高×深）/mm		室内机	850×335×225	850×335×225
		室外机	902×570×302	902×570×302
净重 /kg		室内机	8	8
		室外机	25	25

分体空调器

型　号		KFR—36GWY	KFC—36GWY	KFC—45GWY
结构形式		分体壁挂式	分体壁挂式	分体壁挂式
功　能		制冷、制热、抽湿	制冷、抽湿	制冷、抽湿
控制方式		无线遥控	无线遥控	无线遥控
能　力 /W	制冷	3600W （12300BTU/h）	3600W （12300BTU/h）	4500W （16000BTU/h）
	制热	4000W （13600BTU/h）		
抽湿量 /(L/h)		2.0	2.0	2.7
适用电源		220V · 50Hz	220V · 50Hz	220V · 50Hz
电　流 /A	制冷	6.4	6.4	8.4
	制热	6.3		
输入功率 /W	制冷	1340	1300	1800
	制热	1340		
能效比 /（W/W） /（BTU/h · W）	制冷	2.7（9）	2.8（9）	2.5（8.9）
	制热	3.0（10）		
噪　声 / dB（A）	室内机 dB	≤44	≤44	≤46
	室外机 dB	≤52	≤52	≤54
外形尺寸 （宽×高×深）/mm	室内机	1050×298×180	1050×298×180	1050×298×180
	室外机	1110×275×380	1110×275×380	1110×275×380
包装尺寸 （宽×高×深）/mm	室内机	1110×275×380	1110×275×380	1110×275×380
	室外机	890×560×320	890×560×320	890×560×320
净　重 /kg	室内机	14	14	14
	室外机	39	39	40

B 系列分体空调器

型　号		KFC—25GWxB KFC—25GWyB	KFC—35GWxB KFC—35GWyB	KFR—25GWxB KFR—25GWyB	KFR—35GWxB KFR—35GWyB
结构形式		分体壁挂式			
功　能		制冷 抽湿	制冷 抽湿	冷暖 抽湿	冷暖 抽湿
控制方式	根据用户需要可配置线控或遥控				
制冷量	W	2500	3500	2500	3500
	BTU/h	9000	12000	9000	12000
制热量	W			2500	3500
	BTU/h			9000	12000
抽湿量	t/h	1.6	2.0	1.6	2.0

续表

型号			KFC—25GWxB KFC—25WyB	KFC—35GWxB KFC—35WyB	KFR—25GWxB KFR—25WyB	KFR—35GWxB KFR—35WyB
适用电源			单相 50Hz 220V			
运转电流/A		制冷	4.8	6.8	4.8	6.8
		制暖			4.8	6.8
输入功率/W		制冷	980	1320	980	1320
		制暖			980	1320
能效比	COP	W/W	2.55	2.65	2.55	2.65
	EER	BTU/W·h	9.0	9.1	9.0	9.1
噪　　声/dB（A）		室内机	＜45	＜48	＜45	＜48
		室外机	＜56	＜57	＜56	＜57
外形尺寸 宽×高×深/mm		室内机	815×370×150　805×370×160（B型）			
		室外机	780×530×240			
包装尺寸 宽×高×深/mm		室内机	865×450×230　860×450×265（B型）			
		室外机	890×560×320			
净　　重/kg		室内机	10	10	10	10
		室外机	35	39	35	39

控制方式：X—有线遥控，Y—无线遥控。

附录3 窗式空调器故障分析速查表

窗式空调器故障分析速查表

类别		制冷系统																												电气																其他	
故障部位		压缩机								冷凝器					毛细管			蒸发器				配管				阀		R22		电源					电器部件												
故障原因 / 故障现象		电动机绕组烧毁	电动机绕组断线	电动机绝缘不良	卡住	压缩不良	机内部件松动	冷冻油变色	制冷剂泄漏	制冷剂泄漏	脏堵（全堵）	半堵	管子共振	折损	全堵塞（脏堵）	半堵	折损	制冷剂泄漏	堵塞	半堵	破损	制冷剂泄漏	全堵	半堵	折损	动作不良	泄漏	过量	不足	熔丝容量小	断路开关太小	电源插座断开	电压低	启动电压低	继电器	风扇电动机	开关	温控器	过载保护器	保护器	电容器	电磁阀	三通阀	四通阀	绝缘不良	机组气流受阻	冷凝器脏堵（积灰）
1.全不冷（夏）	1.1 无风吹出																													○	○	○	○	○		○	○				○						
1.全不冷（夏）	1.2 有风 1.2.1 风不冷但压缩机运转					○			○	○	○			○	○		○	○	○		○	○	○		○	○	○															○	○	○			
1.全不冷（夏）	1.2 有风 1.2.2 压缩机开停频繁，风不冷	○			○							○																○					○	○	○	○											
1.全不冷（夏）	1.2 有风 1.2.3 压缩机不运转	○	○		○						○																	○		○	○	○	○	○	○		○	○	○	○	○						
1.全不冷（夏）	1.2 有风 1.2.4 开机后熔丝熔断	○		○	○						○																	○		○	○		○	○							○						
2.制冷不佳	2.1 吹出空气不太冷（送回风温度＞8℃）																																														
2.制冷不佳	2.2 吹出空气忽冷忽不冷																									○												○									
2.制冷不佳	2.3 压缩机运转但空调送风不冷					○			○	○		○				○		○		○		○		○			○	○	○													○	○	○		○	○
3.不制热（冬）	3.1 无风																													○	○	○				○					○						
3.不制热（冬）	3.2 压缩机不转	○	○		○							○																○		○	○	○	○	○	○		○	○	○	○	○						
3.不制热（冬）	3.3 压缩机运转				○				○	○	○			○	○		○	○	○		○	○	○		○	○	○															○		○			

续表

类别	制冷系统													制冷系统															电气																其他	
故障部位	压缩机								冷凝器					毛细管			蒸发器				配管				阀		R22		电源					电器部件											其他	
故障原因 / 故障现象	电动机绕组烧毁	电动机绕组断线	电动机绝缘不良	卡住	压缩不良	机内部件松动	冷冻油变色	制冷剂泄漏	制冷剂泄漏	脏堵（全堵）	半堵	管子共振	折损	全堵塞（脏堵）	半堵	折损	制冷剂泄漏	堵塞	半堵	破损	制冷剂泄漏	全堵	半堵	折损	动作不良	泄漏	过量	不足	熔丝容量小	断路开关太小	电源插座断开	电压低	启动电压低	继电器	风扇电动机	开关	温控器	过载保护器	保护器	电容器	电磁阀	三通阀	四通阀	绝缘不良	机组气流受阻	冷凝器脏堵（积灰）
4.制热不佳 4.1 压缩机间歇运转											○																○					○	○				○	○	○							
4.制热不佳 4.2 气流受阻																																													○	
5. 漏电			○																																									○		
6. 共振杂音												○																																		
7. 声音异常						○																			○									○	○						○	○	○			
更换部件：压缩机	○	○	○	○	○	○	○	○	▲				△			△	▲			△	▲			△		▲			更换	更换	修复	查明原因	导线太长去掉一些	更换	更换	更换	更换	更换	更换	更换	更换	更换	更换	修复或更换	去除障碍物	清洗
更换部件：冷凝器								○	○	○																																				
更换部件：毛细管	△	△	△	△	△	△	○	△	▲				△	○	○	○	▲			△	▲			△		▲																				
更换部件：蒸发器																	○	○	○	○																										
更换部件：配管																					○	○	○	○																						
更换部件：阀																									○	○																				
更换部件：过滤器	△	△	△	△	△	△	○	△	△				△			△	△			△	△			△		△																				
更换部件：干燥剂（热泵型）	○	○	○	○	○	○	○	○	○	○	○		○	○	○	○	○	○	○	○	○	○	○	○	○	○																				
更换部件：制冷剂（R22）	○	○	○	○	○	○	○	○	○	○	○		○	○	○	○	○	○	○	○	○	○	○	○	○	○	○	○																		

注：有○者为故障原因，有△者为冷冻油变质应更换部件及油，有▲者为制冷系统漏、堵及混有空气，也应更换部件及油。

附录4　制冷初级、中级、高级工考试实操答辩题

1．怎样使用单头表与双头表加制冷剂？

答：（参照实物）说明单头表直通管接系统，旁通管接制冷剂瓶。使用时先置换掉工具中的空气。在使用单头表时，表头向上，表阀接口水平地与系统连接，垂直地与真空泵或制冷剂瓶连接。在使用双头表时，双头表左蓝为低压，右红为高压，中间黄管为接制冷剂瓶管，置换空气后再使用。应注意不要将高压表（红）和低压表（蓝）接反，否则会毁坏低压表。

2．制冷系统的标志有哪些？

答：（1）制冷机启动后，汽缸中无杂音，只有阀片的起落声。

（2）冷凝器水压应在0.12MPa以上。

（3）新系列产品油压比吸气压力高 0.15～0.3MPa；老系列产品油压比吸气压力高 0.05～0.15MPa。

（4）氨机的吸气温度比蒸发温度高5～10℃；氟机最高不超过15℃。

（5）汽缸壁不应局部发热或结霜。

（6）曲轴箱温度不超过70℃，氨机不超过65℃。

（7）制冷机排气温度：氨（R717）R22 不超过 135℃；R12 不超过 110℃；R13 不超过125℃。

（8）冷凝压力：氨（R717）R22不超过1.37MPa；R12不超过1.18MPa。

（9）储液器液面不低于指示器的1/3。

（10）油分离器自动回油管时冷时热，周期为1h左右。

（11）冷凝器上部热，下部凉。

（12）蒸发器压力与吸气压力相近似。

（13）在一定水流量下，冷却水进出应有温差。

（14）制冷机密封良好，无渗油现象。

（15）轴承轴封不超过70℃。

（16）膨胀阀体结霜均匀，但进口不结霜。

（17）各个仪表稳定正常。

3．什么是液击？产生的原因有哪些？

答：液体制冷剂或冷冻油进入汽缸即为“液击”，也称湿行程或潮车。其原因为：制冷剂过多，节流阀开度大，停机时蒸发器内有液体。

4．液击发生前有哪些现象？如何排除？

答：液击在发生前会有电流增大、汽缸结霜、排气温度降低、机内声音由清脆变沉闷及

听不到阀片的起落声等现象出现。严重时缸内会有敲击声，又称敲缸。其排除方法是，轻微液击可关闭吸入阀门，待机内声音正常再缓慢开启；严重液击应立即关机。

5．制冷系统产生冰堵的原因和部位？如何排除？

答：产生冰堵的原因：水分进入制冷系统且达到一定值时将产生冰堵。冰堵一般易发生在蒸发器进口或毛细管终端和热力膨胀阀中。

排除方法：在系统中串入一个干燥过滤器，内部填充无水氯化钙进行运行干燥。也可将系统重新用氮气吹净或对系统加热抽空，均能排除水分。

6．什么是回热循环？采用回热循环的目的何在？

答：在回气管道上设置一个热交换器，使节流前的液体与回气管中的气体进行热交换，以达到提高制冷量和防止液击的目的。

7．什么是热泵？采用热泵的意义是什么？

答：蒸发器与冷凝器的功能可以相互转换的制冷系统称为热泵。采用热泵可以节省能源。因为热泵系统除将自身消耗的功转换成热能外，还可以使制冷剂在蒸发过程中吸收周围介质的热能，提高总产热量。

8．什么是溴化锂溶液结晶故障？怎样排除？

答：当加入温度过高、溶液浓度升高、冷却水温过低及系统中不凝性气体过多时，溶液即会产生结晶故障。故障较多发生在溶液热交换器出口处。当发现结晶故障时，应立即关小冷却水，关闭加热热源。

9．氨系统的紧急泄氨器有何作用？

答：大型氨系统，储氨较多，遇火灾会造成二次爆炸，因此，加设泄氨器在遇火灾时可防止发生爆炸事故。

10．什么是冷剂水的污染？规定值是多少？如何排除？

答：当冷剂水中混入溴化锂则称污染。冷剂水的比重大于1.04时即认为被污染。

排除方法：将蒸发器中的冷剂水通过屏蔽泵直接旁通至吸收器中，再次进行循环。此法称冷剂水的再生处理。

11．替代R12的最佳工质是什么？中文名称是什么？蒸发温度是多少？

答：替代R12的最佳工质是R134a。中文名称是四氟乙烷。蒸发温度为–26.5℃。它与常用的矿物油不溶，只溶于人工合成的脂类油。

12．何时采用单级、双级、复叠式制冷循环？

答：蒸发温度小于 30℃时采用单级；蒸发温度在 30～60℃时采用双级；蒸发温度大于70℃时采用复叠式。

13．压缩机的机械摩擦环式轴封由哪些零件组成？

答：压缩机的机械摩擦环式轴封由托板、弹簧、石墨环、端盖组成。检修时应研磨、冲洗、浸油，并按顺序组装、调整松紧度，以能自由缓慢弹出为好。

14．如何安装制冷压缩机？

答：压缩机安装前应按图纸放线，确定地脚螺钉和机座中心线。吊装压缩机时，应水平安放，轴向与径向小于0.2～0.3mm。

15．如何拆卸和清洗压缩机？

答：在拆卸压缩机时，应先将压缩机从系统中拆除。其步骤是将压缩机的吸、排气阀关

闭，用套筒扳手将吸、排气阀门与压缩机分离，松下地脚螺丝后，将压缩机搬运至拆卸地点。在拆卸压缩机前，应先将曲轴箱中的冷冻油排出机体。之后用套筒扳手将压缩机的底盖和端盖拆下，卸下阀板，检查吸、排气阀片是否良好。拆下前后端盖，将曲轴取出，检查曲轴的中心油孔是否通畅，将连杆及活塞从汽缸中拔出，检查连杆油道是否良好，活塞端面有无磨损，活塞环是否完好，活塞销有无松动现象，汽缸有无滑痕或出现拉毛现象，如压缩机为开启式，还应检查轴封两侧有无磨损。在清洗压缩机时，应先用柴油将零件上的污物擦洗干净，等待柴油完全挥发后，再用相应型号的冷冻油（R12 用 13 号或 18 号、R22 用 25 号）擦洗一遍，方可进行安装。在安装时，活塞端面的凹处应偏向一边，前后端盖安装时应注意油孔向上，在安装各个端盖的螺丝时应采用均衡加压法。安装后应向曲轴箱内重新注入新的冷冻油，通电进行点动试运转，运转时，机体应无异常声响，能够听到阀片的起落声，如为半封闭式压缩机，电机一侧的温度应不超过 70℃。

16．压缩机制冷系统运行前要做哪些工作？

答：（1）打开冷凝器水阀，启动水泵，若是冷风机，则应先开风机。

（2）打开压缩机的吸、排气阀门和其他控制阀。

（3）检查曲轴油箱面高度，应在指示器的 1/2 位置。

（4）用手盘动联轴器或皮带轮，先点动开机，检查运转方向和是否有异常声响。

17．活塞压缩机制冷系统试运行包括哪些内容？

答：（1）检查电磁阀是否打开。

（2）检查油泵压力是否正常。新系列产品油压比吸气压力高 0.15～0.3MPa；老系列产品油压比吸气压力高 0.05～0.15MPa。

（3）油温不超过 70℃。

（4）排气压力：R12 不超过 1.1 8MPa，氨 R22 不超过 1.67MPa；排气温度 R12 不超过 130℃，R717、R22 不超过 150℃。

（5）R411B 机的吸气温度小于 15℃。

（6）油分离器自动回油，周期为 1h。

（7）压缩机运转声音清晰均匀。

（8）能力调节装置动作正常。

（9）阀门管路不泄漏。

18．简述螺杆机的运行、调试？

答：（1）运行检查各个阀门是否打开，启动冷却水泵、水塔风机。

（2）启动冷冻水泵，检查水压应大于 0.12MPa。

（3）检查卸载机构应处于零位。

（4）观察油温应高于 30℃。

（5）检查高、低压阀门是否关闭，确认以上工作无误后，方可按下列程序操作：

启动油泵→油压上升→开启供液阀→启动压缩机→正常运转后增载至 100%→调整热力膨胀阀→正常运行时，吸气压力为 0.4～0.5MPa，排气压力为 1.1～1.5MPa，排气温度为 45～95℃，供油压力高于排气压力 0.2～0.3MPa。

19．简述离心机的运行、调试？

答：离心机运行前应检查油箱的油位和油温，停机时油温为 71～76℃，运行时油温为

40～50℃。检查油泵的转向和油压差，应稳定在 0.1～0.14MPa，将导叶指示位置放在 0 位，将抽气回收装置连接管上的所有阀门打开，将放气开关置于正常位置，调节冷冻水温度，主电机最大负荷电流限制在 100%位置，使用 R11 制冷剂时，启动冷水泵，蒸发器进出水温差为 5℃，启动冷水泵，冷凝器内进出水温差为 5℃。将启动、运行、停机、复位转换开关置于启动位置，启动油泵运行 30s 油压正常后，方可启动主机。正常运转后，观察仪表做记录，吸气压力为 0.4～0.5MPa。

20．制冷剂钢瓶是否为压力容器？在使用、运输、存储时应注意什么？

答：制冷剂钢瓶属于压力容器，在使用时要防止冻伤；在大量泄漏时，应及时通风换气，禁止与明火接触，否则会产生毒气；在运输时，应防止振动；存储时要远离热源。

21．电磁阀都有哪些类型？在制冷系统中何处采用？

答：电磁阀一般分为两类：一类为直接动作式；一类为间接动作式。电磁阀安装在膨胀阀与供液阀之间。

22．油分离器有哪些类型？各有何特点？绿色制冷剂系统采用的油分离器属哪类？怎样工作？

答：油分离器有 3 种类型：（1）洗涤式油分离器（适用于氨系统）；（2）离心式油分离器（适用于大型制冷压缩机，利用气流呈螺旋型流动式的离心力分离油滴）；（3）滤网式油分离器（利用过滤作用分离油滴，适用于中小型绿色制冷系统）。绿色制冷系统采用的油分离器属于滤网式油分离器，是利用过滤作用分离油滴的。

23．怎样使用干湿温度计？

答：干球温度计即为普通温度计，而湿球温度计是将普通温度计的感温头用纱布缠上并放在蒸馏水中。

24．在活塞式制冷压缩机检修中，不准修复的零件是哪个？

答：不准修复的零件为连杆销钉。

25．新系列和老系列有什么不同？如何调节油压？

答：新系列产品油压比吸气压力高 0.15～0.3MPa；老系列产品比吸气压力高 0.05～0.15MPa。可以用油泵调节阀调节油压。

26．什么是“冷桥”？“冷桥”有哪些危害？怎样防止“冷桥”发生？

答：“冷桥”即传送冷量的桥梁。在“冷桥”部位发生结霜、冷冻过多火过大时，会破坏建筑结构，损失冷量。使用导热系数低的材料做连接件，即可防止冷桥发生。

27．冷库降温缓慢的原因有哪些？

答：原因：（1）隔热能力差；（2）蒸发器结霜太厚；（3）膨胀阀开启过大或过小；（4）系统堵塞；（5）压缩机吸气效率差。

28．活塞式压缩机系统中不凝性气体含量过高，有何危险？如何排除？

答：不凝性气体过多，会造成排气压力升高，制冷量不足。

排除：启动压缩机，关闭供液阀，将制冷剂送入高压段，3～5min 后停机，用冷水冷凝器，从压缩机排气阀旁通口排气。

参考文献

[1] 黄省三，董忠威. 新型电冰箱维修[M]. 福建：福建科学技术出版社，2001.

[2] 徐德胜，肖伟. 变频式空调器 —— 选够・使用・维修・电路图集[M]. 上海：上海交通大学出版社，2000.

[3] 郑敏旺. 国内外分体空调器维修资料精选[M]. 北京：电子工业出版社，2000.

[4] 李佐周. 制冷与空调设备原理维修[M]. 北京：高等教育出版社，1997.

[5] 刘胜利，赵先月，曾秀兰. 新型无氟冰箱几冷藏柜原理及维修技术[M]. 北京：电子工业出版社，1999.

[6] 唐闽杰，蔡林，林力. 电冰箱・空调器快速检修 300 例[M]. 福建：福建科学技术出版社，1999.

[7] 冯玉琪，刘华. 家用电冰箱及空调实用问答[M]. 北京：电子工业出版社，1998.

[8] 海尔集团. 海尔电冰箱冷柜原理及维修[M]. 北京：人民邮电出版社，1999.

[9] 方贵银，李辉. 现代空调器使用与维修部 60 问[M]. 北京：人民邮电出版社，1999.

[10] 方贵银. 新型电冰箱上维修技术与实例[M]. 北京：人民邮电出版社，2001.

[11] 冯玉琪. 空调器故障检修速查图表[M]. 北京：人民邮电出版社，2000.

[12] 邱兴东. 家用制冷设备维修与实例[M]. 北京：人民邮电出版社，1999.

[13] 杜永辰，钱如竹，朱列辰. 空调器故障速修方法与技巧[M]. 北京：人民邮电出版社，1999.

[14] 肖凤明. 新品牌空调器微电脑控制电路分析与速修技巧[M]. 北京：机械工业出版社，2002.

[15] 肖凤明，王清兰，余广智. 制冷设备疑难故障速修实例[M]. 北京：电子工业出版社，2003.

[16] 刘午平，陈鹏飞. 电冰箱修理从入门到精通[M]. 北京：国防工业出版社，2002.

[17] 宋友山，刘午平，陈鹏飞. 空调器修理从入门到精通[M]. 北京：国防工业出版社，2003.

[18] 胡定锋. 空调器十大故障检修精要[M]. 北京：家电维修工作室，2002.

[19] 罗世伟. 小型制冷、空调设备原理与维修[M]. 北京：电子工业出版社，2003.